新世纪高等学校规划教材 · 计算机专业核心课程系列

计算机网络

（第2版）

陈明◎编著

JISUANJI

WANGLUO

北京师范大学出版集团
BEIJING NORMAL UNIVERSITY PUBLISHING GROUP
北京师范大学出版社

图书在版编目（CIP）数据

计算机网络/陈明编著. —2 版. —北京：北京师范大学出版社，
2018.8
（新世纪高等学校规划教材. 计算机专业核心课程系列）
ISBN 978-7-303-23923-8

Ⅰ. ①计… Ⅱ. ①陈… Ⅲ. ①计算机网络-高等学校-教材
Ⅳ. ①TP393

中国版本图书馆 CIP 数据核字（2018）第 147812 号

营 销 中 心 电 话　　010-62978190　 62979006
北师大出版社科技与经管分社　　www.jswsbook.com
电 子 信 箱　　jswsbook@163.com

出版发行：北京师范大学出版社　　www.bnup.com
　　　　　北京市海淀区新街口外大街 19 号
　　　　　邮政编码：100875
印　　刷：保定市中画美凯印刷有限公司
经　　销：全国新华书店
开　　本：787 mm×1092 mm　 1/16
印　　张：27.25
字　　数：620 千字
版　　次：2018 年 8 月第 1 版
印　　次：2018 年 8 月第 1 次印刷
定　　价：59.80 元

策划编辑：赵洛育　　　　　　责任编辑：赵洛育
美术编辑：刘　超　　　　　　装帧设计：刘　超
责任校对：赵非非　马子杰　　责任印制：赵非非

内 容 简 介

　　本书基于 ISO/OSI 参考模型的层次结构，自底向上地描述了计算机网络，并以 TCP/IP
协议为背景详细讨论各种网络协议和应用。本书主要内容包括计算机网络概述、OSI 参考
模型、物理层、数据链路层、局域网、广域网、网络层协议、传输层协议、应用层和网络
安全等。

　　本书内容系统全面，逻辑层次清晰、图文并茂、深入浅出，可作为大学计算机网络及
相关课程的教材，也可作为计算机网络工程技术人员的参考书。

前　言

计算机网络是计算机科学与通信技术密切结合的产物。在近年来发展迅速，尤其Internet 网以及云计算与物联网的出现与发展，使人们无论何时何地都能获取任何知识，进而改变了人们的学习、生活和工作方式，并对人类社会产生了巨大影响。

计算机网络课程是计算机科学与技术专业的核心课程，是必修课程之一。本课程的先修课程是计算机原理、程序设计、操作系统、算法设计与分析和数据结构等。

本书分为 10 章，第 1 章主要介绍计算机网络的产生与发展、计算机网络概念、计算机网络软件、计算机网络分类、计算机网络拓扑结构、数据交换方式等。第 2 章主要介绍 OSI参考模型、网络协议和服务、路由、封装与解包、数据单元、服务、接口和访问点、层次结构、连接服务和无连接服务、服务原语、协议与服务的关系等。第 3 章主要介绍物理层协议，内容包括物理层协议概述、物理层协议示例等。第 4 章主要介绍数据链路层协议，内容包括数据链路层功能与提供的服务、数据链路层技术、网桥和交换机等。第 5 章主要介绍局域网，内容包括经典局域网简介、高速以太网、FDDI 网、无线局域网、城域网、局域网协议、虚拟局域网等。第 6 章主要介绍广域网，内容包括广域网的标准协议、广域网路由、广域网中的路由算法、广域网技术，如 X2.5 网、ISDN 网、ATM 技术、帧中继、HDLC、点对点协议、DDN 技术和虚拟专用网等。第 7 章主要介绍网络层协议，内容包括IP 协议、Internet 控制协议、IP 路由选择协议、IP v6 协议等。第 8 章主要介绍传输层协议，内容包括传输层的基本功能、TCP/IP 体系结构中的传输层、传输控制协议（TCP）、TCP报文段、TCP 连接管理、TCP 传输策略、TCP 拥塞控制、TCP 定时器管理、用户数据报协议（UDP）、TCP 和 UDP 协议等。第 9 章主要介绍应用层，内容包括域名系统（DNS）、文件的传输与存取、远程登录协议（Telnet）、电子邮件、万维网（WWW）、动态主机配置协议、简单网络管理协议（SNMP）等。第 10 章主要介绍网络安全，内容包括网络安全的重要性与网络安全的定义、数据加密技术概述、网络攻击、检测与防范技术、计算机病毒、防火墙、认证技术、互联网的层次安全技术等。

通过本课程的学习，能够系统地理解和掌握计算机网络的基本原理和基础知识，了解计算机网络构建中可能遇到的主要问题，以及解决问题的基本方法，为后续课程的学习及实际应用建立坚实的基础。

在各章，提供了练习题，这些内容仅供参考。

由于笔者水平有限，书中不足之处在所难免，敬请读者批评指正。

陈　明

2018.4.10

目　　录

第 1 章　计算机网络概述

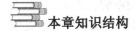

本章知识结构

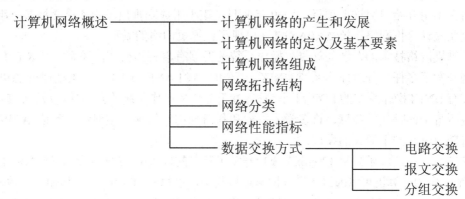

计算机网络概述 —— 计算机网络的产生和发展
　　　　　　　　—— 计算机网络的定义及基本要素
　　　　　　　　—— 计算机网络组成
　　　　　　　　—— 网络拓扑结构
　　　　　　　　—— 网络分类
　　　　　　　　—— 网络性能指标
　　　　　　　　—— 数据交换方式 —— 电路交换
　　　　　　　　　　　　　　　　　—— 报文交换
　　　　　　　　　　　　　　　　　—— 分组交换

学习目标

❖　了解计算机网络发展过程和发展趋势。
❖　理解网络性能指标。
❖　掌握计算机网络分类和拓扑结构。
❖　掌握数据交换方式。

通信技术是一门经典的技术，19 世纪 30 年代发明了电报，70 年代发明了电话，而计算机是 20 世纪中叶的重要发明。计算机网络是计算机技术和通信技术相结合的产物。初期是将一台计算机通过通信线路与多个终端互连组成多用户分时系统，称之为计算机网络。经过多年的飞速发展，计算机网络变得结构异常复杂和功能强大，早期的计算机网络概念与现代计算机网络的概念差距甚远。

随着在半导体技术，主要包括大规模集成电路（LSI）和超大规模集成电路（VLSI）技术上取得成就与进展，计算机网络迅速地应用到计算机和通信两个领域。数字信号技术的发展已渗透到通信技术中，推动了通信网络的各项性能的提高，而通信网络为计算机与计算机之间的数据传输和交换提供了必要的手段。

1.1　计算机网络的产生和发展

计算机网络的发展可分为 4 个阶段，即初始阶段、Internet 推广阶段、Internet 普及阶段和 Internet 发展阶段。

1.1.1 初始阶段

1964 年 8 月，美国兰德公司提出《论分布式通信》的研究报告。这篇报告使得美国军方一些高层人士对通信系统有了新的设想：建立一个类似于蜘蛛网的网络系统，如果现代战争的通信网络中的某一个交换节点被破坏之后，系统能够自动地寻找另外的路径，从而保证通信畅通并可共享计算机中的信息资源。1968 年，加州大学洛杉矶分校的贝拉涅克领导的研究小组开始研究这个项目，1969 年 8 月，该小组成功推出了由 4 个交换节点组成的分组交换式计算机网络系统 ARPANET，出现了计算机网络的雏形。

计算机网络技术的发展与计算机操作系统的发展有着相当密切的关系。AT&T 于 1969 年成功开发了多任务分时操作系统 UNIX，最初的 ARPANET 的 4 个节点处理机 IMP 都采用了装有 UNIX 操作系统的 PDP-11 小型机。基于 UNIX 操作系统的开放性，以及 ARPANET 的出现所带来的曙光的鼓舞，许多学术机构和科研部门纷纷加入该网络，致使 ARPANET 在短时期内就得到了较大的发展。

1972 年，美国施乐公司（Xerox）成功开发了著名的以太网（Ethernet），通过这项技术，500m 范围内的计算机可以通过电缆与网卡连接起来，以每秒 10Mb/s 速度传输通信数据。

1972 年，ARPANET 成功传输了世界上第一封电子邮件。1973 年，ARPANET 与卫星通信系统 SAT 网络连接。1974 年，赛尔夫和卡恩共同设计开发了著名的 TCP/IP 通信协议，并把它插入了 UNIX 系统内核中，为各种类型的计算机通信子网的互相连接提供了标准与接口。

ARPANET 最初出现时并没有得到工业界的认可。从 20 世纪 70 年代初期开始，各计算机公司纷纷加大在计算机网络方面的研究与开发力度，提出自己的网络体系结构，其中的典型代表为 IBM 公司的 SNA 网络、DEC 公司的 DNA 网络等，但是不同体系结构中的计算机网络无法互相连接和通信。为了解决这个问题，国际标准化组织 ISO 在 20 世纪 70 年代末期成立了开放系统互连（Open System Interconnection，OSI）委员会，提出了 OSI 开放系统互连参考模型，以使各种计算机厂商能够遵循该模型来开发相应的网络件产品，从而便于不同厂商的计算机网络软、硬件产品能够互相连接和互相通信与操作。

OSI 参考模型对于推动计算机网络理论与技术的研究和发展起了巨大的作用。但是，因为 OSI 参考模型所规定的网络体系结构在实现上的复杂性，以及 ARPANET 与 UNIX 系统的迅速发展，TCP/IP 协议逐渐得到了工业界、学术界以及政府机构的认可，从而得到了迅速发展，以致形成了当今广泛应用的实现机器互连的 Internet 网络。

1.1.2 Internet 推广阶段

ARPANET 于 1986 年被正式分成两大部分：美国国家基金会资助的 NSFNET 和军方独立的国防数据网。在美国国家基金会的支持之下，许多地区和院校的网络开始使用 TCP/IP 协议来和 NSFNET 连接。使用 TCP/IP 协议连接的各个网络被正式改名称为 Internet。1986 年，美国 Cisco 公司成功开发出了世界上首台多协议路由器，为 Internet 网络产品的开发和发展提供了产业基础。

日内瓦欧洲粒子物理实验室于 1989 年成功开发了实现信息互连的万维网（World Wide Web，WWW），为在 Internet 上存储、发布和交换超文本的图文信息提供了强有力的工具。

1986—1989 年，这一时期的 Internet 处于推广阶段，Internet 的用户主要集中在大学和有关研究机构，学术界认为 Internet 与 TCP/IP 协议将向 OSI 参考模型转换。OSI 参考模型无论是在学术界还是在工业界和政府部门都具有相当大的影响力。

1.1.3 Internet 普及阶段

1990 年开始，FTP、电子邮件、消息组等 Internet 应用越来越广泛，TCP/IP 协议在 UNIX 系统中的实现进一步推动了这一发展。1993 年，美国伊利诺依大学国家超级计算中心成功开发了网上浏览工具 Mosaic，后来发展成 Netscape。通过使用 Mosaic 或 Netscapte，Internet 用户可以在 Internet 上自由地浏览和下载 WWW 服务器上发布和存储的各种软件与文件，WWW 与 Netscape 的结合引发了 Internet 的第二次大发展高潮。各种商业机构、机关团体、军事、政府部门和个人开始大量进入 Internet，并在 Internet 上大量发布 Web 主页广告，进行网上商业活动，一个网络上的虚拟空间开始形成。

随着 Internet 规模的日益扩大，不同地域和国家之间开始建立相应的交换中心。Internet 的管理中心开始把相应的 IP 地址分配权向各地区交换中心转移。

1.1.4 Internet 发展阶段

从 1993 年开始，OSI 参考模型已不是计算机网络发展的主流，从学术界、工业界、政府部门到广大用户，都看出了 Internet 的重要性和巨大潜力，纷纷开始支持和使用 Internet。以 Internet 为代表的计算机网络进入了迅速发展阶段。

1993 年，美国宣布正式实施国家信息基础设施计划。美国国家科学基金会也宣布，自 1995 年开始不再向 Internet 注入资金，使其完全进入商业化运作。

光纤通信技术的发展，极大地促进了计算机网络技术的勃兴。光纤作为一种高速率、高带宽、高可靠性的传输介质，为建立高速的网络奠定了基础。网络带宽的不断提高，更加刺激了网络应用的多样化和复杂化，网络应用正迅速朝着宽带化、实时化、智能化、集成化和多媒体化的方向发展。

计算机科学技术已进入了以网络为中心的历史阶段。1996 年出现了跨平台的分布式 Java 语言和网络计算机概念，1997 年提出了 Internet NGI（Next Generation Internet）和 Internet II 等新研究计划。网格计算、对等计算、云计算和普适计算等已成为计算机科学技术研究的热点，物联网（The Internet of Things）的出现是计算机科学技术的新挑战。物联网通信无所不在，所有的物体从洗衣机到冰箱、从房屋到汽车都可以通过物联网进行信息交换。物联网技术融入了射频识别（Radio Frequency Identification，RFID）技术、传感器技术、纳米技术、智能技术与嵌入技术。物联网技术是将改变人们生活和工作方式的重要技术。

1.2 计算机网络的定义及基本要素

1.2.1 计算机网络的定义

计算机网络是指将地理位置不同的具有独立功能的多台计算机系统（自治计算机系统）及其外部设备，通过通信线路连接起来，在网络操作系统、网络管理软件及网络通信协议的管理和协调下，实现资源共享和信息传递的计算机系统。自治是指不存在主从关系。并不是所有连在一起的计算机组建的系统都是计算机网络。例如，由一台主控机和多台从属机组成的系统不是网络，同样的道理，一台含有大量终端的大型计算机也不能称为网络。处于计算机网络中的计算机应具有独立性。如果一台计算机可以强制启动、停止和控制另一台计算机，或者说如果把一台计算机与网络的连接断开，它就不能工作了，这台计算机就不具备独立性。

1.2.2 计算机网络的基本要素

计算机网络具有下述 3 个基本要素。

（1）在计算机网络中的计算机自治的概念，基于这一概念，计算机网络不同于主机系统。

（2）计算机之间的通信必须遵循共同的标准和协议。

（3）计算机网络的最重要目标是资源共享，在计算机网络中的资源主要包括计算机软件资源、硬件资源和用户数据资源等。用户不仅可以使用本地资源，还可以通过计算机网络使用远程资源。

1.3 计算机网络组成

计算机网络是由不同通信媒体连接的、物理上互相分开的多台计算机组成的、通过网络软件实现网络资源共享的系统。通信媒体可以是电话线路、有线电缆（包括数据传输电缆与有线电视信号传输电缆等）、光纤、无线、微波以及卫星等。利用这些通信媒体把相应的交换和互连设备连接，组成相应的通信网络，也称为通信系统。计算机网络主要由下述元素组成。

1.3.1 计算机

与计算机网络连接的计算机可以是巨型机、大型机、小型机或工作站、PC 机以及笔记本电脑，或其他具有 CPU 处理器的智能设备。这些设备在计算机网络中具有唯一的可供计算机网络识别和处理的通信地址。

1.3.2 网络设备

计算机网络也可以看作是在物理上分布的相互协作的计算机系统。其硬件部分除了计算机、光纤、同轴电缆以及双绞线等传输媒体之外，还包括插入计算机中用于收发数据分组的各种通信网卡，把多台计算机连接到一起的集线器，扩展带宽和连接多台计算机用的交换机以及负责路径管理和控制网络交通情况的路由器或 ATM 交换机等。其中路由器、ATM 交换机是构成广域网的主要设备，而交换机和集线器则是构成局域网的主要设备。

1.3.3 软件

与计算机网络有关的软件部分大致可分为 5 类。

1. 操作系统核心软件

操作系统核心软件是网络软件系统的基础。一般来说，计算机网络连接的主机或交换设备所使用的操作系统必须是多任务的，否则将无法处理来自不同计算机的数据的收发任务。这也是 UNIX 操作系统能够成为 Internet 主流操作系统的原因。

2. 通信控制协议软件

协议则是计算机网络中通信双方所必须遵守的规则的集合，它定义了通信双方交换信息时的语义、语法和定时。协议软件是计算机网络软件中最重要、最核心的部分。计算机网络的体系结构由协议所决定。网络管理软件、交换与路由软件以及应用软件等都要通过协议才能发生作用。

3. 管理软件

管理软件管理计算机网络的用户与网络的接入、认证、安全以及网络运行状态和计费等工作。

4. 交换与路由器软件

交换与路由器软件负责为通信用的各部分之间建立和维护传输信息所需的路径。

5. 应用软件

计算机网络通过应用软件为用户提供网络服务，即信息资源的传输和共享。应用软件可分为两类：一类是由网络软件公司开发的通用应用软件工具，包括电子邮件、Web 服务器以及相应的浏览搜索工具等。例如，使用电子邮件软件传输信息，使用网络浏览查询 Web 服务器上的各类信息等。另一类应用软件则是依赖于不同的用户业务，例如，网络上的金融、电信管理，制造厂商的分布式控制与操作。与操作系统为开发用户程序提供系统调用功能一样，计算机网络为一类应用软件的开发提供相应的接口和服务。通常把此类应用软件的开发与网络建设一起称为系统集成。

从逻辑功能上考虑，计算机网络可由资源子网和通信子网组成，如图 1-1 所示。

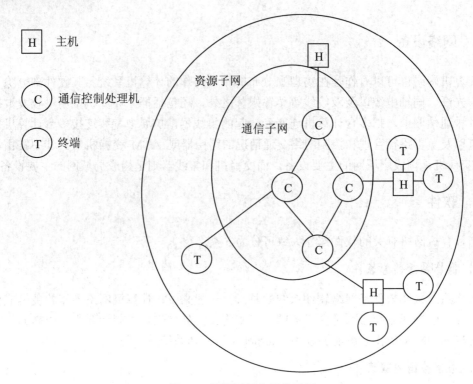

图 1-1   资源子网和通信子网

计算机网络是一个通信网络，各计算机之间通过通信媒体、通信设备进行数字通信，在此基础上各计算机可以通过网络软件共享其他计算机上的硬件资源、软件资源和数据资源。从计算机网络各组成部件的功能来看，各部件主要完成两种功能，即网络通信和资源共享。把计算机网络中实现网络通信功能的设备及其软件的集合称为网络的通信子网，而把网络中实现资源共享功能的设备及其软件的集合称为资源子网。

资源子网主要包括计算机系统、网络终端、外部设备、各种软件资源与数据资源等，负责全网的数据处理，为全网用户提供网络资源和网络服务。通信子网由通信控制处理机、通信线路和其他通信线路组成，负责数据传输和转发等通信工作。

通信子网是指网络中实现网络通信功能的设备及其软件的集合，通信设备、网络通信协议、通信控制软件等属于通信子网，是网络的内层，负责信息的传输。主要为用户提供数据的传输、转接、加工、变换等。

1.4   网络拓扑结构

1.4.1   问题的提出

最直观和简单的计算机网络连接方式是点到点的直接连接方式。直接连接方式通过不同的通信线路把计算机连接起来，每一个信道只连接两台计算机，并且仅被这两台计算机独占。按这种连接方式构成的网络称为点对点网络，其特点如下。

（1）因为每个连接都是独立的，所以可以选择性地使用硬件。例如，基础线路的传输能力和调制解调器不必在所有连接中都相同。

（2）因为连接的计算机独占线路，所以能确切地决定如何通过连接来传送数据。它们能选择帧格式、差错检测机制和最大帧尺寸。

（3）因为只能两台计算机使用通路，其他计算机不能得到使用权，所以加强安全性和私有性是很容易的，没有其他计算机能处理数据，并且没有其他计算机能得到使用权。

当然，点对点连接也有缺点，当多于2台的计算机需要互相通信时，在为每一对计算机提供不同的通信信道的点对点方案中，连接信道的数量随着计算机数量的增长而迅速增长。

例如，图1-2中描述了当计算机有2台、3台、4台时连接数量的变化。可以看出，2台计算机只需1条连接，3台计算机需要3条连接，4台计算机需要6条连接。连接的总数量比计算机的总数量增长得快。从数学上看，N台计算机所需的连接数量同N的平方成正比，表达式如下：

$$连接数量=(N^2-N)/2$$

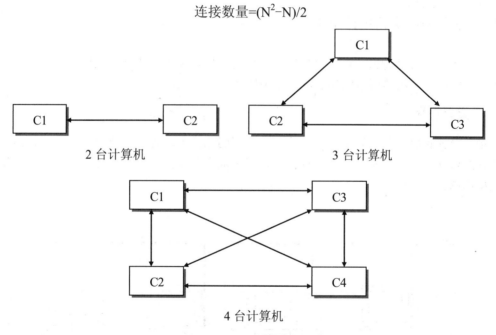

图1-2　计算机连接数量变化

直观地看，如果在原来的系统中增加一台新的计算机，则新增加的计算机必须与每一台已存在的计算机相连接。这样，增加第N台计算机就需要N-1条新的连接。

实际上，这种方式代价高昂，因为许多连接都按相同的物理路径连接。例如，假设一个单位有5台计算机，其中2台在一个地点（假设在一幢大楼的底层），另3台在另一地点（假设在同一幢大楼的顶层）。图1-3表明如果每一台计算机与所有其他计算机有一条连接，那么在两个地点之间有6条连接，在许多情况下这样的连接有相同的物理路径。

在图1-3所示的点对点网络中，两个地点之间的连接数量通常超过计算机的总数量。如果有另一台计算机要添加到地点1中，致使地点1的计算机数量增至3台，网络中的计算机的总数量变成了6台，而在两个地点之间的连接数量增加到9条。

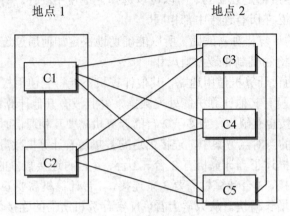

图1-3 两个地点之间计算机的连接数量

1.4.2 常用的网络的拓扑结构

从上述内容可以看出，在计算机网络中如何连接计算机构成计算机网络可以归纳为网络的拓扑结构，常用的网络的拓扑结构如下所述。

1. 总线网络

把各个计算机或其他设备均连接到一条公用的总线上，各个计算机公用这一总线，而在任何两台计算机之间不再有其他连接，这就形成了总线的计算机网络结构。总线网络拓扑结构如图1-4所示。

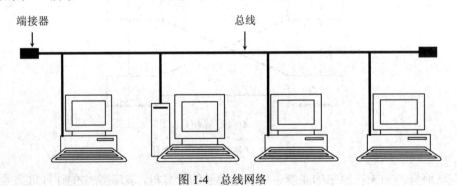

图1-4 总线网络

2. 环状网络

环状网络是将各个计算机与公共的缆线连接，同时缆线的首尾连接，形成一个封闭的环，信息在环路上按固定方向流动。

最常见的采用环状拓扑的网络有令牌环网、FDDI（光纤分布式数据接口）和CDDI（铜线电缆分布式数据接口）网络。图1-5表示环状拓扑。

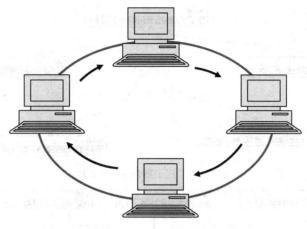

图 1-5　环状网络

3.　星状网络

这种网络结构由一中心点（如集线器）和一些与它相连的字节点组成。集线器是网络的中央布线中心，各计算机通过集线器与其他计算机通信，星状网络又称为集中式网络。图 1-6 表示星状拓扑。

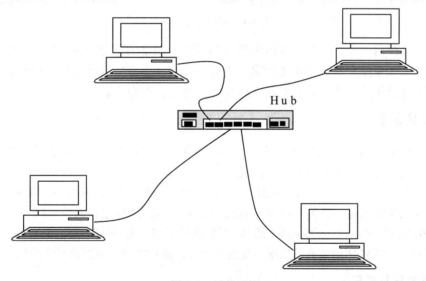

图 1-6　星状网络

常见的物理布局采用星状拓扑的网络有 10BaseT 以太网、100BaseT 以太网，令牌环网、ARCnet 网、FDDI 网络、CDDI 网络、ATM 网络等。

100Base VG（Voice Grade ）Any LAN 采用综合星状拓扑，是一种综合了以太网和令牌环网的新结构。所有计算机都分别连到各个级别的集线器上，每个集线器可以连接以太网，也可以连接星状网，如图 1-7 所示，这种结构可以方便地通过增加子集线器来扩充网络。

星状总线网络是总线拓扑和星状拓扑的结合体。在星状总线网络中，几个星状拓扑由总线网的干线连接起来。图 1-8 表示星状总线拓扑。

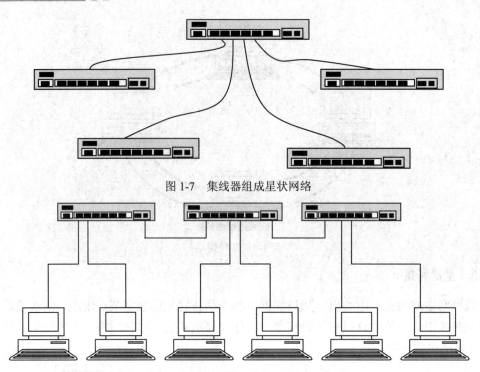

图 1-7　集线器组成星状网络

图 1-8　星状总线网络

在星状总线网络中，一台计算机出现故障不影响网络的其他部分，其他计算机依然可以进行通信。如果某个集线器出现故障，所有与该集线器直接连接的计算机都不能使用网络，需要通过该集线器进行的其他网段的计算机的通信将受到影响。

4. 网状网络

网状拓扑是容错能力最强的网络拓扑。在这种网络中，网络上的每台计算机（或某些计算机）与其他计算机有多条直接线路连接。

在网状网络中，如果一台计算机或一段线缆发生故障，网络的其他部分依然可以运行。如果一段线缆发生故障，数据可以通过其他的计算机和线路到达目的计算机。

网状拓扑建网费用高，布线困难。通常，网状拓扑只用于大型网络系统和公共通信骨干网，如帧中继网络、ATM 网络或其他数据包交换型网络，这些网络主要强调网络的高可靠性。

5. 多种拓扑结构

每一个拓扑结构都有其优点与缺点，没有一种拓扑结构对所有情况都是最好的。环状拓扑使计算机容易协调使用以及容易检测网络是否正确运行。然而，如果其中一根电缆断掉，整个环状网络都要失效。星型网络能保护网络不受一根电缆损坏的影响，因为每根电缆只连接一台机器。总线拓扑所需的布线比星型拓扑少，但是有和环状拓扑一样的缺点：如果总线断开，网络就要失效。

可以在计算机网络中采用多种拓扑结构的组合，这样可以充分发挥各种拓扑结构的优点，优化了网络整体结构的性能。

1.5　网　络　分　类

可以从不同角度对计算机网络进行分类。

1.5.1　基于作用范围分类

从作用范围角度来分类，网络可以分成局域网、广域网、城域网和互联网。

1. 局域网（Local Area Network，LAN）

局域网一般用微型计算机通过高速通信线路相连（速度通常在 10Mb/s 以上），但在地理上则局限于较小的范围（如 1km 左右）。

2. 广域网（Wide Area Network，WAN）

广域网的作用范围通常为几十到几千公里，广域网有时也称为远程网（Long Haul Network）。

3. 城域网（Metropolitan Area Network，MAN）

城域网的作用范围在广域网和局域网之间，例如，作用范围是一个城市，其传送速度比局域网的更高，作用距离约为 5~10km。

如果中央处理机之间的距离非常近，则一般就称之为多处理机系统而不称为计算机网络。

4. 互联网

互联网是指将多个计算机网络相互连接构成的计算机网络集合，图 1-9 所示的是 4 个网络用 4 台路由器相互连接构成的互联网。

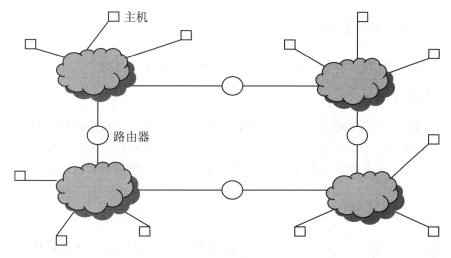

图 1-9　互联网

在图 1-9 中，云图代表任何类型的网络，例如广域网或局域网，也可以是一条点到点拨号线路或专线。互联网的常用形式就是将多个局域网通过广域网连接起来。

5. 局域网、广域网和城域网的比较

局域网、广域网和城域网的归纳与比较说明如表 1-1 所示。

表 1-1 局域网、广域网和城域网的比较

网络类型	范围	传输速度	成本
局域网	2km 以内，同一栋建筑物内	快	便宜
城域网	2~10km，同一城市内	中等	昂贵
广域网	10km 以上，可以跨越国家或州界	慢	昂贵

1.5.2 基于应用范围分类

按使用范围分类，网络可以分为公用网和专用网。

（1）公用网一般是国家的电信部门建造的网络。公用的含义是指所有愿意按电信部门规定缴纳费用的人都可以使用，因此公用网也可以称之为公众网。

（2）专用网是某个部门根据本系统的特殊业务工作需要而建造的网络。这种网不向本系统以外的人提供服务，例如军队、铁路、电力等系统均有本系统的专用网。

公用网和专用网都可以传送多种业务，如要传送计算机数据，则公用计算机网络和专用计算机网络都可以完成，只是使用的范围不同。

1.5.3 基于拓扑结构分类

计算机网络拓扑结构是指计算机网络硬件系统的连接形式。主要的网络拓扑结构有点到点连接、总线状、星状、环状、网状等。

1.5.4 基于传输媒体分类

按传输的媒体不同，计算机网络可以分为有线网络和无线网络。

1. 有线网络

采用双绞线、同轴电缆、光纤等物理媒体连接的计算机称为有线网络。双绞线是常用的局域网络的联网方式，特点是价格便宜，安装方便，抗干扰能力差。光纤网络传输距离长，传输速率高，抗干扰能力强但价格较高。同轴电缆网络较经济，安装较方便，抗干扰能力一般。

2. 无线网络

采用微波、红外线和无线电短波作为传输媒体的计算机网络称为无线网络。无线网络按覆盖范围可以划分为无线个域网、无线局域网、无线城域网和无线广域网。无线网络安

装、使用方便，但传输率低、误码率高、站点之间容易存在干扰。

1.5.5 基于操作方式分类

按网络操作方式可以分为对等式和主从式网络。主从式网络中的计算机可以分为客户端和服务器，客户端可以对服务器请求资源。对等式网络中的每台计算机都可以同时扮演客户端和服务器的角色，可以为其他计算机提供资源。

1. 对等式网络

对等式网络是最简单的网络，在对等式网络中，每台计算机都可以是客户端与服务器，没有集中式的资源存储系统，数据和资源分布在网络中，并且为用户共享。对等式网络的主要优点是不易出现数据传输瓶颈、架设容易、成本低廉，适于小型网络。

2. 主从式网络

在主从式网络中，可以设有数部服务器，为客户端提供所需的资源。这些服务器可以根据所提供的服务而配备较好的硬件设备。例如对于文件服务器可以配备容量大、访问速度较快的硬盘等。主从式网络的主要优点是适用于较大的网络，由于资源存于服务器上，在管理和访问上，比对等式网络容易实现。计算机网络的分类方法有多种，常见的主要有从网络的拓扑结构、网络的覆盖范围、网络的传输介质、网络的通信方式、网络的功能等方面进行划分。

1.6 网络性能指标

在进行网络学习和深入分析之前，了解并理解计算机网络性能的主要指标十分必要。这些指标包括响应时间、吞吐量、延迟、带宽、容量等。

1.6.1 响应时间、延迟时间和等待时间

响应时间、延迟时间和等待时间是网络的重要指标，它们都是以时间为基础的指标，将对网络的性能产生较大影响。

响应时间是指从发出请求信号开始到接收到响应信号为止所用的时间，它主要用来评价终端向主机交互式地发出请求信息所用的时间。例如，响应时间是当用户按 Enter 键开始到全部的数据返回到终端显示器上所经历的全部时间。影响响应时间的因素有连接速度、协议优先机制、主机繁忙程度、网络设备等待时间和网络配置等。一般来说，响应时间依赖于网络和处理器的工作情况。下面以一个例子来说明响应时间。

1. 主/从结构中的响应时间

图 1-10 给出了传统的 IBM 网络中典型响应时间组成部分。从图 1-10 中可以看出，响应时间是数据通过网络中的每一部分所用时间之和。每一个设备、通信连接以及处理过程的自身延迟都会影响整个响应时间。

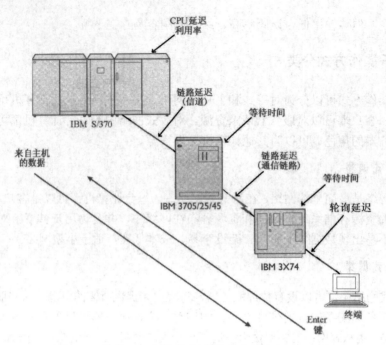

图 1-10　传统 IBM 网络的主/从结构中的响应时间组成

描述响应时间的 4 个组成部分如下。

（1）轮询延迟

轮询是在不平衡数据通信配置结构中控制主从节点间进行通信的一种方法。如果网络设备有数据需要发送，它必须一直等到主设备（上级控制者或主机）对它进行查询，才能发送数据。

（2）链路延迟

链路延迟与在指定链路上传输数据的速度相关。链路的速度越快，在两点间传输数据的速度越快，延迟就越短。在传统的 IBM 网络结构中，一般的链路速度是 9.6Kb/s 或 19.2Kb/s。

（3）等待时间

等待时间指的是网络设备（如网桥或路由器）在收到数据包后分解和重发所耗费的时间。

（4）CPU 延迟

CPU 延迟指的是服务器的中央处理器处理网络请求所用的时间。一般来说，CPU 越繁忙，处理请求的时间就越长。

2. 客户机/服务器结构中的响应时间

在客户机/服务器网络结构中，响应时间指的是服务器响应客户工作站提出的请求所用的时间。客户机/服务器网络结构如图 1-11 所示。

在这种结构中，影响响应时间的因素如下。

（1）网卡延迟

在网络信道中网卡会引起不同的延迟。当一个应用程序提出一个网络连接请求，就会产生一个延迟用于网卡处理请求并访问物理介质。

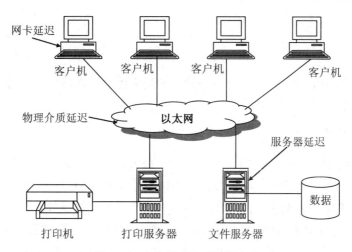

图 1-11　客户机/服务器网络结构

（2）物理介质延迟

响应时间取决于网络结构细节决定的传输速度。在 4Mb/s 的令牌环网上传输数据当然会比在 100Mb/s 的 FDDI 网络上传输数据所用的时间长。使用位数较长的信息帧传输文件比使用位数较短的信息帧所用的时间长。

（3）服务器延迟

由于处理器的速度不同和服务器处理请求的平均数量不同，服务器响应时间可能会有很大的变化。影响服务器延迟的因素是队列延迟和磁盘存取延迟。

另一个影响响应时间的因素是网络延迟，如图 1-12 所示。当请求/应答通信流通过公共广域网时，响应时间会发生很大的变化。例如，当使用 Internet 时，响应时间会产生很大的变化，甚至会因为超时而断开网络连接。这类网络延迟非常难以预测，而且会随着时间而产生变化。

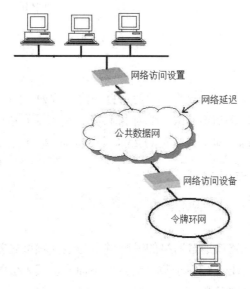

图 1-12　网络延迟

1.6.2 利用率

利用率反映出指定设备在使用时所能发挥的最大能力。在网络分析与设计过程中，通常考虑 CPU 利用率和链路利用率。

1. CPU 利用率

CPU 利用率是指在处理网络发出的请求和做出响应时处理器的繁忙程度。网络互连设备（例如路由器）要处理的数据包越多，则所耗费的 CPU 时间越长。由于 CPU 的处理能力一定，如果新的工作需要更快的 CPU，则有些工作就必须排队等待。

从图 1-13 中可以看出路由器 CPU 利用率与网络性能的关系。当路由器的 CPU 利用率超过了某个值后，路由器不能及时处理涌入的数据包，网络的整体性能就会随之下降。图 1-13 中的路由器有效最大利用率低于 100%。路由器必须处理转发数据以外的事务。例如，各个路由器之间需要交换数据来维护路由表，许多设备保存管理信息，并要响应网络管理命令。随着设备越来越复杂，就必须利用更多的 CPU 时间来处理这些“额外”事务。

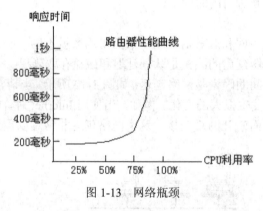

图 1-13　网络瓶颈

2. 链路利用率

链路利用率指的是链路总带宽的有效使用百分比。例如，购买了一条 T1 线路，它有 24 条信道，最大带宽为每条信道 64Kb/s，如果只充分利用了 6 条信道，则这条线路的利用率就是 64Kb/s×6=384Kb/s，即最大带宽的 25%（384/(64×24)）。

1.6.3　带宽、容量和吞吐量

1. 带宽

带宽是指通过通信线路或通过网络的最高频率与最低频率之差。带宽对于模拟信号网络而言，其单位为赫兹（Hz）；对于数字信号网络而言，其单位为比特/秒（b/s）。表 1-2 列举了一些常见的网络带宽参数。

表 1-2 网络带宽参数表

技 术 类 型	数据传输率	物 理 媒 体	应 用 环 境
拨号线路	14.4~56Kb/s	双绞线	本地和远程低速访问
租用线路	56Kb/s	双绞线	小型商业低速访问
综合业务数字网（ISDN）	128Kb/s	双绞线	小型商业、本地应用、中等速度
IDSL	128Kb/s	双绞线	小型商业应用、中等速度
卫星（直接用 PC）	400Kb/s	无线电波	小型商业应用、中等速度
帧中继	56Kb/s~1.544Mb/s	双绞线	小型~中等商业应用
T1	1.544Mb/s	双绞线、光纤	中等商业应用、Internet 访问、端到端网络连通
E1	2.048Mb/s	双绞线、光纤	中等商业应用、Internet 访问、端到端网络连通
ADSL	1.544~8Mb/s	双绞线	中等商业应用、高速本地应用
电缆调制解调器	512Kb/s~52Mb/s	同轴电缆	本地应用、商业应用、中等到高速的访问
以太网	10Mb/s	同轴电缆或双绞线	局域网
令牌环网	4Mb/s 或 16Mb/s	双绞线	局域网
E3	34.368Mb/s	双绞线或光纤	16 个 E1 信号
T3	45Mb/s	同轴电缆	连接 ISP 到 Internet 基础结构、大型商业应用
OC-1	51.84Mb/s	同轴电缆	主干网、校园网连接 Internet ISP 到主干网
快速以太网	100Mb/s	双绞线、光纤、同轴电缆	高速局域网
光纤分布式数据接口（FDDI）	100Mb/s	光纤	局域网主干
铜线分布式数据接口（CDDI）	100Mb/s	双绞线	主机连通
OC-3	155.52Mb/s	光纤	大型公司主干网
千兆位以太网	1Gb/s	光纤铜线（受限）	高速局域网的连通
OC-24	1.244Gb/s	光纤	Internet 主干网、高速的公司主干网
OC-48	2.488Gb/s	光纤	Internet 主干网

为能够正常地发挥作用，不同类型的应用需要不同的带宽。一些典型应用的带宽如下。

❖ PC 通信：14.4~50Kb/s。

❖ 数字音频：1~2Mb/s。

❖ 压缩视频：2~10Mb/s。

❖ 文档备份：10~100Mb/s。

❖   非压缩视频：1~2Gb/s。

2. 容量

容量指的是通信信道或通信线路的最大数据传输能力。它经常用来描述通信道或连接的能力。例如，一条 T1 信道的容量是 64Kb/s。但这并不意味着通信道将总是处于 64Kb/s 的数据传输状态，而是指它具有 64Kb/s 的数据传输的上限。容量和带宽可互换使用。

3. 吞吐量

吞吐量是指在网络用户之间有效地传输数据的能力。如果说带宽给出了网络所能传输的比特数，那么吞吐量就是它真正有效的数据传输率。

吞吐量常用来评估整个网络的性能，如图 1-14 所示。对吞吐量进行度量的一种有效方法是信息比特吞吐率（TRIB），有效的吞吐量与响应时间是直接相关的，有效吞吐量越高，响应时间越快。有效吞吐量和吞吐量经常互换使用。一般以数据包每秒（PPS）、字符每秒（CPS）、每秒事务处理数（TPS）或每小时事务处理数（TPH）为吞吐量的单位。

影响吞吐量的因素有以下几个方面。

❖   协议效率，不同的协议传输数据的效率不同。

❖   服务器/工作站 CPU 类型。

❖   网卡（NIC）类型。

❖   局域网（LAN）/链路（Link）容量。

❖   响应时间。

每秒事务处理数（TPS）和每小时事务处理数（TPH）是最常见的度量吞吐量的方法。例如 7200TPH 或者 2TPS。知道 TPH 还不足以衡量整个网络的性能，还必须知道 TPH 的平均大小和一天中什么时间发生的 TPH。图 1-15 显示了对给定网络吞吐量随时间变化的不同度量值和吞吐量与分组包大小之间的关系。

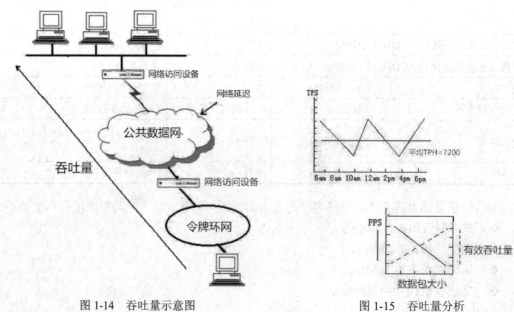

图 1-14 吞吐量示意图   图 1-15 吞吐量分析

1.6.4　可用性、可靠性和可恢复性

1. 可用性

可用性是指网络或网络设备（例如主机或服务器）可用于执行预期任务的时间的总量（百分比）。网络管理员的目标有时就是关注网络的可用性。换句话说，就是使网络的可用性尽可能地接近 100%。任何关键的网络设备的停机都会影响到可用性。例如，一个可提供每天 24 小时、每周 7 天服务的网络，如果网络在一周 168 小时之内运行了 166 小时，其可用性是 98.81%。

可用性通常表示平均可运行时间。95%可用性意味着 1.2 小时/天的停机时间，而 99.99%的可用性则表示 8.7 秒/天的停机时间。

一般而言，可用性与网络运行时间的长短有关，它通常与冗余有关，尽管冗余并不是网络的目标，而是提供网络可用性的一种手段。可用性还与可靠性有关，但比可靠性更具体。

2. 可靠性

可靠性是网络设备或计算机持续执行预定功能的可能性。可靠性经常用平均故障间隔时间来度量（MTBF）。这种可靠性度量也适用于硬件设备和整个系统。它表示了系统或部件发生故障的频率。例如，一个 MTBF 如果为 5800 小时，则意味着大约每 8 个月可能发生一次故障。

网络设计中的可靠性设计主要是为了要找到以下问题的答案。

❖　一个特殊设备在网络中发生故障的可能性有多大？

❖　设备的故障是否会导致网络的崩溃？

❖　网络的故障将会对企业的生产力产生什么样的影响？

可靠性与可用性紧密相关。它们都是企业计算环境设计的目标。可用性可用来度量可靠性，可用性越高，可靠性越好。

3. 可恢复性

可恢复性是指网络从故障中恢复的难易程度和时间。可恢复性即指平均修复时间（MTTR）。平均修复时间用来估算当故障发生时，需要花多长时间来修复网络设备或系统。影响 MTTR 的因素有以下方面。

❖　维护人员的专业知识。

❖　设备的可用性。

❖　维护合同协议。

❖　发生时间。

❖　设备的使用年限。

❖　故障设备的复杂程度。

在设备或系统方面，不同的设备需要不同级别的可恢复性。例如，为了应付意外情况的发生，可能需要为中心交换机储备一台备用的交换机。对于一个总共使用 12 个传真设备

的公司而言，只需要用一台备用的传真设备就可解决可恢复性问题。

1.6.5 冗余度、适应性和可伸缩性

1. 冗余度

冗余是指为避免停机而为网络增加双重信道和设备。冗余度是另一个在网络设备和系统设计与实施中需要考虑的因素，是指在局域网（MAN）或广域网（WAN）中提供备用的路径来传输信息。当原来的链路中断后，备用的路径将会发挥作用，图 1-16 是链路冗余度示意图。备用路径与基本路径都需要考虑性能需求。

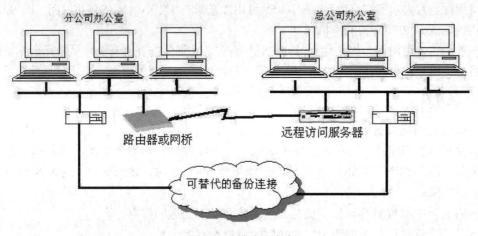

图 1-16　链路冗余度

在关键的网络设备设计与实施中冗余度是需要考虑的因素。大型交换机可以支持大量的客户连接，同时还保留一定冗余的能量供给、处理器电路卡等，并提供自动故障处理和切换装置，以应付意外情况的发生。

2. 适应性

适应性是指在用户改变应用要求时网络的应变能力。一个优秀的网络设计应当能适应新技术和新变化。例如，使用手提电脑的移动用户对能访问企业局域网来实现 E-mail 和文件传输服务的需求正是对网络适应性的检验。

灵活的网络设计还能适应不断变化的通信模式和服务质量（QOS）的要求。例如，某些用户要求选用的网络技术能够支持提供恒定速率的服务。

此外，以多快的速度适应出现的问题和进行升级也是适应性的另一方面。例如，交换机能以多快的速度适应另一个交换机的故障，适应树状拓扑结构发生的变化；路由器能以多快的速度适应加入拓扑结构的新网络等。

3. 可伸缩性

可伸缩性是指网络技术或设备随着用户需求的增长而扩充的能力。对于许多企业网设计而言，可伸缩性是最基本的目标。有些企业常以很快的速度增加客户数量、应用种类以

及与外部的连接。因此在网络分析和设计时就应充分考虑网络扩充问题。

1.6.6　效率与费用

效率是指网络如何更有效地使用所提供的带宽。网络费用是指与传输的用户数据相关的协议信息的数量。可以用多种方法来度量效率，其中一种是在数据链路层（DLL）度量效率，而不考虑上层协议报头的数量。当比较处于同一层的两种协议时，这将是一种很不错的比较方法。ATM 与 FDDI 的效率比较如表 1-3 所示。

表 1-3　ATM 与 FDDI 的效率比较

效　率　公　式	ATM 效率	FDDI 效率
效率=(帧长−帧头和帧尾)/(帧长)×100% 额外开销=(100−效率)/100	ATM 效率= 90.5% ATM 额外开销= 9.5% (53−5)/53 = 90.5% (100−90.5)/100 = 9.5%	FDDI 效率= 99.5% FDDI 额外开销=0.5% (4478−22)/4478×100% = 99.5% (100−99.5)/100 = 0.5%

除了以上方面的比较外，还有其他方面的可比之处。因为 FDDI 采用的是典型的共享介质技术，而 ATM 采用的是交换技术。考虑到这一点，100Mb/s 的 ATM 在可用带宽上将远大于 100Mb/s 的 FDDI。

1.7　数据交换方式

网络交换技术已经经历了 4 个发展阶段，即电路交换技术、报文交换技术、分组交换技术和 ATM 技术。

1.7.1　电路交换

公众电话网（PSTN 网）和移动网（包括 GSM 网和 CDMA 网）采用的都是电路交换方式，电路交换方式的基本特点是采用面向连接的方式，在双方进行通信之前，需要为通信双方分配一条具有固定带宽的通信电路，通信双方在通信过程中将始终占用所分配的资源，直到通信结束，并且在电路的建立和释放过程中都需要利用相关的信令协议。这种方式的优点是在通信过程中可以保证为用户提供足够的带宽，并且实时性强，时延小，交换设备成本较低，但同时带来的缺点是网络的带宽利用率不高，一旦电路被建立不管通信双方是否处于通信状态，分配的电路都一直被占用。例如电话系统就是采用了电路交换方式。

1. 电路交换的通信过程

电路交换的通信过程可分为 3 个阶段。

（1）电路建立阶段。

（2）数据传输阶段。

（3）电路拆除阶段。

在传输数据之前，必须建立两站之间的连接。如果连接成功，则在主叫端到被叫端之间建立了一条物理通路，两站便可以进行数据传输。数据传输完毕后，需要拆除电路连接，通常由通信双方中任一方完成，发出的拆除信号必须传送到各个节点，以便释放占用的资源。

通常将这种建立连接、通信、释放连接的联网方式称之为面向连接方式。电路交换是面向连接，但面向连接不一定是电路交换。图1-17所示的是电路交换的示意图，为了简单起见，途中对市话和长途交换机没有区分。应当注意的是，用户线归电话用户专用，而交换机之间拥有大量话路的中继线则是许多用户共享的，正在通话的用户只占用了其中的一个话路。而在通话的全部时间内用户始终占用端到端的固定传输带宽。

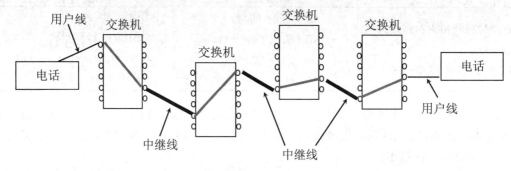

图1-17　电路交换

2. 电路交换的优点

（1）由于通信线路为通信双方用户专用，数据可以直达，所以传输数据的时延非常小。

（2）通信双方之间的物理通路一旦建立，双方可以随时通信，实时性强。

（3）双方通信时按发送顺序传送数据，不存在失序问题。

（4）电路交换既适用于传输模拟信号，也适用于传输数字信号。

（5）完成电路交换的交换设备（交换机等）及控制均较简单。

3. 电路交换的缺点

（1）电路交换的平均连接建立时间相对计算机通信比较，时间较长。

（2）电路交换连接建立后，物理通路被通信双方独占，即使通信线路空闲，也不能供其他用户使用，因而信道利用低。

（3）电路交换时，数据可以直达，但不同类型、不同规格、不同速率的终端很难相互进行通信，也难以在通信过程中进行差错控制。

从电路交换的优缺点分析可以看出，因为电路交换建立一次连接就可以传送大量的信息，所以电路交换适合远程批处理、文件传递等。

1.7.2　报文交换

报文交换技术采用存储转发机制，报文交换是以报文作为传送单元，即以报文为数据交换的单位，报文还携带有目标地址、源地址等信息，在交换结点采用存储转发的传输方式，因而有以下优缺点。

1. 优点

（1）报文交换不需要为通信双方预先建立一条专用的通信线路，不存在连接建立时延，用户可随时发送报文。

（2）由于采用存储转发的传输方式，报文交换具有下列优点。

❖ 在报文交换中便于设置代码检验和数据重发设施，加之交换结点还具有路径选择，就可以做到某条传输路径发生故障时，重新选择另一条路径传输数据，提高了传输的可靠性。

❖ 在存储转发中容易实现代码转换和速率匹配，甚至收发双方可以不同时处于可用状态。这样就便于类型、规格和速度不同的计算机之间进行通信。

❖ 提供多目标服务，即一个报文可以同时发送到多个目的地址，这在电路交换中是很难实现的。

❖ 允许建立数据传输的优先级，使优先级高的报文优先转换。

（3）通信双方不是固定占有一条通信线路，而是在不同的时间，分段地占有这条物理通路，因而显著地提高了通信线路的利用率。

2. 缺点

（1）由于数据进入交换结点后要经历存储、转发这一过程，从而引起转发时延（包括接收报文、检验正确性、排队、发送时间等），而且网络的通信量愈大，造成的时延就愈大，因此报文交换的实时性差，不适合传送实时或交互式业务的数据。

（2）报文交换只适用于数字信号。

（3）由于报文长度没有限制，而每个中间结点都要完整地接收传来的整个报文，当输出线路不空闲时，还可能要存储几个完整报文等待转发，要求网络中每个结点有较大的缓冲区。为了降低成本，减少结点的缓冲存储器的容量，有时要把等待转发的报文存在磁盘上，进一步增加了传送时延。

1.7.3 分组交换

虽然传统的基于电路交换式的电信网四通八达，但一旦正在通信的电路中有一个交换机或有一条链路被毁，整个通信电路就必然要中断。如果立即改用其他电路通信，必须重新拨号建立连接。这很可能会延误一些时间，也许只是十几秒，但是在应用中，却很可能因此造成巨大的损失。

另一方面，当使用电路交换来传送计算机数据时，效率可能很低。由于计算机数据是突发地出现在传输线路上，因此线路用来传送数据的时间往往不到 10%甚至 1%。在绝大部分时间内，通信线路实际上空闲。例如，当用户阅读终端屏幕上的信息或用键盘输入和编辑一份文件时，或计算机正在进行处理而结果尚未得出时，宝贵的通信线路资源实际上并未被使用，进而造成效率低下。

1. 分组概念

针对电路交换的缺点，提出了一种更灵活的分组交换传送方式。分组交换技术就是针对数据通信业务的特点而提出的一种交换方式，它的基本特点是面向无连接而采用存储转发的方式，将需要传送的数据按照一定的长度分割成许多小段数据，并在数据之前增加相应的用于对数据进行选路和校验等功能的头部字段，作为数据传送的基本单元即分组。采用分组交换技术，在通信之前不需要建立连接，每个节点首先将前一节点送来的分组收下并保存在缓冲区中，然后根据分组头部中的地址信息选择适当的链路将其发送至下一个节点，这样在通信过程中可以根据用户的要求和网络的能力来动态分配带宽。分组交换比电路交换的电路利用率高，但时延较大。

分组交换传送方式采用存储转发技术。图 1-18 所示的是分组的概念。将要发送的整块数据称为一个报文，在发送报文之前，先将较长的报文划分成多个更小的等长数据段，例如，每个分组长度可为 1024bit。在每个数据段前面加上首部后就构成了一个分组，分组又称为包，而包的首部也可称为报头。包是在计算机网络中传送的基本数据单元。

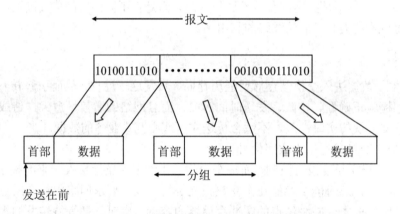

图 1-18　分组的概念

在一个分组中，分组的首部含有目的地址和源地址等重要控制信息，保证了每个分组能在分组交换网中独立的选择路由。因此，分组交换是基于标记的，首部就是一种标记。

使用分组交换，在通信过程中可以不建立任何连接，将这种不先建立连接而随时可发送数据的联网方式称为无连接方式。

2. 分组交换网

分组交换网由若干个节点交换机和连接这些交换机的链路组成，如图 1-19（a）所示。用圆圈表示节点交换机，在概念上，一个节点交换机就是一个小型计算机。图 1-19（a）和图 1-19（b）的表示方法相同，但图 1-19（b）强调了节点交换机具有多个端口的概念。图 1-19（b）用一个方框表示节点交换机。每一个节点交换机都有两组端口。一些小半圆表示的一组端口用来和计算机相连，其速率较低。而一些小方框表示的一组端口则用来和网络的高速链路相连，其速率较高。图中 $H_1 \sim H_6$ 是可进行通信的计算机，即主机，连接在网络之间的节点交换机称为路由器。

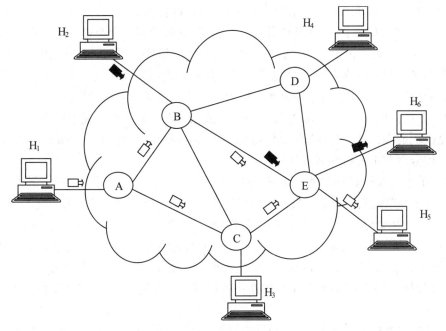

（a）通信子网和主机

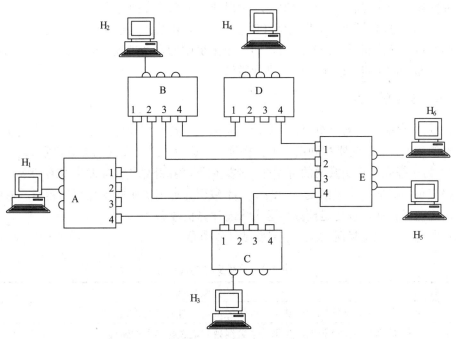

（b）结点交换机的两组端口

图 1-19　分组交换网示意图

这里特别要说明的是，在节点交换机中的输入和输出端口之间没有直接连线。节点交换机将收到的分组先放入缓存后再查找路由表，路由表中存有为了到达目的地址应从何端口转发的信息，然后确定将该分组交给某个端口转发出去。

（1）若主机 H_1 向主机 H_5 发送数据。主机 H_1 先将分组一个个地发往与它直接相连的节点交换机 A。此时，除链路 H_1-A 外，网内其他通信链路并不被目前通信的双方所占用。需要注意的是，即使是链路 H_1-A，也只是当分组正在此链路上传送时才被占用。在各分组传送之间的空闲时间，链路 H_1-A 仍然可以为其他主机发送的分组使用。

（2）节点交换机 A 将主机 H_1 发来的分组放入缓存。若从路由表中查出应将该分组送到节点交换机的端口 4，于是分组就经链路 A-C 到达节点交换机 C。当分组正在链路 A-C 传送时，该分组并不占用网络其他部分的资源。

（3）节点交换机 C 继续按上述方式查找路由，假定查出应从端口 3 进行转发。于是分组又经端口 3 向节点交换机 E 转发。当分组到达节点交换机 E 时，就将分组交给主机 H_5。

（4）若在某个分组的传送过程中，链路 A-C 的通信量太大并产生了拥塞，那么节点交换机 A 可以将分组转发端口改为端口 1。于是分组就沿另一个路由到达节点交换机 B。交换机 B 再通过其端口 3 将分组转发到节点交换机 E，最后将分组送到主机 H_5。图 1-19（a）还表示，在网络中可同时有其他主机也在进行通信，如主机 H_2 经过节点交换机 B 和 E 与主机 H_6 通信。

节点交换机暂时存储的是一个个短的分组，而不是整个的长报文。短分组是暂存在交换机的存储器中而不是存储在磁盘中。这就保证了较高的交换速率。

在图 1-19 中只画了两对主机之间（H_1 和 H_5，H_2 和 H_6）进行的通信。实际上，一个分组交换网可以很多主机同时进行通信，而一个主机中的多个进程（即正在运行中的多道程序）也可以与不同主机中的不同进程进行通信。

3. 分组交换的优点

（1）采用存储转发的分组交换，实质上是采用了在数据通信的过程中断续或动态分配传输带宽的策略，通信线路的利用率大大提高了，这对传送突发式的计算机数据非常合适。

（2）为了提高分组交换网的可靠性，常采用网状拓扑结构，当发生网络拥塞或少数节点、链路出现故障时，可灵活地改变路由而不致引起通信的中断或全网的瘫痪。通信子网往往由高速链路构成，以便迅速地传送大量的计算机数据。

综上所述，分组交换网的主要优点如表 1-4 所示。

表 1-4　分组交换的优点

优　　点	所采用的手段
高效	在分组传输的过程中动态分配传输带宽，对通信链路是逐段占用
灵活	每个节点均有智能，为每一个分组独立地选择转发的路由
迅速	以分组作为传送单位，通信前可以不先建立连接就能发送分组；网络使用高速链路
可靠	完善的网络协议，分布式多路由的通信子网

分组交换也带来一些新的问题。分组在各节点存储转发时，因为需要排队，这将造成一定的时延。当网络通信量过大时，这种延迟可能会很大。此外，各分组必须携带的控制信息也造成了一定的开销。整个分组交换网的管理和控制也比较复杂。

4. 3 种交换方式的比较

图 1-20 表示电路交换、报文交换、分组交换的主要区别。图中的 A 和 D 分别是源节点和目的节点，而 B 和 C 则是 A 和 D 之间的中间节点。

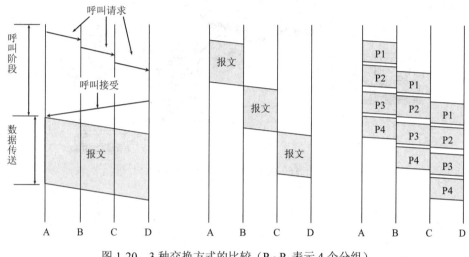

图 1-20　3 种交换方式的比较（P_1~P_4 表示 4 个分组）

（1）从图 1-20 中不难看出，如果要连续传送大量的数据，并且传送时间远大于呼叫建立时间，则采用在数据通信之前预先分配传输带宽的电路交换较为合适。报文交换和分组交换不需要事先分配传输带宽，在发送突发数据时可提高整个网络的信道利用率。分组交换比报文交换的延迟小，但其节点交换机必须具有更强的处理能力。

（2）当端到端的通信是由很多段的链路组成时，采用分组交换传送数据比用电路交换还有一个优点。这是因为采用电路交换时，只要整个通路有一段链路不能使用，通信就不能进行。就像给一个很远的用户打电话一样，由于要经过很多次转接，只要整个通路中有一段线路不能使用，电话就打不通。但分组交换可以将数据一段一段地像接力一样传输。

（3）分组交换网是以网络为中心，如图 1-21 所示，主机和终端都处在网络的外围，构成了用户资源子网。用户通过分组交换网可共享用于资源子网的许多硬件和各种丰富的软件资源。为了和用户资源子网对比，可以将分组交换网称为通信子网。

（4）这种以通信子网为中心的计算机网络比最初的面向终端的计算机网络的功能扩大了很多，成为 20 世纪 70 年代计算机网络的主要形式。

（5）分组交换网之所以能得到迅速的发展，很重要的一个原因就是分组交换技术给用户带来了经济上的好处，其费用比使用电路交换更为低廉。

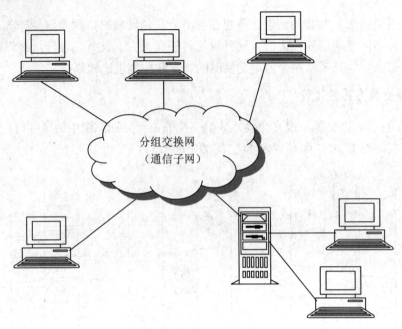

图 1-21 以通信子网为中心的网络

 小结

随着计算机科学与技术的发展，计算机网络正飞速地向世界上的每一个角落延伸，因此了解计算机网络的产生与发展，掌握计算机网络以及数据通信的基础知识是完全必要的。本章主要介绍了计算机网络的产生和发展过程，以及数据通信的基本原理，主要介绍了网络的组成、分类、网络拓扑、网络性能指标、数据交换方式，并介绍了在远距离和近距离情况下，不同计算机中的信号传输的方法。

通过对本章的学习，应对计算机网络以及数据通信技术的基础有概括的了解，为后续各章节的学习建立坚实基础。

 习题

1. 计算机网络发展分几个主要阶段？
2. LAN、MAN、WAN 有哪些区别？
3. 多处理机系统与计算机网络有什么区别？
4. 3 种数据交换方式是如何进行数据交换的？说明各自的优缺点。
5. "如果多台计算机之间存在着明确的主/从关系，其中一台中心控制计算机可以控制其他连接计算机的开启与关闭，那么这样的多台计算机就构成了一个计算机网络。"这种说法正确吗？
6. 简述计算机网络的拓扑结构。

第 2 章　OSI 参考模型

本章知识结构

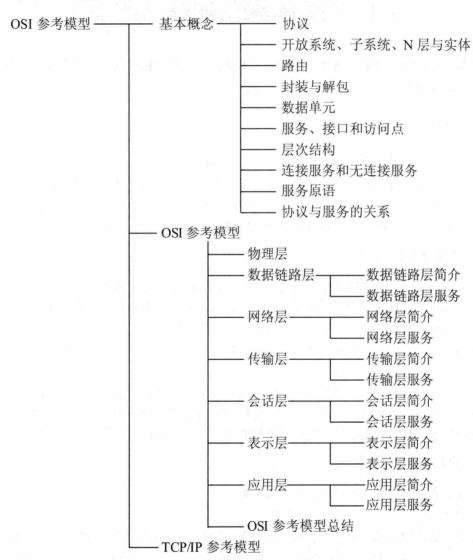

OSI 参考模型 ——— 基本概念 ——— 协议
　　　　　　　　　　　　　—— 开放系统、子系统、N 层与实体
　　　　　　　　　　　　　—— 路由
　　　　　　　　　　　　　—— 封装与解包
　　　　　　　　　　　　　—— 数据单元
　　　　　　　　　　　　　—— 服务、接口和访问点
　　　　　　　　　　　　　—— 层次结构
　　　　　　　　　　　　　—— 连接服务和无连接服务
　　　　　　　　　　　　　—— 服务原语
　　　　　　　　　　　　　—— 协议与服务的关系

　　　　　　—— OSI 参考模型
　　　　　　　　　　　　—— 物理层
　　　　　　　　　　　　—— 数据链路层 ——— 数据链路层简介
　　　　　　　　　　　　　　　　　　　　—— 数据链路层服务
　　　　　　　　　　　　—— 网络层 ——— 网络层简介
　　　　　　　　　　　　　　　　　　　—— 网络层服务
　　　　　　　　　　　　—— 传输层 ——— 传输层简介
　　　　　　　　　　　　　　　　　　　—— 传输层服务
　　　　　　　　　　　　—— 会话层 ——— 会话层简介
　　　　　　　　　　　　　　　　　　　—— 会话层服务
　　　　　　　　　　　　—— 表示层 ——— 表示层简介
　　　　　　　　　　　　　　　　　　　—— 表示层服务
　　　　　　　　　　　　—— 应用层 ——— 应用层简介
　　　　　　　　　　　　　　　　　　　—— 应用层服务
　　　　　　　　　　　　—— OSI 参考模型总结

　　　　　　—— TCP/IP 参考模型

学习目标

❖　了解协议与服务的关系。

❖　理解数据单元、连接服务和无连接服务。

❖ 掌握协议、服务原语。
❖ 掌握连接服务和无连接服务。
❖ 掌握层次结构。
❖ 了解 OSI 参考模型。
❖ 理解 TCP/IP 参考模型。

2.1　网络体系结构的基本概念

本节主要介绍计算机网络体系结构的基本概念，主要包括协议、开放系统、子系统、N 层与实体、路由、封装与解包等。

2.1.1　协议

实体是指能发送和接收信息的任何对象，包括终端、应用软件和通信进程等，而网络通信是指在不同系统中的实体之间的通信。计算机网络的通信需要协议以及相应的网络软件来完成。因为仅仅使用硬件来进行通信就好像用 0 和 1 二进制编程那样难以实现。为了方便网络通信，多数应用程序都依靠网络软件通信，并不直接与网络硬件打交道。

1. 协议的概念

实体之间通信需要一些规则和约定，例如，传送的信息块的编码和格式、收发者的名称和地址的识别、传送过程中出现错误的处理，以及发送速率和接收速率不一致时的处理等。简单地说，将通信双方在通信时需要遵循的一些规则和约定统称为协议。网络协议就是为不同的系统提供共同的用于通信的环境。例如，为了让两个工作站能够充分地进行通信，它们必须使用相同的协议。

系统可以包含一个或多个实体，两实体间要能通信，就必须能够相互理解，共同遵守都能接受的协议。因此协议也称之为两实体间控制数据交换规则的集合，主要用于实现计算机网络资源共享、信息交换，各实体之间的通信和对话等。

2. 协议的基本要素

协议具有语义、语法和时序 3 个基本要素。

（1）语义

定义了通信的发送者和接收者完成的操作，即对协议控制报文组成成分的含义的约定。例如，IP 协议首部中给出目的 IP 地址，即表达的语义是根据目的 IP 地址进行路由，而其协议字段定义使用 IP 层服务的高层协议指明 IP 协议报必须交付到的最终目的协议。

（2）语法

定义了所交换的数据与控制信息的结构和格式，以及数据出现的顺序的意义，如确定通信时采用的数据格式、编码及信号电平，即交换信息的格式等。例如，网际协议 IP 规定数据首部的第 1 个 4bit 是版本，第 2 个 4bit 是首部长度等。

（3）时序

对事件实现顺序的详细说明。定义了事件实现顺序以及速度匹配，体现了在两个实体进行通信时，数据的发送时间和发送的速率。

以两个人打电话为例来说明协议的概念。

甲要打电话给乙，首先甲拨通乙的电话号码，对方电话振铃，乙拿起电话，然后甲乙开始通话，通话完毕后，双方挂断电话。

在这个过程中，甲乙双方都遵守了打电话的协议。其中，电话号码就是语法的一个例子，一般电话号码由 5~8 位阿拉伯数字组成，如果是长途要加拨区号，国际长途还有国家代码等。

甲拨通乙的电话后，乙的电话振铃，振铃是一个信号，表示有电话打进，乙选择接电话，讲话；这一系列的动作包括了控制信号、响应动作、讲话内容等，就是语义的例子。

时序的概念更容易理解，因为甲拨了电话，乙的电话才会响，乙听到铃声后才会考虑要不要接，这一系列事件的因果关系十分明确，不可能没有人拨乙的电话而乙的电话会响，也不可能在电话铃没响的情况下，乙拿起电话却从话筒里传出甲的声音。

由此可见，通信是一个很复杂的过程，特别是计算机网络通信。如果没有严格的协议，完成数据通信过程是不可能的。

3. 协议的层次结构

为简化问题，降低协议设计复杂性，便于维护，提高运行效率，采用了层次结构。每一层都建立在下层之上，每一层都是为其上层提供服务，并对上层屏蔽服务实现的细节。各层协议互相协作，构成一个整体，常称之为协议集或协议族。

同层实体叫作对等实体。对等实体间通信必须遵守同层协议。实际上数据并不是在两个对等实体间直接传送，而是由发送方实体将数据逐层传递给它的下一层，直至最下层通过物理介质实现实际通信，到达接收方；又由接收方最下层逐层向上传递直至对等实体，完成对等实体间的通信。

协议也有高低层次之分，低层协议直接描述物理网络上的通信，高层协议描述较为复杂、较抽象的功能。通信双方以各自的高层使用自己低层为它提供的服务来完成通信功能。不仅如此，各部分之间还必须互相识别要交换的数据格式，从应用层到物理层是一直能够由抽象到具体，自上而下的单向依赖关系，而从物理层到应用层则是一个逐渐抽象和完善的过程。

计算机网络体系结构指的是网络的基本设计思想及方案，各个组成部分的功能和定义。而层次结构是描述体系的基本方法，其特点是每一层都建立在前一层基础上，低层为高层提供服务。因此网络设计者通常依据逻辑功能的需要来划分层次，使每一层实现一个定义明确的功能集合，尽量做到相邻层间接口清晰。另外，合理选择层数，使层次数足够多，每一层都易于管理；同时，层数又不能太多，避免综合开销太大。通信系统采用了层次化的结构，具有如下优点。

❖ 每一个层次的内部结构对上层、对下层的抽象，均为不可见。
❖ 便于系统化和标准化。
❖ 层次接口清晰，减少层次间传递的信息量，便于层次模块的划分和开发。
❖ 与实现无关，允许用等效的功能模块灵活地替代某层模块，而不影响相邻层次的模块。
❖ 各层之间相互独立，高层不必关心低层的实现细节。
❖ 有利于实现和维护，某个层次实现细节的变化不会对其他层次产生影响。

2.1.2 开放系统、子系统、N 层与实体

1. 系统与开放系统

系统是指网络中有自治能力的计算机系统或交换设备，系统又称为网络节点或简称节点，而图 2-1 中每一个垂直列表示一个开放系统。

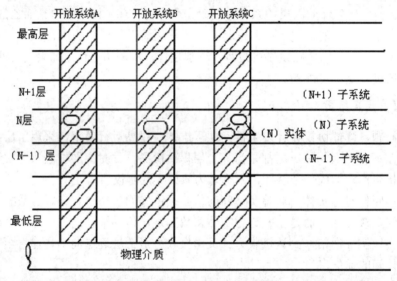

图 2-1 开放系统中的层、子系统和实体

2. 子系统

对每一个开放系统均可以有 N 个划分，每一划分称为一个子系统。显然，每一个子系统与其上、下子系统进行交互作用是通过子系统间的接口进行。

3. N 层

指 N 个划分中，除去顶层和底层的任一层，通常称 N 层；与 N 层相连的上、下层次称为（N+1）层、（N−1）层。这种概念也适应于协议、服务、功能等。

4. 对等层

在所有的开放系统中，位于同一水平（同层）上的子系统，构成了对等层。对等层中

的实体间能够发送和接收信息。

5. 实体

开放系统中，能够发送和接收信息的软件（如进程）和硬件（如智能 I/O 芯片）称为实体。每层由多个实体组成。实体是系统中的活动元素，一个子系统可以包含一个或多个实体，位于不同系统中的同一层次的实体叫作对等实体。

6. 协议栈

协议栈是指特定系统中所有层次的协议的集合。

2.1.3　路由

路由的概念在 20 世纪 80 年代中期才获得成功应用，其主要原因是 20 世纪 70 年代的网络普遍很简单，发展到后来大型的网络才普遍需要路由。路由工作包含两个基本的动作。

（1）确定最佳路径。

（2）通过网络传输信息。

在路由的过程中，后者也称为（数据）交换。交换相对来说比较简单，而选择路径很复杂。

每一个层次都要向相邻的较高的层次提供服务，所提供的服务从具体的、比特形式的服务逐渐形成了更抽象的、更高层的数据对象形式的服务，而这也正是不同层次的协议互不相同的原因之一。另一方面，较低的层次之间可以通过单独的链路直接通信，而较高的层次之间则只能间接地进行对等通信，这也是不同层次的协议不同的另一个原因。面向比特流的协议位于最低层，可用于两个节点之间传输简单的比特流。在这个层次上唯一通用的语言就是"0"和"1"组成的机器语言，该层协议也只能识别出与该层通过直接的物理链路相连并交换比特流的对等层的协议。这就是最低层协议的作用范围，也是其局限性之所在。如果各个层次的对等协议之间在进行通信时都有这种局限性的话，系统的通信能力就会受到极大的限制。其实，高层的程序可以利用一个以上的低层进程提供的服务，也就是利用多种不同类型的物理链路。需要指出的是，同一层次上的两个低层协议并不一定要完全相同。

高层协议可以传送比低层更复杂的报文，可以包含路由信息。这样一来，数据就可以在多条通信链路中传送，从而可以构造出更大规模的网络。因此在将要研究的各种类型的分层的网络系统中，较低层的协议都会提供一种重要的路由服务，其作用是处理在没有物理链路直接相连的计算机之间进行传输时所遇到的路由问题。

在分层结构的系统中，高层的协议处理较复杂的数据，并不考虑实现的细节以及路由之类的问题。例如，网络中的路由通常是由底层的协议来完成的，因此，高层并不关心这些细节。数据流所经过的最高层次就是要对其进行具体操作的层次，当一条消息从中间节点经过时，数据只会流经与它们的传输过程有关的较低的层次。

2.1.4 封装与解包

1. 封装

数据通信程序从较高的层次得到数据，并对数据进行某种形式的变换，然后再将其传送给较低的层次。而且通常还需要根据本层的协议与对等程序进行一定的通信，以实现其功能。例如，一个程序的功能是将长报文分成若干个较短的片断，那么必须与对等的接收程序进行通信，告诉对方一共有多少片断，这些片断应该按照什么顺序重新组装起来。

为了解决这个问题，采用了数据封装方法，这种方法是各层在上一层消息的前面增加自己的前缀，即报头。在有些情况下，也可能会在报文尾部再追加报尾。通常将这种方法称之为封装，如图2-2所示。

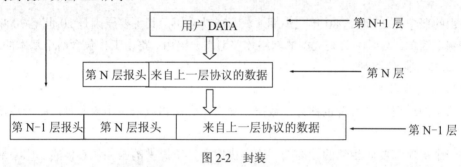

图 2-2 封装

报头通常包含一个长度域，用来说明所封装的报文的长度；此外还有一个用来说明封装报文的类型等信息。例如，假设封装的是一个长报文的片断，那么，报头部分就会包含该片断在整个报文中的相对位置，此外也有可能包含总的片段数目。

利用传输控制协议（TCP）传送数据时，数据被送入协议栈中，然后逐个通过每一层直到被当作一串比特流送入网络。其中每一层对收到的数据都要增加一些首部信息（有时还要增加尾部信息），该过程如图 2-3 所示。TCP 传输给网际协议（IP）的数据单元称作TCP 报文段或简称为 TCP 段，IP 传给网络接口层的数据单元称作 IP 数据报，通过以太网传输的比特流称作帧。

图 2-3 中帧头和帧尾下面所标注的数字是典型以太网帧首部的字节长度。以太网数据帧的物理特性是其长度必须在46~1500 字节之间。更准确地说，图2-3 中 IP 和网络接口层之间传送的数据单元应是分组。分组既可以是一个 IP 数据报，也可以是 IP 数据报的一个片段。

UDP（用户数据报协议）数据与 TCP 数据基本一致。唯一的不同是 UDP 传给 IP 的信息单元称作 UDP 数据报，而且 UDP 的首部长为 8 字节。由于 TCP、UDP、ICMP（Internet控制报文协议）和 IGMP（Internet 组管理协议）都要向 IP 传送数据，因此 IP 必须在生成的 IP 首部中加入某种标志，以表明数据属于哪一层。为此，IP 在首部中存入一个长度为 8位的数值，称作协议域。1 表示为 ICMP 协议，2 表示为 IGMP 协议，6 表示为 TCP 协议，17 表示为 UDP 协议。

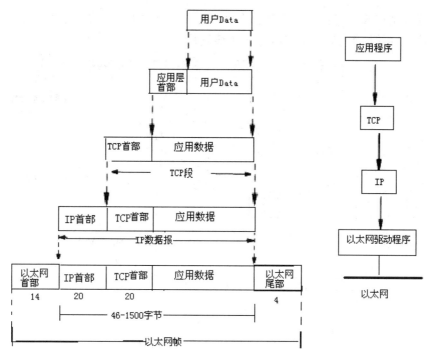

图 2-3　数据进入协议栈时的封装过程

类似地，许多应用程序可以使用 TCP 或 UDP 来传送数据。传输层协议在生成报文首部时要存入一个应用程序的标识符，TCP 和 UDP 都用一个 16 位的端口号来表示不同的应用程序，TCP 和 UDP 把源端口号和目的端口号分别存入报文首部中。

网络接口分别要发送和接收 IP、ARP（地址解析协议）和 RARP（逆地址解析协议）数据，因此也必须在以太网的帧首部中加入某种形式的标识，以指明生成数据的网络层协议。为此，以太网的帧首部也有一个 16 位的帧类型域。

2. 解包

接收报文的对等程序将报文发送给较高层的程序之前，将发送方添加的信息删除，这个过程就是解包，这样原报文就不会有任何改动，而高层协议看不到封装时添加的信息，如图 2-4 所示。

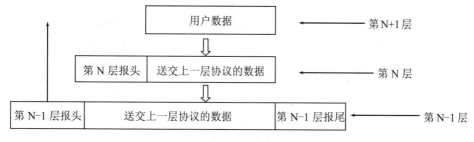

图 2-4　解包

当目的主机收到以太网数据帧时，数据就开始从协议栈中由底向上升，同时去掉各层协议加上的报文首部。每层协议都要去检查报文首部中的协议标志，以确定接收数据的上层协议。这个过程称作分用，图 2-5 显示了该过程。

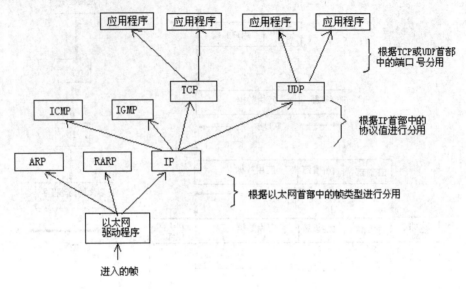

图 2-5　以太网数据帧的分用过程

2.1.5　数据单元

数据单元是在 OSI 中数据传送的单位，可分为 3 种：协议数据单元（PDU）、服务数据单元（SDU）和接口数据单元（IDU）。图 2-6 是 3 种数据单元的简单关系图。

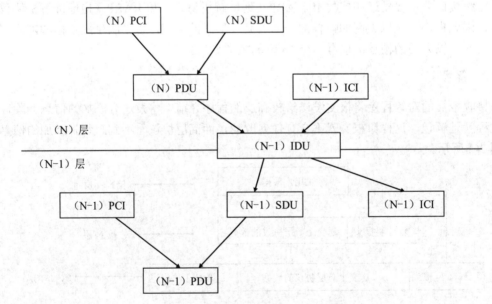

图 2-6　PDU、IDU 和 SDU 关系图

1. 协议数据单元（PDU）

协议数据单元是指在不同的站点的各层对等实体之间为实现该层协议所交换的数据单元；将 N 层的协议数据单元记为（N）PDU。（N）PDU 由两部分组成：N 用户数据单元（N）UDU 和 N 协议控制信息（N）PCI。如果某层协议控制单元只用于控制，则协议数据单元中的用户数据可以省略。

2. 服务数据单元（SDU）

服务数据单元是指相邻层实体间传送的数据单元，实际上它是一个供接口用的用户数据；将 N+1 层与 N 层传送信息的服务数据单元记为（N）SDU。

3. 接口数据单元（IDU）

接口数据单元是指在同一系统的相邻两层实体的一次交互中，经过层接口的数据信息单元的大小。PDU 在通过层接口时还需要加上接口控制信息（ICI）来说明通过的总字节数或是否需要加速传送等。一个 PDU 加上合适的 ICI 后就成为 IDU，当 IDU 通过层间接口后，再将原先加上的 ICI 去掉。

2.1.6　服务、接口和访问点

每一层的功能是为它的上层提供服务的。每一层中的活动元素通常被称之为实体。实体既可以是软件实体，如一个进程，也可以是硬件实体，如智能输入/输出芯片。不同的机器上同一层的实体被称为对等实体。N 层实体实现的服务为 N+1 层所利用。在这种情况下，N 层被称为服务提供者。N+1 层为服务用户。N 层利用 N-1 层的服务来提供它自己的服务。

1. 接口

相邻两层之间的边界，N 层通过接口为 N+1 层提供服务；换句话说，上层通过接口使用低层提供的服务（调用）；上层叫作服务的使用者，低层叫作服务的提供者。

接口定义了下层向上层提供的服务。如果网络中每一层都有一个定义明确的功能集合，相邻层之间有一个定义清晰的接口，就能尽量地减少在相邻层间必须传递的信息数量。同时要修改某层的功能也不会影响到其他层。也就是说，只要能向上层提供完全相同的服务集合，改变下层功能的实现方式并不影响上层。

2. 访问点

服务的使用者和提供者通过服务访问点直接联系。服务访问点（SAP）是指相邻两层实体之间通过接口调用服务或提供服务的联系点。

3. 服务

N 实体向 N+1 实体提供的 N 层服务由下述 3 部分组成。

（1）N 实体自身提供的某些功能。

（2）由（N-1）层及其以下各层及本地系统环境提供的服务。

（3）与另一开放系统中的对等（N）实体的通信而提供的服务。

服务是同一开放系统中相邻层之间的操作；协议是不同开放系统的对等实体间虚拟通信所必须遵守的规定。服务是在服务访问点（SAP）提供给上层使用的。相邻层之间要交换信息，在接口处也必须遵循一定的规则。如图 2-7 所示，N 层 SAP 就是 N+1 层可以访问 N 层服务的地方。每个 SAP 都有一个唯一地标明它的地址。相邻层之间要交换信息，对接口必须有一致的规则。在典型的接口上，N+1 层实体通过 SAP 把一个接口数据单元（IDU）传递给 N 层实体。IDU 由服务数据单元（SDU）和一些控制信息组成。SDU 要跨过网络传递给对等实体，然后向上交给 N+1 层的信息。控制信息用于帮助下一层完成任务，它不是数据的一部分。

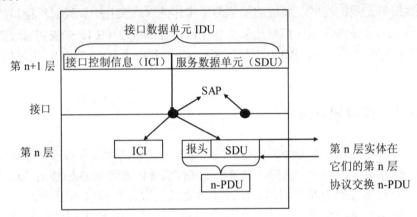

PDU：协议数据单元

SAP：服务访问点

图 2-7　在接口处上下层之间的关系

为了传递 SDU，N 层实体可能将 SDU 分成几段，每段加上一个报头后作为独立的协议数据单元（PDU）送出，如分组就是 PDU。PDU 被对等实体用于执行他们的同层协议。用于分辨哪些 PDU 包含数据，哪些 PDU 包含控制信息，并提供序号和计数等。

2.1.7　层次结构

两个系统中实体间的通信是一个十分复杂的过程，为了减少协议设计和调试过程的复杂性，大多数网络的实现都按层次的方式来组织，每一层完成一定的功能，每一层又都建立在它的下层之上。不同的网络，其层的数量、各层的名字、内容和功能不尽相同，然而在所有的网络中，每一层都是通过层间接口向上一层提供一定的服务，而把这种服务是如何实现的细节对上层加以屏蔽。

更具体地讲，层次结构包括的含义如图 2-8 所示。

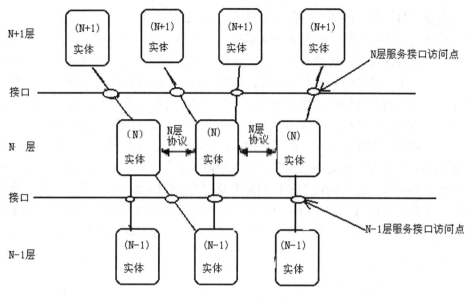

图 2-8　分层的概念

第 N 层的实体在实现自身定义的功能时，只使用（N-1）层提供的服务。

N 层向（N+1）层提供服务，此服务不仅包括 N 层本身所执行的功能，还包括由下层服务提供的功能总和。最低层只提供服务，是提供服务的基础；最高层只是用户，是使用服务的最高层；中间各层既是下一层的用户，又是上一层服务的提供者。仅在相邻层间有接口，且下层所提供服务的具体实现细节对上层完全屏蔽。

N 层中的活动元素通常称为 N 层实体。不同机器上同一层的实体叫作对等实体。服务是在服务访问点（SAP）提供给上层使用的。N 层 SAP 就是 N+1 层可以访问 N 层服务的地方。每个 SAP 都有一个能够唯一地标识它的地址。在这种意义上，可以把电话系统中的电话插孔看成是一种 SAP，而 SAP 地址就是这些插孔的电话号码。要想与他人通话，就必须知道他的 SAP 地址（电话号码）。类似在邮政系统中，SAP 地址是街名和信箱。发一封信，必须知道收信人的 SAP 地址。

2.1.8　连接服务和无连接服务

从网络通信的角度来看，下层向上层提供的服务可以划分为连接服务和无连接服务两类。

1. 连接服务

连接就是两个对等实体为进行数据通信而进行的一种结合。连接服务是在数据交换之前，必须先建立连接。当数据交换结束后，则应终止这个连接。

在建立连接阶段，在有关的服务原语以及协议数据单元中，必须给出源用户和数据用户的全地址。但在数据传送阶段，就可以使用一个连接标识符来表示上述连接关系。连接标识符通常比一个全地址的长度要短得多。在连接建立阶段，还可以协商服务质量以及其他的人为选择项目。当被呼叫用户拒绝连接时，连接即告失败。

连接服务类似于打电话。要与某个人通话，先拿起电话，拨号码，谈话，然后挂断。同样，在使用连接服务时，用户首先要建立连接，传送数据，然后释放连接。连接本质上像个管道，发送者在管道的一端放入物体，接收者在另一端以同样的次序取出物体。

连接服务能获得可靠的报文序列服务。这就是说，连接建立之后，每个用户都可以发送可变长度的报文，这些报文按顺序发送给远端的用户。报文的接收也是按顺序的。

由于连接服务具有连接建立、数据传输和连接释放这 3 个阶段，以及在传送数据时是按顺序传送的，这点和电路交换的许多特性很相似，因此面向连接服务在网络层又被称为虚电路服务。连接服务比较适合在一定期间内要向统一目的地发送许多报文的情况。对于发送很短的报文，连接服务的开销就显得过大。若两个用户需要经常进行频繁的通信，则可以建立永久虚电路。这样可免除每次通信时连接建立和连接释放这两个过程。

2. 无连接服务

（1）无连接服务的特点

① 无连接服务类似于邮政系统中普通信件的投递。每个报文（信件）带有完整的目的地址，并且每一个报文都独立于其他报文，经由系统选定的路线传递。正常情况下，当两个报文发往同一目的地时，先发的先收到。但是，也有可能先发的报文在途中延误了，后发的报文反而先收到。这种情况在面向连接的服务中是绝不可能发生的。

② 无连接服务的两个实体之间的通信不需要先建立好一个连接，因此其下层的有关资源不需要事先进行预定保留，这些资源将在数据传输时动态进行分配。

③ 无连接服务不需要通信的两个实体同时是处于激活状态。当发送端的实体正在进行发送时，它才是活跃的。这时接收端的实体并不一定要是活跃的。只有当接收端的实体处在接收时，它才必须是活跃的。

④ 无连接服务灵活方便，且比较迅速。但无连接服务不能防止报文的丢失、重复或失序。当采用无连接服务时，由于每个报文都必须提供完整的目的站地址，因此其开销也较大。可见无连接服务比较适合传送少量零星的报文。

（2）无连接的服务类型

① 无确认无连接的服务称之为数据报服务。电报服务与此类似，不向发送者发回确认消息。

② 有确认的数据报服务很像是一封挂号信又要求有回执。当收到回执时，寄信人就有绝对把握信件已经收到，没有遗失。有确认服务对于发一个短报文比较好，即免除建立连接的麻烦，又确保了信息的可靠。

③ 请求—应答服务。使用这种服务时，发送者传送一个查询数据报，应答数据报则包含回答信息。如向图书馆询问某本书是否已经借出就属于这类情况。请求—应答服务通常被用于客户/服务器模式下的通信：客户发出一个请求，服务器做出响应。

3. 服务评价

各种服务的特征可用服务质量来评价。通常可靠的服务是由接收方确认报文，使发送方确信它发送的报文已经到达目的地来实现的。虽然确认和有错重传的处理过程增加了额外的开销，但许多情况下这是值得的。文件传输比较适合使用带有确认的面向连接的服务。文件传送者希望所有的比特都按发送的次序正确地到达目的地，不会喜欢一个虽然传输速度快但会不时发生混乱或丢失比特的服务。对于有些应用，由确认和重传引起的延误则是不可接受的。

2.1.9　服务原语

1. 原语的格式

通过在 SAP 上服务原语的发送和接收来实现服务的提供和请求。服务原语是指相邻层在建立 N 层对 N+1 层提供服务时交互所用的广义指令。一个完整的服务原语由原语名、原语类型和原语参数 3 部分组成。

（1）原语名

原语名表示服务类型，例如 CONNECT（网络连接）、DISCOUNECT（释放连接）、DATA（数据传输）、EXPEDITED-DATA（优先数据传输）、REST（复位）。

（2）原语类型

在用户和其他实体访问该服务时调用原语类型，4 种服务原语类型及意义如表 2-1 所示。

表 2-1　4 种服务原语及意义

服务原语类型	意　义
请求（Request）	一个实体希望得到某种服务
指示（Indication）	把关于某一事件的信息告诉某一实体
响应（Response）	一个实体愿意响应某一事件
证实（Confirm）	一个实体收到关于它的请求的答复

服务用户用请求（Request）原语促成某项工作，如请求建立连接和发送数据。服务提供者执行这一请求后，将用指示（Indication）原语通知接收方的用户实体。例如，发出连接请求（CONNECT_request）原语之后，该原语地址段内所指向的接收方的对等实体会得到一个连接指示（CONNECT_indication）原语，通知它有人想要与它建立连接。接收到连接指示原语的实体使用连接响应（CONNECT_response）原语表示它是否愿意接受建立连接的建议。但无论接收方是否接受该请求，请求建立连接的一方都可以通过接收连接确认（CONNECT_confirm）原语而获知接收方的态度（事实上传输层以及其他层的服务用户要拒绝建立连接请求不是采用 CONNECT_response 原语，而是采用 DISCONNECT_request 原语）。

（3）原语参数

原语可以带参数，而且大多数原语都带有参数。连接请求原语的参数可能指明它要与哪台机器连接、需要的服务类别和拟在该连接上使用的最大报文长度。连接指示原语的参数可能包含呼叫者的标志、需要的服务类别和建议的最大报文长度。如果被呼叫的实体不同意呼叫实体建立的最大报文长度，它可能在连接响应原语中提出一个新的建议，呼叫方会从连接确认原语中获知。这一协商过程的细节属于协议的内容。例如，在两个关于最大报文长度的建议不一致的情况下，协议可能规定选择较小的值。较典型的原语参数是目的服务访问点地址、源服务访问点地址、数据、数据单元、优先级、断开连接的理由等。

一个完整的服务原语应当包括原语名、原语类型和原语参数3大部分，例如，一个属于网络连接建立的请求服务原语的写法如图2-9所示。

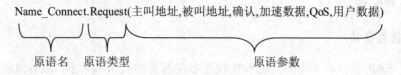

图2-9　请求服务原语格式

2. 原语的使用

服务在形式上是用一组原语来描述的，这些原语供用户实体访问该服务或向用户实体报告某事件的发生。服务原语是指服务用户与服务提供者之间进行交互时所要交换的一些必要信息。从使用服务原语的角度考虑，服务有有确认和无确认之分。有确认服务包括请求、指示、响应和确认4个原语。无确认服务只有请求和指示两个原语。面向连接服务总是有确认服务，可用连接响应作肯定应答，表示同意建立连接；或者用断连请求（DISCONNECT_request）表示拒绝，作否定应答。数据传送既可以是有确认的，也可是无确认的，这取决于发送方是否需要确认，如图2-10所示。

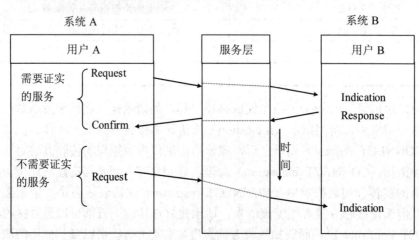

图2-10　服务原语关系图

下面的面向连接服务的例子，使用了下述8个服务原语。

（1）连接请求：服务用户请求建立一个连接。

（2）连接指示：服务提供者向被呼叫方示意有人请求建立连接。

（3）连接响应：被呼叫方用来表示接受建立连接的请求。

（4）连接确认：服务提供者通知呼叫方建立连接的请求已被接受。

（5）数据请求：请求服务提供者把数据传至对方。

（6）数据指示：表示数据的到达。

（7）断连请求：请求释放连接。

（8）断连指示：将释放连接请求通知对等端。

在本例中，建立连接是有确认服务，需要一个明确的答复，而断开连接是无确认服务，不需要应答。与电话系统做一下比较，将有助于理解这些原语的应用。例如，X 打电话邀请朋友 Y 来喝茶的步骤。

（1）连接请求：X 拨朋友 Y 的电话号码。

（2）连接指示：Y 的电话铃响了。

（3）连接响应：Y 拿起电话。

（4）连接确认：听到响铃停止。

（5）数据请求：邀请 Y 来喝茶。

（6）数据指示：Y 听到了 X 的邀请。

（7）数据请求：Y 说很高兴来。

（8）数据指示：听到 Y 接受邀请。

（9）断连请求：挂断电话。

（10）断连指示：X 听到了，也挂断电话。

图 2-11 用一系列服务原语来表示上述各步。每一步都涉及其中一台计算机内两层之间的信息交换。每一个请求或响应稍后都在对方产生一个指示或确认动作。本例中服务用户（X 和朋友 Y）在 N+1 层，服务提供者（电话系统）在 N 层。

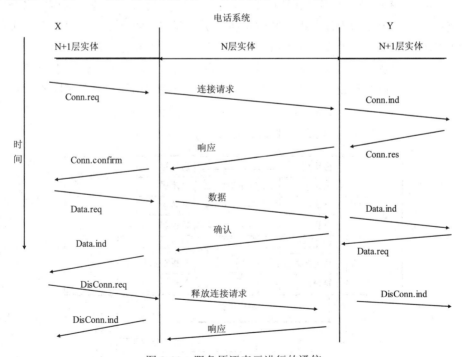

图 2-11　服务原语表示进行的通信

2.1.10 协议与服务的关系

服务和协议是完全不同的两个概念，理解它们之间的区别非常重要。服务是各层向它的上层提供的一组原语。尽管服务定义了该层能够为它的上层完成的操作，但丝毫未涉及这些操作是如何完成的。服务定义了两层之间的接口，上层是服务用户，下层是服务提供者。

与之对比，协议是定义在相同层次的对等实体之间交换的帧、分组和报文的格式及含义的一组规则。实体利用协议来实现它们的服务定义。只要不改变提供给用户的服务，实体可以任意地改变它们的协议。这样，服务和协议就被完全地分离开来。

可以把服务跟程序设计语言相类比。服务就像程序设计语言中的抽象数据类型。抽象数据类型定义了能在一个目标上执行的操作，但并不说明这些操作是如何实现的。协议关系到服务的实现，但对服务的用户透明。

2.2 OSI 参考模型

计算机网络体系结构是计算机网络的层次、网络拓扑结构、各层次的功能划分以及每层协议与接口的总称。

国际标准化组织（ISO）一直致力于允许多种设备相互通信的研究，并制定了开放式系统互连（OSI）参考模型，以促进计算机系统的开放互连。开放式互连就是可在多个厂家的环境中支持互连。该模型为计算机间开放式通信所需要定义的功能层次建立了全球标准。

OSI 参考模型把整个通信子系统划分为 7 个层次，这些层次的组织是以在一个通信会话中事件发生的自然顺序为基础的。每层执行一种明确定义的功能，如图 2-12 所示。从概念上讲，这些层可以被看成执行两类功能，即依赖于网络的功能和面向应用的功能。

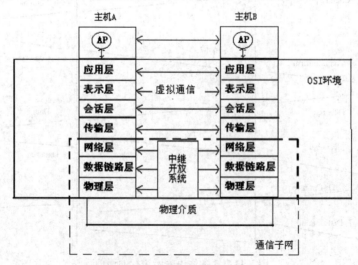

图 2-12 OSI 参考模型总体结构图

在图 2-12 所示的 7 个 OSI 层次中,最低 3 层(1~3)依赖网络,涉及将两台通信计算机连接在一起所使用的数据通信网的相关协议,又被称为中继开放系统。高 3 层(5~7)是面向应用的,涉及允许两个终端用户应用进程交互作用的协议,通常是由本地操作系统提供的一套服务。中间的传输层为面向应用的上 3 层屏蔽了与网络有关的下 3 层的详细操作。本质上,它建立在由下 3 层提供的服务上,为面向应用的高层提供了与网络无关的信息交换服务。

各层的功能用协议描述,协议定义了某层跟另一远方系统中的一个对等层通信所使用的一套规则和约定。每一层向相邻上层提供一套确定的服务,并且使用由相邻下层提供的服务向远方对等层传输跟该层协议相关的信息单元。例如,传输层为它上面的会话层提供可靠的网络无关的信息传输服务,并且使用其下面网络层所提供的服务将与传输层协议有关的一组信息单元传送给另一系统中的对等传输层。

在概念上,每一层都根据一个明确定义的协议跟一个远方系统中的一个类似对等层通信,这样的通信称为虚拟通信,这些虚拟通信完成了通过物理媒介进行通信的过程。但实际上该层所产生的协议信息单元是借助于相邻下层所提供的服务传送的。

要讨论 OSI 参考模型,需要弄清楚它所描述的范围,这个范围就称为 OSI 环境,从图 2-12 中可以看出,OSI 环境包括中继开放系统和端开放系统(主机部分),不包括应用进程(AP)和通信物理媒介。通信子网包括中继开放系统和物理媒介。

下面就从最下层开始,逐次讨论 OSI 参考模型的各层。OSI 模型本身并未确切地描述用于各层的具体服务和协议,它仅仅描述的是每一层应该做什么。不过,ISO 确实已为各层制定了一些标准,但它们并不是参考模型的一部分,而是作为独立的国际标准公布的。

2.2.1 物理层

(1)物理层涉及通信在信道上传输的比特流。必须保证一方发出二进制 1 时,另一方收到的也是 1。这里的问题是用多少电压表示 1,多少电压表示 0;一个比特持续多少微秒;传输是否在两个方向上同时进行;最初的物理连接如何建立和完成,通信后连接如何终止;网络接插件有多少针以及各针的用途。这里的设计主要是处理机械、电气和过程接口,以及物理层下面的物理传输介质问题。

(2)物理层考虑的是怎样才能在连接各种计算机的传输媒体上传输数据的比特流,而不是指连接计算机的具体的物理设备或具体的传输媒体。现有的计算机网络中的物理设备和传输媒体的种类非常繁多,而通信手段也有许多不同的方式。物理层的作用正是要尽可能地屏蔽掉这些差异,使其上面的数据链路层感觉不到这些差异。

(3)在物理连接上的传输方式一般都是串行传输,即一个一个比特按照时间顺序传输。当然在某些情况下也可以采用多个比特的并行传输方式。出于费用上的考虑,远距离的传输通常都是串行传输。

(4)物理层是 OSI 模型的低层,涉及网络物理设备之间的接口,其目的是向高层提供透明的二进制位流传输。物理接口的设计涉及信号电平、信号宽度、传送方式(半双工或全双工)、物理连接的建立和拆除、接插件引脚的规格和作用等。总之,物理层提供为建立、维护和拆除物理链路所需的机械、电气、功能和过程特征。

（5）从字面上看，物理层只能看见 0 和 1，它没有一种机制用于确定自己所传输和发送比特流的含义，而只与电信号技术和光信号技术的物理特征相关。这些特征包括用于传输信号电流的电压、介质类型以及阻抗特征，甚至包括用于终止介质的连接器的物理形状。

（6）OSI 第一层只是一个功能模型，物理层只是一种处理过程和机制，这种过程和机制用于将信号放到传输介质上以及从介质上收到信号。较低层的边界是连向传输介质的物理连接器，但并不包含传输介质。传输介质包含真正用于传输由 OSI 第一层机制所产生信号的方法。一些传输介质是同轴电缆、光纤、双绞线等。物理层对介质的性能没有提出任何规范。介质的性能特征对于物理层定义的过程和机制是需要并假定存在的。因此传输介质处于物理层之外，有时被称为 OSI 参考模型的第 0 层。

2.2.2　数据链路层

1. 数据链路层简介

数据链路层指定在网络上沿着网络链路在相邻节点之间移动数据的技术规范。其主要任务是加强物理层传输比特的功能，使之对网络层显现为一条无错线路。即为网络层提供一个良好的服务接口，将二进制比特流有效地组织成数据链路层的协议数据单元（DPDU）帧，进行差错控制和流量控制，进行链路管理，负责对数据链路的建立、维持和释放。

发送方把输入数据分装在数据帧中，按顺序传送各帧，并且有可能要处理接收方回送的确认帧。因为物理层仅仅接收和传送比特流，并不关心它的意义和结构，所以只能依赖各链路层来产生和识别帧边界。可以通过在帧的前面和后面附加上特殊的二进制编码模式来达到这一目的。如果这些二进制编码偶然在数据中出现，那么必须采取特殊措施以避免混淆。

数据链路层的功能建立在一条或多条物理连接之上。它不提供分割和重组功能，来自于网络层实体的每个服务数据单元（SDU）以一对一的方式映射进数据链路协议数据单元（DL-PDU），通常把 DL-PDU 称作帧。

数据链路层对较高层遮蔽物理传输媒体的特征，可为高层提供基本上无错的可靠传输服务。如果在物理连接的传输中发生错误，数据链路层可以检测和纠正错误。

数据链路层负责帧的定界，实现一种能够识别帧的开始和结束的结构。帧的结构可以包含错误检测的机制，错误纠正可以通过帧的重传获得，对于数据链路连接，还应该能够提供保序的和流控的功能，保证在链路层上收到的帧能够以和发送时同样的顺序递交给网络层实体，并协调发送方和接收方的节奏，保证发送方不会以太快的速度使得接收方被淹没。

网络上两个相邻节点之间的通信，特别是通信双方的同步，是由规则和约定来支配的，这种规则和约定称为数据链路控制协议。数据链路控制协议的目的是为了在给定的通信链路上提供发送端和接收端之间的无差错信息传输。

现有的数据链路层协议可以分为面向字符（又称面向字节）和面向比特两种类型。

大多数字符协议的控制段位于帧内不固定的位置，而比特协议的控制段通常都处于帧内的固定位置。另外，字符协议和所用的代码有关，使用特定的代码（ASCII、EBCDIC 等）

来决定控制段的含义。比特协议对代码是透明的，因为对协议控制的解释是基于一个个比特，而不是依赖某种特别的代码。面向比特的数据链路层协议有高级数据链路控制协议（HDLC）和 IEEE 802.2 逻辑链路控制协议。

2. 数据链路层服务

数据链路层的基本服务是将源计算机的网络层数据传输到目的地计算机网络层。如图 2-13（a）所示，在源计算机上有一实体，称之为进程，它将网络层的比特序列交给数据链路层；而数据链路层又将它们传到目的地计算机，交给那里的网络层。实际的传输是按照图 2-13（b）所示的通路进行的，但把这一过程看成是两个数据链路层使用数据链路协议在虚电路上进行通信更容易理解。

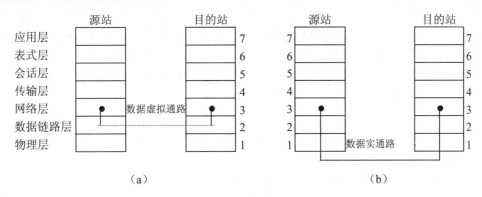

图 2-13　数据链路层的服务

数据链路层可以提供多种不同类型的服务，基本上有以下 3 种。

（1）无确认、无连接服务

无确认、无连接服务指的是源机器向目的地机器发出独立的帧，而目的地机器对收到的帧不作确认。事先不必建立连接，因而也不存在事后的释放。如果某个帧由于线路噪声而丢失，数据链路层并不准备恢复它，恢复工作留给上层去完成。这类服务适用于误码率很低的情况，也适用于语音这样的实时信息源，这类信息流由时延引起的不良后果比数据损坏严重。许多局域网在数据链路层都提供无确认、无连接服务。

（2）有确认、无连接服务

为了提高可靠性，引入了有确认、无连接服务。这种服务仍然不需要建立连接，但是对一个被发出去的帧要进行单独确认。用这种方式，发送方就可以知道一帧是否已安全到达目的地。如果在指定的时间一帧未能到达目的地，则可以重传误帧。

（3）面向连接服务

数据链路层为网络层提供的最复杂的服务是面向连接的服务。采用这种服务，传送任何数据之前，必须先建立一条连接。在这种连接上传送的每一个帧被编上号，数据链路层保证传送的帧被对方收到，且只收到一次，帧的先后顺序也不变。但采用无连接方式，如果确认信息丢失，将会引起一帧被多次发送，因而被多次接收。面向连接服务为网络层协议实体之间的交互提供了可靠传送比特流的服务。

2.2.3 网络层

1. 网络层简介

网络层关系到子网的运行控制，其关键问题是确定分组从源端到目的端如何选择路由。路由既可以选用网络中固定的静态路由表，几乎保持不变，也可以在每次会话开始时决定，还可以根据当前网络的负载状况，高度灵活地为每一个分组决定路由。

如果在子网中同时出现过多的分组，它们将互相阻塞通路，形成瓶颈。这种拥塞控制也属于网络层的范围。

当分组不得不跨越一个网络以到达目的地时，就会出现新的问题：如果第二个网络的寻址方法可能和第一网络完全不同，第二个网络可能由于分组太长而无法接受，两个网络使用的协议也可能不同等。所以网络层的任务是解决这些问题，把源计算机发出的信息分组经过适当的路径送到目的地计算机，从源端到目的端可能要经过若干中间节点，使异种网络能够互连。这一功能与数据链路层有很大的差别，数据链路层仅把数据帧从线缆或信道的一端传到另一端。

常用的网络层协议如下。

❖ X.25 协议。这是 ITU-T 提出的一个面向连接的分组交换协议，广泛用于建立公用数据网络。

❖ IP 协议。这是 Internet 中的一种网络协议。

2. 网络层服务

网络层的主要任务是路由计算、数据包的分段、重组和拥塞控制。

网络层在其与传输层的接口上为传输层提供服务。接口是通信子网的边界。载体网络通常规定了从物理层直到网络层的各种协议和接口，它的工作是传输由其用户提供的分组。基于这种原因，对接口的定义必须十分明确和完善。

网络层的服务设计应该遵从 3 个原则：① 服务与通信子网技术无关。② 通信子网的数目、类型和拓扑结构对于传输层是遮蔽的。③ 传输层所能获得的网络地址应采用统一的编号方式，即使跨越多个局域网和广域网也应如此。

基于上述原则，网络层的技术规范设计灵活，操作可以是面向连接的，也可以是无连接的。

网络层必须知道通信子网的拓扑结构，即所有路由器的位置，并通过子网选择适当的路径。选择路径时应该避免通信链路和路由器负载不平衡。最后，当源端和目的端处在不同的网络中时，也应该由网络层来处理它们之间的差异所带来的问题。

网络层的功能是将信息分组从源端计算机选择路径送往目的地计算机。在绝大多数子网中，分组需要经过多个站段。

路由选择算法是网络层软件的一部分，负责确定所收到的分组应转发的外出链路。如果通信子网内部采用数据报，那么对收到的每个分组都要重新做路由选择。如果子网内部采用虚电路，则当建立一条新的虚电路时，仅在开头做一次路由选择决策。以后，数据分组就通过这条已建立好的路由传送。

路由算法可以分为两大类：非自适应算法和自适应算法。非自适应算法不测量、不利用当前的网络拓扑结构和交通流量，而是按照某种固定规则选择路由。每个 IMP（接口报文处理机）存储一张表格，每项记录对应某个目的地节点的下一节点或链路，并不记录到达目的地节点的所有中间节点。当一个分组到达某节点时，节点只要根据分组上的地址信息从固定路由表中找出对应的目的地节点及应选择的下一节点，并将分组转发给该下一节点。一般地，网络中有一个中心节点，它按照最佳路由算法求得每对节点间的最佳路由，然后为每个节点构造一个固定路由表，最多在网络拓扑改变时才有可能重新计算和重新装入路由表，或者由操作员在各个路由相关的节点上手工修改路由表。

自适应算法进行的路由选择要依靠网络当前状态信息来决定，以设法适应网络流量和拓扑的变化。在自适应路由选择中，关于当前可提供的路由的信息需要在网络节点之间传送，所有 IMP 根据收到的路由选择信息定期地更新它们的路由表。因此，新的路由、改变了的路由或不可再用的路由都能自动在路由表中反映出来。为了实现自适应路由选择，需要有一个路由选择协议，定义交换路由选择信息的方式和计算最短路径的方法，因为仅最短路径才加到路由表中。当前流行的路由选择协议基于两个重要的算法类型，即距离向量路由选择和链路状态路由选择。

2.2.4　传输层

1.　传输层简介

物理层、数据链路层和网络层是面向网络通信的低 3 层协议。传输层负责端到端的通信，既是 7 层模型中负责数据通信的最高层，又是面向网络通信的低 3 层和面向信息处理的最高 3 层之间的中间层。传输层位于网络层之上，会话层之下，它利用网络层子系统提供的服务去开发本层的功能，并实现本层对会话层的服务。

传输层主要处理一些由网络层引起的错误，例如，包丢失和重复包，以及对包进行重新排序、分段和重装，这样可以避免网络层进行低效的分段和重装。另外，这也有助于传输层在网络发生拥塞时可以相应降低发送数据的速率。

传输层是 OSI 七层模型中最重要的一层，是唯一负责总体数据传输和控制的一层。传输层要达到以下两个主要目的。

（1）提供可靠的端到端的通信。

（2）向会话层提供独立于网络的传输服务。

传输层之上的会话层、表示层及应用层均不包含任何数据传输的功能，而网络层又不一定保证发送站的数据可靠地送至目的站。

传输层的主要功能是对一个进行的对话或连接提供可靠的传输服务；在通向网络的单一物理连接上实现该连接的复用；在单一连接上进行端到端的序号及流量控制，进行端到端的差错控制及恢复；提供传输层其他服务等。传输层反映并扩展了网络层子系统的服务功能，并通过传输层地址提供给高层用户传输数据的通信端口，使系统间高层资源的共享不必考虑数据通信方面的问题。

传输层是在两个不同系统的进程之间提供一种交换数据的可靠机制，由于传输层仅关心会话实体之间的数据传输，所有的协议都具有端到端的意义。传输层能为更高层协议屏蔽下层操作的细节。用户可以完全不了解支持用户活动的物理网络。传输层使得高层协议不用操心如何去获得所需级别的网络服务。

传输层的目标是在源端机和目的地机之间提供性能可靠、价格合理的数据传输，而与当前实际使用的网络无关，任何用户进程或应用程序可以直接访问传输服务，而不必经过会话层和表示层。

常用的传输层协议如下。

❖ ISO8073 协议。这个 ISO 标准是为了采用 OSI 模型的网络设计的。

❖ 传输控制协议 TCP。

2. 传输层服务

传输层服务包括的内容有服务的类型、服务的等级、数据传输、用户接口、连接管理、快速数据传输、状态报告、安全保密等。

（1）服务类型

服务类型有两种，面向连接的服务和无连接的服务。

❖ 面向连接的服务提供传输服务与用户之间逻辑连接的建立、维持和拆除，是可靠的服务，可提供流量控制、差错控制和序列控制。

❖ 无连接服务即数据报服务，只能提供不可靠的服务。

需要说明的是，面向连接的传输服务与面向连接的网络层服务十分相似，两者都向用户提供连接的建立、维持和拆除，而且，无连接的传输服务与无连接的网络层服务也十分相似。但网络层是通信子网的一个组成部分，网络服务质量并不可靠，例如，会频繁地丢失分组，网络层系统可能崩溃或不断地进行网络复位。对于这些情况，用户将束手无策，因为用户不能对通信子网加以控制，因而无法采用更优的通信处理机来解决网络服务质量低劣的问题，更不能通过改进数据链路层纠错能力来改善。解决这一问题的唯一可能办法就是在网络层之上增加一层传输层。传输层的存在，使传输服务比网络服务更可靠，分组的丢失、残缺，甚至网络的复位均可被传输层检测出来，并采取相应的补救措施。而且，因为传输服务独立于网络服务，可以采用一种标准的原语集作为传输服务，而网络服务则随不同的网络可能有很大的不同。因为传输服务是标准的，用传输服务原语编写的应用程序能广泛适用于各种网络，因而不必担心不同的通信子网所提供的不同的服务及服务质量。

（2）服务等级

传输协议实体应该允许传输层用户能选择传输层所提供的服务等级，以利于更有效地利用所提供的链路、网络及互连网络的资源。可供选择的服务包括差错和丢失数据的程度，允许的平均时延和最大时延，允许的平均吞吐率和最小吞吐率以及优先级水平等。根据这些要求，可将传输层协议服务等级细分为以下 4 类。

❖ 可靠的面向连接的协议。

❖ 不可靠的无连接协议。

❖ 需要定序和定时传输的话音传输协议。

❖　需要快速和高可靠的实时协议。

（3）数据传输

数据传输的任务是在两个传输实体之间传输用户数据和控制数据。一般采用全双工服务。数据可分为正常的服务数据分组和快速服务数据分组两种。对快速服务数据分组的传输可暂时中止当前的数据传输，在接收端用中断方式优先接收。

（4）用户接口

用户接口机制可以有多种方式，包括过程调用，通过邮箱传输数据和参数，用数据通道 DMA 方式在主机与具有传输层实体的前端处理机之间传输等。

（5）连接管理

面向连接的协议需要提供建立和终止连接的功能。一般总是提供对称的功能，即两个对话的实体都有连接管理的功能，对简单的应用也有仅对一方提供连接管理功能的情况。连接的终止可以采用立即终止传输，或等待全部数据传输完再终止连接。

（6）状态报告

向传输层用户提供传输层实体或传输连接的状态信息。

（7）安全保密

包括对发送者和接收者的确认、数据的加密和解密以及通过保密的链路和节点的路由选择等安全保密的服务。

2.2.5　会话层

1.　会话层简介

会话层在传输层提供的服务之上，为表示层提供服务，加强了会话管理、同步和活动管理等功能。会话层的主要功能是提供一个面向用户的连接服务，给会话用户之间的对话和活动提供组织和同步所必需的手段，以便对数据的传送提供控制和管理。会话层定义了可供选择的多种服务，并且可以将若干相关联的服务组成一个功能单元，而每一个功能单元提供一种可供选择的工作类型，在会话连接建立时可就这些功能单元进行协商选择。

目前共定义了 12 个功能单元，其中最重要的是核心功能单元，它包括的服务有会话连接、正常数据传送、有序释放、用户放弃和提供者放弃 5 种服务。还有一种半双工功能单元，包括出让令牌和请求令牌服务。为了方便用户从这 12 个功能单元中选择一些合适的功能单元来用，会话服务还定义了以下 3 个子集，每个子集包括若干个功能单元。用户只要选择合适的会话服务子集即可，不必再去挑选各种功能单元。

❖　基本组合子集（BCS）：为用户提供连接建立，正常数据传输，对令牌进行处理以及释放连接等最基本服务。

❖　基本同步子集（BSS）：在 BCS 的基础上增加为用户通信过程提供同步的功能，遇到差错后，可从双方确认的同步点重新开始同步。

❖　基本活动子集（BAS）：在 BCS 的基础上增加了对活动的管理。

会话层与传输层有很大的区别。传输协议负责生产和维持在两个端点之间的逻辑连接；会话协议则在上述基本连接服务的基础上，用增值方法提供一个用户接口。传输层的服务比较简单，就是要提供一个可靠的传输数据的服务，但传输协议很复杂。而会话层则相反，当发送一个会话协议数据单元（SPDU）时，传输层可以保证将它正确发送给对等用户，因此会话协议是非常简单的，然而会话层定义的为数据交换用的各种服务却是非常复杂的，可供应用层根据需要从中进行选择。

会话层有以下一些主要特点。

（1）实现会话连接到传输连接的映射

会话层的主要功能是提供建立连接并有序传输数据的一种方法，这种连接就叫作会话。会话可以使一个终端登录到远地的计算机，进行文件传输或进行其他的应用。会话连接建立的基础是建立传输连接。只有当传输连接建立好之后，会话连接才能依赖于它而建立。会话与传输层的连接有3种对应关系。

① 一对一的关系，在会话层建立会话时，必须建立一个传输连接。当会话结束时，这个传输连接也释放。

② 多会话连接对单个传输连接，例如，在航空订票系统中，为一个顾客订票则代理点终端与主计算机的订票数据库建立一个会话，订票结束则结束这一次会话，然后又有另一顾客要求订票，于是又建立另一个会话。但是，运载这些会话的传输连接没有必要不停地建立和释放。但多个会话不可同时使用一个传输连接。在同一时刻，一个传输连接只能对应一个会话连接。

③ 单会话连接对多个传输连接，这种情况是指传输连接在连接建立后中途失效了，这时会话层可以重新建立一个传输连接而不用废弃原有的会话。当新的传输连接建立后，原来的会话可以继续下去。

（2）会话层管理

与其他各层一样，两个会话实体之间的交互活动都需协调、管理和控制。会话服务的获得是执行会话层协议的结果，会话层协议支持并管理同等对接会话实体之间的数据交换。

由于会话往往是由一系列交互对话组成，所以对话的次序、对话的进展情况必须控制和管理。在会话层管理中考虑了令牌与对话管理、活动与对话单元以及同步与重新同步的措施。

① 令牌与对话管理

原理上，所有OSI模型的连接都是全双工传输方式的，然而许多情况下，高层软件为方便往往设计成半双工传输方式。例如，远程终端访问一个数据库管理系统，往往是发出一个查询，然后等待回答，要么轮到用户发送，要么轮到数据库发送，保持这些轮换的轨迹并强制实行轮换，这就叫作对话管理。

实现会话管理的方法是使用数据令牌（DataToken）。令牌是会话连接的一个属性，它又被称为权标，表示了会话服务用户对某种服务的独占使用权。令牌每一次动态地赋予一个用户，以保证用户调用某种服务时具有独占性，防止出现竞争和冲突，用户只有拥有某种令牌才能够调用与该令牌属性相关的会话服务，只有持有令牌的用户可以发送数据，另一方必须保持沉默。令牌每次只能让一个会话用户使用，定期轮换。在会话层，令牌分为以下4种。

❖ 据令牌：在半双工方式下进行数据交换，用于控制数据的传送。

❖ 释放令牌：持有该令牌的用户有权释放会话连接。

❖ 次同步令牌：持有该令牌的用户有权在会话单元中插入次同步点。

❖ 主同步/活动令牌：用于管理主同步点的设置和一次活动的开始和结束。

令牌的引入是由于会话层内存在着较多的用户交互，要控制和协调这些交互并保证交互动作逻辑顺序的正确和避免在数据交换中产生混乱，就需要用令牌进行统一管理。在令牌管理服务方面共有 3 对不需要证实的服务原语，每种原语只有请求和指示两种类型。令牌可在某一时刻动态地分配给一个会话服务用户，该用户用完后又可重新分配。所以令牌是一种非共享的 OSI 资源。

② 活动与会话单元

会话服务用户之间的合作可以划分为不同的逻辑单位，每一个逻辑单位称为一个活动。每个活动的内容具有相对的完整性和独立性。因此也可以将活动看成是为了保持应用进程之间的同步和对它们之间的数据传输进行结构化而引入的一个抽象概念。在任一时刻，一个会话连接只能为一个活动所使用，但允许某个活动跨越多个会话连接。另外，可以允许有多个活动顺序地使用一个会话连接。

会话单元是一个活动中数据的基本交换单元。在活动中，存在一系列的交互通话，每个单向的连接通信动作所传输的数据就构成一个会话单元。

③ 同步与重新同步

同步就是使会话服务用户对会话的进展情况有一致的了解。会话同步是会话服务的重要内容，会话服务提供者允许会话用户在传送的数据中设置同步点，并对同步点赋予同步序号，用于识别同步点和实现同步。同步点有次同步点和主同步点之分，它们用序号来识别。次同步点和一个连接上的数据流没有什么直接联系，但主同步点却用来将一个个会话单元分隔开来。会话单元就是与前后会话能够明显区分开来的一段会话。区分会话单元具体的做法是使用主同步点。由此可见，会话单元的特点就是它与前面和后面的会话单元在通信方面是隔离的，用来指出会话单元的开始与结束的正是主同步点。用户所赋予各同步点的任何语义，对会话层都是透明的。

会话中断后可以从中断处继续下去，而不必从头恢复。这种会话进程是通过设置同步点来进行的。会话层允许会话用户在传输的数据中自由设置同步点，并对每个同步点赋予同步序号，以识别和管理。这些同步点是插在用户数据流中一起传输给对方的。当接收方通知发送方收到一个同步点时，发送方就可确信接收方已将此同步点之前发送的数据全部收到。会话层中定义了以下两类同步点。

❖ 主同步点：用于在连续的数据流中划分出会话单元，一个主同步点是一个会话单元的结束和下一个会话单元的开始。只有持有主同步令牌的会话用户才能有权申请设置主同步点。

❖ 次同步点：用于在一个会话单元内部实现数据结构化，只有持有次同步点令牌的会话用户才有权申请设置次同步点。

主同步点与次同步点的区别是：在重新同步时，只可能回到最近的主同步点。每一个插入数据流中的主同步点都被明确地确认。次同步点不被确认。

活动与同步点密切相关。当一个活动开始时，同步顺序号复位到 1 并设置一个主同步点。在一个活动内有可能设置另外的主同步点或次同步点。

（3）会话连接释放

会话连接释放不同于传输连接释放，它采用有序释放方式，使用完全的握手，包括请求、指示、响应和确认原语，只有双方同意会话才终止。这种释放方式不会丢失数据。由于某种原因，会话层可以不经协商立即释放。但这样可能会丢失数据。

（4）异常报告

会话层的另一个特点是报告异常差错。

2．会话层服务

会话层服务主要分为会话连接管理与会话数据交换两部分。会话连接管理服务使得通信的双方对等应用进程之间可以建立和维持一条信道连接。会话数据交换服务为两个通信的应用进程在此信道上交换会话服务数据单元提供手段。另外，会话层还可以提供交互管理服务、会话连接同步服务等功能。会话层可以向用户提供许多服务，为使两个会话服务用户在会话建立阶段，能协商所需的确切的服务，将服务分成若干个功能单元。

主要功能单元如下。

❖ 核心功能单元：提供连接管理和全双工数据传输的基本功能。

❖ 协商释放功能单元：提供有次序的释放服务。

❖ 半双工功能单元：提供单向数据传输。

❖ 同步功能单元：在会话连接期间提供同步或重新同步。

❖ 活动管理功能单元：提供对话活动的识别、开始、结束、暂停和重新开始等管理功能。

❖ 异常报告功能单元：在会话连接期间提供异常情况报告。

上述所有功能的执行均有相应的用户服务原语。

面向连接的 OSI 会话服务原语划分成 7 组。

❖ 建立会话连接 S-CONNECT 服务原语。

❖ 释放会话连接 S-RELEASE 服务原语。

❖ 交换会话数据单元 S-DATA 服务原语。

❖ 令牌管理服务原语。

❖ 同步服务原语。

❖ 活动管理服务原语。

❖ 例外报告服务原语。

2.2.6 表示层

1．表示层简介

表示层用于处理所有与数据表示及传输有关的问题，如转换、加密和压缩等。每台计算机可能有它自己的表示数据的内部方法，例如，ACSII 码与 EBCDIC 码，所以需要协商和转换来保证不同的计算机可以彼此理解。

表示层的主要功能如下。

❖ 语法转换：将抽象语法转换成传送语法，并在对方实现相反的转换。语法转换功能中涉及数据表示和编码（压缩和加密）内容。

❖ 语法协商：根据应用层的要求协商选用合适的上下文，即确定传送语法并传送。

❖ 连接管理：用会话层服务建立表示连接，管理在这个连接之上的数据传输和同步控制，正常地或异常地终止这个连接等。

2. 数据表示

如果所有的计算机都使用相同的表示信息实体的语言，计算机网络就会简单得多。

信息与数据是有区别的。计算机存储的不是信息，而是数据。信息是人为地赋予数据的含义。从最根本上说，数据是比特、字节和其他无法表达的对象的分类。信息则是一种人为的解释。目前，不同的计算机表示相同信息的方式各不相同。所以仅仅定义有效的数据通信是不够的，还必须定义有效的信息通信，而这正是表示层的任务。

例如，有一个在两台计算机间传输数据的网络，如图 2-14 所示。其中一台计算机使用 ASCII 编码存储信息，另一台使用 EBCDIC 编码。当基于 ASCII 的计算机说"Hello"时，网络将其 ASCII 编码传送出去。基于 EBCDIC 的计算机接收并存储这些数据。但由于对接收到的比特位有不同的解释，人们看到的信息将是"<<!"。

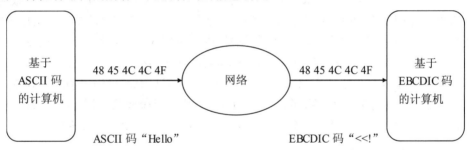

图 2-14 两台计算机之间的数据交换

真正需要的是信息的交流。如图 2-15 所示，"Hello"的 ASCII 编码被发送出去。但因为接收方使用 EBCDIC 编码，所以数据必须加以转换。因此，传送的是十六进制字符 48454C4C4F，接收到的却是 C8C5D3D3D6。两台计算机交换的不是数据；相反地，同时也是更重要的，它们以单词"Hello"的方式交换了信息。

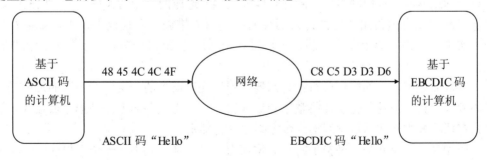

图 2-15 两台计算机之间的信息交换

除了编码的转换，在传输数字时也可能发生问题。如计算机可能使用补码或者反码来存储整数。区别虽然不大，但必须加以重视。另外，表示一个整数所使用的位数也各不相同。一般的格式是 16、32、64 或 80 位。位数必须被添加或删除，以适应不同的尺寸。有时候，相互间是无法实现转换的。

浮点数也会带来一些问题。图 2-16 显示了一种常用的格式，在实际应用中还有很多不同的变型。尾数和指数的位数都是不统一的。甚至在一台计算机里位数也可能不同，因为数字可以是单精度的，也可以是双精度的。指数有很多不同的解释方式，有时是 2 的平方，有时是 16 的平方。有时尾数没有被连续地存储在一起。

符号位	指数	尾数

图 2-16　浮点数常用格式

数组、记录和链表等复杂数据结构的出现也带来了新的问题。表示层必须考虑记录域的存储方式。表示层必须了解自己服务的系统，同时还得知道它从其他系统接收来的数据的格式。

不同生产厂家的计算机具有不同的内部数据表示形式。例如，IBM 公司的主机广泛使用 EBCDIC 码，而大多数厂商的计算机喜欢使用 ASCII 码。Intel 公司的 80286 和 80386 芯片从右到左计数它们的字节，而 Motorola 公司的 68020 和 68030 芯片从左到右计数它们的字节。大多数微型机用 16 位或 32 位整数的补码运算，而 CDC 公司的 Cyber 机用 60 位的反码运算。由于表示方法的不同，即使所有的数据正确接收，一台反码计算机收到的位模式 FFFO（十六进制）将显示-15，而一台补码机器将显示-16。

可以发现，低 5 层保证所有的报文被一位一位地从发送方准确地传输到接收方，对于许多应用来说，所传输的数据需要的却是保留含义，而不是位模式。为此，必须执行转换。可以是发送方转换；也可是接收方转换；或者双方都能向一种标准格式转换。

3. 数据安全

随着越来越多的人们精通计算机和网络的使用，安全和保密问题在计算机网络中就变得越来越重要了。网络的安全遭受攻击、侵害的类型有以下几种。

❖　数据篡改：这是最普遍、简单的一种侵害，是非授权者进行的报文插入或修改。

❖　冒名搭载：是指非授权者窃取口令或代码侵入网络，损害网络安全。

❖　利用漏洞：利用网络软、硬件功能的缺陷所造成的"活动天窗"来访问网络。

保卫网络安全最常用的方法是采用保密（加密）措施。在理论上，加密能够在任何一层上实现，但是实际上在物理层、传输层和表示层这 3 层居多。需要加密的信息称为明文。

大多数商业应用中的电信分析不是问题，所以在高层中的一层做端到端的加密是一种常用的解答。把它放在传输层使得整个会话加密。一个更复杂的方法是把它放在表示层，这样只有那些要求加密的数据结构或域才必须进行加密。

传统加密方法有两类：替换加密和易位加密。在替换密码中，一个字母或一组字母被另一个字母或一组字母替代，保持明文原有顺序，隐藏明文。例如，Caesar 密码，在这种方法中，a 变成 D，b 变成 E，c 变成 F……z 变成 C。在易位密码中，把明文字符或数据做重新排序，不隐蔽它们，从而起到加密作用。

4. 数据压缩

表示层的另一个功能是数据压缩。它能在保持原意的基础上减少信息的位数。如果传输费用很昂贵，压缩将显著地降低费用，并提高单位时间发送的信息量。

强调数据压缩有以下几个原因。

（1）随着多媒体计算机系统技术面向三维图形、立体声和彩色全屏幕运动画面实时处理，数字化了的视频和音频信号数据的传输和存储问题成了关键问题。高效实时的数据压缩对于缓解网络带宽和取得适宜的传输速率是非常必要的。

（2）使用网络的费用依赖于传输数据的数量，在传输之前对数据进行压缩将减少传输费用。实现数据压缩原因有以下几个。

① 因为原始信源数据（视频图像或音频信号）存在着很大的冗余度，例如，电视图像帧内邻近像素之间空域相关性及前后帧之间的时域相关性都很大。

② 因为很多情况下，人的眼睛是图像信息的接收端，耳朵是声音信息的接收端。这样就有可能利用人的视觉对于边缘急剧变化不敏感（视觉掩盖效应）和眼睛对图像的亮度信息敏感，对颜色分辨力弱的特点以及听觉的生理特性实现高压缩比，而使由压缩数据恢复的图像及声音信号仍有满意的主观质量。

（3）数据压缩能否实现与数据表示密切相关。例如，发一个 32 位整数的两种方法是，把它简单地编码成一个 4 字节的表示并把它发送出去。然而，如果已知所发送的整数的 95% 是介于 0~255 之间，用单个无符号字节来发送这些整数会更好。

2.2.7　应用层

1. 应用层简介

应用层也称为应用实体（AE），它由若干个特定应用服务元素（SASE）和一个或多个公用应用服务元素（CASE）组成。每个 SASE 提供特定的应用服务，例如，文件传输访问和管理（FTAM）、电子报文处理（MHS）、虚拟终端协议（VTP）等，CASE 提供一组公用的应用服务，例如，联系控制服务元素（ACSE）、可靠传输服务元素（RTSE）和远程操作服务元素（ROSE）等。

应用层的概念和协议发展得很快，使用面又很广泛，这给应用层功能的标准化带来了复杂性和困难性。与其他层相比，应用层需要的标准最多，但也是最不成熟的一层。随着应用层的发展，各种特定应用服务的增多，应用服务的标准化开展了许多研究工作，ISO 已制定了一些国际标准（IS）和国际标准草案（DIS）。因此，通过介绍一些具有通用性的协议标准，来描述应用层的主要功能及其特点。这些功能如下。

（1）文件传输、访问和管理功能（FTAM）。

（2）电子邮件功能。

（3）虚拟终端功能。

（4）其他应用功能。

在这里，主要介绍目录服务、远程作业录入、图形和信息通信。

❖ 目录服务：类似于电子电话本，提供了在网络上找人或查到可用服务地址的方法。

❖ 远程作业录入：允许在一台计算机上工作的用户把作业提交到另一台计算机上去执行。

❖ 图形通信：具有发送如工程图在远地显示和标绘的功能。

❖ 信息通信：用于家庭或办公室的公用信息服务。例如，智能用户电报、电视图文等。

（5）联系控制服务元素（ACSE）和提交、并发与恢复（CCR）功能。

随着应用层的发展，各种特定应用服务增多，当初 ISO 7498 中定义的应用层服务已大部分划归到公共应用服务元素（CASE）中去了，而且许多应用有一定数据的共同部分，几乎所有这些应用都需要管理连接。为了避免每一个新的应用都要重新从头开始，ISO 决定把这些公共部分实行标准化。下面描述其中最重要的两个。

❖ 联系控制服务元素（ACSE）：联系控制服务元素提供应用连接的建立和释放的功能。

❖ 托付、并发和恢复（CCR）：CCR 的主要目的就是协调若干个应用联系，为多应用联系的信息处理任务提供一个安全和高效的环境。几乎所有的需要可靠性操作的应用都使用 CCR。

除此之外，OSI 还制定了一些特定的应用服务元素的标准，这些特定服务元素更具有一般性。

2. 文件传输、访问和管理（FTAM）

文件传输与远程文件访问是计算机网络中最常用的应用。两者所使用的技术类似，都可以假定文件位于文件服务器上，而用户是在顾客机上读、写整个或部分的这些传输文件。支持大多数现代文件服务器的关键技术是虚拟文件存储器，这是一个抽象的文件服务器。虚拟文件存储器给客户提供一个标准化的接口和一套可执行的标准化操作。隐去了实际文件服务器的不同内部接口，使客户只看到虚拟文件存储器的标准接口，访问和传输远地文件的应用程序不必知道各种各样不兼容的文件服务器的细节。

FTAM 是一个用于传输、访问和管理开放系统中文件的一个信息标准，FTAM 服务使用户即使不了解所使用的实际文件系统的实现细节，也能对该文件系统进行操作，或对数据的描述进行维护。

（1）虚拟文件库

一个具有通用目的的文件传输协议必须考虑异种机的环境。因为不同的系统可能有不同的文件格式和结构。以下考虑 3 种数据的传输。

① 文件中的数据：如果仅仅是传输文件中的实际数据，这就像报文交换或电子邮件设施。

② 数据加上文件结构：是指最小规模的文件传输协议。

③ 数据、文件结构和它的所有属性：属性指访问控制表、索引表等。

如果是后两种数据的传输，那么不但要对本地文件结构和格式有所了解，还要了解输入文件结构和格式。为了避免 M×N 种可能的不同文件结构之间的映射、转换问题，可以采用一种方案：虚拟文件。制定一个通用的虚拟的文件结构。在文件传输系统中交换的只是虚拟文件。在虚拟文件格式和本地文件格式之间实施一种局部的转换。

一个虚拟文件结构必须简单，以至在相同文件系统之间交换时开销最小。另一方面，必然能够精确表示种种不同的文件系统。一个虚拟文件由下述成分组成。

❖　文件名：能唯一地确定文件。

❖　文件管理属性：如文件规模、账号、历史等。

❖　文件结构属性：描述文件中存储的数据的逻辑结构以及维数的属性。

❖　文件信息：构成文件内容的各种信息。

虚拟文件组成一个虚拟文件库，用相应的服务原语调用文件库的有关操作。文件库的操作包括文件的建立、打开、关闭和删除，以及对文件中数据单元的定位、阅读、插入、复位、扩展和清除等。

（2）服务原语

FTAM 定义了一系列用户服务原语，其工作过程是由嵌套的状态区间组成，每个嵌套区间有一系列允许执行的操作。每个区间都有一组相应的服务原语，与区间对应的服务原语概述如下。

① 应用联系

这并不专指 FTAM，也涉及 CASE（ACSE）。当使用 F_INITILIZE 原语建立联系之后，FTAM 就进入了应用联系区间。在此区间 FTAM 允许其用户执行管理虚拟文件库的操作。FTAM 还建立了认可和统计信息，这对确保文件库的操作是必要的。

② 文件选择

用户通过 F_SELECT 原语选择（识别）一个已有的文件或用 F_CREATE 原语建立一个新文件，选择（识别）过程是根据文件名。这两种情况下，用户都进入文件选择区间。在此区间用户对文件执行读取或修改其属性的操作。

③ 文件打开

采用 F_OPEN 原语，使 FTAM 进入文件打开区间，在此区间为数据传送建立表示上下文的特定集合的委托并发控制。

④ 数据传输

通过 F_READ 和 F_WRITE 原语，进入数据传输区间，可对访问的文件访问数据单元中有关的读、写等操作。

3. 报文处理系统（MHS）

电子邮件像电话一样速度快，不要求双方都同时在场，而且还留下可供处理或多处投递的书写报文备份。虽然电子邮件只是文件传输的一个特例，但它有一些不为所有文件传输所具有的特殊性质。因为电子邮件系统首先须考虑一个完善的人机界面，例如，写作、编辑和读取电子邮件的接口。其次要提供一个传输邮件所需的邮政管理功能，例如，管理邮件表和递交通知等。第三，邮件报文是最高度结构化的文本。在许多系统中，每个报文除了它的内容外，还有大量的附加信息域，这些信息域包括发送方名和地址、接收方名和地址、投寄的日期和时刻、接收复写副本的人员表、失效日期、重要性等级、安全许可性以及其他许多附加信息。

1984 年，CCITT 制定了叫作 MHS（报文处理系统）的 X.400 建议的一系列协议。ISO 把它们收进 OSI 的应用层，并叫作 MOTIS（面向报文的正文交换系统）。1988 年，CCITT 又修改了 X.400，力争与 MOTIS 兼容。本节将介绍 MHS。

（1）单系统电子邮件

这种设施允许一个共享计算机系统上的所有用户交换报文。每个用户在系统上登记，并有唯一的标识符、姓名。与每个用户相联系的是一个邮箱。用户可以调用电子邮箱设施，准备报文，并把它发给此系统上的任何其他用户。发送动作只是简单地把报文放进接收者的邮箱。邮箱实际上是由文件管理系统维护的实体，本质上是一个文件目录。每个邮箱有一个用户与之相联。任何输入信件只是简单地作为文件存放于用户邮箱目录之下，用户以后可以去取这个文件并读报文。当用户登录进去时，可告诉用户邮箱里是否有新的信件。一个基本的电子邮件系统应具备以下功能。

❖ 创立：用户创立和编辑报文，把结果报文合并成报文的主体。

❖ 发送：用户指出报文的接收者，电子邮件设施把此报文存储到相应的邮箱中。

❖ 接收：接收者调用电子邮件设施来访问和阅读递交的信件。

❖ 存储：发送者和接收者双方都可以选择任何一个报文保存到更永久的存储器中。

（2）网络电子邮件

在单系统电子邮件设施中，报文只能在那个特定系统的用户之间交换。如果希望通过网络或者传递系统在更广泛的范围内交换报文，这就需要包括 OSI 模型的 1~6 层的服务，在应用层制定一个标准化的报文传输协议。

（3）CCITTX.400 系列建议

1984 年，CCITT 发表了一系列关于报文处理系统 MHS 的建议。MHS 自然也包含了前面已讨论过的网络电子邮件的要求。但是这些建议并不处理直接为用户可用的用户接口或服务。然而，MHS 确实规定了通过网络发送报文所用的服务，从而为构建用户接口提供了基础。1988 年，CCITT 又发表了经过修订的 MHS 系列建议。这一版本对 1984 年版本进行了功能扩充，并使用新的抽象模型来描述服务和协议，从而使 MHS 与 OSI 参考模型统一起来。MHS（88）是 CCITT 与 ISO 的联合版本。ISO 的文本称为面向报文的正文交换系统。

MHS 的主要构件有以下两个。

❖ 用户代理（UA）又称为邮件阅读器，用来编辑、发送、阅读和管理电子邮件，是用户与 MHS 之间的接口。

❖ 传输代理（MTA）又称为邮件服务器。接收用户邮件，根据地址传输，传送到接收方的邮件服务器，并将邮件存放在用户邮箱内。

MHS 工作模式如图 2-17 所示（SMTP 为简单邮件传输协议）。

报文处理系统具有以下几个特点。

❖ 报文以存储—转发的方式进行传输。

❖ 报文的递交和交付可以不同时进行。

❖ 同一份报文可以交付给多个接收者（多地址交付）。

❖ 报文的内容形式、编码类型可以由系统自动进行转换，以适应接收终端的要求。

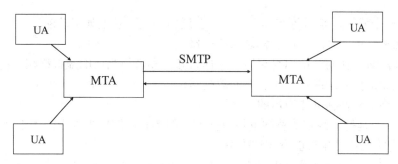

图 2-17　MHS 工作模式

❖ 交付时间的控制可由发送方规定，经过若干时间以后系统才可将报文交付给接收方。

❖ 系统可以将报文支付与否的结果通知给发送方。

4．虚拟终端协议（VTP）

虚拟终端是代表实际终端的抽象状态的一种抽象数据结构。这种抽象数据结构可由键盘和计算机两者操作，并把数据结构的当前状态反映在显示器上，计算机能够查询此抽象数据结构，并能改变此抽象数据结构。

虚拟终端方法就是对终端访问中的公共功能引进一个抽象模型，然后用该模型来定义一组通信服务以支持分布式的终端服务，当然这就需要在虚拟终端服务与本地终端访问方式之间建立映射，使实终端可在 OSI 环境中以虚拟终端方式进行通信。1SO 将虚拟终端标准列入应用层，归属于特定应用服务元素。虚拟终端是对各种实终端具有的功能进行一般化、标准化之后得到的通用模型。但由于目前现有的实终端种类比较多，功能也差别很大，因此要抽象一个完整的、通用的虚拟终端模型是比较困难的，并且也不利于终端功能的扩充。虚拟终端协议只有一些初步的实现版本，其中之一是 X.28/X.29/X.3 协议，是基于异步终端的一个简单参数化的模型。真正的虚拟终端协议是一种根本不同且更灵活的方法。

（1）分组（包）装/拆（PAD）协议

作为对 X.25 标准的扩充，CCITT 开发一套与分组（包）装/拆（PAD）设施有关的标准，解决以下两个主要问题。

① 提供了用 X.25 协议与主机通信的能力。

② PAD 设施提供了一套参数来说明终端类型之间的差别，CCITT 为 PAD 服务制定了以下 3 个相应标准。

❖ X.3 给出了 PAD 的所有业务和相应的功能，以及用来控制它的相应操作参数。

❖ X.28 制定了 PAD 与非分组终端 NPT（Non-packetTerminal）的交互命令和格式。

❖ X.29 说明了 NPT 与主机或分组终端 PT（或 NPT）通过公用数据网互连通信时所要遵循的建议规范。

（2）一般化的虚拟终端协议

X.3/X.28/X.29 的终端处理方法只对简单的异步终端有效，其主要缺点是缺乏灵活性。当使用更复杂的终端时，必须定义越来越多的参数，一种替代的方法是制定一个一般化的虚拟终端协议。

VTP 是一个协议，是对等实体之间的一套通信约定，包括如下功能。

① 建立和维护两个应用层实体之间的连接。

② 通过协商，使同等虚拟终端用户选择、修改和替换当前的虚拟终端环境。

③ 创立和维护表示终端"状态"的数据结构。

④ 实行终端特性标准化表示的翻译转换。

VTP 的目的是把实终端的特性变换成标准化的形式，即虚拟终端。由于终端的差异很大，ISO 确定的虚拟终端有以下 4 种类型。

① 卷模式：处理以字符元素组成的信息，对应的实终端是键盘、打印机和显示设备。

② 页模式：指带有光标寻址字符矩阵的显示终端，主机或用户都能修改随机存储内容，以页为单位输入和输出。

③ 格式/数据进入模式：与页模式类似，但允许定义显示器的固定或可变字段。

④ 图形模式：处理用几何图元素组成的多层结构，典型的实终端是图形终端。

对于 VTP 定义了 4 个基本操作阶段。

① 连接管理：包括会话层有关的功能。

② 协商：用于在两个实体之间确定一个双方同意的特性集合。

③ 控制：交换控制信息和命令。

④ 数据：在两个对等体之间传输数据。

在非对称模型中，虚拟终端可以看成是实际终端和本地映像功能的结合，这种映像是用来把它适配成标准语言。另一边是位于主机上的应用，它或者能用 VTP 通信，或者必须把它的表示方法转换成标准语言。在对称模型中，两边都使用了一种代表虚拟终端状态的共享表示单元，这个表示单元可以看作是由数据结构来表示，两边都可对称地读、写。对称模型的优点是：既允许终端—主机对话，也允许终端—终端、主机—主机间的对话。

2.2.8 OSI 参考模型总结

对 OSI 参考模型中的 7 个层次功能的总结如表 2-2 所示。

表 2-2 OSI 参考模型中的 7 个层次小结

层 号	层 的 名 称	主 要 功 能
7	应用层	与用户应用进程的接口，以及提供分布式信息服务
6	表示层	数据格式的转换，以便为应用程序提供通用接口，提供加密解密服务
5	会话层	提供在应用程序之间通信的控制结构；在协同工作的应用程序之间建立、管理和释放连接。即会话的管理和数据传输的同步
4	传输层	端到端经网络透明地传输报文；提供端到端的差错恢复和流量控制
3	网络层	分组传输和路由选择，使高层与数据传输和用来连接系统的交换技术无关
2	数据链路层	在链路上无差错地传送一帧一帧信息，在此层将数据分帧，并处理流控制。本层指定拓扑结构并提供硬件寻址
1	物理层	将比特流送到物理介质上传送。关心在物理媒介上非结构的比特流的传输；考虑接入物理媒体的机械、电器、功能和过程的特性

计算机 A 的应用进程向计算机 B 的应用进程传输数据的过程如图 2-18 所示。

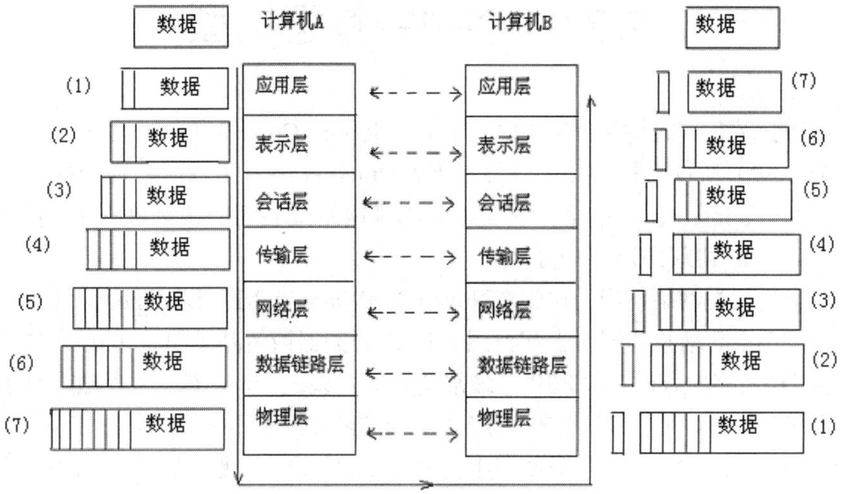

图 2-18　数据在 OSI 模型中的传输过程

（1）计算机 A 的应用进程先将数据交给应用层，接下来过程如下。

① 数据为应用层信元，应用层报头添加到数据。

② 数据为表示层信元，表示层报头添加到数据。

③ 数据为会话层信元，会话层报头添加到数据。

④ 数据为数据报，传输层报头添加到数据。

⑤ 数据为数据包，网络层报头添加到数据。

⑥ 数据为帧，数据链路层报头添加到数据。

⑦ 数据为比特流，添加物理控制报头。

（2）当这一串比特流经网络的物理媒体传送到目的站时，就从第 1 层依次上升到第 7 层，每一层根据控制信息进行必要的操作，然后将控制信息剥去，将该层剩下的数据单元上交给更高层。过程如下。

① 来自比特流的数据装配为帧，去掉控制数据。

② 数据装配为数据包，去掉数据链路层报头。

③ 数据装配为数据报，去掉传输层报头。

④ 数据装配为会话层信元，去掉传输层报头。

⑤ 数据装配为表示层信元，去掉会话层报头。

⑥ 数据装配为应用层信元，去掉表示层报头。

⑦ 装配最终数据，去掉应用层报头。

在 OSI 参考模型中，对等层次上的传送的数据单位称为该层的协议数据单元（PDU）。

对于 OSI 会话层、表示层、应用层，只做上述一般性的介绍，而对于应用层比较成熟的是 TCP/IP 的产品，下面将对 TCP/IP 模型的应用层协议进行详细的介绍。

2.3 TCP/IP 参考模型

Internet 网络体系结构以 TCP/IP（Transmission Control Protocol / Internet Internet Protocol，TCP/IP）协议为核心。当计算机通过 Internet 进行通信时，使用的协议是传输控制协议/网际协议。Internet 并不是一个实际的物理网络或独立的计算机网络，它是世界上各种使用统一 TCP/IP 协议的网络的互连。

TCP/IP 也是大型网络使用的协议。Novell NetWare、UNIX 和 Windows NT 网络都可以实现 TCP/IP，在不断增长的网络上和使用客户机/服务器或者基于 Web 的应用中更是如此，尤其在进行广播和路由方面。TCP/IP 是最常使用的协议之一，它是一种经过全球上千万计算机用户使用的技术。它的广泛的用户群、可靠的历史和扩展能力使它成为大多数 LAN-TO-WAN 安装的首选协议。即使在小的网络上，为了以后便于扩展，常常也选用 TCP/IP。

2.3.1 TCP/IP

TCP 是为同一个网络上的计算机之间进行点到点通信而设计的，而 IP 是为不同网络或者 WAN 上的计算机之间能够相互通信而设计的。TCP/IP 也是一种分层协议，这一点与 OSI 协议层次有些类似，但是并不完全相同，如图 2-19 所示。TCP/IP 大约包含近 100 个非专有的协议，通过这些协议，可以高效和可靠地实现计算机系统之间的互连。TCP/IP 协议簇中的核心协议主要有以下方面。

❖ 传输控制协议（TCP）。
❖ 用户数据报协议（UDP）。
❖ 网际协议（IP）。

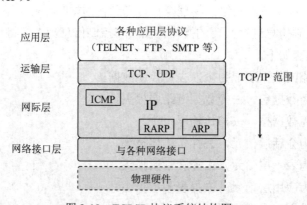

图 2-19　TCP/IP 协议系统结构图

对主要协议起补充作用的协议有 5 个，它们是通过 TCP/IP 提供的 5 个应用服务。

❖ 文件传输协议（FTP）。
❖ 远程登录协议（TELNET）。
❖ 简单邮件传输协议（SMTP）。

❖ 域名服务（DNS）。
❖ 简单网络管理协议（SNMP）和远程网络监测（RMON）。

2.3.2 传输控制协议 TCP

TCP 是一种传输协议，它可以在网络用户启动的软件应用进程之间建立通信会话。TCP 通过控制数据流量可以提供可靠的端到端数据传送。网络结点可以就数据传输的窗口大小达成一个协议，该窗口大小规定了将要发送的数据字节数。传输窗口可以根据当前的网络流量进行即时调整。TCP 的基本功能和 OSI 传输层的功能有些类似，具体包括监测会话请求和另外一个 TCP 结点建立会话、传输和接收数据、关闭传输会话等。TCP 帧包含头和负载数据两个部分，称为一个 TCP 段，如图 2-20 所示。

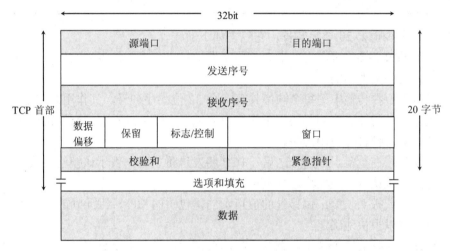

图 2-20　TCP 帧

❖ 源端口：端口在其他协议中也称为套接字或者会话，与两个通信进程之间使用的虚拟电路有些类似（见图 2-21）。为了兼容性考虑，各个特定的任务都有指定的端口。TCP 的端口分配及其文档可以在 RFC1700 中找到。端口在 TCP 中的实现表明两个建立起连接的结点之间在一个网络会话上可以在给定的时间内有多个进程进行通信。例如，其中一个端口用于传输网络的状态，而另外一个端口用于电子邮件或者文件传输。源端口是位于发送设备上的端口。表 2-3 中列出了常用的 TCP 端口。

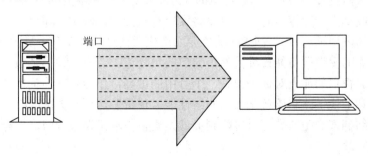

图 2-21　TCP 源和目的端口

表 2-3　常用 TCP 端口

端　口　号	用　　　途	端　口　号	用　　　途
1	多路复用	53	DNS 服务器应用
5	RJE 应用	79	查找活跃的用户应用
9	传输丢弃	93	设备控制
15	网络状态	102	服务访问点（SAP）
20	FTP 数据	103	标准的电子邮件服务
21	FTP 命令	104	标准的电子邮件交换
23	Telnet 应用	119	USENET 新闻传输
25	SMTP 电子邮件应用	139	NetBIOS 应用
37	时间事务		

TCP 包头最少也要 20 个字节长，它包含如下的域。

❖　目的端口：接收设备上的端口，用于发送结点和接收结点之间涉及应用进程的通信，例如文件传输。

❖　序列号：在传输中的每个帧都具有一个 32 位的序列号，其作用是保证 TCP 接收到了全部的帧。序列号还用于识别重复帧；当帧经过不同的网络路径或者信道到达时，对帧进行正确排序。

❖　确认号：在检验了序列号之后，TCP 将发送确认号，表示该帧已经收到。如果没有发回确认号，该帧将进行重传。

❖　偏移量或报头长度：偏移量的值指示的是包头的长度，因此帧的数据部分从何处开始可以很快地确定。

❖　标志：在帧的这个域中，有两个标志分别用以指示整个数据流的开始（SYN）和终止（FIN）。

其他的标志都是控制信息，例如连接重新复位或者显示紧急指示符发生了作用。

❖　窗口：这个信息需要和流量控制协作。窗口由可以在发送者接收到接收者的确认之前进行传输的字节数组成。当达到窗口的尺寸之后，将启动流量控制，终止传输，直到收到下一个确认为止。例如，如果窗口的尺寸为 64 个字节，那么若在传输完第 65 个字节之后仍未接收到确认，将启动流量控制。当一个网络由于网络流量太大而变慢时，可以增大窗口的尺寸，以防止在不需要的情况下启动流量控制。当接收结点响应较慢时，也可以将窗口尺寸变窄，例如，如果一个工作站由于本地应用占用了总线或者 CPU 的资源而造成负荷过重。在有些情况下，延迟很长，所分派的窗口区不能再维持整个窗口的尺寸值，造成一种称之为“长胖网络”的情形。窗口的能力对你来说是一个有用的工具，作为网络的管理员，可以利用该工具调节快链路和慢链路上的网络性能，使带宽达到最大限度将某些应用问题或者网络拥塞产生的数据重传降到最低，更正传输错误或者网络不能容忍的软件应用故障。

❖　校验和：校验和是一个 16 位的循环冗余校验，其值是通过对包头中的所有域和数据负载域进行计算而得出的（TCP 段中的所有域的和）。该和的计算使用"取补码"的布尔逻辑，即将每个域中的二进制数字取反或取补。例如，二进制 0 变为二进制 1，二进制 1 变为二进制 0。因此，在把两个域中的值进行相加时，例如 0110 和 10110110，先将它们变为 1001 和 01001001，然后进行相加。总和便是 CRC 校验和，该校验和将由发送结点放在该帧中。接收方也将计算该校验和，并将其计算得到的值同校验和域中的值进行比较。如果它们不同，该帧将被丢弃，接收结点将请求重新发送该帧。在校验和值之前增加源地址和目的地址，它们和帧中 IP 包头内的地址相同，并将该帧发送给正确的目的结点。

❖ 紧急指示符：包头中的这个域向接收者提示所到达的是重要数据，并且还可以用以指示在所传输的帧序列中紧急数据已经发送完毕。其目的是为了提供一种预先的信息，用以说明在一个或者多个帧的序列中，还有多少数据需要接收。

❖ 选项：帧中的这个域可以包含一些与传输有关的额外信息和标志。

❖ 填充：填充区用于当选项数据很少或者根本没有选项数据时对包头进行填充以达到所需的包头长度，因为包头的长度必须是 32 的倍数。在 TCP 段中实际携带的数据称为数据负载，它由从发送方传送到接收方的原始数据组成。

TCP 和 IP 端口支持全双工和半双工通信。

TCP 确认可能会导致网络上出现过多的额外数据流量。其处理方式有 3 种，具体方法取决于网络。一种方法是对每一个帧都发送回一个确认。这种做法产生的数据流量最多，因为对每一个接收到的帧都需要发送一个包含确认的空帧。另外一种做法是把 TCP 的窗口设置为一个特别大的值，在发送确认之前先看看该传输是不是马上可以结束，如果马上可以结束，则由发送结点在接收到的第一个帧的确认中将一批确认信息发回。最后一个做法是使用 UDP 帧而不是 TCP。

2.3.3 用户数据报协议 UDP

当使用 TCP/IP 协议传送数据时，可以选择以无连接数据流的方式传送数据，这种方式在所发送的基于 IP 的数据报之上几乎没有增加任何开销。通过符合用户数据报协议（UDP）而不是 TCP 的一组算法，可以形成、传输和重组数据帧。每个帧由一个简单得多的包头后跟数据组成（见图 2-22）。

源端口	目的端口
长度	校验和
数据负载	

图 2-22 UDP 帧

UDP 包头包含如下几个域。

❖ 源端口：该端口用于发送结点上的单个进程和接收结点上的相同进程进行通信。

❖ 目的端口：这是一个接收结点使用的端口，通过该端口可以连接到与之通信的位于发送结点上的进程。

❖ 长度：长度域包含有帧的长度信息。

❖ 校验和：校验和的使用方法和 TCP 相同，用于接收到的帧和所发送的帧进行比较。

UDP 不像传统的 TCP 那样能提供良好的可靠性和差错检查，因为它仅仅依赖于校验和来保证可靠性。UDP 不进行任何流量控制，没有序列或者确认。它是一个无连接协议，这使它在处理和传输数据的速度上要快一些。UDP 的优点在于在 IP 上增加的开销小，通常用于执行事务处理的应用，可以作为一种减少网络开销的方法。UDP 十分重要，因为需要用它来传输关键的网络状态消息，例如 RIP、DNS、SNMP、RMON 和 BOOTP。

2.3.4 网际协议 IP

一个 LAN 可以由一系列的子网组成，而一个 WAN，例如 Internet，可以由一系列的自治网络组成。LAN 可以只使用以太网，而 WAN 却可能包括以太网、令牌环网、X.25 和其他一些网络。通过网际协议（IP），可以把一个包发送到 LAN 的不同子网和 WAN 的不同网络上，唯一的条件就是这些网络所使用的传输选项要保证能够和 TCP/IP 兼容，这些选项包括以下方面。

❖ 以太网。

❖ 令牌环网。

❖ X.25。

❖ FDDI。

❖ ISDN。

❖ 帧中继。

❖ （带有转换的）ATM。

IP 的基本功能是提供数据传输、包编址、包寻径、分段和简单的包错误检测。通过 IP 编址约定，可以成功地将数据传输和路由到正确的网络或者子网。每个网络结点具有一个 32 位的 IP 地址，它和 48 位的 MAC 地址一起协作，完成网络通信。该地址不但标识了一个既定的网络，而且还指明了是该网络上的哪个结点（在后面会进行详细的阐述）。

尽管在设计上并没有和 OSI 兼容，但是事实上 IP 工作在 OSI 模型的第三层——网络层，它具有第三层的路由功能特征。

与 UDP 相似，IP 也是一种无连接的协议，因为其主要任务是提供网络到网络的寻址以及路由信息，当信息包从一个网络到达另外一个网络时，改变包的大小，例如，从一个以太网到 FDDI，或者相反。IP 将通信可靠性留给了内嵌的 TCP 段（TCP 包头和负载数据），该段紧跟在 IP 包头的后面，可以完成流控制、保证包的顺序、确认包的接收等。当 TCP 段使用 IP 包头信息进行格式化之后，整个单元就称为一个数据报或者包，如图 2-23 所示。

路由器检查的是头中的 IP 编址信息，例如，在确定如何转发该 IP 包时，将根据 IP 包头中的地址信息确定如何转发。如图 2-24 所示，IP 包头由如下字段组成。

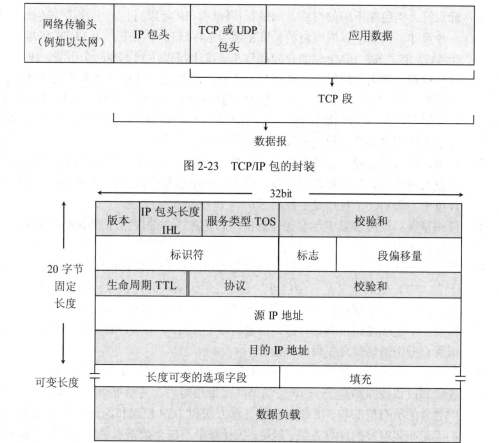

图 2-23　TCP/IP 包的封装

图 2-24　IP 包

- ❖ 版本：该字段包含的是 IP 的版本号。当前，IP 的版本为 4（IPv4），该版本形成于 20 世纪 80 年代早期，在许多网络上使用的都是该版本的 IP 协议。IP 版本 6（IPv6）是一个新出现的标准，它主要面向 Internet 和多媒体，在本章的后面将对它进行讨论。

- ❖ IP 包头长度（IHL）：IP 包头最短为 20 个字节，但是其长度是可变的，具体长度取决于选项字段的长度。

- ❖ 服务类型（TOS）：该域指示的是包内容的优先权或者优先级。路由协议（例如 OSPF 等）可以根据该域的值按照代价进行计算后确定发送该包的路径类型。例如，一个正常的数据包和一个多媒体包在吞吐率上的要求是不相同的。TOS 规定了一系列的优先级，根据 TOS 域中不同位置上的比特值，将优先级别分为了常规、低延迟、高吞吐率、代价最小和高可靠性等。例如，如果指示的是常规路由，那么可能选择一个 10Mbps 的路径，而不管在到达目的结点之前需要经过多少个结点。如果指示的是代价最小而且要求具有较高的吞吐率，则需要选择 100Mbps 并且经过的路由器个数最少的那条路径。

- ❖ 总长度：该字段用以指示整个 IP 包的长度，最长为 65535 个字节。

❖ 标识符：当包在不同的网络之间进行传输时，IP 可以将包从一种尺寸转换为另外一种尺寸。例如，以太网包的长度范围为 64~1518 个字节，而 FDDI 包最大可以为 4472 个字节，16Mbps 的令牌环包在长度上可以达到 17800 个字节。IP 可以将包传输到不同类型的网络，在包尺寸不匹配时通过分段操作做到正确传输，例如可以把一个 FDDI 包进行分段，使分段后的包可以满足以太网上 1518 个字节的包长度限制。当 IP 对包进行分段时，它将给所有的段分配一组编号，然后将这些编号放入标识符字段，保证分段不会被错误地进行重组。

❖ 标志：标志和分段一起被用来传递信息，例如，当包从一个以太网发送到另外一个以太网时对该包不能进行分段，或者在一个包被分段后用以指示在一系列的包片段中，最后一个片段是否发出了。

❖ 段偏移量：段偏移量中包含的信息指示的是在一个分段组序列中如何将各片段重新连接起来。

❖ 生命周期（TTL）：该字段包含的信息可以防止一个包在网络中无限地循环转发下去。TTL 值的意义是一个包可以经历的最大周转时间，以秒进行计算。该包经过的每一个路由器都会检查该字段中的值，当 TTL 的值为 0 时，该包将被丢弃。每当一个包经过路由器时，该路由器将减少 TTL 中的值，减少的值取决于路由器或者根据由网络管理员设置的值。

❖ 协议：该字段用以指示在 IP 包中封装的是哪一个协议，TCP 还是 UDP。

❖ 校验和：该校验和是一个 16 位的循环冗余校验码，其值等于 IP 头内每一个字段中包含的所有值的和。IP 校验和的计算方法和 TCP 校验和的计算方法相同，使用的都是布尔取补的计算方法，但是，在计算中不包含数据报中负载数据字段（TCP段）中的值。校验和用于确定 IP 头在传输中没有发生错误。IP 包所经过的每个路由器都会检查该校验和的值，就像接收结点所做的那样。当一个包被一个路由器检查时，校验和将被更新，因为其 TTL 字段中的值发生了变化。

❖ 源地址：这是一个网络地址，指的是发送该包的设备的网络地址。

❖ 目标地址：该字段中包含的也是网络地址，但指的是接收结点的网络地址。

❖ 选项：可以和 IP 一起使用的选项有多个。例如，可以输入创建该包的时间，对于军队和政府的数据可以实现特殊的安全。

❖ 填充：因为 IP 头的长度必须能够被 32 整除，所以当没有足够的数据可以填满所分配的区域时，需要用填充符填满选项字段。IP 包中的负载数据其实就是 TCP（或者对于完全的无连接服务，使用的是 UDP 而不是 TCP）头和应用数据。

2.3.5 TCP/IP 应用

目前，人们已经开发了许多有用的基于文本的网络应用程序，如远程登录、电子邮件、文件传输、新闻组和聊天程序等，以及许多多媒体网络应用程序，如万维网、视频会议、视频点播等。

应用层负责处理特定的应用程序细节。几乎各种不同的 TCP/IP 实现都会提供下面这些通用的应用程序。

- ❖ Telnet 远程登录。
- ❖ FTP 文件传输协议。
- ❖ SMTP 简单邮件传送协议。
- ❖ SNMP 简单网络管理协议。

网络应用程序有一个共同特点，就是它们都属于分布式软件系统，即整个软件要运行在多个主机之上。如 Web 应用软件就是由主机上的浏览器软件和 Web 服务器上的服务器软件两部分构成的。浏览器软件称为客户端，Web 服务器软件称为服务器端。应用层协议通常由两部分构成，即客户端和服务器端。应用层也称为应用实体（AE），它由若干个特定应用服务元素（SASE）和一个或多个公用应用服务元素（CASE）组成。每个 SASE 提供特定的应用服务，例如文件传输访问和管理（FTAM）、电子文电处理（MHS）、虚拟终端协议（VTP）等，CASE 提供一组公用的应用服务，例如联系控制服务元素（ACSE）、可靠传输服务元素（RTSE）和远程操作服务元素（ROSE）等。

属于应用的概念和协议发展得很快，使用面又很广泛，这给应用层功能的标准化带来了复杂性和困难性。比起其他层来说，应用层需要的标准最多，但也是最不成熟的一层。但随着应用层的发展，各种特定应用服务的增多，应用服务的标准化开展了许多研究工作，ISO 已制定了一些国际标准（IS）和国际标准草案（DIS）。

2.3.6 TCP/IP 和 OSI 的比较

在本章所学过的 TCP/IP 各层和 OSI 的分层模型存在对应关系，如图 2-25 所示。随着 TCP/IP 的演变，TCP/IP 中的某些部分变得和 OSI 模型更为类似。例如，TCP/IP 的物理层和数据链路层与以太网、令牌环、令牌总线、FDDI 以及 ATM 都可以兼容。在物理层，TCP/IP 支持同轴电缆、双绞线和光纤介质。在数据链路层，TCP/IP 和 IEEE 802.2 逻辑链路控制标准以及 MAC 编址兼容。

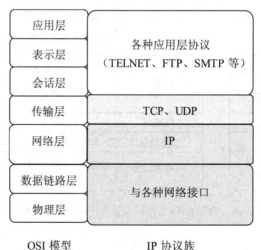

图 2-25　TCP/IP 和 OSI 模型

在 TCP/IP 中，与网络层等价的部分为 IP。另外一个兼容的协议层为传输层，TCP 和 UDP 都运行在这一层。OSI 模型的高层与 TCP/IP 的应用层协议是对应的。例如，Telnet 运行在会话层。SMTP 和 FTP 运行在表示层和应用层。

2.3.7　TCP/IP 小结

TCP/IP 是一种在世界范围内广泛使用的网络协议，它同时也是 Internet 所使用的协议。该协议的 TCP 部分可以通过面向连接的服务提供可靠的数据传输，包括为已经收到的包提供确认。UDP 是与 TCP 等价的另一种选择，它产生的开销比 TCP/IP 低，但是可靠性要差一些。IP 的作用是将包传递到 LAN 和 WAN 上的目的地。IP 中提供的寻径技术可以标识网络和网络上的某个结点。IPv6 协议提供了较长的地址格式，可以满足由 Internet 引起的网络和用户数量的增长及网络的不断扩大。

TCP/IP 其实是一个协议集。FTP 是一种广泛使用的协议，每天都有众多的人使用该协议从 Internet 上下载文件。Telnet 用于将工作站连接到主计算机，这样工作站便可以作为终端使用。SMTP 提供邮件服务，DNS 可以完成计算机名称和 IP 地址之间的转换。SNMP 对于网络十分重要，因为它可以收集网络性能方面的信息，可以利用该协议进行故障排除。

Internet、LAN 和 WAN 应用的数目和它们的容量快速增长。TCP/IP 在网络增长方面扮演着一个十分重要的角色，并且在今后仍然会扮演这一角色。随着网络和网络应用的用户以及可选带宽的逐渐增多，TCP/IP 极有可能会在设计上发生大的变化，尤其是当越来越多的人们开始使用 InternetTV、IP 电话和多媒体时更是如此。

TCP/IP 许多年来得到广泛应用，而且越来越成熟。大多数类型的计算机环境都有 TCP/IP 产品，它提供了文件传输、电子邮件、终端仿真、传输服务和网络管理，促进了 Internet 的发展。

TCP/IP 协议栈包括 4 个功能层：应用层、传输层、互连网络层及网络接口层。这 4 层大致相对于 OSI 参考模型中的 7 层。图 2-26 给出了 TCP/IP 的分层结构及其与 OSI 七层协议模型的对应关系，并标出了 TCP/IP 各层对应的物理网络和协议。

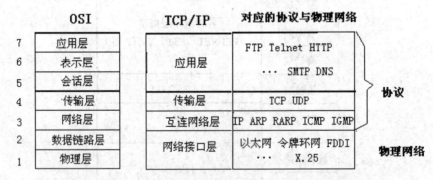

图 2-26　TCP/IP 体系结构及其对应的协议与物理网络

1. 应用层

TCP/IP 模型中没有会话层和表示层。TCP/IP 模型中的应用层协议提供远程访问和资源共享。它包含了所有的高层协议，常用的有文件传输协议（FTP）、远程登录 Telnet 协议、简单邮件传输协议（SMTP）、简单网络管理协议（SNMP）、超文本传输协议（HTTP）、域名系统（DNS）等。很多应用程序驻留并运行在此层，并且依赖于底层的功能。相似地，IP 网络上通信的任何应用也在应用层中描述。应用层数据分组又称为报文，应用层报文由首部信息和应用层数据两部分组成。首部信息是由发送端的应用层添加，被接收端的应用层读取。首部信息包含了一些彼此通信的应用程序相互理解的控制信息，其目的是两端应用层可以互相明白对方的意图，控制下一步的操作。当接收端利用首部信息完成了某些操作之后，便去除首部信息，再将原始数据交给相应的应用程序。网络应用程序不同，其首部信息也不同，例如，对于一个经过压缩处理的文件，将使用的压缩格式存于首部信息一同发送，接收端根据首部信息中所存压缩方法对数据进行解压操作，并将去除首部信息的原始数据送给应用程序，应用程序可使用一个浏览器，或者一个视频播放器等。

应用层主要说明各种应用进程通过什么样的应用协议来使用网络所提供的服务。目前已经出现了许多基于文本的网络应用程序，例如，远程登录、电子邮件、文件传输、新闻组和聊天程序等，以及视频会议、视频点播等多媒体网络应用程序。

虽然网络应用程序各种各样，但它们都有一个共同特点，就是它们属于分布式软件系统，即整个软件要运行在多个主机之上。如 Web 应用软件就是由主机上的浏览器软件和 Web 服务器上的服务器软件两部分构成的。浏览器软件称为客户端，Web 服务器软件称为服务器端。应用层协议通常由两部分构成，客户机端和服务器端，如图 2-27 所示。

2．传输层

TCP/IP 的传输层大致对应于 OSI 参考模型的会话层和传输层。这一层支持的功能包括：应用数据进行分段；执行数学检查来保证所收数据的完整性；为多个应用，同时传输数据多路复用数据流（传输和接收）。这表明主机到主机层能识别特殊应用，对乱序接收到的数据能够进行重新排序。

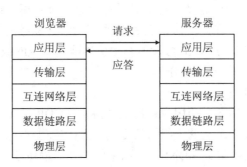

图 2-27　应用层的客户/服务器结构

传输层在 TCP/IP 模型中位于互连网络层之上，其功能是使源端和目的端主机上的对等实体可以进行会话，下面所述的是两个常用端到端的协议。

（1）传输控制协议（TCP）是一个面向连接的协议，允许从一台机器发出的字节流无差错地发往互联网上的其他计算机。它把输入的字节流分成报文段，并传给互连网络层。在接收端，TCP 接收进程把收到的报文再组装成输出流。TCP 还要处理流量控制，以避免快速发送方向低速接收方发送过多报文而使接收方无法处理。

（2）用户数据报协议（UDP）是一个不可靠的无连接协议，用于不需要 TCP 的排序和流量控制能力而是自己完成这些功能的应用程序。广泛地应用于只有一次的客户机—服务器模式的请求—应答查询，以及快速递交比准确递交更重要的应用程序，如传输语音或影像。

3．互连网络层

互连网络层又称为网际层，是整个体系结构的关键部分，它的功能是使主机可以把分组发往任何网络，并使分组独立地传向目的地。这些分组到达的顺序和发送的顺序可能不同，因此如需要按顺序发送及接收时，高层必须对分组排序。

互连网络层定义了标准的分组格式和协议，即 IP 协议。互连网络层的功能就是把 IP 分组发送到应该去的地方。选择分组路由和避免阻塞是主要考虑的问题。由于这些原因，可以说 TCP/IP 互连网络层和 OSI 网络层在功能上非常相似。IP 层负责数据报文路由。

IP 层必须支持路由和路由管理功能。这些功能由外部对等协议提供，称这些协议为路由协议。这些协议包括内部网关协议（IGP）和外部网关协议（EGP）。实际上，许多路由协议能够在多路由协议地址结构中发现、计算路由。IP 层也必须支持其他的路由管理功能，它必须提供第二层地址到第三层地址的解析及反向解析。

4．网络接口层

网络接口层似乎与 OSI 的数据链路层和物理层相对应，但实际上 TCP/IP 本身并没有真正描述这一部分，只是指出主机必须使用某种协议与网络连接，以便能在其上传递 IP（互连网络协议）分组。具体的物理网络可以是各种类型的局域网，如以太网、令牌环网、令牌总线网等，也可以是 X.25、帧中继、电话网、DDN 等公用数据网络。网络接口层负责从主机或节点接收 IP 分组，并发送到指定的物理网络上。

网络接口层包括用于物理连接、传输的所有功能。OSI 模型把这一层功能分为两层：物理层和数据链路层。由于在同名协议之后创建，TCP/IP 参考模型把两层结合在一起，是因为各种 IP 协议中止于网际层。IP 假设所有底层功能由局域网或串口连接提供。

TCP/IP 协议组大体上分为 3 部分。

❖ Internet 协议（IP）。
❖ 传输控制协议（TCP）和用户数据报文协议（UDP）。
❖ 处于 TCP 和 UDP 之上的一组协议专门开发的应用程序，包括 Telnet、文件传送协议（FTP）、域名服务（DNS）和简单的邮件传输协议（SMTP）等。

协议组件虽然一般标识为 TCP/IP，但实质上在 IP 协议组件内有好几个不同的协议，其中包括以下几个协议。

❖ IP：互连网络层协议。
❖ TCP：可靠的传输层协议。
❖ UDP：尽力转发的传输层协议。
❖ ICMP：在 IP 网络内为控制、测试和管理功能而设计的多层协议。

各种 ICMP 协议从主机到主机层延伸至应用层，这些协议之间的关系如图 2-28 所示。驻留于应用层中的应用（如 Telnet、FTP 和许多其他应用）是 IP 协议组件的组成部分。

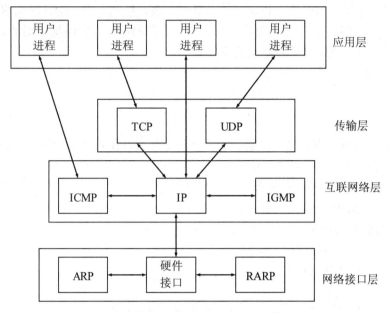

图 2-28　TCP/IP 协议族中不同层次的协议

TCP/IP 和 OSI 模型相互比较，存在着如下相同和差异之处。

（1）相同点

两者都是层次化模型，且都定义了相似的功能，如网络层、传输层和应用层。需要注意的是，TCP/IP 模型的应用层比 OSI 的范围大，相当于 OSI 的会话层、表示层和应用层的合并功能。

（2）不同点

① 在 OSI 模型中，严格地定义了服务、接口、协议；而在 TCP/IP 模型中，并没有严格区分服务、接口与协议。

② TCP/IP 模型不区分、甚至不提起物理层和数据链路层，而这种划分是必要的和合理的。

③ TCP/IP 模型不是通用模型，不适合描述除 TCP/IP 模型之外的任何协议。

④ OSI 模型支持无连接和面向连接的网络层通信，但在传输层只支持面向连接的通信；TCP/IP 模型只支持无连接的网络层通信，但在传输层有支持无连接和面向连接的两种协议可供用户选择。

⑤ 在应用方面，OSI 模型的结构复杂，实现周期长，没有在工业上得到真正的应用。而 TCP/IP 因其大量成功的应用而成为了工业标准。

小结

本章主要介绍了计算机网络体系结构的基本概念、OSI 参考模型、TCP/IP 参考模型等内容。在计算机网络体系结构的基本概念中，介绍了协议、开放系统、路由、封装与解包、数据单元、层次结构、连接与无连接服务、服务原语等内容。在OSI参考模型中，介绍了物理层、数据链路层、网络层、传输层、会话层、表示层和应用层的功能与服务等内容。在TCP/IP参考模型中，介绍了应用层、传输层、互连网络层及网络接口层的功能与服务。这些内容是学习计算机网络体系结构的重要基础。

 习题

1. OSI参考模型分为几层？每层的主要功能是什么？在OSI参考模型中，自下而上第一个提供端到端服务的层次是哪一层？

2. 为什么要采用数据压缩技术，主要有哪些方法？

3. 简单介绍MHS组成对象的主要功能。

4. 比较OSI参考模型和TCP/IP模型优缺点。

5. OSI的哪层分别处理以下问题：

（1）决定使用哪条路径通过子网。

（2）把传输的比特流划分为帧。

6. OSI开放互连模型分为几层？每层的主要功能是什么？

7. 写出TCP/IP参考模型的体系结构，及各层的主要功能。

8. 计算机采用层次结构有何好处？

9. 试举出一些与分层体系结构的思想有关的日常生活的例子。

10. 什么是协议？协议的三要素是什么？

11. 面向连接与无连接服务的主要区别是什么？

12. 说明系统、子系统、N层与实体的概念。

13. 什么是服务，服务与协议有什么区别与联系？

14. 比较OSI参考模型和TCP/IP模型优缺点。

15. 下列选项中，不属于网络体系结构所描述的内容是（　　　）。

A. 网络的层次　　　　　　　B. 每一层使用的协议

C. 协议的内部实现细节　　　D. 每一层必须完成的功能

第3章 物 理 层

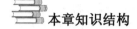

本章知识结构

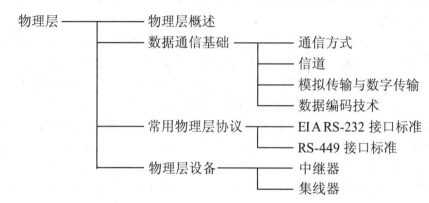

学习目标

❖ 了解物理层的功能、通信方式与信道概念。
❖ 理解模拟传输、数字传输技术与数据编码技术。
❖ 掌握常用物理层协议与集线器设备。

3.1 物理层概述

物理层位于 OSI 参考模型的最底层，它直接面向实际承担数据传输的物理媒体（即通信通道），物理层的传输单位为比特（bit），即一个二进制位（0 或 1）。实际的比特传输必须依赖于传输设备和物理媒体，但是，物理层不是指具体的物理设备，也不是指信号传输的物理媒体，而是指在物理媒体之上为上一层（数据链路层）提供一个传输原始比特流的物理连接，它为数据链路层提供数据传输服务。

3.1.1 物理层的功能

（1）物理层涉及在信道上传输的比特流。主要考虑保证一方发出二进制 1 时，另一方收到的也是 1；用多少电压表示 1，多少电压表示 0；一个比特位持续多少微秒；传输是否在两个方向上同时进行；物理连接如何建立和完成通信后如何终止；网络接插件有多少针以及各针的用途。设计主要问题是处理机械、电气和过程接口，以及物理层下面的物理传输介质问题。

（2）物理层主要考虑的是在连接各种计算机的传输媒体上如何传输数据的比特流，计算机网络中的物理设备和传输媒体的种类繁多，通信方式多种。物理层的作用是要尽可能地屏蔽掉物理设备和传输媒体及通信手段的差异，使位于其上面的数据链路层感觉不到这些差异。

（3）物理连接的传输方式一般都是串行传输，即一个一个比特按照时间顺序传输。当然在某些情况下也可以采用多个比特的并行传输方式。出于成本上的考虑，远距离的传输通常都是串行传输。

（4）物理层是 OSI 模型的最低层，涉及网络物理设备之间的接口，其目的是向高层提供透明的二进制位流传输。物理接口的设计涉及信号电平、信号宽度、传送方式（半双工或全双工）、物理连接的建立和拆除、接插件引脚的规格和作用等。总之，物理层为建立、维护和拆除物理链路所需的机械、电气功能和过程特征。

（5）物理层只能看见 0 和 1，这是因为没有一种机制用于确定所传输收发比特流的含义，其所见只与电信号技术和光信号技术的物理特征相关。这些特征包括用于传输信号的电流的电压、介质类型以及阻抗特征。

（6）物理层用于将信号放到传输介质上以及从介质上接收信号。较低层的边界是连向传输介质的物理连接器，但并不包含传输介质。传输介质包含真正用于传输由 OSI 第一层机制所产生的信号的方法。传输介质主要有同轴电缆、光纤、双绞线等。物理层对介质的性能没有提出任何规范，但介质的性能特征对于物理层定义的过程和机制是需要的，因此传输介质处于物理层之外，有时被称为 OSI 参考模型的第 0 层。

3.1.2　接口的特性

物理层是 OSI 模型最底层，它向下直接与传输介质相连，向上相邻且服务于数据链路层。其作用是在数据链路层实体之间提供必须的物理连接，按顺序传输比特流。物理层协议要解决的是主机、工作站等数据终端设备与通信线路上通信设备之间的接口问题。

在 ISO 中，将数据终端设备称为 DTE，即数据输入/输出设备和传输控制器，或计算机等数据处理及其通信控制器，其功能就是产生数据、处理数据。通常将数据电路端接设备，即自动呼叫设备、调制解调器以及其他一些中间装置的集合称为 DCE，其基本功能是能够沿传输介质发送和接收数据。

DTE 和 DCE 之间连接需要遵循共同的接口标准。接口标准由 4 个特性来详细说明。这 4 个接口特性分别为机械特性、电气特性、功能特性和规程特性。接口标准不仅为完成实际通信提供了可靠的保证，而且与不同的厂家的产品客户相兼容，设备间可有效地交换数据。

1. 机械特性

机械特性规定了 DTE 和 DCE 实际的物理连接。DTE 与 DCE 是两种设备，通常采用接插件实现机械上的互连，机械特性详细说明了接插件的形状、插头的数目、排列方式以及插头和插座的尺寸、电缆的长度以及所含导线的数目和装置等。

2. 电气特性

电气特性规定了数据交换信号以及有关电路的特性。一般包括最大数据传输速率的说明，表示信号状态（逻辑电路、通或断、传号或空号）的电压和电流的识别，以及电路特性的说明和与互连电缆有关的规定。DTE 和 DCE 之间有多条导线，除地线无方向性外，其他信号线都有方向性。电气特性规定这些信号的连接方式，驱动器和接收器的电气参数，并给出有关互连电缆方面的技术指导。

3. 功能特性

功能特性规定接口信号所具有的特定功能，即 DCE 和 DTE 之间各信号线的信号含义。通常信号线可分为 4 类：数据线、控制线、定时线和地线。

4. 规程特性

规程特性是指 DTE 和 DCE 在各线路上的动作序列或动作规则，即为实现建立、维持、释放线路等过程中所要求的各控制信号变化的协调关系。对于不同的网络，不同的通信设备，不同的通信方式，不同的应用，各自有不同的规程特性。

为了使 DTE 和 DCE 在计算机通信网中能够易于互连和互操作，必须遵循统一的标准才能实现广泛的兼容性。国际标准化组织（ISO）和国际电报电话咨询委员会（CCITT）从 20 世纪 60 年代起陆续推出了一些物理接口的标准。在 CCITT 制定的标准中，有针对模拟信道的 V 系列建议和针对数字信道的 X 系列建议。而在 V 系列和 X 系列建议中的许多标准又和美国电子工业协会（EIA）所推荐的系列接口标准 EIA/RSXXX 中的内容十分相近。

在应用中，习惯用 EIA/RSXXX 系列接口标准术语互相交流，因为这些接口标准在计算机通信网中应用十分广泛，所规范的大部分内容和参数值又可以从对应的 X 和 V 系列中查到。

在本章中以普遍使用的 EIA RS-232-C 和 RS-449 接口标准为例，详细介绍物理层接口标准的基本特性、功能及其实现。

3.2 物理层下的传输媒体

局域网电缆中常用的线缆类型有 3 种：同轴电缆、双绞线（分为非屏蔽双绞线和屏蔽双绞线）及光纤。

3.2.1 同轴电缆

同轴电缆是由一根空心的圆柱导体和一根位于中心轴线的内导线组成，用绝缘材料将内导线和圆柱导体与外界隔开。同轴电缆具有较强的抗干扰能力，屏蔽性能好，常用于总线状局域网络的构建。

1. 同轴电缆的结构

同轴电缆由外向内，分为外部绝缘材料层、网状织物屏蔽层、绝缘层和中心导体层。屏蔽层是由金属线编制的金属网组成，绝缘层是由乳白色透明绝缘物填充。由于内外层导线使用同一根轴，所以这种电缆被称为同轴电缆，如图3-1所示。

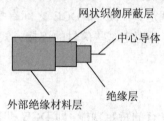

网状织物屏蔽层

中心导体

外部绝缘材料层

绝缘层

图 3-1　同轴电缆

2. 同轴电缆的分类

按照直径大小不同，同轴电缆可分为细缆和粗缆。

（1）细缆

细缆一般适用于总线状拓扑网络。同轴细缆利用 T 型 BNC 接头连接到 BNC 接口网卡，在电缆的两端需要安装终端（电阻）器，终端器的作用是削弱信号的反弹，防止网络中无用信号的堵塞。

细缆的每段线长度为 180m 左右，可同时供 30 个用户接入。如果想拓宽网络，可使用中继器来连接两个网段，例如，采用 3 个中继器连接 4 个网段，使网络传输距离最大可以达到 720m。

细缆的安装容易，而且价格较低，但是受网络布线结构的限制，维护不方便，一旦某节点出现故障，便会影响整个网络的正常工作。

（2）粗缆

粗缆适用于大型局域网，具有可靠性好、布线距离远的优点。粗缆局域网中每个网段长度可达 500m，采用 3 个中继器连接 4 个网段，布线距离最大可以达到 2000m，要连接粗缆的网卡必须带有 AUI 接口（15 针 D 型接口）。用粗缆组建的局域网有很多优点，但是网络安装和维护比较困难，而且成本较高。表 3-1 列出了这种类型线缆（包括美国政府无线电标准和线缆）的特性阻抗。

表 3-1　同轴电缆的类型

局域网类型	线　缆　类　型	阻抗（Ω）
10Base2（细缆以太网）	RG-58	50
10Base5（粗缆以太网）	RG-8	50
10Broad-36	RG-6	75
ARC 网络	RG-62	93
1BM3270 网络	RG-62	93

同轴电缆网络一般可分为以下 3 类。

❖ 骨干网：骨干线路在直径和衰减方面与其他线路不同。

❖ 次骨干网：次骨干电缆的直径比骨干电缆小。在不同层次上使用次骨干电缆时，要采用高增益的分布式放大器，并要考虑电缆与用户出口的接口。

❖ 线缆：同轴电缆不可以绞接，各个部分是通过低损耗的连接器连接的。连接器在物理性能上与电缆相匹配。中间接头和耦合器用线管包住，以防不慎接地。

同轴电缆一般安装在设备与设备之间。在每一个用户位置上都装有一个连接器，为用户提供接口。接口的安装方法如下。

❖ 细缆方法：将细缆切断，在两头装好 BNC 接头后，接在 T 型连接器两端。

❖ 粗缆方法：一般采用一种类似夹板的 Tap 装置来安装粗缆，它利用 Tap 上的引导针穿透电缆的绝缘层，直接与导体相连。电缆两端头设有终端器，用于削弱信号的反射作用。

3.2.2 双绞线

双绞线是综合布线工程中最常用的一种传输介质。与其他传输介质相比，双绞线在传输距离、信道宽度和数据传输速度等方面均受到一定限制，在传输过程中，信号的衰减比较大，并产生波形畸变，但价格较为低廉。双绞线主要用来传输模拟声音信息，但同样适用于数字信号的传输，特别适用于短距离的信息传输。采用双绞线的局域网的带宽取决于所用导线的质量、长度及传输技术。只要精心选择和安装双绞线，就可以在有限距离内达到每秒几兆位的可靠传输率。

1. 双绞线的结构

双绞线是局域网中最常用的一种传输介质，双绞线由两根具有绝缘保护层的铜导线组成。把两根绝缘的铜导线按一定密度互相绞在一起，就制作成了双绞线，互相绞在一起的好处是可降低信号干扰的程度，每一根导线在传输中辐射的电波会被另一根线上发出的电波抵消。由于利用双绞线传输信息时，要向周围辐射，信息很容易被窃听，因此要花费额外的代价加以屏蔽。

双绞线多用于星状网络拓扑结构中。双绞线的两端各有 RJ-45 接头（水晶头），用来连接网卡与集线器，最大网线的长度可达 100m，如果想扩大网络的范围，在两端双绞线之间可安装中继器，最多可安装 4 个中继器。

2. 双绞线的分类

目前，双绞线线缆有以下两种。

（1）非屏蔽双绞线（Unshielded Twisted Pair，UTP）

非屏蔽双绞线是将多对双绞线集中起来，在外面包上一层塑料增强保护层而形成。非屏蔽双绞线抗干扰能力较差，误码率高，但价格便宜，重量轻，可弯曲，容易安装。既适用于点对点连接，也适用于多点连接。

这种双绞线通过精心设计的两条导线绞在一起来使得它受的电磁干扰最小。每英尺绞丝的数目与线缆类型有关，有 2~12 根不等。图 3-2 显示了这种线缆。

双绞铜导线

外塑料套

图 3-2 非屏蔽双绞线（UTP）

EIA/TIA 和 UL 建立了两种相互兼容的 5 个类别的标准来评估非屏蔽双绞线的性能。UL 系统用"级"、EIA/TIA 用"类"来表示等级这一概念。两者的另一个区别是 UL 包括防火墙性能标准，类似于美国国家电子代码标准。除此之外，EIA/TIA 的"类"和 UL 的"级"可以互换使用。

❖ 第 1 类线：主要用于模拟和数字语音电话通信以及低速数据传输，其最高传输速率是 4Mb/s。

❖ 第 2 类线：主要用于语音、综合业务数字网以及介质数据传输，其最高传输速率是 4Mb/s。这类线缆与 IBM 公司的第 3 类线相同。

❖ 第 3 类线：主要用于高速数据网和局域网，其最高传输速率是 16Mb/s。

❖ 第 4 类线：主要用于长距离传输的局域网，其最高传输速率可达 20Mb/s。

❖ 第 5 类线：这是目前使用最多的一类，主要用于 100Mb/s 的局域网技术，例如，100Mb/s 的以太网。

非屏蔽双绞线具有以下优点。

❖ 无屏蔽外套，直径小，节省所占用的空间。

❖ 重量轻，易弯曲，易安装。

❖ 可以将串扰减至最小或加以消除。

❖ 具有阻燃性。

❖ 具有独立性和灵活性，适用于结构化综合布线。

（2）屏蔽双绞线（Shielded Twisted Pair，STP）

屏蔽双绞线由两对或多对铜导线组成，由可弯曲的绝缘层、屏蔽层箔片和外面的塑料保护层组成。在一些多线屏蔽双绞线缆中，单个的双绞线可以由箔片层所包围。这种箔片有利于电磁干扰的分散，尤其是在数据传输率最高可达 16Mb/s 的令牌环网络中更能发挥其作用。图 3-3 表示了这种线缆的结构。

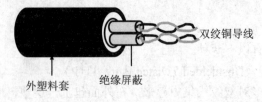

双绞铜导线

外塑料套　　绝缘屏蔽

图 3-3 屏蔽双绞线

屏蔽双绞线是最初使用的线缆，专门应用于令牌环网络系统。因为屏蔽双绞线适用于双绞线物理介质标准（TP-PMD），所以也可用它来安装光纤分布式数据接口，光纤分布式数据接口物理层协议为双绞线的这种功能提供了标准。

屏蔽双绞线的特性阻抗是 150Ω。屏蔽双绞线比非屏蔽双绞线更能抵抗电磁的干扰，但是价格比非屏蔽双绞线的价格贵。屏蔽双绞线电缆具有以下特点。

❖ 外层用铝箔包裹，可以减少辐射。
❖ 屏蔽双绞线价格相对较高，安装时要比非屏蔽双绞线电缆困难。
❖ 类似于同轴电缆，屏蔽双绞线必须匹配支持屏蔽功能的特殊连接器和相应的安装技术。
❖ 屏蔽双绞线有较高的传输速率，100m 内可达到 155Mb/s。

3. 双绞线的性能指标

双绞线性能指标简述如下。

（1）衰减

衰减是信号损失的度量。衰减的程度与线缆的长度有关，随着线缆长度的增加，信号衰减的程度也随之增加。衰减的程度用 dB（分贝）作为单位，表示源传送端信号到接收端信号的强度之比。

（2）近端串扰

串扰分为近端串扰和远端串扰，测试仪主要是测量近端串扰。近端串扰损耗是测量一条非屏蔽双绞线链路中从一对线到另一对线的信号耦合。对于非屏蔽双绞线链路，近端串扰是一个关键性能测试指标，随着信号频率的增加，其测量难度将加大。

（3）直流电阻

直流电阻是指导线电阻的和，直流环路电阻会消耗一部分信号强度，并将其转变成热能。

（4）特性阻抗

与环路直流电阻不同，特性阻抗包括电阻及频率为 1~100MHz 的电感阻抗及电容阻抗，特性阻抗与一对电线之间的距离及绝缘体的电器特性有关。各种电缆有不同的特性阻抗，而双绞线则有 100Ω、200Ω 及 150Ω 几种。

3.2.3　光纤

1. 光纤的结构

光纤是一种传输光束的细而柔韧的媒体，由一捆光导纤维组成，简称光缆。构成光缆的 3 个部分如图 3-4 所示。

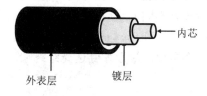

外表层　　　镀层　　　内芯

图 3-4　光缆的结构

（1）内芯

内芯是一种透明的高折射率的玻璃或塑料固体纤维，用作光传导的中心通道。内芯的直径和坚固性与光纤的特性有关。

（2）镀层

镀层是一层透明的玻璃或塑料层，具有较低的折射率，用来隔离相邻的纤维，以避免相互间的串音或干扰。

（3）外表层

外表层是一层起加强韧性的塑料层，用来保护光缆不受外界的损害。在数据传输中，光缆中传输的是光波，外界的电磁干扰与噪声都不能对光信号造成影响。因此，光缆具有传输速率高、误码率低、线路损耗低、抗干扰能力强和保密性好的特点，而且价格极具竞争力，是目前信息传输技术中发展潜力最大的传输媒体。在结构化布线系统中，骨干线都由光缆组成。

2. 光纤的分类

常用的光纤主要分为单模光纤、多模光纤两种类型。

（1）单模光纤

采用多大直径的单模光纤是由它要传导的光信号的波长决定的。典型的单模光纤的内芯直径是 8μm。假如一种特定波长的光（如波长是 1.3μm）可以通过这种直径的光纤传输，那就仅一种模式可以用来传输光信号。光纤的直径越小，光信号的传输途径就越直，反射和发散现象就会越少。但是，内芯越细，光纤越难安装，同时安装费用也越高。单模光纤需要激光二极管来发射光束。通过使用这种会聚性强的光源，可以使得单模光纤比多模光纤支持更长距离的传输。传输距离从几千米到 36 千米。图 3-5 表示的就是这种光纤。

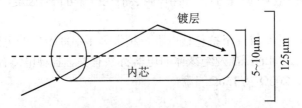

图 3-5　单模光纤示意图

（2）多模光纤

每路光信号或每束光线通过光纤时的传输方式都可以称为一种模式，具备这种特性的光纤称为多模光纤。多模光纤比单模光纤粗，因此它有足够的空间来传输多路光信号。这些光信号在同一条光纤中传输时可以通过不同的折射角度来区分。

因为不同的光线在介质内部以不同的反射角传播，其折射角也不同，所以并不是所有的光线都经过相同的距离。如图 3-6 所示，一些光信号几乎径直地通过光纤内芯，而其他一些光信号可能从中间层反射许多次，最后才到达光纤终端。

3. 光纤的传输方式

激光与发光二极管（LED）都可用作传输光源。LED 尤其用于多模光纤上的数据传输环境，而激光是单模光纤上声音传输的理想光源。LED 价格相对较低，受温度影响不大，与激光相比，具有较长的寿命。光纤另一端的检波器（用作收发器）将光脉冲转换成电信号。该过程用到两个光电二极管。尽管近年来的新发展已使一条光纤上多个信号的双向同时传输成为可能，但通常，光纤上的传输是单向的。

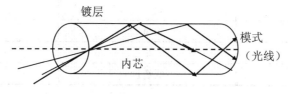

图 3-6　多模光纤

光纤作为局域网的传输介质有许多优点。它能支持高数据传输，理论上传输速度可以高达 50 Gb/s。光缆可以用来进行长距离的传输（通常不经过中继器可达 2km）。因为信息沿导体传输时是用光波而不是依靠电压的改变，所以这种传输方式完全可以抵抗电磁干扰。光缆很难被侵入，所以它是高度安全的传输介质。

光缆传输可以应用于所有的局域网（包括以太网、令牌环网以及 FDDI）。各种协议的具体内容不尽相同，但是它们的实质却是相同的。

4. 光纤通信系统

最简单的光纤通信模型由一个发送器和一个接收器组成，两者之间通过光缆连接起来。图 3-7 给出了一个普通的光纤通信系统。

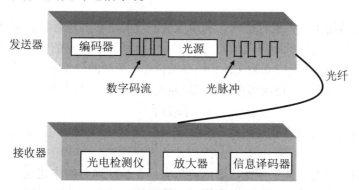

图 3-7　光纤通信系统示意图

在光纤通信系统中，每个设备都包含发送器和接收器，由它们组成了一个简单的转接器单元。发送器的组成包括以下部分。

❖　编码器：把输入的数据信号转换成数字电脉冲信号。

❖　光源：把数字电脉冲信号转换成光脉冲信号。

❖　连接器：将光源信号耦合到传输光波的光缆上。

有两种光源可被用作信号源：发光二极管（LED）和半导体激光。它们的特性如表 3-2 所示。

表 3-2　半导体激光和发光二极管作为电源的比较

项　目	发光二极管	半导体激光
数据速率	低	高
模式	多模	多模或单模
距离	短	长
生命期	长命	短命
温度敏感性	较小	较敏感
造价	低造价	昂贵

接收器的作用是把已经调制好了的光脉冲信号转变成电信号并对其进行解码。计算机系统中通常都有接收器，它包括光电探测仪（用来将光脉冲转换成电脉冲）、放大器（可选）和信息译码器。

5.　光纤的操作特性

不采用中继器时，多模光纤可延长至 5~10km。在该距离范围内，光纤可以支持高达 100Mb/s 的传输率。对于如 1km 的较短距离，则传输率实际上可达 1Gb/s。虽然在较短距离的数据传输应用中，并不常用到单模光纤，但在 100km 以上的范围内，单模光纤的性能仍很好，传输速率常为 200Mb/s。

3.2.4　地面微波传输

地面微波通信是指在可视范围内，利用微波波段的电磁波进行信息传播的通信方式。显然，利用地面微波进行长距离通信，需要使用中继站。中继站的作用是进行变频、放大和功率补偿。一般将微波天线安装在地势较高的位置，天线的位置越高所发出的信号就越不容易被建筑物或高山遮挡，进而传播的距离就越远，两者之间的关系可以用如下公式表示：

$$D=7.14(kh)^{1/2}$$

其中，D 为天线之间的最大距离，单位为 km；h 为天线的高度；k 为调节因子，一般为 4/3。

地面微波通信的优点是频带宽，通信容量大，在长距离传输中建设费用低，更易克服地理条件的限制。缺点是相邻站点之间不能有障碍物，中继站不便于建立和维护，通信保密性差，易被窃听。

3.2.5　卫星通信

卫星通信的工作原理如图 3-8 所示。通信卫星相当一个中继站，两个或多个地球站通过它实现相互通信。一个通信卫星可以在多个频段上工作，这些频段称为转发器信道。卫星从一个频段接收信号，信号经放大和再生后从另一个频段发送出去。通常将用于地面站向卫星传输信号的转发器信道称为上行通道，将用于卫星向地面站传输信号的转发器信道称为下行通道。

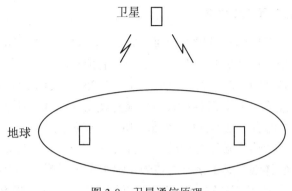

图 3-8　卫星通信原理

卫星传输的最佳频段是 1~10GHz。卫星通信最显著的特点是传输延时长、传输损耗大，这与传输距离、频率和天气都有关系。与其他通信方式相比较，卫星通信覆盖范围大、传输距离远，卫星使用微波频段，可使用频段宽广，并且通信容量大；卫星通信机动灵活、不受地面影响，通信质量好，可靠性高。其缺点是远距离传输延时较大，发射功率较高。

3.3　数据通信基础

数据通信是计算机网络的基础，没有数据通信技术的出现与发展，就没有计算机网络。因此，学习计算机网络，首先要掌握数据通信技术。

3.3.1　通信方式

1．同步/异步通信

通信方式可以分为同步通信和异步通信两种方式。异步通信是指发送方和接收方之间不需要合作。也就是说，发送方可以在任何时间发送数据，只要被发送的数据已经是可以发送的。接收者则只要数据到达，就可以接收数据。

与异步通信相反，同步通信则要求发送和接收数据的双方进行合作，按照一定的速度向前推进。也就是说，发送者只有得到接收者送来的允许发送的同步信号之后才能发送数据。而接收者也必须收到发送者所指示的数据发送完毕、允许接收电信号之后才能接收。同步通信是一个发送者和接收者之间相互制约、相互通信的过程。

计算机网络中的通信既包含异步通信，也包含同步通信。异步通信方式比较适于不经常有大量数据传送的设备。

2．并行/串行通信

通信方式按另外一种分类方法，可以分为并行通信与串行通信。如果数据的各位在导线上逐位传输，则被称为串行通信。与串行通信相对的是并行通信，并行通信使用多条导线，并允许同时在每一导线上传输一位。

3. 异步串行通信方式 RS-232

PC 机的 RS-232 口采用的是异步串行通信方式。RS-232 异步字符传输是由 EIA（电子工业协会）提出的标准，已经成为一个被广泛接受的标准，用于在计算机与调制解调器、键盘或终端之类的设备之间传输字符。EIA 标准 RS-232-C，称之为 RS-232。尽管后来的 RS-422 标准在功能上更好一些，但各种设备仍流行使用 RS-232，所以，专业上仍使用老标准的名字。该标准详细说明了电器特性，例如，用于传输的两个电压值在-15V~+15V 之间，以及物理连接的细节，如连线必须在 50 英尺之内。因为 RS-232 被设计为用来与调制解调器或终端设备通信，它详细定义了字符的传输，通常每个字符由 7 个数据位组成。

RS-232 定义了串行的异步传输。RS-232 允许发送方在任何时刻发送一个字符，并可在发送另一个字符前延迟任意长的时间。不仅如此，一个给定字符的发送也是异步的。因为发送方与接收方之间在传输前并不协调彼此的行动。但是，一旦开始传输一个字符，发送硬件一次将所有的位全部送出，在位与位之间没有延迟。更重要的是，RS-232 硬件并不在导线上存在 0V 状态，而是当发送方不再发送时，它使导线处于一个负电压状态，而这代表位 1。

因为导线上在各位间隙并不回到 0 伏，接受方并不能从电压的消失来标记一位的结束和另一位的开始。发送器和接收器必须使每一位上电压维持的时间保持完全一致。当字符的第一位到达时，接收器启动一个计时器，并且使用该计时器定时测量每一个后续位的电压。因为接收器不能对线路的空闲状态（处于位 1）和一位真正的 1 做出区分，RS-232 标准要求发送器在传输字符的各位之前先传输一位额外的 0，这一附加位就是起始位。

虽然在一个字符结束与下一个字符开始之间的空闲时间可以持续任意长，但 RS-232 要求发送方必须使线路保持空闲状态至少达到某一最小时间，通常所选定的最小时间就是传输一位所需的时间。在 RS-232 中，这位被称为终止位。

图 3-9 中的波形图说明了在用 RS-232 传输一个字符时导线上的电压是如何变化的。虽然例子中所显示的字符仅包含 7 位，RS-232 在传输中增加了起始位和终止位。这样，整个传输需要 9 位。图中显示 RS-232 用-15V 表示 1，+15V 表示 0。

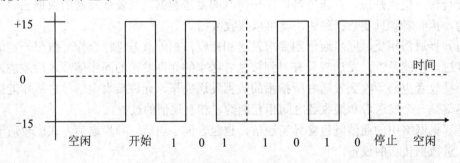

图 3-9 用 RS-232 传输字符时导线上电压的变化

RS-232 的主要性能归纳如下。

（1）RS-232 是在计算机与 modem 或 ASCII 终端之间实现短距离异步串行通信的一个流行标准。

（2）RS-232 在每一字符前用一位起始位做前导，在每个字符后跟随至少一位的空闲周期，并且传输每一位都使用相同的时间。

4．单工与双工

（1）单工

在此传输模式下，信息的发送端与接收端，两者的角色分得很清楚。发送端只能发送信息出去，不能接收调制；接收端只能接收信息，不能发送信息出去，如图 3-10 所示。

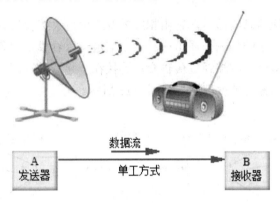

图 3-10　单工传输

单工传输在生活中很常见，例如电视机、收音机等，它只能接收来自电台的信息，但不能返回信息给电台。

（2）双工

双工模式分为半双工模式和全双工模式两种，半双工模式两端都具有接收和发送功能，但却不能同时进行接收和发送的操作。全双工模式下，通信端可以同时进行数据的发送和接收。

❖ 半双工：虽然调制端可以接收与发送数据，但是调制只能做一种操作，不调制时收发。例如，常用的无线对讲机就是采用典型的半双工传输，如图 3-11 所示，平常没按任何按钮时处于收话模式，仅可以接收信息，但不能发送信息；一旦按下发话钮，便立即转成发话模式，此时就不能接收信息，只能发送信息出去，直到放开发话钮才又恢复收话模式时，才能继续接收信息。所以像这种虽然具有收与发两种功能，即可以双工，却不能同时收发的传输模式，便称为半双工传输。

图 3-11　半双工

❖ 全双工：在全双工传输模式下通信端可以同时进行数据的接收与发送操作。举例来说，电话便是一种全双工传输工具，我们在听对方讲话的同时，也可以发话给对方。像这种收发同时两全的传输模式，便称作全双工传输，如图 3-12 所示。

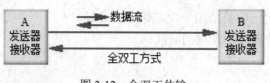

图 3-12　全双工传输

3.3.2　信道

信道是通信中传递信息的通道，它由相应的发送信息、接收信息和转发信息的设备，以及与这些设备连在一起的传输介质组成。一个信道可以看成是一条电路的逻辑部件。如果有多个信息源以及多个接收端经过传输介质连接在一起，进行信息通信与共享，则称该信道为共享信道，否则称为独占信道，如图 3-13 所示。

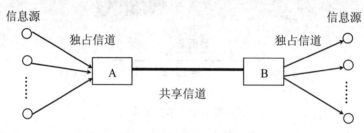

图 3-13　独占信道与共享信道

在图 3-13 中，设备 A 为信道复用设备，设备 B 为解复用设备，设备 A、B 之间的连接为共享信道。各信息源与设备 A 之间，以及各接收端与设备 B 之间的信道是独占信道。

1. 信道分类

根据信道的信息交互方式，可以将信道分为全双工信道（完成双向同时通信）、单工信道（完成单向通信）和半双工信道（完成双向交替通信）。

从通信的发送端所产生的信号形式来看，信号可以分为两大类：模拟信号和数字信号。模拟信号即连续的信号，如话音信号和目前的广播电视信号。数字信号即离散的信号，例如，计算机通信所使用的二进制代码 1 和 0 组成的信号。

与信号的这种分类相似，信道也可以分成传送模拟信号的模拟信道和传送数字信号的数字信道两类。

值得注意的是，数字信号在经过数模变换后就可以在模拟信道上传送，而模拟信号在经过模数变换后也可在数字信道上传送。

2. 信道带宽

在数字通信时代之前，带宽是指以模拟信号传递模拟数据时的信号波段频带宽度。随着数字通信技术的出现，带宽也用来代表数字传输技术的线路传输速率，带宽也用来代表网络各处的数据传输流量。

无论带宽指的是频带宽度、传输速率，还是传输流量，反正带宽越大，可以承载的数据量也就越高，相对的传输效益也就越高。

（1）信号带宽表示信号频率的变动范围

在模拟通信时代，带宽是指信号频率的变动范围，通常由最高频率减去最低频率而得，单位为赫兹（Hertz，Hz）。以传统的模拟电话系统为例，电话线上的信号频率变动范围约 200~3200Hz，所以说它的带宽为 3000Hz（3200-200 = 3000）。

通常所占的带宽越大，越能够传输高质量的信号。例如，AM 无线电广播上用来传送一个单音声道的信号带宽为 5000Hz，所以 AM 收音机所输出的声音质量比电话好。而 FM 无线电广播上用来传送一个单音声道的信号带宽高达 15kHz，所以 FM 收音机所输出的声音质量要比 AM 收音机更好，如图 3-14 所示。

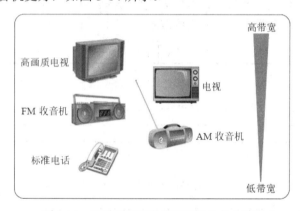

图 3-14　信号带宽表示信号频率的变动范围

（2）线路带宽表示线路传输速率

在数字传输技术中，带宽又指通信介质的线路传输速率，也就是传输介质每秒所能够传输的数据量。由于数据传输最小单位为一位，所以线路带宽的单位为 b/s（bit per second，每秒传输位数）。

例如，10BASE-T 网络的线路传输速率为 10Mb/s，传输线路每秒可传输 10Mb/s 的数据。100BASE-TX 网络的线路传输速率为 100Mb/s，传输线路每秒可传输 100Mb/s 的数据。

通信网络实际操作中该使用哪种传输方式：基带或宽带、全双工或半双工、三阶信号还是五阶信号，都要根据网络介质特性与实际需求而定。不同的传输介质各有不同的适用场合，应按照各种应用需求搭配各种数据传输模式。无论采用何种网络介质，都得考虑其传输距离、传输的可靠性、数据传输量、布线成本、网络设备的价钱等因素。

计算机网络是一个数字通信系统，其发送与接收流程如图 3-15 所示。在计算机网络系统中，计算机中的信息源发送用方波表示的 0，1 位（bit）信号，即信息的编码和译码由与计算机网络连接的计算机系统完成。因此传输部分所要解决的问题是信道编码，以及如何调制解调和抗干扰，以保证信道能够在没有任何（或极小的）传输误差的条件下，将信息码送到接收方。这涉及两个问题，该信道每秒允许传送多少位信号，以及这些位信号从发送到接收将用多少时间。

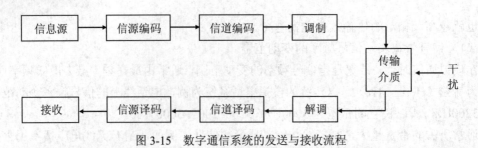

图 3-15 数字通信系统的发送与接收流程

假如发送端所发送的信号都能到达接收端，即信道内不存在噪声和干扰。对于一条物理信道来说，如果所传输的信号足够窄（即 δ 冲击信号），每秒钟内将允许无数位信号存在，如图 3-16 所示。然而，如果所传输的方波信号非常宽，例如达到 30 万 km，如图 3-17 所示，则该信道每秒钟只能传输一个比特信号。

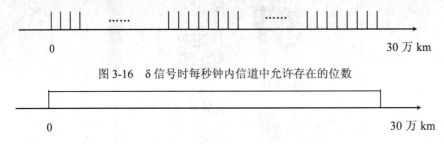

图 3-16 δ信号时每秒钟内信道中允许存在的位数

图 3-17 直流信号时每秒钟内信道中允许存在的位数

带宽定义为：信道两端的发送接收设备能够改变位信号的最大速率，用 Hz 来表示。例如，某信道的带宽是 4000Hz，即表示该信道最多可以以每秒 4000 次的速率发送信号。

在传输比特信号之前，发送接口设备必须产生相应的用高低电平表示的方波，如图 3-18 所示。这些信号在由低电平到高电平或由高电平到低电平时必须发生一个电压或电流的跳变。理想状态下，跳变时间为 0。但实际上任何现有的物理材料都具有一定的跳变响应时间，从而实际的方波就变成如图 3-19 所示状态。图 3-19 中的 t_0 为方波上升时的响应时间，t_1 为方波下降时的响应时间。如果响应时间 t_0 和 t_1 越长，信道的带宽就会越低。相反，如果 t_0 和 t_1 的时间越短，信道的带宽就会越高。信道的带宽是由硬件设备改变电信号时的跳变响应时间决定的。

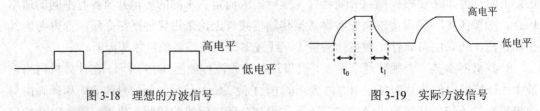

图 3-18 理想的方波信号   图 3-19 实际方波信号

3. 传 输 时 延

由于发送和接收设备存在响应时间，尤其是计算机网络系统中的通信子网还存在着中间转发等待时间，以及计算机系统的发送和接收处理时间，所以传输存在延迟。信息的传输时延时间计算如下：

传输延迟=发送和接收处理时间+电信号响应时间+介质中转时间

在计算机网络系统中，不同的通信子网和不同的网络体系结构采用不同的中转控制方式，因而在通信子网中的中转延迟时间只能依网络状态而定。由电信号响应带来的延迟时间是固定的，响应时间越小，延迟就越小，换句话说信道的带宽越大，延迟越小。由于信息的传输总是由位信号串完成，因此，如图 3-20 所示，用户对电信号响应引起的信息传输延迟的计算就成了该串位信号传输延迟之和（T_1-T_0）。假设一个信道每秒传送 9600 位，如果要传输 19200 位信息时，由传输信道所带来的迟延将为 2s。

T_0 T_i

图 3-20 位信号的串行传输

位信号的串行传输可以改为并行传输。在发送和接收设备中设置相应的缓冲区装置，将原来顺序产生的信息编码置入并行缓冲器中，然后用多个信号发生器产生方波信号后经信道发送出去，如图 3-21 所示。这种方法可以增加信道带宽，减少传输延迟。

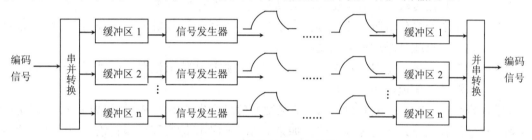

图 3-21 位信号的并行传输

要实现位信号并行传输，可以增加信道中的物理传输线（近距离时），也可以按不同的时间间隔将不同的位信号发送到信道中。后一种方法与多个信息源采用时分多路复用方式时共享信道相同。

4．信道容量

奈奎斯特定理，即任意一个信号如果通过带宽为 W（Hz）的理想低通滤波器，若每秒取样 2W 次，就可实现无码间干扰传输。

在理想的条件下，即无噪声有限带宽为 W 的信道，其最大的数据传输速率 C（信道容量）为：$C=2W\log_2 M$（M 是电平的个数）。

在说明信道带宽时，假定信道中不存在噪声或干扰，认为发送端发出的位信号接收方都能收到。但实际上任何信道都存在着噪声和干扰，造成数字信号被淹没或出错。这就涉及一个传输信道的容量问题。信道容量指单位时间内信道上所能传输的最大位数，用 b/s 表示。信道带宽的增加虽然可以增加信道容量，但在某些情况下，信道带宽的无限增加并不能够使信道容量无限增大。1948 年，香农提出了著名的香农定理，指出了信道带宽与信道容量之间的关系，表达式如下：

$$C = W\log_2(1+S/N)$$

其中，C 为信道容量，单位为 b/s；W 为信道带宽；N 为噪声功率；S 为信号功率。

通过香农定理可以看出，提高信号与噪声之间的功率比能够增加信道容量。当噪声功率 $N \to 0$ 时，信道容量 $C \to \infty$，即无干扰信道的容量为 ∞，信道传输信息的多少完全由带宽决定。此时每秒所能传输的最大位数由奈奎斯特定理决定，表达式如下：

$$D = 2W\log_2 k(b/s)$$

其中，k 为传输系统中所使用的逻辑值数，当使用二值逻辑（0，1）时，$k=2$，带宽为 W 的信道每秒所能传输的最大位数为 $D=2W$。

但在有噪声的情况下，增加信道带宽并不能无限制地增大信道容量。当噪声为白色高斯噪声时，其噪声功率为 $N=Wn_0$（n_0 为噪声的单边功率谱密度），从而使得：

$$\lim_{w \to \infty} C = \lim_{w \to \infty} W \log_2 \left(1 + \frac{S}{n_0 W}\right) = \frac{S}{n_0} \log_2 e = 1.44 \frac{S}{n_0}$$

信道容量一定时，带宽与信噪比之间可以互换，即提高信噪比与提高带宽具有等价意义。

由香农定理，可以获得以下 3 个结论。

❖ 在近距离传输时，如果噪声较小，信号功率损耗低，可以采用未经调制的电脉冲信号直接传输。此时所传输的信息量只与信号带宽有关。

❖ 如果远距离传输时，则必须提高信噪比。这除了选择好的信号调制方式外，很重要的一点就是增加信号的功率。

❖ 当信道容量一定时，如果信号频率过低，则造成信道浪费。此时可以让不同的信息源共享信道，即信道复用。

香农也指出，如果信道容量为 C，信息源的信息产生速率为 R，则只要 $C \geq R$，就可以找到一种信道编码方式实现无误传输；如果 $C<R$，则不可能实现无误传输。因此在信道复用时，不同信息源产生信息的速率之和应小于信道容量 C。

例：带宽为 4kHz，如果有 8 种不同的物理状态表示数据，信噪比为 30dB。请按奈奎斯特定理和香农定理，分别计算其最大限制的数据传输速率。

解析：

按奈奎斯特定理，计算最大数据传输速率：$C=2\times 4k\times \log_2 8=24$Kbps。

按香农定理，计算最大数据传输速率：

由分贝的计算公式，有 $10\lg S/N=30$，得 $S/N=1000$。

于是，有最大数据传输速率为：$C=4k\times \log_2(1+10^3)=40$Kbps。

5. 信道复用

共享信道或信道复用，即多台计算机连接到同一信道的不同分支点上，任何用户都可以向此信道发送数据。信道复用的目的就是让不同的计算机连接在相同的信道上，共享信息资源。

信道上所传播的数据可以被全体用户接收，称之为广播，也可以只被指定的若干个用户接收，称之为组播。广播信道复用的连接示例如图 3-22 所示，其中 H_i（$1 \leq i \leq n$）表示计算机系统。

信道复用主要有以下 4 种复用方式：频分多路复用（Frequency Division Multiplexing，

FDM）、时分多路复用（Time Division Multiplexing，TDM）、波分多路复用（Wavelength Division Multiplexing，WDM）与码分多路复用（Coding Division Multiplexing，CDM）。

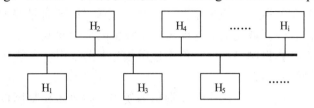

图 3-22 广播方式的信道共享与复用时的连接

（1）频分多路复用（FDM）

频分多路复用是在频率上并列地把要传输的几个信息合在一起，形成一个合成的信号，然后进行传输。在频分多路复用中，信道的可用频带被分成若干个互不交叠的频段，每个信号占据其中一个频段。这些频段互不重叠，因而可以在接收端用适当的滤波器将其分别解调接收。例如，图 3-23 中，如果信道带宽（实际上是信道容量，由于信噪比一定时带宽与容量成正比关系，所以也称信道带宽）大于等于 72kHz,则可将 3 个频率分别为 60~64kHz、64~68kHz 以及 68~72kHz 的信号，通过同一信道进行传输。

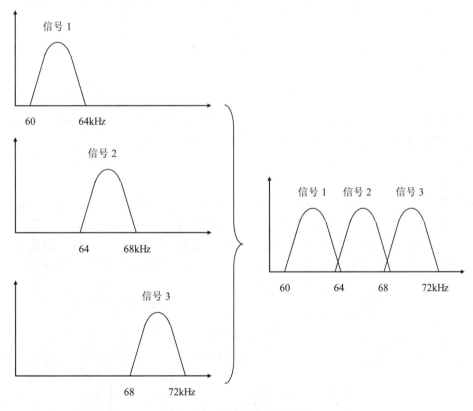

图 3-23 频分多路复用示例

频分多路复用的主要问题是各路信号容易产生相互干扰，简称为串扰。引起串扰的主要原因是信号频谱之间的相互交叉，以及信号在被调制之后由于调制系统的非线性而带来的已调信号的频谱展宽。已调信号的频谱展宽之后也容易发生相互交叉，从而使得信号失真，无法解调接收。

使用频分多路复用技术有两点要求：一是复用频谱之间要有足够大的保护间隔；二是调制系统要有很高的线性滤波功能，这就带来了设备的造价问题。

由于以上原因，计算机网络系统一般不使用频分多路复用技术共享信道。

（2）时分多路复用（TDM）

时分多路复用技术被广泛应用于数字通信系统中。时分多路复用技术以信道内传送信号的最大周期 Ts 为间隔，在 Ts 内按信道带宽划分相应的小时隙，并利用这些时隙来传递各路信号，如图 3-24 所示可供多少路信号共享，主要由信道的带宽与每路信号的需求来决定。例如，一个容量为 2.048Mb/s 的传输信道，可分为 32 个 64Kb/s 的子传输信道，即可供 32 个传输速率为 64Kb/s 的信息源复用。

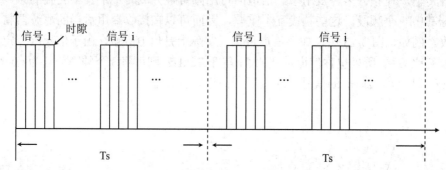

图 3-24 时分多路复用示例

一个容量为 2.048Mb/s 的信道，传送 1 位信号的时隙大小为 1/（2.048M）s，约 0.5μs。如果共享该信道的所有信息源的传输速率都是 64Kb/s，则信道内传送信号的最大周期 Ts=1/（64K）s，约为 16μs。所以，在周期 Ts 内，该信道可允许 2.048M/64K=32 个信息源共享，不会发生相互干扰或重叠。

时分多路复用技术采用时隙轮转法，按比特进行传输。例如，上述 32 路信息源的编码信号得到时隙的信息源把 1 位送入信道，然后该时钟转入下一个信息源，发送另一个信息源的位信号，直到 32 路信息源的轮转完毕，然后又开始下一轮发送。与该信道连接的信息接收方也按同样的方式轮转接收来自于各信息源的信息，其原理如图 3-25 所示。

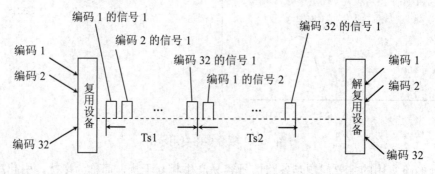

图 3-25 TDM 的编码传输过程

TDM 技术最早用于电话传输，例如，基群、二次群、三次群、四次群电话传输系统，其中 4 次传输系统可供 1920 路电话信号复用，每路 64Kb/s。

计算机网络也使用 TDM 技术。较早的互联网大多数使用 T1/E1（1.544Mb/s/ 2.048Mb/s）或 T3/E3（45Mb/s/34Mb/s）速率的传输信道，计算机网络用户通过相应的连接设备与这些信道连接，共享这些传输信道资源。

在以 TDM 方式共享信道时，计算机网络系统与电话系统的最大区别在于，每路电话的发送和接收系统独占一个时隙，即占用一个固定的子信道。如果用户没有足够多的信息供该子信道传输，会造成该信道资源的浪费。计算机网络系统则使用分组交换技术，共享信道的设备每次发送一组信息，不是 1 位进入信道，并且不允许某台设备独占时隙（信道），从而提高信道的利用率及传输的可靠性。

① 波分复用（WDM）

波分多路复用技术主要用于全光纤网组成的通信系统，是计算机网络系统今后的主要通信传输复用技术之一。波分多路复用与频分多路复用类似，为了在同一时刻能进行多路传送，须划分为多个波段。

在使用 WDM 技术的网络中，每个共享信道的主机都分配有两个信道，即控制信道和数据信道。控制信道较窄，当其他主机想与该主机进行联系时使用；数据信道在该主机向其他主机发送数据帧时使用。每个信道被分割成许多时隙组，如图 3-26 所示时隙用于传送数据，最后一个时隙用于向该主机报告其状态。两个信道中的时隙组均循环反复，所以时隙 0 应该用一种特殊方法标记，以便能被检测到时隙组的开始。所有信道通过一个全局时钟信号进行同步。

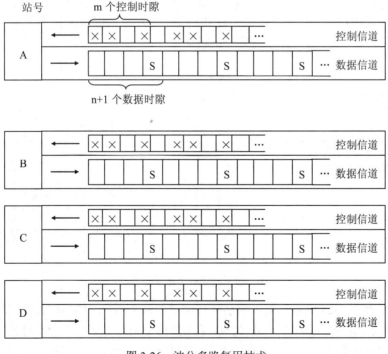

图 3-26　波分多路复用技术

为了进行通信，每个主机均有两个发送器和两个接收器。

固定波长接收器监听自己的控制信道，是否有其他主机欲与本主机联系。可调波长接收器选择一个数据发送器进行监听，接收其他主机发来的数据。固定波长发送器输出数据帧。可调波长发送器输出给其他主机的控制信号。

每个主机都是以自己的波长来监听控制信道，以检查是否有输入请求，但必须以发送主机的波长来进行数据的接收。波长调谐的工作是由 Fabry-Perot 干涉计或 Mach-Zehnder 干涉计来完成的，它可以滤除非期望波长波段内的所有波长分量。

WDM 也出现了许多变种。例如，不给每一个主机都分配一个控制信道，而是全网只有一个控制信道，由所有的主机共享。每个主机在每个时隙组中占有一块时隙；把信道划分为 m 个控制时隙后跟 n+1 个数据时隙，这样每个主机就可以只有一个可调波长接收器和一个可调波长发送器等。

② 码分复用（CDM）

前面介绍的频分多路复用技术（FDM）（或波分多路复用技术（WDM））是以频道的不同来区分地址的，其特点是独占频道而共享时间。时分多路复用技术（TDM）则是共享频率而独占时隙，相当于在同一频率内不同相位上发送和接收信号，而频率资源共享。

码分多路复用技术（CDM）则是一种用于移动通信系统的新技术，笔记本电脑或 PDA（Personal Data Assistant）以及 HPC（Handed Personal Computer）等移动性计算机的联网通信都会大量用到码分复用技术。

CDM 的复用原理是基于码型分割信道。每个用户分配有一个地址码，而这些码型互不重叠，这样频率和时间资源都可以共享。在频率和时间资源紧缺的环境下，CDM 独具魅力，这就是 CDM 受到人们普遍关注的缘故。图 3-27 给出了 CDM 的信道连接方式，在该图中，前向/反向信道是采用频率划分的方式，即移动站对基站方向的载波频率为 f'，基站对移动方向的载波频率为 f。在同一载波的码分信道如图 3-28 所示。

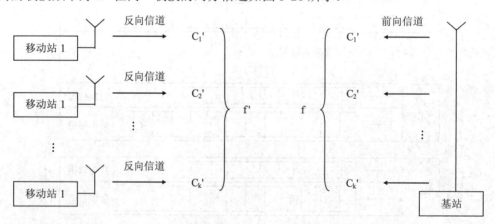

图 3-27　CDM 系统示意图

如图 3-27 和图 3-28 所示，对于共享这些信道的每个用户，CDM 技术中的反向信道共享频率 f'，前向信道则共享频率 f 且又分配了码型信号相互正交的正交地址码 C1，C2，…，Ck。利用码型和移动用户的一一对应关系，只要知道用户地址（地址码），便可实现选址通信，从而实现了在时间上的共享。

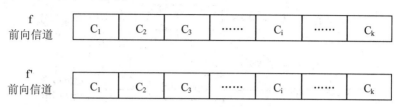

图 3-28　CDM 码分信道示意图

3.3.3　模拟传输与数字传输

模拟和数字分别对应于连续和离散。在数据通信领域，常常在数据、传输以及发信等范畴中使用这两个术语。数据为携带含义的实体，数据涉及事物的形式。而信息涉及那些数据的内容或解释。信号则是数据的电子或电磁编码。传输是通过信号传播和处理而实现的数据的通信。发信的实质是沿合适的媒体传播信号的动作。

1.　模拟数据/数字数据

模拟数据以某些区间内连续值的形式出现。例如，声频和视频是连续变化的强度模式，大多数通过传感器来收集数据，例如，温度和压力，也是连续取值的。数字数据以离散值的形式出现，例如文本和整数。

在一个通信系统中，数据是通过电子信号的方式在点与点之间传输的。模拟信号是连续变化的电磁波，它可以在各种媒体上传输，例如，导线、双绞线、同轴电缆、光纤和无线电波，它与频率有关。数字信号是一串相继的电压脉冲，它能在导线上传输，例如，持续正电压表示 1，持续负电压表示 0。

数字信号的主要优点是比模拟发信成本低，而且抗噪声干扰能力强。主要缺点是数字信号比模拟信号更容易受衰减的影响。由于在高频端的信号强度的衰减，信号脉冲往往会变圆和变小，很明显，这种衰减会迅速导致传播信号中包含信息的丢失。

模拟和数字数据都可以被表示并通过模拟或数字信号传播，如图 3-29 所示。一般而言，模拟数据是时间的函数并占据有限的频段。这样的数据可以直接由占据相同频段的电磁信号表示。最好的例子是声音数据。作为声波，声音数据在 20Hz~20kHz 的范围内有频率分量。然而，大多数语音能量则集中在一个更小的范围之中，声音信号的标准频段在 300~3400Hz，这对于语音清晰的传播已经足够了。电话设备实现仅此而已。对于所有的在 300~3400Hz 范围中的声音输入，一个具有相同频—幅模式的电磁信号便产生了。这个过程的相反过程是将电磁信号转换为声音。

数字数据同样能通过使用调制解调器用模拟信号来表示。调制解调器将一系列二进制的电压脉冲通过调制到一个载波频率上的方法转换为模拟信号。产生的信号可以占据以载波为中心的某个频段，并可通过合适于该载波的媒体进行传播。最常用的调制解调器在音频段表示数字数据，因而使得这些数据可在普通的话音级电话线上传播。在电话线的另一端，由调制解调器解调该信号，从而得到原来的数据。下面将讨论不同的调制技术。

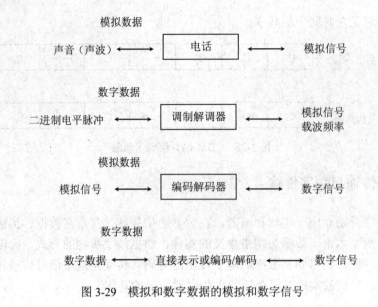

图 3-29　模拟和数字数据的模拟和数字信号

在一个表现非常类似于调制解调器的操作中，模拟数据可以表示为数字信号。对声音数据实现这一功能的设备称为编码解码器（Codec/Decoder）。Codec 将一个直接表示声音数据的模拟信号用一串位流近似表示。在传输线的另一端，这串位（比特）流被用来重建模拟数据。

数字数据可以直接通过两种电平以二进制形式表示。为了改善传播特性，二进制数据被编码。

2. 模拟传输/数字传输

虽然模拟信号和数字信号都能在传输媒体上发送，但信号的处理方式由传输系统决定。表 3-3 总结了这些数据传输方式。模拟传输是一种不考虑其内容的模拟信号传输方式；信号可以表示模拟数据（例如声音）或数字数据（例如，通过调制解调器的数据）。在各种场合中，模拟信号经过一定的距离后都会衰减。为了实现远距离传输，模拟传输系统中通常设计放大器以放大信号强度。但是，放大器同时也放大了噪声分量，随着距离的加大，放大器的串联，必然会导致信号越来越失真。对于模拟数据，例如声音，小的失真是可以忍受的，而且数据仍然可识别。但对于数字数据，串联的放大器则会导致错误。

表 3-3　模拟和数字传输

数据/信号	模 拟 信 号	数 字 信 号
模拟数据	两种选择：（1）信号占据模拟数据的相同频段。（2）模拟数据通过编码占据一个不同的频段	模拟数据使用 Codec 编码来产生一个数字位流
数字数据	数字数据使用 Modem 编码来产生模拟信号	两种选择：（1）信号由两个电平构成来表示两个二进制的值。（2）数字数据通过编码产生有期望属性的数字信号

续表

信号/传输	模 拟 传 输	数 字 传 输
模拟信号	通过放大器来传播；用于表示模拟数据或数字数据的信号同样对待	若该模拟信号表示数字数据，信号通过转发器来传播；每个转发器中，数字数据被从输入的信号中恢复，并依此在输出上重新生成新模拟信号
数字信号	不使用	用数字信号表示 0 和 1 的串，这些串可表示数字数据或模拟数据的编码。信号通过转发器传播；在每个转发器中，从输入信号中恢复出 0 和 1 的串，并生成新的数字输出信号

数字信号只能传输有限距离，以防衰减影响数据的完整性。为了能够传输更远的距离，可使用转发器。转发器接收数字信号，恢复其 0 和 1 的模式，并重新传输一个新的信号，衰减可被克服。

相同的技术可以被用于模拟信号，如果该信号被作为数字数据的载波。在合适的地点，传输系统会有重传设备而不是放大器。重传设备恢复出模拟信号中的数字数据，并生成一个新的无噪声模拟信号，所以噪声没有积累。

3. 模拟发信/数字发信

对于长距离的通信，数字发信并没有模拟发信那样多用途和实用。例如，对于卫星和微波系统，数字发信是不可行的。然而数字传输在性能价格比上都要优于模拟传输，因而在广域通信系统中，对于声音和数字数据正逐步转向数字传输。

在局域网中，对数/模传输的比较并不一定导致和广域通信中相同的结果。在局部范围内，由于数字电路价格的下降使数字传输显得更廉价。然而，局域网技术的距离局限性使得噪声和衰减不那么严重，同时模拟技术的质量也正在接近数字技术，于是模拟发信和模拟传输在局域网中也占有一席之地。

3.3.4 数据编码技术

无论是数字数据还是模拟数据，为了传输都必须转变为信号。

数字数据的不同信号元素可用 0 和 1 表示。这种从二进制数字到信号元素的映射就是传输中使用的编码方案。为使接收器能很好地解释数字数据，首先，接收器必须知道一个比特何时开始和结束，以便在每个比特对输入信号采样一次。其次，接收器必须识别每个比特的值。接收器将如何成功地解释输入信号取决于许多因素。例如，信号的强度越大，其抗衰减能力就越强，并且越容易从出现的噪声中检出。另外，数据速率越高，由于每比特所占时间更少，接收器工作就越难。接收器必须更仔细地正确采样并更快地做出决定。最后，编码方案将影响接收器的性能。以下将描述一系列不同的将数字数据化为模拟或数字信号的编码方案。

模拟数据的编码方案将影响传输性能。在这种情况下，最关心的是传输的质量和精确性，希望接收的数据尽可能地接近发送的数据。

1. 数字数据与模拟信号

模拟发信的基础是被称为载波信号的连续的一致波段的信号。数字数据通过调制载波信号的 3 种特性（频率、幅度和相位）之一，或者三者的组合来编码。如图 3-30 所示，模拟信号对数字数据调制的 3 种基本形式为幅移键控（ASK）、频移键控（FSK）、相移键控（PSK）。

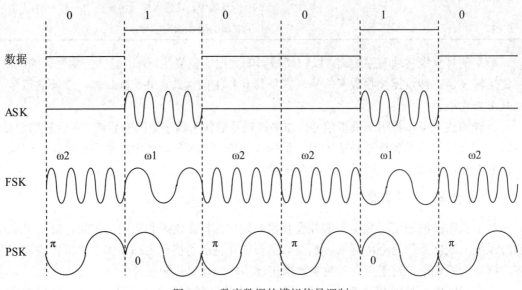

图 3-30 数字数据的模拟信号调制

在所有的这些情况下，最终的信号包含载波信号周围的一段频率，这个频率的范围被称为信号的带宽。

（1）幅移键控（ASK）

在 ASK 中，两个二进制的值用载波信号的两个不同幅度表示。在某些情况中，其中一个幅度为 0；这就是说，一个二进制数字用载波信号以常数幅值的出现表示，而另一个则用载波信号的隐含来表示。ASK 对突变较为敏感，而且效率较差。在语音级线路上，往往只能达到 1200b/s 的速率。

（2）频移键控（FSK）

在 FSK 中，两个二进制的值用载波频率附近的两个不同的频率表示。这个方案对错误的敏感度要小于 ASK。在语音级线路上，往往最多用到 1200b/s。这种技术也被广泛地应用于 3~30MHz 的高频无线电传输，还可以在更高频率处用于采用同轴电缆的局域网上。

图 3-25 给出了在语音级线路上使用的 FSK 实现全双工操作的例子。全双工表明数据可以同时在两个不同的方向上传输。为了实现这点，一个带宽用来传输，而另一个带宽则被用来接收。该图示使用的是 Bell 系统的 108 系列调制解调器的一个规范。在一个方向上

发送或接收,调制解调器使用 300~1700Hz 的频率,而用来表示 1 和 0 的频率则是以 1170Hz 为中心,向每边变化 100Hz。同样的,在另一个方向上接收或发送,调制解调器使用的是以 2125Hz 为中心的 1700~3000Hz。图中的每一对频率周围的阴影区域表示每个信号的实际带宽。注意,这里的交叉很少,所以干扰也很少。

（3）相移键控（PSK）

在 PSK 中,通过载波信号相位的偏移来表示数据。图 3-31 给出了一个二相位系统的例子。在这个系统中,用发送与前一段相位相同的猝发信号来表示 0,而用发送与前一段相位相反的猝发信号来表示 1。PSK 可以使用多于两种的相位偏移。一个四相位系统编码,每一个猝发信号可用 2 位编码。PSK 计数比 FSK 更加抗噪音而且效率更高;在语音级线路上,速率可以达到 9600b/s。

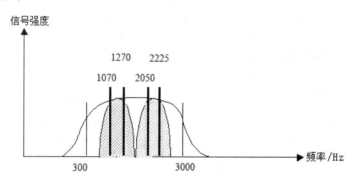

图 3-31　话音级线路上的全双工 FSK 传输

以上讨论的技术可以进行组合。一种常用的组合是 PSK 加 ASK,部分或全部的相位偏移可以发生在两个幅值之一处。

2. 数字数据与数字信号

虽然发送数字数据的常用方法是通过一个调制解调器并以模拟信号发送它们,但在一些局域网中使用的是以数字信号传输数字数据的技术。通常在一些场合使用数字信号更便宜,也能提供比模拟发信更好的性能。

在使用数字信号传输数字数据时,可以有多种不同的编码方法,计算机网络中常用的有 3 种,即 RS-232 异步串行 ASCII 码、温切斯特编码和差分温切斯特编码。

（1）RS-232 异步串行 ASCII 码

RS-232-C 规定了一种编码方式,它允许发送者在任何时间内发送一个字符,而且可以在发送一个字符后进入任意等待状态。

使用 RS-232-C 进行编码传输时的最大问题是当信号中出现一长串的连 1 或连 0 信号时,接收方无法提取位同步信号。

（2）温切斯特编码

温切斯特编码则可解决提取同步信号的问题。它的编码方法是将每一个码元再分成两个相等的间隔,码元 1 是在前一个间隔为高电平,而后一个间隔为低电平。码元 0 正好相反,从低电平变到高电平。

这种编码的好处就是可以保证在每个码元的正中间出现一次电平的转换，这对接收端的提取位同步信号是非常有利的，但是从温切斯特编码的波形图可以看出它所占的频带宽度比原始的基带信号增加了一倍。

（3）差分温切斯特编码

另一种温切斯特编码叫作差分温切斯特编码。它的编码规则是：若码元为 1，则其前半个码元的电平与上一个码元的后半个码元的电平一样（见图 3-32 中的实心箭头）；但若码元为 0，则其前半个码元的电平与上一个码元的后半个码元的电平相反（见图 3-32 中的空心箭头）。不论是码元 1 或者 0，在每个码元的正中间的时刻，一定有一次电平的转换。差分温切斯特编码需要较复杂的技术，但可以获得较好的抗干扰性能。

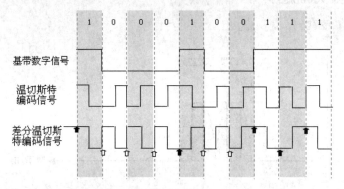

图 3-32　3 种常用的编码方式

3. 模拟数据与数字信号

使用数字信号调制模拟数据的最常用的例子是脉码调制（PCM），常被用于编码音频信号。

PCM 是把模拟信号转换成数字信号的最基本方法之一，模拟信号的数字化过程分为采样、电平量化和编码 3 个步骤。

PCM 的采样理论：对信号 f（t）以固定的时间间隔进行采样，并且采样频率大于或等于两倍的最大有效信号频率，样本就包含了原始信号的所有信息，而 f（t）可以通过低通滤波从样本中还原。

若音频数据局限于低于 4000Hz 的频率，那么明智的保守做法是每秒采样 8000 次，这就足以完全描述该音频信号了。然而这里提到的都是模拟样本。为了转换成数字，每一个模拟样本都必须用一个二进制码表示。图 3-33 与表 3-4 给出了这样一个例子，每一个样本被量化为 16 种不同电平之一来近似，也就是说每一个样本由 4 位二进制表示。当然，这样就不能精确地复原原始信号。若使用 7 位样本，可以允许有 128 种量化电平，则其还原音频信号的质量将可达到模拟传输的质量。注意，这意味着对于单路音频信号需要数据速率达到 8000（样本/秒）×7（位/样本）=56Kb/s。

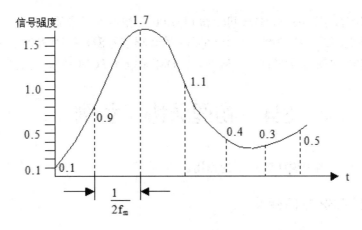

图 3-33 脉码调制

表 3-4 脉码调制

数　字	等价二进制位	脉 码 波 形
0	0000	
1	0001	
2	0010	
3	0011	
4	0100	
5	0101	
6	0110	
7	0111	
8	1000	
9	1001	
10	1010	
11	1011	
12	1100	
13	1101	
14	1110	
15	1111	

典型 PCM 可使用一种称为非线性编码的技术来优化。采用这种技术时，128 个量化电平不是等分的。在等分时，每一个样本的绝对错误是相同的，而与信号水平无关，所以低幅值更容易失真。改进的方法是在低幅区使用更多的量化步，而高幅段使用少量的量化步，从而在总体上达到减少信号失真的效果。PCM 可以有更广泛的应用。例如彩色电视的有用带宽为 4.6MHz，可以使用 10 位的样本，数据速率 92Mb/s，来达到合理的质量。

对于增量编码位（比特）流是由模拟信号的增量而不是幅值产生的，又称增量调制、δ调制（Delta Modulation，DM）。如果当前取样值大于前一次的取样值，则生成为 1，反之则为 0。在相同的数据速率下，DM 可以得到与 PCM 相当的信号质量。但是，相同数据速率下，DM 需要更高的采样速率：一个 56Kb/s 的音频信号需要每秒 8000 次的 PCM 采样，但需要每秒 56000 次的 DM 采样。一般而言，DM 系统比 PCM 系统更为简单。

3.4　物理层协议示例

本节通过两个示例来说明物理层的作用。

3.4.1　EIA RS-232 接口标准

RS-232 是由美国电子工业协会（EIA）发布的标准。RS 是 Recommended Standard 的缩写，232 是标准的标识号码，相应的国际标准是 CCITT 推荐的标准 V.24，它与 RS-232 相似，只是在某些很少使用的电路上稍有不同。

RS-232 是 DCE 和 DTE 之间的接口标准。图 3-34 所示为连接到通信电路的 DCEs 和 DTEs。

图 3-34　在公用电话网中使用的 DCEs 和 DTEs

1. 机械特性

RS-232-C 接口规范并没有对机械接口做出严格规定。RS-232-C 的机械接口一般有 9 针、15 针和 25 针 3 种类型。标准的 RS-232-C 接口使用 25 针的 DB 连接器（插头、插座）。RS-232-C 在 DTE 设备上用作接口时一般采用 DB25M 插头（针式）结构。

EIA RS-232 关于机械特性的要求，规定使用 DB-25 插针和插孔，插孔用于 DCE 方面，插针用于 DTE 方面。RS-232-C 连接器任一针上的信号可为下列状态中的任一状态。

- ❖ 标记（MARK）/空（SPACE）。
- ❖ 开（ON）/关（OFF）。
- ❖ 逻辑 0/逻辑 1。

值得注意的是，RS-232 采用负逻辑，即负电压表示逻辑 1、Mark 和 OFF，正电压表示 0、Space 和 ON。信号电压是相对于信号地电路测量的，$-3\sim+3V$ 电压范围是不确定的过渡区域。为了表示一个逻辑 1 或 Mark 条件，驱动器必须提供 $-5\sim-15V$ 之间的电压。为了表示一个逻辑 0 或 Space 条件，驱动器必须给出 $+5\sim+15V$ 之间的电压。这就说明，标准留出了 2V 的余地，以防噪声和传输衰减。

而在 DCE（如 Modem）设备上用作接口时，采用 DB25F 插座（孔式）结构。特别要注意的是，在针式结构和孔式结构的插头、插座中引脚号的排列顺序是不同的，使用时要注意。

2. 电气特性

DTE/DCE 接口标准的电气特性主要规定了发送端驱动器与接收端驱动器的信号电平、负载容限、传输速率及传输距离。RS-232-C 接口使用负逻辑，用低于-3V（范围为-5~-15V）的电压表示二进制 1，用高于+4V（范围为+5~+15V）的电压表示二进制 0，-3~+3V 为过渡区，逻辑状态不确定，如图 3-35 所示。RS-232-C 的噪声容限是 2V。

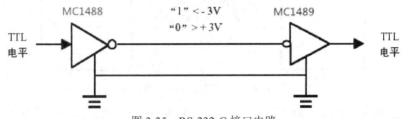

图 3-35　RS-232-C 接口电路

根据 RS-232-C 的电气特性可知，RS-232-C 接口电平与 TTL 电平（TTL 电平的逻辑 1 是 2.4V，逻辑 0 是 0.4V）不兼容，所以要外加电路实现电平转换。目前可用已有的集成电路电平转换器来进行电平转换。MC1488 发送器输入 TTL 电平，产生 RS-232-C 输出电平，它的电源一般取 12V，输出为 9V 左右。MC1489 接收器使用标准 5V 电源，输入为 RS-232-C 电平，输出为 TTL 电平，该接收器具有 1V 噪声保护功能。

RS-232-C 的电气特性有一些不足之处，首先是参考"信号地"问题。发送端和接收端是对信号地测量的，信号地与逻辑地连接在一起，但发送端和接收端的逻辑地可能不一致，使信号地中有地电流。而导线是有电阻的，所以导线的两端存在电压降，当发送器对接口电路施加电压时，这个电压降会使接收器收到的电压与没有电位差时收到的电压不同。为尽量减少地电位对信号的影响，RS-232-C 接口使用较高的传送电压。

其次是电缆电容。EIA 标准规定在数据传输率为 20Kb/s 时，被驱动电路的电容（包括所连电缆电容）必须小于 2500pF。因此 RS-232-C 标准中规定在数据传输率为 20Kb/s 时，RS-232-C 传输电缆的长度不能超过 50 英尺（15.24m）。实际上可以正常工作的电缆长度远远大于给出的限制，但由于电缆电容，时钟频率变化，噪声干扰和地电位差的影响，使工作不可靠，所以电缆长度不能超过 50 英尺。当数据传输率较低时，可以适当增加电缆长度。如数据传输率为 1200b/s 时，电缆长度可达 3000 英尺；当数据传输率为 9600b/s 时，传输电缆长度为 200 英尺。

CCITT V.24 接口的电气特性由 CCITT V.28 给出，CCITT V.24 的电气特性和 RS-232-C 的相同。

3. 功能特性

RS-232 的功能性指标规定了 25 针的电路连接，以及每个信号的含义。图 3-36 所示为其中 10 个引脚的情况，这 10 个引脚经常要使用，而其余的引脚常常不用。

下面描述这 10 条电路的功能，其中引脚的命名是从 DTE 角度给予的。

❖　引脚 1：保护地（PG），是可选的，通常不用，如用则接到设备的外壳。

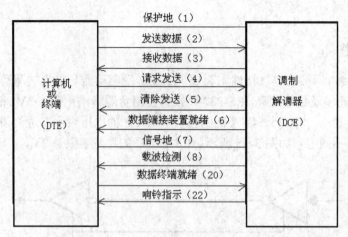

图 3-36　RS-232 的一些主要电路

其余的电路用于选择数据传输速率，测试调制解调器，为数据定时以及在第二辅助通道上沿相反的方向发送数据。在实际工作中，这些电路几乎从未使用过。

❖ 引脚 2：发送数据（TD）信号时，从 DTE 发给 DCE。不发送数据时，串行口维持该电路在 MARK 标志状态（逻辑 1 电平，等同于停止位）。在所有遵从 RS-232 标准的系统中，DTE 只有在下列 4 个电路都处于逻辑 0（控制功能为 ON）的条件下才可能发送数据。

   ➢ 请求发送 RTS（引脚 4）。
   ➢ 清除发送 CTS（引脚 5）。
   ➢ 数据端接装置就绪 DSR（引脚 6）。
   ➢ 数据终端就绪 DTR（引脚 20）。

❖ 引脚 3：接收数据引线，在串行数据由 DTE 接收时使用。

❖ 引脚 4：请求发送（RTS）。该电路用来发信号给 DCE，请求在引脚 2 上发送数据。该信号和引脚 5 上的 CTS 信号控制 DTE 和 DCE 之间的数据流动。

❖ 引脚 5：清除发送（CTS）。这是一个控制信号，由 DCE 发往 DTE，表明 DCE 准备好接收从 DTE 发来的数据。当 CTS 处于 OFF 状态时，表明 DCE 没有准备好，因此 DTE 不应该试图发送数据。CTS 的 ON 状态是对 RTS 和 DSR 同时都为 ON 的响应。当 CTS 为 ON，并且 RTS、DSR 和 DTR 都为 ON 时，就向 DTE 表明，由 DTE 发送过来的数据将被 DCE 传送到通信通道中去。

❖ 引脚 6：数据端接装置就绪（DSR）。该控制信号由 DCE 发往 DTE，它表明本地数据装置（Dataset）的状态。如果 DSR 信号是 ON，表明 DCE 已连接到通信通道。在自动呼叫的情况下，这就说明 DCE 已拨完号码，完成了呼叫建立，并进入了数据传输（而不是语音传输）方式。

❖ 引脚 7：信号地（SG）。这是一个必要的公共地回路，它是除保护地之外的所有其他 RS-232 电路的测量参照点，是一个公共返回通路。

❖ 引脚 8：载波检测（CD）。这是一个控制电路，控制信号由 DCE 发往 DTE。当 DCE 向 DTE 发送 ON 条件时，表明它正在从远方 Modem 接收载波信号。在 Modem

上，这个电路通常连到面板上的 LED 指示器（标明为 Carrier），有信号时二极管发光，说明检测到了载波（Carrier Detect）。

❖ 引脚 20：数据终端就绪（DTR）。这是一个控制电路，控制信号由 DTE 发往 DCE，当 DTE 准备好与 DCE 通信时，它就将该电路置成 ON。只有 DTR（Data Terminal Ready）电路处于 ON 状态时，DCE 才能将 DSR 置成 ON 状态。当 DCE 连接成功并且正在发送数据时，DTR 从 ON 状态变成 OFF 状态会引起 DCE 从通信通道上断连。

❖ 引脚 22：响铃指示（RI）。这是一个控制电路，控制信号由 DCE 送往 DTE。当振铃指示（RI）信号线置成 ON 状态时，表明 DCE 正在接收一个响铃信号。该信号主要用于自动应答的 Modem 配置。每次响铃时，电路处于 ON 状态，其他时间电路都处于 OFF 状态（表示 DCE 现在未接受响铃信号）。

4．规程特性

为了更好地说明 RS-232-C 物理接口的规程特性，将以两台计算机通过公用电话网进行数据交换的工作过程来阐述 RS-232-C 各个信号线的动作，即 RS-232-C 物理层接口的规程特性。

计算机通过公用电话网进行通信的连接方式如图 3-34 所示。在计算机与 Modem 之间的物理层接口是 RS-232-C，其工作步骤如下。

将计算机和 Modem 分别加电，计算机将数据终端就绪（DTR）信号线（引脚 20）置为 ON 状态，而 Modem 则将数据设备就绪（DSR）信号线（引脚 6）置为 ON 状态，此时 Modem 处于命令方式（空闲状态）。

计算机 A 通过发送数据（TxD）信号线（引脚 2）发出拨号命令给 Modem A，通知 Modem A 摘机并拨号。

Modem B 检测到振铃信号后，通过振铃指示（RI）信号线（引脚 22）通知计算机 B 对呼叫进行应答。而计算机 B 通过数据终端就绪（DTR）信号线（引脚 20）允许 Modem B 自动应答 Modem A 的拨号呼叫，即 Modem B 发出摘机信号（音频信号）。

当 Modem A 收到 Modem B 返回的应答音频信号后，随即向 Modem B 发送载波，而 Modem B 收到载波后，通过载波检测（Carrier Detection，CD）信号线（引脚 8）通知计算机 B 线路接通，同时回应以自身的载波给 Modem A。而当 Modem B 检测到 Modem A 发出的载波后，它也通过载波检测 CD（Carrier Detection）信号线（引脚 8）通知计算机 A 线路接通。此时计算机 A 和计算机 B 接通，Modem 进入联机状态（即数据方式），通信双方可以进入数据通信。

计算机 A 通过发送数据（TxD）信号线（引脚 2）将数据发送给 Modem A，Modem A 将该二进制数据调制成一串不同频率的音频信号，通过公用电话网发送给 Modem B，Modem B 则从音频信号中解调出原始数据并通过接收数据（RxD）信号线（引脚 3）将数据送给计算机 B 上。而计算机 B 向计算机 A 发送数据的过程与此相同。计算机在发送数据过程中，要求请求发送（RTS）信号线（引脚 4）为 ON 状态；而在接收数据过程中，要求载波检测（CD）信号线（引脚 8）为 ON 状态。

计算机 A 通过将请求发送（RTS）信号线置为 OFF 状态，以通知 Modem A 数据发送结束。Modem A 检测到请求发送（RTS）信号为 OFF 状态后，停止发送载波，并置允许发送（CTS）信号线为 OFF 状态以响应计算机 A。而 Modem B 检测不到载波后自动恢复到待机状态，并置载波检测（CD）信号线（引脚 8）为 OFF 状态，通知计算机 B 不能接收数据。

计算机 A 置数据终端（DTR）信号线（引脚 20）为 OFF 状态，通知 Modem A 拆线。Modem A 收到就绪（DTR）的 OFF 信号后撤除与电话线的连接，并将数据端接装置就绪（DSR）信号线引脚置为 OFF 状态作为回答。

另外，在计算机发送数据到 Modem 的过程中，如果 Modem 的接收速度太慢，则 Modem 可以通过将 CTS 置为 OFF 状态通知计算机暂停发送数据。而且两个 Modem 建立载波连接后将继续保持载波连接，当载波消失或中断几十分之一秒后，连接被终止。

需要注意的是，两个 Modem 在进行真正数据传输之前，必须首先交换如何向对方发送数据的信息，这一过程叫作交接过程。两个 Modem 必须就以下事项协调一致：传输速度、组成数据报的位数、报的起始位/停止位、奇偶校验以及半双工/全双工等。

RS-232 的过程特性说明就是指协议，即事件的合法顺序。例如，当终端请求发送时，如果调制解调器能够接收数据，则它就设置允许发送（清除发送）标志。在其他的电路之间也存在着类似的行为反馈关系。

需要强调的是，RS-232 的操作过程是在各条控制线的有序的 ON 和 OFF 状态的配合下进行的。只有当 DTR 和 DSR 均为 ON 状态时，才具备操作的基本条件。若 DTE 要发送数据，则首先将 RTS 置为 ON 状态，等待 CTS 应答信号为 ON 状态后，才能在 TD 上发送数据。

3.4.2 RS-449 接口标准

如前所述，由于 RS-232-C 接口标准具有某些不足，如不能进行远距离传输驱动，因此为了改善 RS-232-C 的电气性能，美国电子工业协会（EIA）提出了一个新型接口标准，即 EIA RS-449。该标准包含 3 个部分：RS-449、RS-422-A 和 RS-423-A。RS-449 规定了接口的机械特性、功能特性以及规程特性。而接口的电气特性由 EIA RS-422-A 和 EIA RS-423-A 标准予以规定。

RS-423-A 是为了解决 RS-232-C 的信号地电位差问题而对 RS-232-C 的电气特性做了一些改进而提出的标准。RS-423-A 是一种不平衡接口电路，它采用差分接收器，接收器的一个输入端接发送方的信号地，如图 3-37 所示。RS-423-A 的输入电平与 TTL 兼容，输出电平与 CMOS 兼容。

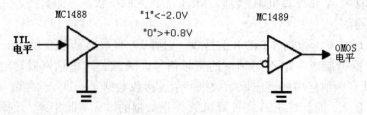

图 3-37 RS-423-A 接口电路

RS-423-A 接口标准中，传输电缆的最大长度与数据传输率有关。当数据传输速率为 3Kb/s 时，电缆长度可达 1km；当传输速率超过 3Kb/s 时，电缆长度相应缩短；当电缆长度为 10m 时，数据传输率可达 300Kb/s。

RS-422-A 则更进一步采用平衡驱动和差分接收的方法，从根本上消除了信号地电位差的影响。平衡驱动器相当于两个单端驱动器，它们输入的是同一个信号，而一个驱动器的输出正好与另一个反相，如图 3-38 所示。当干扰信号作为共模信号出现时，接收器则接收差分输入电压。

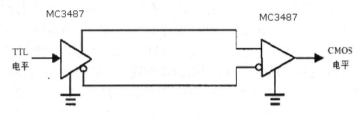

图 3-38　RS-422-A 接口电路

只要接收器具有足够的抗共模电压的范围，它就能识别这两种信号并正确接收所传送的数据，因此 RS-422-A 接口具有非常好的抗干扰性。

在机械特性上，为了适应信号线数目的增加，RS-449 标准采用了 37 引脚和 9 引脚连接器。正常情况下只需要 37 引脚连接器，当要使用备用信道时，必须加上 9 引脚连接器。另外在功能特性上，RS-449 采用与 RS-232-C 不同的信号线命名符。

RS-449 标准保留了在 RS-232-C 中定义的基本交换电路的功能。除了在电气特性及机械特性方面与 RS-232-C 标准不同之外，RS-449 标准与 RS-232-C 标准的主要不同点如下。

（1）RS-449 新定义了 10 个接口电路，包括 3 个用于测试状态的电路；2 个用于控制 DCE 在备用信道传输的电路；1 个在 DTE 控制下提供终止使用功能的接口电路；1 个提供新信号功能的电路和 1 个对 DCE 进行频率选择的电路。RS-449 还定义了 2 个为每个方向传输提供公共参考的接口电路。

（2）有 3 个 RS-232-C 的接口电路在 RS-449 中没有定义。它们是保护地和两个留作测试用的电路（RS-232-C 中的引脚 9 和引脚 10）。

（3）对电路功能的有些定义做了改变。例如，将 RS-232-C 中的 DSR 电路的名字改为数据方式（DM），相应的功能也发生了改变。

（4）为了防止和 RS-232-C 电路的记忆名混淆，RS-449 标准中的所有电路记忆名都和 RS-232-C 的电路记忆名不同。

RS-449 标准的接口电路可分为 5 类：地或公用电路、数据电路、控制电路、定时电路和备用信道电路。

RS-449 实际上是一体化的 3 个标准，它的机械、功能和过程性的接口由 RS-449 定义，而电气接口由两个不同的标准定义。两个电气接口中的第 1 个电气标准是 RS-423，它与 RS-232-C 相似之处在于所有的电路共享一个公共地，这种技术叫作非平衡传输。第 2 个电气标准 RS-422，使用平衡传输，其主线路需要双线，无公共地，因此，在 60 米长的电缆上，RS-422 能达到 2Mb/s 的数据传输率，电缆再短些速率还可以更高。

RS-449 新增加了几个在 RS-232 中所没有的线路，特别是包括了在本地和远处测试调制解调器的线路。RS-449 对标准连接器做了详细的说明，由于信号较多，又包括了大量的双线线路，这个标准需要更多的引脚，因而不再使用人们所熟悉的 25 引脚插头和插座，代之以一个 37 引脚插头/座和一个 9 引脚插头/座。仅当使用第二信道时，才需要 9 引脚插头/座，否则 37 引脚插头/座就足够了。

RS-422 电气标准是平衡方式标准，它的发送器、接收器分别采用平衡发送器和差动接收器，由于采用双线平衡传输，抗串扰能力大大增强。又由于信号电平定义为 6V（2V 为过渡区域）的负逻辑，故当传输距离为 10m 时，速率可达 10Mb/s，而距离增长至 100m 时，速率仍可达到 100Kb/s，性能远远优于 RS-232 标准。RS-422 电气特性与 CCITT V.10 建议中规定的电气特性相似。RS-423 电气标准是非平衡标准，它采用单端发送器（即非平衡发送器）和差动接收器。虽然发送器与 RS-232 标准相同，但是由于接收器采用差动方式，所以传输距离和速率仍比 RS-232 有较大的提高。当传输距离为 10m 时，速率可达 300Kb/s，而距离增至 100m 时，速率仍有 10Kb/s。RS-423 电气特性与 CCITT V.11 建议的电气特性相似，采用的信号电平为 6V 的负逻辑，其中 4V 为过渡区域。

3.5 物理层设备

中继器和集线器是物理层的重要设备，本节从设备应用的角度介绍这两种设备。

3.5.1 中继器

中继器是连接计算机网络线路的一种装置，常用于两个网络节点之间物理信号的双向转发工作。中继器位于物理层，主要完成物理层的功能，负责在两个节点的物理层上按位传递信息，完成信号的加工，例如复制、调整和放大功能等，以此来加大信号传输距离，进而延长网络的长度。

信号在传输过程中由于存在损耗以及噪声，传输的信号功率会逐渐衰减，衰减到一定程度时将造成信号失真现象，因此会导致接收错误。中继器就是为解决这一问题而设计的。它能完成物理线路的连接，对衰减的信号进行放大，使之保持与原数据相同。

一般情况下，中继器的两端连接的是相同的媒体，但有的中继器也可以完成不同媒体的转接工作。在理论上中继器的使用是无限的，网络也因此可以无限延长。但是事实上这是不可能的，因为信号在传输时会发生延时，而网络标准对信号的延迟范围做了具体的规定，中继器只能在此规定范围内进行有效的工作，否则会引起网络故障。以太网络标准约定一个以太网上只允许出现 5 个网段，最多使用 4 个中继器，而且其中只有 3 个网段可以挂接计算机终端。

3.5.2 集线器

1. 集线器的功能

集线器（Hub）是基于星形拓扑结构的网络传输介质间的中央节点，是计算机网络中连接多个计算机或其他设备的设备。以集线器为中心网络拓扑结构的优点克服了介质单一通道的缺陷，当网络中某条线路或某节点出现故障时，不影响其他节点的正常工作。

集线器应用于物理层，因此又被称之为物理层设备，主要作用如下。

❖　实现两个网络节点之间物理信号的双向转发。

❖　接收信号。

❖　完成信号的复制、调整和放大。

❖　广播信号。

集线器具有中继器的基本功能，集线器有多个用户端口，提供多端口服务，所以集线器又称为多端口中继器。集线器像树的主干一样，它是各分枝的汇集点，对接收到的从其他设备发来的信号进行再生放大，以扩大网络的传输距离。它的基本功能是信息分发，把一个端口接收的所有信号向所有端口分发出去。一些集线器在分发之前将弱信号重新生成，一些集线器整理信号的时序以提供所有端口间的同步数据通信。此外集线器还有自动检测碰撞和报告碰撞以及自动隔离发生故障的网络站点等功能。但是它不具备自动寻址能力，即不具备交换作用。

另外，因为几个集线器可以级联起来，所以集线器可作为多个网段的转接设备。智能集线器还可将网络管理、路径选择等网络功能集成于其中。

集线器不仅适用于 IEEE 802.3 或以太网（Ethernet）的 10Base-T 技术，也适用于 802.5 令牌环或 ARCnet 技术。在令牌环技术中，起 Hub 作用的设备称为 MAU（多站访问单元）；在 APCnet 技术中，Hub 还可以分为两种类型，一种叫有源 Hub，另一种叫无源 Hub。不管哪一种 Hub，其作用都是用于连接多台设备。然而，由于 IEEE 802.3 10Base-T 网络技术的使用范围远比 IEEE 802.5 或 ARCnet 大得多，所以目前主要以 Ethernet Hub 为主。

2. 集线器工作原理

下面以集线器在以太网的应用为例来介绍集线器的工作原理。

以太网是非常典型的广播式共享局域网，所以以太网集线器的基本工作原理是广播技术，也就是说集线器从任何一个端口收到一个以太网数据包时，都将此数据包广播到集线器中的所有其他端口。由于集线器不具有寻址功能，所以它并不记忆哪一个 MAC 地址挂在哪一个端口。

当集线器将数据包以广播方式分发后，接在集线器端口上的 NIC（网卡）判断这个包是否是发给自己的，如果是，则根据以太网数据包所要求的功能执行相应的动作，如果不是则丢掉。集线器对这些内容并不进行处理，它只是把从一个端口上收到的以太网数据包广播到所有其他端口（所谓广播，是指集线器将该以太网数据包发送到所有其他端口，并不是指集线器将该包改变为广播包）。这就好像邮递员，他是根据信封上的地址来发信，如果没有回信而导致发信人着急，与邮递员无关，不同的是邮递员在找不到该地址时还会将信退回，而集线器不管退信，只负责转发。

3. 集线器的分类

在集线器的发展过程中，开发了众多的产品，为了适应不同网络结果的需求，各个种类具有特定的功能，提供不同等级的服务，一般的集线器产品都同时具有多种种类的功能。所以集线器分类没有确定的标准，在这些分类中难免概念相互重复，但人们不必介意这个问题，只要能全面了解到各种类别的集线器即可。下面从类型和代来进行分类。

（1）按外形尺寸分类

按照集线器的外形尺寸来分，有机架式和桌面式两种。

① 机架式集线器

集线器统一置放于机柜中，对于集线器间的连接和堆叠显得非常方便，同时也方便了对集线器的管理。

② 桌面式集线器

桌面式集线器指的是不能够安装在机柜中，只能直接置放于桌面上。桌面式集线器不适合对设备管理有较高要求的环境，因为当不得不配备多个集线器时，由于尺寸或形状的不同，很难统一放置和管理集线器。

机架式集线器和桌面式集线器只是在外形尺寸上不同，其工作原理和内部构造是一样的，因此不会存在兼容性问题。用户可依据局域网内站点数的不同，选择不同端口数量和尺寸的集线器。

（2）按带宽分类

① 10Mbps 集线器

10Mbps 集线器是指该集线器中的所有端口只能提供 10Mbps 的带宽。

② 100Mbps 集线器

100Mbps 集线器是指该集线器中的所有端口只能提供 100Mbps 带宽。

③ 10Mbps/100Mbps 自适应集线器

在集线器的早期产品中以 10Mbps 为主，但是随着技术的发展，100Mbps 的集线器已经成为主流，10Mbps 设备会越来越少，逐渐退出历史舞台。虽然纯 100Mbps 的集线器提供了 100Mbps 带宽，但是网络升级到 100Mbps 后，原来的 10Mbps 集线器无法再继续使用，为了兼容以往的网络结构，避免太大的资源浪费，于是既兼容 10Mbps 带宽又兼容 100Mbps 带宽的自适应集线器应运而生。

10Mbps/100Mbps 自适应集线器也称为双速集线器，是一种内部具有 10Mbps 和 100Mbps 两个网段的集线器，它可以在 10Mbps 和 100Mbps 之间进行切换，并且可以使它们之间通信。目前几乎所有的双速集线器均可以自适应，每个端口都能自动判断与之相连接的设备所能提供的连接速率，并将其接到相应的网段上，自动调整至与之相适应的最高速率。10Mbps 网段和 100Mbps 网段之间如果要进行相互通信，集线器内部必须提供一个 10Mbps/100Mbps 交换模块。

（3）按端口数目分类

按端口数目的不同，集线器主要分为 8 口、16 口和 24 口 3 种。

（4）按扩展方式分类

按照扩展方式分类，集线器有可扩展集线器和不可扩展集线器两种。

① 可扩展集线器

当使用的端口数多于集线器固有的端口数时，可通过堆叠和级联两种扩展方式来增加端口数。堆叠是指将几个集线器视为一个集线器来使用和管理，其方法是使用专门的连接线，通过专用的端口将若干集线器堆叠在一起，从而提供大量的并列端口，以达到扩展的目的。堆叠并不能增加集线器的传输能力。

级联是在网络中增加节点数的另一种方法，但是此项功能的使用一般是有条件的，即集线器必须提供可级联的端口，此端口上常标有 Uplink 或 MDI 字样，用此端口与其他的集线器进行级联。如果没有提供专门的端口，在进行级联时，连接两个集线器的双绞线在制作时必须要进行错线。

目前，几乎所有的机架式集线器均可进行堆叠和级联，而桌面式集线器由于受到形状的影响则大多只能级联而不能够堆叠。

② 不可扩展集线器

与可扩展集线器相反，当集线器的端口不够用时，不可扩展集线器不能提供扩展的方法来增加端口的数量。

（5）按配置形式分类

按照配置形式的不同，集线器可分为独立型集线器、模块化集线器和堆叠式集线器 3 种。

① 独立型集线器

独立型集线器是指那些带有许多端口的单个盒子式的产品。独立型集线器的连接是在每个集线器上的独立端口之间，用一段 10Base－5 同轴电缆或者双绞线来连接。由于独立型集线器的功能比较简单，通常是最便宜的集线器，常常是不加管理的。它们最适合于小型独立的工作小组、部门或者办公室。

② 模块化集线器

模块化集线器在网络中非常普遍，因为它们扩充方便且备有管理软件。模块化集线器的各个端口都有专用的带宽，只在各个网段内共享带宽，网段之间采用交换技术，从而减少冲突，提高通信效率，因此又称它为端口交换机。模块化集线器配有机架或卡箱，带多个卡槽，每个槽可放一块通信卡。每个卡的作用就相当于一个独立型集线器。当通信卡安放在机架内卡槽中时，它们就被连接到通信底板上，这样，底板上的两个通信卡的端口间就可以方便地进行通信。模块化集线器的大小范围为 4~14 个槽，故网络可以方便地进行扩充。

③ 堆叠式集线器

除了多个集线器可以堆叠或者用短的电缆线连在一起之外，它的外形和功能均和独立型集线器相似。当它们连接在一起时，其作用就像一个模块化集线器一样，可以当作一个单元设备来进行管理。在堆叠中使用的一个可管理集线器提供了对此堆叠中其他集线器的管理。

（6）按工作方式分类

按照集线器的工作方式来分，集线器可以分为被动式集线器、主动式集线器、智能集线器和交换式集线器 4 种。

① 被动式集线器（无源集线器）

被动式集线器是指相对静止的。它可以把多段网络介质连接在一起，允许信号通过，只是简单地从一个端口接收数据并通过所有端口分发，本身不对任何信号进行处理，没有专门的动作来提高网络性能，也不能检测硬件错误或性能瓶颈，但是可以将不同网段的信号集中起来，所有连接的设备可以看到通过集线器的所有信号数据包。另外，在用被动式集线器连接网络时，由于功能上的限制，被动式集线器到计算机的距离有一定的限制，不能超过两台计算机之间的距离的一半。

② 主动式集线器（有源集线器）

主动式集线器拥有被动式集线器的所有性能，同时它还具有一些更为先进的功能，如它兼有"中继器"的功能，因此也被称为"多端口中继器"，因此，大大提高了主动式集线器的功能。主动式集线器比简单的被动式集线器功能要强得多，但是价格要贵，可以选择配以多个、多种端口的被动式集线器。

③ 智能集线器

智能集线器是指能够通过简单网络管理协议（Simple Network Management Protocol，SNMP）对网络进行简单管理的集线器。智能集线器是主动式集线器的增强，并把主动式集线器的许多功能加入其中，它比前两种提供更多的好处。主要体现在以下几个方面。

❖ 智能集线器实现网络管理的最大用途是用于网络分段，减少冲突，提高数据传输效率。智能集线器的每一个端口都可以由网络操作员从集线器管理控制台上配置、监视、连通或解释。如果连接到智能集线器上的设备出了问题，可以很容易地识别、诊断和修补，这在网络连接技术中是极大的提高，在一个大型网络里，如果没有集中的管理工具，那么常常需要一个一个线盒地寻找，以便找出有问题的设备，这对于网络管理人员是很麻烦的。

❖ 智能集线器的另一个非常重要的特性是可以为不同设备提供灵活的传输速率。智能集线器可以上连到高速主干的端口外，并且还支持到桌面的 10Mbps、16Mbps 和 100Mbps 的速率，即以太网、令牌环和 FDDI。

集线器管理还包括收集各种各样网络参数的有关信息，例如通过集线器和它的每一个端口的数据包数目，它们是什么类型的包，数据包是否包含错误，以及发生过多少次冲突等。集线器供应商都有一些随其产品出售的管理软件包，这些应用程序在它们能收集多少信息，可以发出什么样的命令以及如何给网络操作员提供信息等方面都各不相同。

目前，许多集线器已经支持网络管理协议，这使得集线器可以发送数据包到网络主控台，而网络主控台也可以控制集线器。

④ 交换式集线器

交换式集线器（Switch HUB）是在一般智能集线器功能上又提供了线路交换能力和网络分段能力的一种智能集线器，与共享式集线器有一些不同。

交换式集线器具有信号过滤的功能，它可以重新生成每一个信号并在发送前过滤每一个包，而且只将信号传送给某一已知地址的端口而不像共享式集线器那样将信号传送给网络上的所有端口。

除此之外，交换式集线器上的每一个端口都是拥有专用带宽的，它内部包含一个能够很快在口与口之间传送信号的电路，可以让多个端口之间同时进行对话，而且数据是私有的，而不会互相影响。因此，交换式集线器可以使 10Mbps 和 100Mbps 的站点用于同一网段中。

交换式集线器还可以以直通传送、存储转发和改进型直通传送来传送数据，其工作效率大大高于共享式集线器。

（7）标准分类

从局域网的角度来区分集线器是比较标准的集线器分类方法，因为这种分类可以对局域网交换机技术的发展产生直接影响，根据不同的情况可以把集线器分为 5 种不同类型。下面将一一介绍。

① 单中继网段集线器

在硬件平台中，第一类集线器是一种用于最简单的中继局域网网段的集线器，与堆叠式以太网集线器或令牌环网多站访问部件（MAU）等类似。某些用户试图在可管理集线器和不可管理集线器之间划一条界限，以便进行硬件分类。这里忽略了网络硬件本身的核心特性，即它实现什么功能，而不是如何简易地配置它。

② 多网段集线器

这种集线器类型采用集线器背板，它带有多个中继网段，通常是有多个接口卡槽位的机箱系统，是从单中继网段集线器直接派生而来的。然而，一些非模块化叠加式集线器现在也支持多个中继网段。多网段集线器的主要技术优点如下。

❖ 可以将用户分布于多个中继网段上。

❖ 减少每个网段的信息流量负载。

❖ 一般情况下，要求用独立的网桥或路由器来控制网段之间的信息流量。

③ 端口交换式集线器

在多网段集线器的基础上，将用户端口和多个背板网段之间的连接过程自动化，并通过增加端口交换矩阵（PSM）来实现的集线器。PSM 可自动将任何外来用户端口连接到集线器背板上的任何中继网段上。这一技术的关键是矩阵，一个矩阵交换机是一种电缆交换机，具有如下一些特点。

❖ 不能自动操作，要求用户介入。

❖ 不能代替网桥或路由器，并且不提供不同局域网网段之间的连接性。

❖ 可实现移动、增加和修改的自动化。

④ 网络互连集线器

端口交换式集线器注重的是端口交换，然而网络互连集线器在背板的多个网段之间可提供一些类型的集成连接，该功能通过一台综合网桥、路由器或局域网交换机来完成，这样功能大大地提高了。

⑤ 交换式集线器

随着网络技术的发展，目前，集线器和交换机之间已经开始相互渗透。交换式集线器有一个核心交换式背板，采用一个纯粹的交换系统代替传统的共享介质中继网段。此类产品已经实施于实际应用，并且混合的（中继/交换）集线器很可能在以后一段时间里成为主导产品。由于技术之间的相互融合，这类集线器和交换机之间的特性已经变得非常模糊，可以说已成为一种产品了。

（8）从代的关系上划分集线器

从集线器的产生到发展来看，可以分成 3 层档次，分别对应着第一代、第二代和第三代集线器。

① 第一代（低档集线器）

这个时期的集线器仅仅还处在起步阶段，主要是将分散的用于网络设备的线路连接集中在一起，以便管理和维护，所以称之为集线器或集中器。由于技术上的限制，这一代集中器是非智能型的，其性质类似于多端口中继器，如 8 个或 12 个端口，集线器本身与粗同轴电缆（10Base5 标准）或细同轴电缆（10Base2 标准）相连接，而每个设备可使用无屏蔽双绞线与集线器的一个端口连接。但是，由于低档集线器价格低廉，所以被广泛用于连接局域网设备。

② 第二代（中档集线器）

随着技术的增强，这一代集线器具有了一定的智能，所以又称为低档智能集线器。它是在低档集线器功能的基础上增加了一些新的功能。

❖ 配置了网桥软件，使它能连接多个同构 LAN，如连接符合 IEEE 802 标准的以太网、令牌环网等。另外，集线器也具有了多个插槽，以便在连接这些网络时根据网络类型的不同将相应的网卡插入槽中，连接给定的网络。

❖ 配置一定管理功能，对本地网络和少量远地站点进行管理 10Base-T 的 HUB 除具有集线和再生信息的功能外，此外，还能承担部分网络管理功能，能自动检测"碰撞"，在检测到"碰撞"后发阻塞（JAM）信号，以强化"冲突"，还能自动指示和隔离有故障的站点并切断其通信。

因此，中档 HUB 已不再仅仅是物理层的产品，已向数据链路层和智能化方向发展，微处理器配有操作系统，能够实现网桥功能。

③ 第三代（高档集线器，又称为高档智能集线器）

随着技术的发展，以及人们对网络性能要求的提高，尤其是为了组建企业网的需要，高档 HUB 开始成为重要的技术设备。由于企业网经常配置多种不同类型的网络，因此高档 HUB 应具有以下功能。

❖ 支持多种协议、多种媒体，具有不同类型的端口，以便互连相同或不同类型的网络，如以太网、令牌环网、FDDI 网和 X.25 网等。

❖ 把符合简单网络管理规程 SNMP 的管理功能纳入集线器，用对工作站、服务器和集线器等进行集中管理，诸如实时检测、分析、调整资源以及错误告警、故障隔离等功能。

❖ 智能交换集线器是 HUB 的最新发展。它是集线器与交换器的组合，即具有普通集线器集成不同类型功能模块的作用，又具有交换功能。交换器具有类似桥路器的功能，但转换和传输速率快得多。目前，多以交换式集线器为基干来集成不同类 LAN 及路由器、访问服务器等，构成以星型结构为主的企业网络结构体系。

3.6　宽带接入技术

3.6.1　xDSL 技术

目前，铜线从传输 56Kb/s 的语音信号发展为宽带用户接入的重要媒体，ADSL、HDSL/

SHDSL 等基于铜线传输的 xDSL 接入技术已经成为宽带接入的主流技术。

xDSL 技术就是用数字技术对现有的模拟电话用户线进行改造，使它能够承载宽带信号。xDSL 技术把 0~4kHz 低频部分留给传统电话使用，把原来没有被利用的高频部分留给用户上网。DSL 就是数字用户线的缩写，x 表示在数字用户线上实现的不同宽带方案。

ADSL 是人们熟悉的数字用户线接入技术，是一种不对称数字用户线实现宽带接入互联网的技术，在一对双绞线上提供上行 640Kbps，下行 8Mbps 的带宽。具体划分是 ADSL 使用 DTM（离散多音频）技术，将原先的电话线路 0Hz~1.1MHz 频段划分成 256 个频段宽为 4.3kHz 的子频带，其中 4kHz 以下频段用于传统的电话业务，20kHz~138kHz 的频段用来传送上行信号，138kHz~1.1MHz 的频段用来传送下行信号，这样就实现了电话、上网两不误。

HDSL 与 SDSL 支持对称的 T1/E1 传输，其中 HDSL 的有效传输距离为 3~4 公里，需要 2~4 对铜制双绞线；SDSL 最大传输距离为 3 公里，只需一对铜线。

随着技术的进步，ADSL 的产品和技术也在发展，ADSL2+、ADSL2++的标准和产品已经陆续推出。

3.6.2　光纤同轴混合网

光纤同轴混合网（Hybrid Fiber Coax，HFC）是一种以模拟频分复用技术为基础，综合运用模拟和数字传输技术、光纤和同轴电缆传输技术、射频技术的宽带用户接入网。主干系统使用光纤传输高质量的信号，枝干部分使用同轴电缆，HFC 是在有线电视网基础上发展起来的，能同时提供下行 CATV 业务和双向语音、数据及数字图像等交换型业务的网络。

3.6.3　FFTx 技术

FFTx（光纤到……）是一种实现宽带居民接入网方案。

（1）光纤到家 FTTH：光纤一直铺设到用户家庭，是居民接入网的最佳解决方案。

（2）光纤到大楼 FTTB：光纤进入大楼后就转换成电信号，然后用同轴电缆或双绞线连接各用户。

（3）光纤到路边 FTTC：光纤接到路边，从路边到各用户使用星型结构，使用双绞线作为传输媒体。

3.6.4　无线宽带接入技术

以 3.5GHz、5.8GHz、26GHz 固定无线接入技术为代表的固定宽带无线接入技术已经得到应用。同时 IEEE 802 系列标准已经制定 802.16 和 802.15 等一系列无线通信标准，无线接入技术已经成为继 3G 之后又一热点。

IEEE 802.16 标准是针对无线城域网应用而提出的，对工作在不同频带的无线接入系统空中接口进行了规范，根据使用频带的不同，802.16 系统可分为应用于视距和非视距两种，根据是否支持移动特性，又可分为固定宽带无线接入空中接口标准（802.16d）和移动宽带无线接入空中接口标准（802.16e）。802.16 技术可以应用的频带非常宽，包括 10~66GHz 频段、11GHz 以下许可频段和 11GHz 以下免许可频段。

❖ 10~66MHz 许可频段：该频段的波长较短，只能实现视距传播。典型的信道带宽为 25MHz 或 28MHz，采用高阶调制方式可以将传输速率达到 120Mbps 以上。

❖ 11GHz 以下许可频段：该频段的波长较长，能支持非视距传播。在物理层上要增加如功率控制、智能天线、空时编码等技术。

❖ 11GHz 以下的免许可频段：该频段的特性和 11GHz 以下的许可频段基本相同，区别在于非许可频段可能存在较大的干扰，需要采用动态频率选择 DFS 等技术。

802.16 宽带无线网络的典型应用为 Internet 接入、局域网互连、数据专线、窄带业务或基站互连等。Internet 接入是针对有综合布线的小区，在楼顶安装 802.16 宽带固定无线接入系统的远端用户侧室外无线单元，在建筑物内或小区内安装用户侧单元和以太网交换机，利用现有综合布线接入用户，通过无线空中接口提供宽带上网业务。对于大型企业如果有多个地域的办公地点，可以利用 802.16 宽带固定无线接入系统实现总部和各分部的局域网连接。802.16 宽带综合无线接入系统提供 TDM 传输，在终端上提供 E1 接口。可以满足 GSM 移动基站的接入，并支持 3G 网络基站的互连。

除了 802.16 之外，还有 UMB（Ultra Wideband，超宽带）技术是目前被广泛研究的新兴无线通信技术，现在已经成为高速个域网的首选技术，属于 802.15 的框架内。还有 RFID（Radio Frequency Identification，无线射频识别）是一种非接触的自动识别技术，典型的工作频率为 135kHz、13.56MHz、433MHz、860~960MHz、2.45GHz 和 5.8GHz 等，低频段的 RFID 应用于动物识别、工厂数据的自动采集系统等领域；13.56MHz 的 RFID 广泛应用于智能交通、门禁、防伪等领域；433MHz 的 RFID 被美国国防部用于物流托盘追踪管理；目前研究和推广的重点是高频段，应用于远距离电子标签、公路收费等领域。

 小结

物理层是网络的基础，物理层直接与传输介质相连，向上相邻且服务于数据连路层。物理层协议要解决的是主机、工作站等数据终端设备与通信设备之间的接口问题。DTE 和 DCE 之间的 4 个接口特性分别为机械特性、电气特性、功能特性和规程特性。在本章中介绍了数据通信基础、常用物理层协议和物理层设备。

 习题

1. 物理层有什么特点，主要解决什么问题？
2. 物理层的接口有哪些方面的特性，各包含些什么内容？
3. EIA-232、RS-449 各用在什么场合？
4. 同步通信与异步通信有何不同？RS-232-C 是异步通信接口还是同步通信接口？
5. 数字通信分别有哪些同步方式？什么是信道复用？波分复用、频分复用与时分复用有什么区别？

6．数字信号能在模拟信道上传送吗？

7．在无噪声情况下，若某通信链路的带宽为 3kHz，采用 4 个相位，每个相位具有 4 种振幅的 QAM 调制技术，则该通信链路的最大数据传输速率是多少？

8．若某通信链路的数据传输速率为 2400bps，采用 4 相位调制，则该链路的波特率是多少？

9．说明模拟、数字、数据、信息、信号、发信、传输这些概念的含义。

10．叙述幅移键控（ASK）、频移键控（FSK）以及相移键控（PSK）的信号形成过程。

11．已知脉冲序列为 0010110，画出基带数字信号、曼彻斯特编码信号和差分曼彻斯特编码信号。

12．有哪些差错控制方法？

第 4 章　数据链路层

本章知识结构

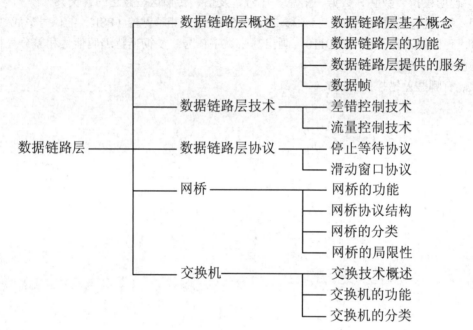

学习目标

- ❖　了解数据链路层基本概念、数据链路层的功能、数据链路层提供的服务。
- ❖　理解网桥、交换机的原理和基本应用方法。
- ❖　掌握差错控制技术、流量控制技术、停止等待协议、滑动窗口协议。

4.1　数据链路层概述

　　数据链路层是 OSI 模型的第 2 层，位于物理层和网络层之间。物理层实现了物理设备之间的比特序列传输，传输线路由传输介质与设备组成，通信信道易受干扰，所以物理层的传输出错不可避免导致数据链路层上的有差错的传输。通过实现逻辑上无差错的数据链路，可以实现在不可靠的物理线路上进行可靠的数据传输，为网络层提供高质量的数据传输服务。

4.1.1 数据链路层基本概念

1. 链路

链路是一条无源的点到点的物理线段，中间没有任何交换结点，这里所说的交换是指数据链路层和上层的交换。

2. 数据链路

在进行数据通信时，两台计算机之间的通路由许多的链路串接而成，在网络中的链路是一个基本单元，当需要在一条线路上传送数据时，必须要有协议来控制数据传输。将实现协议的软件和硬件加到链路上，就构成了数据链路。

链路又被称为物理链路，将物理链路加上必要的通信协议而构成的数据链路称之为逻辑链路。当采用复用技术时，一条链路可以包含多条子链路形成的数据链路。物理链路和逻辑链路的关系如图4-1所示。

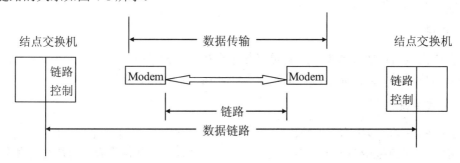

图4-1 链路与数据链路

3. 帧

帧由若干字段组成，每个字段都有确定的含义，主要包含地址、控制、数据和检验等信息。在数据链路层，以帧为单位传输数据。

4.1.2 数据链路层的功能

在数据链路层，通过校验、确认和反馈等方法和手段，将不可靠的链路变成对于网络层是无差错的可靠的逻辑链路。数据链路层的主要功能如下所述。

1. 链路管理

当链路两端的两个结点要进行通信时，发送方必须知道接收方是否已经处在准备接收的状态。为此，双方必须首先交换一些必要的信息，对帧进行编码的初始化，然后建立数据链路连接。在通信的过程中，要始终维持数据链路的连接状态，包括出现差错后重新自动建立连接，当通信完成后，释放连接。将数据链路的建立、维持和释放称之为链路管理。

2. 帧同步

在数据链路层，数据以帧为单位传送，物理层传送的是比特序列，可按数据链路层协议把比特序列封装成数据帧再进行传输，而接收方必须能够从物理层传送来的比特序列中正确地判断出一帧的开始和结束，这称为帧同步。

3. 流量控制

如果发送方发送数据的速率超过了接收方所能处理的速率，接收方因为来不及处理而产生数据丢失、链路拥塞等问题，那么就要限制发送方的数据流量。也就是说，需要一些反馈机制使发送方及时知道接收方的情况，以便发送方根据规则来决定何时发送下一帧、何时停止，适时地发送数据帧，使通信的双方在收发数据时保持一致，确保传输效率最大。

4. 差错控制

数据在传输过程中有可能产生差错，差错控制的功能是指：需要接收方对所接收到的数据进行检验，如果发现差错，要求发送方重新发送数据。通过差错的控制，可以保证在进行计算机通信时的极低误码率。

5. 透明传输

透明传输是指在所传数据中，有可能与某个控制信息相同，这时需要采取措施，使接收方不会将数据误认为控制信息，如果能够保证这一点，数据链路的传输为透明。

6. 物理寻址

在数据链路层，根据物理地址传输帧。对于多结点情况，为了保证所有的被传输的帧到达目的地结点，在数据链路层要对结点进行寻址，可使发送方和接收方知道彼此是哪个结点。

4.1.3　数据链路层提供的服务

数据链路层的基本服务是将源计算机的网络层数据传输到目的计算机的网络层。如图 4-2（a）所示，在源计算机上有一实体，称之为进程，它将网络层的比特序列交给数据链路层；而数据链路层又将它们传到目的计算机的网络层。实际的传输是按照图 4-2（b）所示的通路进行，但把这一过程看成是两个数据链路层使用数据链路协议在虚电路上进行通信更容易理解。

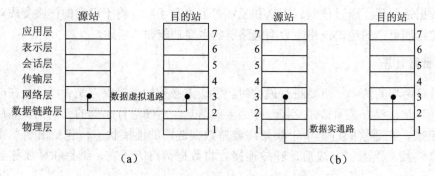

图 4-2　数据链路层的服务

数据链路层主要提供以下 3 种类型的服务。

1. 无确认、无连接服务

无确认、无连接服务指的是源计算机向目的计算机发出独立的帧，而目的计算机对收到的帧不作确认。事先也不必建立连接，因而也不存在用后的释放。如果某个帧由于线路噪声而丢失，数据链路层并不恢复它，恢复工作留给上层去完成。这类服务适用于误码率很低的情况，也适用于语音这样的实时信息源，这类信息流由时延引起的不良后果比数据损坏更严重。许多局域网在数据链路层都提供无确认、无连接服务。

2. 有确认、无连接服务

为了提高可靠性，引入了有确认、无连接服务。这种服务仍然不需要建立连接，但是对被发出去的帧要进行单独确认。用这种方式，发送方就可以知道被发送帧是否已安全到达目的地。如果在指定的时间内一帧未能到达目的地，则可以重传。

3. 面向连接服务

数据链路层为网络层提供的最复杂的服务是面向连接的服务。采用面向连接服务，传送任何数据之前，必须先建立一条连接。在这种连接上对被传送的每一个帧编号，数据链路层能保证将帧传送给对方，且只收到一次，帧的先后顺序也不变。但采用无连接方式，如果确认信息丢失，将会引起一帧被多次发送，因而被多次接收。面向连接服务为网络层协议实体之间的交互提供了可靠传送比特序列的服务。

4.1.4 数据帧

数据链路层要为网络层提供服务，就必须使用物理层提供给自己的服务。物理层的工作是接收一个原始的比特序列，并准备把它传送给目的地，在物理层是不能保证这个比特序列无差错传输的。所接收的比特序列的数量需要将数据传到数据链路层才能进行检测并纠正错误。

对于数据链路层来说，常用的方法是把比特序列分成离散的帧，并对每一帧计算出校验和。当一帧到达目的地后重新计算校验和，如果新计算的校验和不同于帧中的校验和值，数据链路层就知道出现差错了，从而采取措施处理差错，丢弃坏帧，并发回一个差错报告。

下面介绍几个主要的成帧方法。

1. 字符计数法

字符计数法是在帧的头部中使用一个字段来标明帧中的字符数，如图 4-3 所示。

图 4-3 字符序列

本方法所面临的问题是计算值有可能因为传输差错而被篡改。在图 4-3 中第二帧的字符计数值 5 变成了 7，目的方与发送方不同步，而且无法确定 7 帧的开始位置，即校验和不正确，接收方也知道此帧错误，但仍然不能说明下一帧从哪开始。向原发送方请求重传也没用，因为接收方主机不知道应该回跳多少字符开始重传。因此，这种方法很少使用。

归纳起来，这种方法的缺点是：计数字段一旦出错，将无法再同步。

2. 带填充字符的首尾界符法

带填充字符的首尾界符法避开了出错后再同步的问题，采取的措施是每一帧以 ASCII 字符序列 DLE STX 开头，以 DLE ETX 结束。用这种方法，目的主机一旦丢失帧边界，它只需查找 DLE ETX 或 DLE STX 字符序列就可以找到它所在的位置。为了解决这个问题，采用了使发送方的数据链路层每当遇到 DLE 字符时，在 DLE 之前插入一个 DLE 的 ASCII 码。接收方的数据链路层将数据交给网络层之前丢掉这个 DLE 字符，这就是字符填充技术。如果只有单个 DLE 字符出现，就可以断定使用作证边界控制字符 DLE STX 或 DLE ETX，因为数据中的 DLE 是成对出现的，如图 4-4 所示。

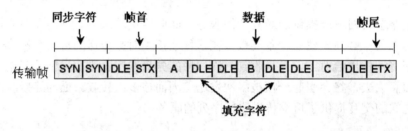

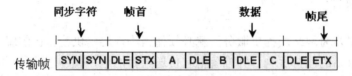

图 4-4　带填充字符的首尾界符法

这种方法的缺点是：依赖于字符集，不通用，也无法扩展。

3. 带填充位的首尾标志法

允许数据帧包含任意个位，而且也允许每个字符的编码包含任意个位。采用统一的帧格式，以特定的位序列进行帧同步和定界。

（1）带填充位的首尾标志法的原理

带填充位的首尾标志法的原理是：每一帧使用一个特殊的位模式，即 01111110 作为开始和结束标志字节。当发送方的数据链路层在数据中遇到 5 个连续的 1 时，它自动在其后插入一个 0 到输出比特序列中，称之为位填充技术。当接收方看到 5 个连续的 1 后面跟着一个 0 时，自动将此 0 删除。

（2）HDLC 协议位填充方式

对于通信双方计算机的网络层来说，位填充技术和字符填充技术都透明。下面以高级数据链路控制（HDLC）协议为例说明采用位填充技术来成帧的问题。

　　HDLC 用比特序列 01111110 表示帧的开始与结束。在链路空闲时也发送这个序列，以保证发送方和接收方的时钟同步。这样，双方的协议本质上都使用字符填充方法。带填充位的首尾标志法如图 4-5 所示。

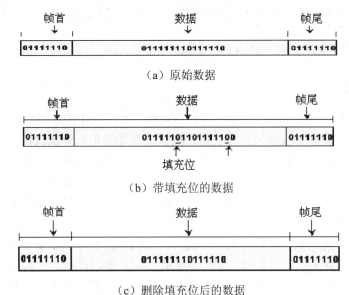

（a）原始数据

（b）带填充位的数据

（c）删除填充位后的数据

图 4-5　带填充位的首尾标志法

　　在 HDLC 协议中，按如下方式进行位填充。

　　在发送方，任意时刻从消息体中发出 5 个连续的 1 后（发送方试图发送区别序列 01111110 时除外），发送方都在发送下一个位之前插入一个 0。在接收方，如果 5 个连续的 1 到达了，接收方根据它的下一个位（5 个 1 后面的位）做出决定。如果下一个位为 0，则一定是填充的，接收方就把它去掉；如果下一个位是 1，则有两种情况：是帧结束标记或是比特序列中出现差错。通过再看下一位，接收方就可区别这两种情形：如果看到一个 0（最新的 8 位为 01111110），那么它一定是帧结束标记；如果看到一个 1（最新的 8 位为 01111111），则一定是出错了，需要丢弃整个帧。在后一情形下，接收方必须等到下一个 01111110 出现才能再一次开始接收数据，结果是接收方有可能连续两次接收帧失败。显然，仍存在帧差错未被检测出来的情况，例如，可能由于差错而产生假的帧结束模式，但这种差错相对可能性较小。

4．违规编码法

　　这种方法是指在帧开始与结束时加入违规编码字段，在物理层采用冗余技术的比特编码。例如，在曼切斯特编码中，当电平是高—低时，比特数位为 1，当电平是低—高时，比特数位为 0，而电平是高—高或低—低时，为违规，禁止使用，但可以利用这些违规编码序列来标识帧的起始和终止。违规编码法适用于采用冗余编码的特殊编码环境。

4.2 数据链路层技术

在数据链路层使用的主要技术有差错控制技术和流量控制技术，本节介绍这些内容。

4.2.1 差错控制技术

1. 传输差错

各种电磁干扰能在用于通信的电子部件或电缆上产生无用的干扰电流。严重的干扰（例如雷击）能给网络设备造成永久性的破坏。然而更常见的是，干扰仅仅改变了传输的信号而不破坏设备。电子信号的一个微小的变化能使接收计算机误解一个或多个数据位。事实上，干扰能完全破坏一个信号，这是指尽管发送计算机传输了数据，但接收计算机检测不到任何到达的信息。而且在空闲线路上的干扰能产生相反的效果，尽管发送计算机没有传输任何数据，接收计算机也可能把接收的干扰看作有效的位串或字符流。传输差错就是丢失、改变或错误出现位串的问题。概括地说，计算机网络的许多复杂性的出现是由于数字传输系统很容易受到干扰，进而引起随机数据的出现或传输数据的丢失或改变。

大多数通信系统不经常受到干扰。例如，局域通信线路通常能运行数年而不发生严重的问题。更重要的是，长距离通信线路上的干扰可能很小以至于调制解调器就能自动地处理所有问题。尽管出现差错的概率很低，但还需研究检测和纠错的机制。

2. 差错控制方法

在数据通信系统中，利用抗干扰编码进行差错控制的方法有两种：一种是接收端发现错误后通过反馈信道要求发送端重发那一部分有错误的信息，从而达到纠错的目的；另一种方法是接收端发现错误后能自动地纠正错误。

（1）自动请求重传 ARQ（Automatic Repeat reQuest）方法

图 4-6 所示的是 ARQ 纠错系统。发送端主机 A 送出的信息序列，一方面经检错编码器编码，由发送机送入信道，同时存入存储器，以备重传。接收端主机 B 经检错码译码器对接收到的信息序列进行译码，判定有无错误，如果无错误，就发出无错信号，经反馈信道送至发送端，同时接收译码后的信息序列；如果有差错，则通过反馈控制器，不接收此时的信息序列，并产生一个重传指令，通过反馈信道送至发送端。主机 A 的判定信号检测器检测后，就控制主机 A 暂时停发新信息，将传输中出错的信息序列再重传一遍（仍需将重传信息序列存入存储器以备后用），接收端收到重传信息序列后，如果判定无错，就送出无错信号，一方面反馈给发送端，以便消除已发的存储信息序列，开始发送下一组信息；另一方面，通知主机 A 接收已纠正信息序列。如果仍有错，则重复前述过程，直到接收端的译码器判定无错时为止。

由于反馈重发的次数与信道的干扰有关，如果信道的干扰频繁，则系统就会经常处于重发信息的状态。因此，这种方式传送信息的连贯性较差，电路也较复杂。但由于这种方式仅要求发送有检错能力的编码，接收端只要检查有无错误即可，所以译码设备简单。

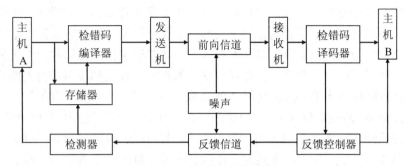

图 4.6　反馈重传纠错系统

（2）前向纠错（Forward Error Correcting，FEC）方法

在前向纠错方法中，接收端收到信息序列后，通过纠错译码器不仅能够自动发现错误，而且还能自动纠正传输中的错误，把正确信息送给接收器。这种方式的优点是信息不需存储，不需反馈信道，能用于单向通信，适合用于不允许有延迟的实时通信系统中。其缺点是所选择的纠错码必须与信道的噪声干扰情况紧密对应。为了纠正较多的差错，要求附加的码元较多，传输效率低，解码设备很复杂。随着编码理论和大规模集成电路技术的发展，解码设备越来越经济，加之这种方式具有能实时单向通信和控制电路简单的优点，因而实际应用越来越广。

（3）混合纠错（Hybrid Error Correcting，HEC）方法

混合纠错方法是将上述两种方法综合设计的一种方法，它不仅能在发送端发现发送码的差错，而且还具有一定的纠错能力，接收端接收以后，首先检查差错情况，如果差错在码的纠错能力以内，则自动进行纠错；如果错误较多，超出了码的纠错能力，但能检测出来，这时接收端可以通过反馈信道，要求发送端重传被判有错的信息。

目前，使用最广泛的差错控制方法仍是 ARQ 方法。其译码设备比较简单，也比较可靠，ARQ 方法的可靠性在很大程度上取决于所用检错码的检错能力。

3. 纠错编码

抗干扰编码能使本来无规律或规律性不强的信息序列 I，变换为具有规律或使其规律性加强的序列 II，接收端接收时，可利用这种规律性来检验，也就是解码，从而发现错误，告诉发送端重发，或自行纠正错误。在具体编码时，就是在原始信息序列 I 的后面，以一定的规则加入一些冗余码元。加入的冗余码元称为监督码元或校验码元。因此，用抗干扰编码的方法来提高传输系统的可靠性可以通过增加码元而实现。

（1）奇偶位与奇偶校验

RS.232 硬件用来检测差错的机制是：当一个字符开始到达时，接收计算机就启动一个计时器并用它来检查收到字符的位串。如果信号的每一位不能使固定的电平保持一段时间或者停止位没有在相应的时间内出现，那么硬件就认为干扰引起了差错。另外，大多数 RS.232 线路还使用另一种机制来帮助确保每一个字符都无破坏的到达。奇偶校验机制要求发送计算机在发送前对每一个字符都计算一个附加位，称之为奇偶位，并把它放在每一个

字符后面。在一个字符的所有位到达之后，计算机去掉奇偶位，进行与发送计算机同样的计算，并证实结果与奇偶位一致。之所以选择这种奇偶计算是因为如果字符中的一位在传输中被破坏了，那么接收计算机的计算结果不与奇偶位一致，它就能报告有差错发生。

有两种奇偶校验形式，即奇校验与偶校验，两者都要求发送与接收计算机使用一致的形式。在每一种形式中，一个字符的奇偶位的计算都是很容易的。为了得到偶校验位，发送计算机选择校验位置为 0 或 1，使得 1 的总数（包括校验位）是个偶数。这样，当使用偶校验时，0100101 的校验位是 1，因为这个字符含有奇数个 1，而 0101101 的校验位是 0，因为这个字符已经含有偶数个 1。相似的，为了得到奇校验位，发送计算机选择校验位使得 1 的总数是奇数。当一个字符到达时，接收计算机计算 1 的个数来检查校验位。如果字符的所有位都无损坏到达，接收计算机的计算结果将与发送计算机的计算结果一致。如果在传输中干扰改变了一位，那么接收计算机的计算结果与发送计算机的计算结果不一致，接收计算机就会报告奇偶校验错。

奇偶校验表明了网络硬件与软件实现过程中的一个重要思想：为了检验差错，网络系统通常随数据一起发送一小部分附加信息。发送计算机从数据中计算附加信息的值，并且接收计算机进行同样的计算来核对结果。

尽管上面讨论的奇偶校验机制能很好地检测一位差错，但不能检测所有可能的差错。为了理解它的原因，可以这样考虑，如果传输差错改变一个字符的两位时会发生什么情况。例如，偶校验中，如果传输差错改变两位，那么有 3 种情况：两个改变的位都是 0，两个改变的位都是 1，或者一个改变的位是 0 而另一个改变的位是 1。如果两个 0 都变成 1，那么 1 的总个数增加了偶数个，校验位保持不变。相似的，如果两个 1 都变成 0，偶校验位还是不变，因为 1 的总个数减少了偶数个。最后，如果一个 1 变成 0 并且一个 0 变成 1，那么偶校验位还是保持不变，因为 1 的总个数也保持了不变。

上面的例子表明，奇偶校验不能检测改变两位的传输差错。事实上，奇偶校验不能检测任何改变偶数位的传输差错。在最坏的情况下，所有位是 1 的字符变成全 0，奇偶校验位还是保持不变。

奇偶校验分垂直奇偶校验、水平奇偶校验、水平垂直奇偶校验。

① 垂直奇偶校验

垂直奇偶校验以字符为单位。如果一个字符为 8 位，其中 7 位为信息码，最后 1 位为附加的冗余校验位，该校验位使得整个字符代码中 1 的数目为奇数或偶数，如表 4-1 所示。

表 4-1　垂直奇偶校验

数字 位	0	1	2	3	4	5	6	7	8	9
C_1	0	1	0	1	0	1	0	1	0	1
C_2	0	0	1	1	0	0	1	1	0	0
C_3	0	0	0	0	1	1	1	1	0	0
C_4	0	0	0	0	0	0	0	0	1	1
C_5	1	1	1	1	1	1	1	1	1	1

续表

数字 位	0	1	2	3	4	5	6	7	8	9
C_6	1	1	1	1	1	1	1	1	1	1
C_7	0	0	0	0	0	0	0	0	0	0
C_0（偶）	0	1	1	0	1	0	0	1	1	0
C_0（奇）	1	0	0	1	0	1	1	0	0	1

② 水平奇偶校验

水平奇偶校验（LRC）是把信息以适当的长度划分为组，并把码字按表 4-2 所示次序一列列地排列起来，然后对水平方向每行的码元进行奇偶校验，并把校验码元附加在各行的最后一位，得到一列校验码元，附加到这一组代码的后面。在表中，这一码组共有 10 个码元，传输时按列的次序先传送第一列码元，接着传送第二列码元，……，最后传输第 11列校验码元。因此，在信道中的码元序列是 00001101000110……1000000。这种码能够发现长度≤n（每列长度）的突发错误和其他错误。

表 4-2　水平奇偶校验

数字 位	0	1	2	3	4	5	6	7	8	9	校验码
C_1	0	1	0	1	0	1	0	1	0	1	1
C_2	0	0	1	1	0	0	1	1	0	0	0
C_3	0	0	0	0	1	1	1	1	0	0	0
C_4	0	0	0	0	0	0	0	0	1	1	0
C_5	1	1	1	1	1	1	1	1	1	0	0
C_6	1	1	1	1	1	1	1	1	1	0	0
C_7	0	0	0	0	0	0	0	0	0	0	0

③ 水平垂直奇偶校验

将水平方向与垂直方向的校验联合运用，就构成水平垂直奇偶校验。将表 4-1 与表 4-2联合运用，就可以得到表 4-3，从该表中可以看出，每一列的最下一位（即 C_8）就是每个码字的垂直校验位（也以偶校验为例），所以最后一个码字就是校验码字。在发送完 0~9这一组码字后，跟随的一个 8 位的码字 10000001 就是校验码。

表 4-3　水平垂直奇偶校验

码字（数字） 位	0	1	2	3	4	5	6	7	8	9	校验 码字
C_1	0	1	0	1	0	[1]	0	[1]	0	1	1
C_2	0	0	1	1	0	0	1	1	0	0	0
C_3	0	0	0	0	1	1	1	1	0	0	0

续表

码字（数字） 位	0	1	2	3	4	5	6	7	8	9	校验 码字
C_4	0	0	0	0	0	0	0	0	1	1	0
C_5	1	1	1	1	1	1	1	1	1	1	0
C_6	1	1	1	1	1	1	1	1	1	1	0
C_7	0	0	0	0	0	0	0	0	0	0	0
C_8	0	1	1	0	1	0	0	1	1	0	1

这种码具有较强的检错能力，能检出的错误类型如下。

❖ 可检测出某行、某列的所有奇数个错误。

❖ 能发现大部分偶数个错误。如某个码字（列向）发生偶数个位的错误时，虽不能由垂直奇偶校验码检测出来，但可由水平奇偶校验码检测出来。

❖ 能发现突发长度≤n+1（n 为行数，即码字长度）的突发错误。

❖ 可以纠正不能同时满足行、列校验关系的一位错误。因为一位错，对应的行和列能够同时发现，从而能定出差错的位置加以纠正。

但是，这种码不能检测出某些互相补偿的偶数个错误。所谓互相补偿的偶数个错误，是指发生的偶数个错误，它既不破坏水平奇偶校验关系，又不破坏垂直奇偶校验关系，如表 4-3 中带有黑框的码元出错的情况。

（2）循环冗余校验

循环冗余校验（Cyclical Redundancy Check，CRC）的优点是对随机错码和突发错码均能以较低的冗余度进行严格检查。其方法是，在发送端产生一个循环冗余校验码，附加在信息位后面一起发送到接收端，接收端将收到的信息按发送端形成循环冗余校验码同样的算法进行校验，如果有错，需要重发。

① 循环码的基本概念

如果有 k 位信息码元和 r 位校验码元的码结构，如图 4-7 所示，其中每一个校验码元是前面某些信息码元的模 2 和，即按照线性关系相加，这样组成的一个长为 n（n=k+r）的码称为线性码。对于线性码，可写成（n，k），其中 n 表示码长，k 表示信息码长。

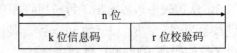

图 4-7　CRC 码的结构

例如，要构成一个（7，3）码，已知 3 个信息码元为 C_6、C_5、C_4，用线性相加可求出检验码元 C_3、C_2、C_1、C_0，即

$$
\left.
\begin{aligned}
C_3 &= C_6 + C_4 \\
C_2 &= C_6 + C_5 + C_4 \\
C_1 &= C_6 + C_5 \\
C_0 &= C_5 + C_4
\end{aligned}
\right\} （模 2）
$$

这一组关系称为一致校验方程组。式中的相加均按模 2 运算。

由上述方程组编出的码字是 $C_6 C_5 C_4 C_3 C_2 C_1 C_0$。例如，如果信息码元为 001，则 $C_6 = C_5 = 0$，$C_4 = 1$，带入上式，可得 $C_3 = 1$，$C_2 = 1$，$C_1 = 0$，$C_0 = 1$，由此可知，整个码字为 0011101。由于（7，3）码有 3 个信息码元，故有 $2^3 = 8$ 个可用的码字。将不同的信息码元带入上式，得表 4-4 所示的 8 个线性码。但是，码长 n=7 的代码序列，共有 $2^7 = 128$ 种可能的组合，应有 128 个码字。表 4-4 中为按一致校验方程组求出来的 8 个许可码字，其余 $2^7 - 2^3 = 120$ 个码字是不用的，即禁用码字。

表 4-4　（7，3）码的 8 个线性码

信　息　位	校　验　位	码　　字
000	0000	0000000
001	1101	0011101
010	0111	0100111
011	1010	0111010
100	1110	1001110
101	0011	1010011
110	1001	1101001
111	0100	1110100

如果把表中的任意两个码字的对应位做模 2 加，则得一新的码字，但它仍是表中 8 个码字中的一个。在此称码的这种性质为"封闭性"。封闭性是线性码的一个重要性质。

循环码是一种线性码，具有下述性质：一个码字进行任意的循环移位后，得到的仍是码字。例如，某一线性码 C，码长为 n，信息位长为 k，校验位长为 r（n = r + k），如果 C_{n-1}、C_{n-2}、$C_{n-3} \cdots C_1$、C_0 是 C 中的一个码字，C_{n-2}、C_{n-3}、$C_{n-4} \cdots C_0$、C_{n-1} 及 C_{n-3}、C_{n-4}、$C_{n-5} \cdots$ C_{n-1}、C_{n-2} 等也是 C 的码字，共有 2^k 个这样的码字，则称 C 为循环码。码字可用多项式表示，称为码多项式，简称多项式。具体方法是，把码字中各码元当作是一个多项式的系数。一个码长为 n 的码组 C 可表示成：

$$C（x）= C_{n-1} x^{n-1} + C_{n-2} x^{n-2} + \cdots + C_1 x + C_0$$

x 仅是码元位置的标记，并不关心 x 的取值。

② 循环码的形成

设欲传送的信息 m 长度为 k 位，它可用 k-1 阶多项式 M（x）表示，称 M（x）位信息多项式，G（x）为 r（n = r + k）阶校验多项式（或称生成多项式），则循环码多项式 T（x）的算法如下：

第 1 步，用生成多项式的最高次项 x^r 乘 M（x），即 x^r M（x）。这一运算实际上就是在信息码后添加 r 个 0。

第 2 步，用模 2 除法实行 x^r M（x）/ G（x），得到余数多项式 R（x）。可写成

$$x^r M（x）= G（x）\cdot Q（x）+ R（x）$$

式中，Q（x）是 x^r M（x）/ G（x）的商。

第 3 步，用模 2 减法实行 $x^r M (x) R (x)$，得循环码多项式

$$T (x) = x^r M (x) R (x)$$

由于模 2 算法中，加法和减法是一样的，所以可写成

$$T (x) = x^r M (x) + R (x)$$

可见，循环码由两部分组成，前面 k 位信息码由 $x^r M (x)$ 表示，后面 r 位校验码用 R（x）表示。校验码位数等于生成多项式的最高方次数。

例：设信息码 m=101，将其生成（7，3）循环码，采用的生成多项式为：

$$G (x) =x^4+x^3+x^2+1$$

解：信息 m=101，对应的信息多项式 M（x）$=x^2 +1$，n=7，k=3，r=4。

第 1 步，求 $x^r M (x)$。

$$x^r M (x) =x^4 \cdot (x^2 +1) = x^6 + x^4$$

第 2 步，求 $x^r M (x) / G (x)$。

$$
\require{enclose}
\begin{array}{r}
x^2 + x + 1 \cdots\cdots\cdots\cdots 商式\ Q (x) \\
x^4+x^3+x^2+1 \enclose{longdiv}{x^6 \qquad\ + x^4 \qquad\qquad} \\
x^6 +x^5 +x^4 \qquad + x^2 \\
\hline
x^5 \qquad + x^2 \\
x^5+x^4+ x^3 \quad +x \\
\hline
x^4 + x^3 + x^2 +x \\
x^4+x^3+x^2 \quad +1 \\
\hline
x +1 \cdots\cdots 余式\ R (x)
\end{array}
$$

第 3 步，信息码 101 的循环码多项式为：

$$T (x) = x^r M (x) + R (x) = x^6 + x^4 + x + 1$$

对应的二进制循环码

$$M= \underbrace{1\ 0\ 1}_{K 位}\ \underbrace{0\ 0\ 1\ 1}_{r 位}$$

可见，编码后其信息位并没有改变，只是在信息位后面增加了 r 个冗余位做校验位。当采用循环冗余码校验时，首先要选择生成多项式。循环码生成多项式常用以下几种。

CRC.CCITT ：$G (x) = x^{16} + x^{12} + x^5 +1$

CRC.16：$G (x) = x^{16} + x^{15} + x^2 +1$

CRC.12：$G (x) = x^{12} + x^{11} + x^3 + x^2 +x+1$

CRC.32：$G (x) = x^{32} + x^{26} + x^{23} + x^{22} + x^{16} + x^{12} + x^{11} + x^{10} + x^8 + x^7 + x^5 + x^4 +x^2+x+1$

其中 CRC.32 常在局部网络中使用。

③ 循环码检错原理

利用循环码多项式 T（x）能被生成多项式 G（x）整除这一点，当接收端收到发送端传送来的编码信息后，用同一生成多项式 G（x）除此多项式，如果能整除（余式 R（x）=0），则表示接收到的是正确的编码信息，否则有错，由发送端重发该信息，直至正确为止。将接收到的正确编码信息 M 去掉尾部 r 位，便得到信息 m。

循环码有良好的代码结构，易于实现编码、译码，检错能力强，所以在计算机系统和计算机通信中得到广泛的应用。

4.2.2　流量控制技术

在数据链路层中，除了要对差错进行控制，还要考虑帧传输速度的匹配问题。帧传输速度的匹配问题是指发送方发帧的速度超过了接收方能够接收这些帧的速度时的问题。例如当发送方运行在一台高速的计算机上，并持续地高速向外发送帧，而接收方运行在较慢的计算机上，在其接收到数据后需要对这些数据进行处理，处理的内容为存储、分析报头等。既使在传输过程中没有出现差错，但因为接收方的缓冲区溢出而无法继续处理持续发送来的帧，结果导致丢弃传送过来的帧，因此，必须考虑传输流量控制的问题。通常使用下述两种方法。

1．基于反馈的流控制方法

基于反馈的流控制方法的基本思想是接收方给发送方回信息时，告诉它下面应该发送信息的流量，或者告诉它自己目前的处理情况，以便发送方及时调整发送。

2．基于速率的流控制方法

基于速率的流控制方法的基本思想是它含有一种内置的机制，不需要接收方的反馈信息，而直接限制了发送方传输数据的速率。

在数据链路层，流量控制只与特定的发送方和特定的接收方的点到点的流量有关，其任务是确保一个快速的发送方不会持续地以超过接收方接收能力的速率传送数据信息。因此，需要接收方向发送方提供某种反馈，以便告诉另一端的情况，所以，数据链路层不使用基于流量控制方案。

4.3　数据链路层协议

数据链路层是实现数据链路控制功能的约定或规程，能保证完成对网络层的服务。由于链路级流量及差错控制决定了通信链路、网络及互联网的性能，所以要对几乎所有链路及协议都要使用的基本机制进行描述。

在链路级有 3 种常用的流量及差错控制技术：停止等待、回退 N.ARQ 协议和选择性重传 ARQ 协议。其中回退 N.ARQ 协议和选择性重传 ARQ 协议采用了滑动窗口技术。

为了详细说明数据链路层上的协议，参阅如图 4-8 所示的两个主机进行通信的简化模型。

把数据链路层以上的各层用一个主机来代替，并且假设物理层和通信线路等效成一条简单的链路。在发送方和接收方的数据链路层分别有一个发送缓存和接收缓存。如果进行全双工通信，则在每一方都要同时设有发送缓存和接收缓存。缓存是必不可少的。这是因为在通信线路上数据是以比特序列的形式串行传输的，但在计算机内部数据的传输则是以字节或若干字节为单位进行传输的。因此，必须在计算机的存储设备中设置一定容量的缓存，以便解决数据传输不一致的问题。在网络内部，各交换节点的数据链路层的上面只有个网络层，对于这种交换节点，网络层就相当于简化模型的主机。数据分解成一系列的帧发送出去。

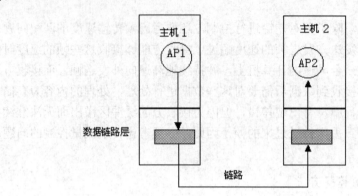

图 4-8　通过链路进行通信的简化模型

4.3.1　停止等待协议

1. 无限制的数据传输

对于理想化的数据传输过程，有下述两个假设条件。

假设条件 1：链路是理想的传输信道，数据链路之间的交互信道从不损坏，数据既不会出错也不会丢失。

假设条件 2：传送和接收的双方一直处于就绪状态，缓冲空间为无限大，处理时间忽略不计，不管发送方的速率多快，接收方总能接收到并能及时上交主机。

如果第 2 个假设条件得不到满足，那么接收方主机 B 的数据链路层将收到的数据一帧一帧地交给主机 B。理想情况下，接收方数据链路层的缓存每存满一帧就向主机 B 交付一帧。如果没有专门的流量控制协议，则接收方并没有办法控制发送方的发送速率，而接收方也很难做到和发送方绝对精确同步。当接收方数据链路层向主机交付数据的速率略低于发送方发送数据的速率，缓存暂时存放的数据帧就会逐渐堆积起来，最后造成缓存溢出和数据帧丢失。

在满足前面两个假设的情况下，数据链路层当然不需要任何协议就可以保证数据传输的正确性。不需要任何数据链路层协议的数据传输的理想信道如图 4-9 所示。

图 4-9 所示的是不需要任何协议的理想情况，主机 A 将数据帧连续发出。而不管发送速率有多快，接收方总能跟上。收到一帧即交付给主机 B。显然，这种理想化的情况的传输速率是很高的。

2. 具有简单流量控制的停止等待协议

去掉第 2 个假设，保留第 1 个假设，即链路是理想的传输信道，数据链路之间的交互信道从不损坏，为无差错的理想信道，数据既不会出错也不会丢失。

需要处理的主要问题是：如何防止发送过程发送数据过快，而使接收过程来不及处理。为了使接收方的接收环在任何情况下都不会溢出。较通常的解决方法是：要求接收方向发送方提供一个反馈，当把分组传送各本地的网络层以后，接收方向发送放松一个确认帧，允许发送方发送下一个帧。在发送完一帧之后，协议要求发送方等待一段时间直到该确认帧到达。

最简单的情况就是发送方每发送一帧之后就暂时停下来。接收方收到数据帧后就交付给主机，然后发一信息给发送方，表示接收的任务已经完成，这时发送方再发送下一个数据帧。在这种情况下，接收方的接收缓存的大小只要能够装下一个数据帧即可。显然，用这样的方法收发双方能够同步得很好，发送方发送数据的流量受接收方的控制。由接收方控制发送方的数据流量，是计算机网络中流量控制的一个基本方法。

现将以上具有简单流量控制的数据链路层协议工作过程描述如下。

这一过程是在这样的假定情况下实现的，即链路是理想的传输信道，数据链路之间的交互信道从不损坏，数据既不会出错也不会丢失。

（1）发送节点

从主机取一个数据帧；将数据帧送到数据链路层的发送缓存；将发送缓存中的数据帧发送出去；等待；如果接收到由接收节点发送过来的确认帧，则从主机取一个新的数据帧，然后再执行将发送缓存中的数据帧发送出去。

（2）接收节点

等待；如果收到由发送节点发送过来的数据帧，则将其放入数据链路层的接收缓存。将接收缓存的数据帧上交给主机；向发送节点发一信息。说明数据帧已经上交给主机；执行等待操作。

具有最简单的流量控制的数据链路层协议如图 4-10 所示，它是由接收方控制发送方速率的。

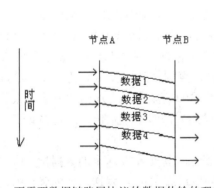

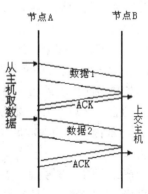

图 4-9　不需要数据链路层协议的数据传输的理想信道　　图 4-10　具有简单流量控制的数据链路层协议

发送方每发完一帧就必须停下来，等待接收方的消息。由于假定了数据在传输过程中不会出差错，因此接收方将数据帧交给主机 B 后向发送方主机 A 发送信息，这个信息不需要任何具体内容，不需要说明所收到的数据正确与否。

3. 停止等待 ARQ 协议

去掉上述两个假定，在有差错的信道情况下，实用的停止等待协议，它又被称为有噪声信道的单工协议。也就是说，传输信道不能保证使所传的数据不产生差错，而且还需对数据的发送端进行流量控制。

由于数据帧在传输过程中出现差错，所以通常在数据帧上加上循环冗余检验（CRC）。链路层协议中广泛使用 6 种版本的 C（x），如表 4-5 所示。例如，以太网和 802.5 网络使用 CRC.32，而 HDLC 使用 CRC.CCITT。ATM 使用 CRC.8、CRC.10 和 CRC.32。

表 4-5　通用的 CRC 多项式

CRC	C（x）
CRC.8	$X^8+X^2+X^1+1$
CRC.10	$X^{10}+X^9+X^5+X^4+X^1+1$
CRC.12	$X^{12}+X^{11}+X^3+X^2+1$
CRC.16	$X^{16}+X^{15}+X^2+1$
CRC.CCITT	$X^{16}+X^{12}+X^5+1$
CRC.32	$X^{32}+X^{26}+X^{23}+X^{22}+X^{16}+X^{12}+X^{11}+X^{10}+X^8+X^7+X^5+X^4+X^2+X^1+1$

1）停止等待协议原理

图 4-11 所示的是数据帧在链路上传输的几种情况，其中图 4-11（a）表示数据传输过程中不出差错的情况。当接收方在收到一个正确的数据帧后，即交付给主机 B，同时向主机 A 发送一个确认帧（ACK），当主机 A 收到确认帧（ACK）后才能发送一个新的数据帧。这样就实现了接收方对发送方的流量控制。

如果传输过程中出现了差错，那么停止等待协议就要考虑到两类差错。

首先，到达目的端的帧可能有损坏，即一个或多个比特出错或数据帧丢失。为了使接收端检测出这种差错，链路控制帧包含了一个帧检验序列，通常用的就是前面介绍的循环冗余检验（CRC）。如果检测到了差错，则接收端 B 就向发送端主机 A 发送一个否认帧（NAK），以表示主机 A 应当重传出现差错的那个数据帧。图 4-11（b）表示主机 A 重传数据帧。如果多次出现差错，就要多次重传数据帧，直到收到接收端主机 B 发来的确认帧（ACK）为止。所以在发送端必须保存一发送的数据帧的副本。当通信线路质量太差时，则主机 A 再重传一定的次数后（这都是已经设定好的），即不再重传，而是将此情况向上一层报告。

由于链路上的一些原因，接收端 B 会收不到发送端主机 A 发送来的数据帧。这种情况叫作帧丢失。发生帧丢失时接收端主机 B 就不会向发送端主机 A 发送任何的确认帧。如果发送端主机 A 要等收到接收端主机 B 的确认信息后再发送下一个数据帧，那么就将永远等待下去，于是就会出现死锁现象。

要解决死锁问题，可以在发送端主机 A 设置一个定时器。发完一个数据帧后，就启动一个超时定时器，发送端主机就等待接收端主机 B 确认。如果定时器到了重发时间 Tout 还没有收到确认，那么发送端结点就将同一帧再发一次，如图 4-11（c）所示。超时定时器设置的重传时间应仔细地选择确定。如果重传时间选的太长，则会白白浪费掉很多时间；如果重传时间太短，则在正常情况下也有可能在对方的确认帧回到发送方之前就过早地重传了数据。一般，将重传时间选为略大于从发送数据帧到收到确认帧所需的平均时间。

第二类差错是确认 ACK 损坏或丢失。如果接收端主机 B 发送过来的确认帧丢失，也会出现死锁现象。发送端主机 A 发送一帧，该帧被接收端主机 B 正确接收，因此它就向发送主机 A 回送一个确认帧 ACK。这个 ACK 在传输过程中损坏了而使主机 A 无法辨认出来，如图 4-11（d）所示。主机 A 因此超时并重发同一帧。这个重复的帧到达主机 B 并被接收下来。主机 B 因此就接收到了同一帧的相同的两个副本，就像收到两个单独的帧一样。

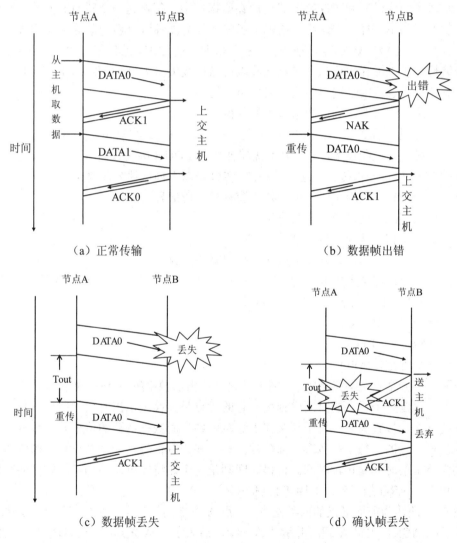

图 4-11　数据在链路上传输的几种情况

为了解决重复帧的问题，必须使每一个数据帧带上不同的发送序号。每发送一个新的数据帧就把它的发送序号加 1。如果接收端主机 B 收到发送序号相同的数据帧，就表明出现了重复帧。这时应当丢弃这重复帧。需要注意的是，主机 B 还需要向主机 A 发送一个确认帧 ACK，因为主机 B 已经知道主机 A 还没有收到上一次发过去的确认帧 ACK。

任何一个编号系统的序号所占用的比特数都是有限的。因此经过一段时间后，发送序号就会重复。例如，当发送序号占用 3 位时，就可组成共有 8 个不同的发送序号，从 000 到 111。当数据帧的发送序号为 111 时，下一个发送序号就又是 000。因此要进行编号就需要考虑序号到底占用多少位。序号占用的位数越少，数据传输的额外开销就越小。

对于停止等待协议，由于每发送一个数据帧就停止等待，因此用一位来编号就够了，一位可以有 0 和 1 两种不同的序号，数据帧中的发送序号就以 0 和 1 交替标记，这样数据帧中的发送序号就以 0 和 1 交替方式出现在数据帧中。每发送一个新的数据帧，发送序号就和上次发送的不一样。用这种方法就可以使接收方能够区分新的数据帧和重传数据帧。而确认也有 ACK0 和 ACK1 两种形式，关于 ACK0 和 ACK1 的使用有如下的约定：ACK0 对收到编号为 1 的帧做出确认，表示接收端准备接收编号为 0 的帧；ACK1 对编号为 0 的帧做出确认，并表示接收端准备接收编号为 1 的帧。

差错检测、定时器、确认和重传的使用被称为自动重发请求 ARQ（Automatic Repeat Request）。因此上面讨论的协议被称为停止—等待 ARQ。自动重复请求（ARQ）是应用最广泛的一种差错控制技术，它包括对无错接收的 PDU（协议数据单元）的肯定确认和对未确认的 PDU 的自动重传。在这里所说的 ARQ 是以下列条件为前提的。

❖ 一个单独的发送端向一个单独的接收端发送信息。
❖ 接收端能够向发送端返回确认。
❖ 信息帧和确认帧都包含检错码。
❖ 发生了错误的信息帧和确认帧将被忽略和丢弃。

采用差错检测和 ARQ 的结果是把一条不可靠的数据链路转变成可靠的数据链路。有多种形式的 ARQ 技术，以下是 3 个标准的版本。

❖ 停止等待式 ARQ。
❖ 回退 N—ARQ。
❖ 选择性重传 ARQ。

下面给出一个停止等待 ARQ 的例子，它表示出从源主机 A 到目的主机 B 传输一系列帧的情况。这是一个垂直的时间序列图。它的优点是能够表示出时间的前后依赖关系并表示正确的发送、接收关系。每个箭头代表穿越两站之间数据链路的单个帧。数据是以一系列帧的形式发送的，每个帧包含一部分数据和一些控制信息。一个站点将一帧中所有比特发送到媒体上的时间是传输时间。传播时间则是一个比特穿过源站到目的站之间链路的时间。停止等待 ARQ 的序列，如图 4-12 所示。

图 4-12 所示为前面描述的两类差错。站点 A 发送的第三个帧丢失或损坏了，因此主机 B 没有发回 ACK。主机 A 超时并重传这一帧。后来主机 A 发送了一个编号为 1 的帧但对方为此发回的 ACK0 丢失了。主机 A 超时并重传这同一帧。当主机 B 收到连续两帧是相同编号时，它就将第二个帧丢掉，但对每个收到的帧都发回一个确认帧。

停止等待协议技术很少使用，原因是它的效率是很低的。效率低是因为在一个时刻只能有一个正在传输的帧，如果传输时间很长，那么线路在大部分时间都是空闲的。停止等待 ARQ 的优点是比较简单，但缺点是通信信道的利用率不高。

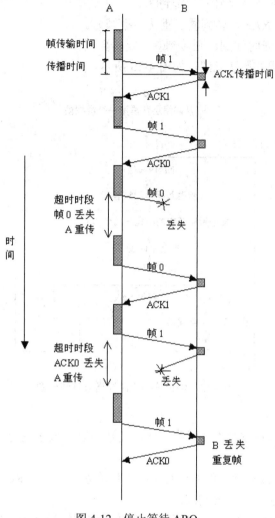

图 4-12 停止等待 ARQ

2）停止等待算法

为了对上面的停止等待协议有一个完整而准确的理解，下面给出此协议的算法，其中 N（S）为 S 的发送序号；V（S）为 S 的发送状态变量。

（1）发送节点

① 从主机取一个数据帧。

② V（S）<——0（发送状态变量初始化）。

③ N（S）<——V（S）（将发送状态变量的数值写入发送序号）。

④ 将数据帧送发送缓存。

⑤ 将发送缓存中的数据帧发送出去。

⑥ 设置超时计时器（选择适当的超时重传时间 Tout）。

⑦ 等待（等待⑧、⑨、⑩ 3 个事件中最先出现的一个）。

⑧ 如果收到确认帧 ACK，则从主机取一个新的数据帧；V（S）<—1-V（S）（更新发送状态变量，变为下一个序号），转到③。

⑨ 如果收到否认 NAK，转到⑤（重传数据帧）。

⑩ 如果超时计时器时间到，则转到⑤（重传数据帧）。

停止等待协议发送方算法流图，如图 4-13 所示。

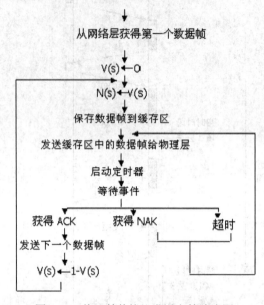

图 4-13　停止等待协议发送方算法流图

（2）接收节点

① V（R）<—0（接收状态变量初始化，其数值等于欲接收的数据帧的发送序号）。

② 等待。

③ 当接收到一个数据帧，就检查有无产生传输差错（如 CRC），如果检查结果正确无误，则执行后续算法；否则转到⑧。

④ 如果 N（S）=V（S），则执行后续算法（收到发送序号正确的数据帧）；否则丢弃此数据帧，然后转到⑦。

⑤ 将收到的数据帧的数据部分送交主机。

⑥ V（R）<—1.V（R）（更新接收变量，准备接收下一个数据帧）。

⑦ 发送确认帧 ACK，并转到②。

⑧ 发送否认帧 NAK，并转到②。

从以上算法可知，停止等待协议需要注意的地方就是在收发两端设置一个本地状态变量。对于状态变量需要注意以下几点。

❖ 每发送一个数据帧，都必须将发送状态变量 V（S）的值（0 或 1）写到数据帧的发送序号 N（S）上。但只有收到一个确认帧 ACK 后，才更新发送状态变量 V（S）一次（将 1 变成 0 或 0 变成 1）并发送新的数据帧。

❖ 在接收端，每接收一个数据帧，就要将发送方在数据帧上设置的发送序号 N（S）

与本地的接收状态变量 V（R）相比较。如果二者相同就表明是新的数据帧，否则为重复帧。

❖ 在接收端，如果收到一个重复帧，则丢弃之，接收状态不变，但此时仍需向发送端发送一个确认帧 ACK。

发送端在发送完整数据帧时，必须在其发送缓存中保留此数据帧的副本。这样才能在出差错时进行重传。只有在接收对方发送来的确认帧 ACK 时，才能清除此副本。

停止等待协议接收方算法流图如图 4-14 所示。

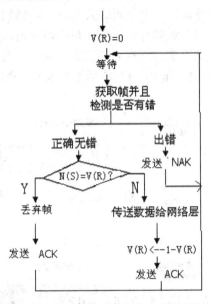

图 4-14 停止等待协议接送方算法流图

例： 已知信道速率为 8Kbps，传播时延为 20ms，确认帧长度和处理时间均可忽略。如果采用停等协议，帧长是多少才能使信道利用率至少达到 50%？

解析： 已知 t_p=20ms。设帧长为 L (bit)，则有：t_f=(L/8)ms。可得利用率 $U=t_f/(t_f+t_p)\geq$50%。当 $t_f\geq$40ms 时，不等式成立。因此，帧长 $L\geq$320 (bit)。

4.3.2 滑动窗口协议

1. 滑动窗口流量控制

停止等待协议是一个时刻只能由一个帧正在传输的协议。在链路的比特长度比数据帧长度大得多的场合下，就会出现利用率严重低下的情况。因此，通过允许多个帧同时传输就可以大大提高传输速率。

假设两个站点 A 和 B 由一条全双工链路连接起来，其中 B 分配了可容纳 N 个帧的缓存空间。因此 B 可以接受 N 个帧，A 则被允许连续发送 N 帧而不需要等待任何确认。为了记录下来到底哪些帧已经被确认过了，每个帧都用一个序号作标记。B 确认一个帧的方式是发送一个包含它期望收到的下一帧的序号的确认帧。这种方案也可以用来确认多个帧。

例如，B 可能收到了帧 2、3 和 4，但是直到收到帧 4 时才发出确认。这时 B 发出编号为 5 的确认帧。

A 维持一张允许发送的序号表，称其为发送窗口。发送窗口用来对发送端进行流量控制，而发送窗口的大小 W_T 代表在还没有收到确认信息的情况下发送端最多可以发送多少个数据帧。发送端可以不等待应答而连续发送的最大帧称为发送窗口的尺寸。

B 维持一张它准备接收的帧的序号表，称为接收窗口。凡是落在接收窗口中的帧，接收方必须处理，而落在接收窗口之外的帧则被丢弃。这种运行过程被称为滑动窗口流量控制。

值得注意的是序号范围与窗口大小之间的关系。因为用到的序号要占帧中的一个字段，所以很明显窗口大小是有限的。例如对于一个 3 位字段来说，序号可以从 0 编到 7。因此帧要以模 8 的形式编号，也就是说，在序号 7 之后的下一个号码是 0。一般，对于一个 K 位的字段序号范围是 0 到 2^K-1，帧要以模 2^K 的形式编号。滑动窗口的工作过程如图 4-15 所示。

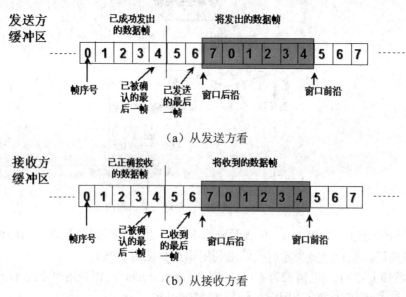

（a）从发送方看

（b）从接收方看

图 4-15 滑动窗口协议工作过程

图 4-15 中使用了 3 位序号。带阴影部分的矩形表示可以发送的帧；在该图中发送方可以发送 6 帧。每次发送一帧，带阴影的窗口缩小，每次收到一帧，带阴影的窗口增大。处于垂直线与带阴影窗口之间的正是已经发送还未得到确认的帧。发送方必须将这些帧缓存起来以备重传。

对于一个给定的序号长度实际窗口大小不必等于最大值。例如，一个 3 位的序号，使用滑动窗口流量控制协议的站点可以设置窗口大小为 4。图 4-16 给出了一个例子。

在这个例子中，使用了一个 3 位的序号字段和 7 帧的最大窗口大小。最初 A 和 B 的窗口表示 A 可以发送 7 帧，帧号从 0（Frame0）开始。在发送了 3 帧（Frame0、Frame1、Frame2）而没有接收到确认后，A 将其窗口缩小为 4 帧，并维持发送过的 3 帧的副本。这个窗口表示 A 还可以发送 4 帧，帧号从 3 开始。B 然后发送一个 ACK3，这说明，B 已经收到直到帧号为 2 的所有帧并做好准备接收帧号为 3 的帧；实际上，准备接收从帧号 3 开始的 7 帧。收到这个确认后，A 又重新被允许发送 7 帧，帧号仍然从 3 开始；另外，A 可以将现在已经确认的缓存中的帧丢弃。A 继续发送出帧 3、4、5 和 6。B 返回 ACK4，这个控制帧确认了 Frame3，并允许发送 Frame4 到 Frame2。这个 ACK 帧到达 A 时，A 已经发送了 Frame4、Frame5 和 Frame6。因此 A 只能将其窗口开到允许发送从 Frame7 开始的 4 帧的位置。

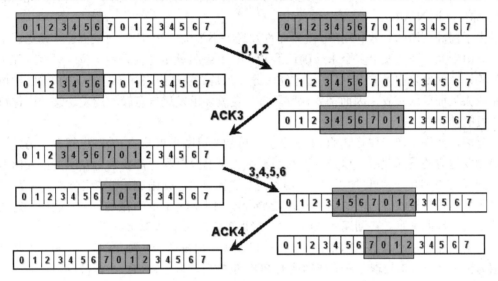

图 4-16　滑动窗口协议举例

链路控制协议中用到两种滑动窗口技术：回退式 N.ARQ 和选择重传 ARQ。这两种技术的差别在于处理差错的方式不同。

滑动窗口协议具有 3 个功能。

❖ 在不可靠链路上可靠地传输帧。这是该协议的核心功能。

❖ 用于保持帧的传输顺序。这在接收方比较容易实现，因为每个帧有一个序号，接收方要保证已经向上层协议传递了所有序号比当前帧小的帧，才向上传送该当前帧。即接收方缓存了（即没有传送）错序的帧。

❖ 支持流量控制。它是一种接收方能够控制发送方使其降低速度的反馈机制。这种机制用于抑制发送方发送速度过快，即抑制传输比接收方所能处理的更多的数据。这通常通过扩展滑动窗口协议完成，使接收方不仅确认收到的帧，而且通知发送方它还可接收多少帧。可接收的帧数对应着接收方空闲的缓冲区数。

2. 回退 N.ARQ 协议

回退 N.ARQ 工作过程是：发送方发完一帧后，不必停下来等待对方的应答，可以连续发送若干帧；如果在发送过程中收到接收方的肯定应答，可以继续发送；如果收到对其中某一帧的否认帧，则从该帧开始的后续帧全部重发。由于减少了等待时间，整个通信量就提高了。采用窗口流量控制技术对在回退 N.ARQ 中已发送出去但未被确认的数据帧的数目加以限制。

在回退 N.ARQ 中，接收方应以正确的顺序把收到的报文递交给本地主机。发送方在不等确认就连续发送许多个 PDU（协议数据单元）的情况下，有可能发送了 N 个 PDU 后，才发现尚未收到对前面的 PDU 的确认信息，也许某个 PDU 在传输的过程中出错了。接收方因这一 PDU 有错，查出后不会交给本地主机，对后面再发送来的 N 个 PDU 也可能不接受而丢弃。换句话说，接收方只允许按顺序接收。当发送方发现前面的 PDU 未收到确认信息而计时器已经超时后，不得不又重发该 PDU 以及随后的 N 个 PDU。正因为如此，这种 ARQ 称作回退 N.ARQ。

为了提高信道的有效利用率，就要允许发送方不等确认 PDU 返回就再连续发送若干个 PDU。由于允许连续发出多个未被确认的 PDU，其编号就不能仅采用 1 位（只有 0 和 1 两个号码），而要采用多位 PDU 编号才能区分。凡是被发送出去尚未被确认的 PDU 都可能出错或丢失而要求重发，因而都要保留副本。这就要求发送方有较大的发送缓冲区保留准备重发的帧。

显然，允许发送未被确认的 PDU 越多，可能要退回来重发的 PDU 也越多。另外，为了控制发送方的发送速率，以及受发送缓冲区大小的限制等，都要求对发送方已发出但没有得到确认的 PDU 的数目加以限制。用设定发送窗口大小来限制，落在这个窗口内的 PDU 的号码就是等待接收方返回的确认 PDU 的号码。由于帧号只有有限的位数，达到一定的值之后就又循环回来了。在回退 N.ARQ 中，接受窗口的大小 WR=1。

综上所述，在回退 N.ARQ 中，一个站可以顺序地发送一系列 PDU，其编号以某个最大值为模来计算。未处理完、未被确认的 PDU 的数目取决于窗口大小，接收站有对每个外来的 PDU 都进行确认或对若干个 PDU 进行累积确认的选择权。

图 4-17 给出了采用回退 N.ARQ 时帧流的情形。由于传输线上存在传播时延，当应答（ACK 或 NAK）发回主机 A 时，主机 A 已经发送了至少一个被确认的帧之外的一帧。在这个例子中，帧 6 损坏了。帧 7 和帧 8 失序到达 B，B 将其丢弃。当帧 7 到达时，主机 B 立即发送一个 NAK6，当这个 NAK6 被主机 A 收到时，不仅帧 6 而且帧 7 和帧 8 都必须重传。注意发送方对于没有得到确认的帧都必须留一份副本。

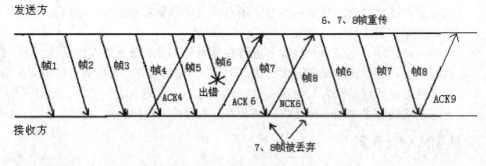

图 4-17　回退 N.ARQ 示例

3. 选择性重传 ARQ 协议

为了进一步提高信道的利用率，可设法只重传出现差错的数据帧或者是计时器超时的数据帧。但这时必须加大接收窗口，以便先收下发送序号不连续但仍处在接收窗口中的那些数据帧。等到所缺序号的数据帧收到后再一并送交主机。这就是选择重传 ARQ 协议。

在选择性重传 ARQ 中，如果某一个 PDU 出错后，后面送来的正确 PDU 虽然不能立即递交给本地主机，但接收方仍可收下来，放在一个缓冲区中，同时要求发送方重新传送出错的那一帧，一旦收到重传的 PDU 后，就可与原先已收到但暂存在缓冲区中的其余的 PDU 一起按正确的顺序送本地主机。

显然选择性重传 ARQ 在某个 PDU 出错时减少了后面所有的 PDU 都要重传的浪费，但对接收方提出了更高的要求，要有一个足够大的缓冲区来暂存未按顺序正确收到的 PDU。凡是在一定范围内到达的 PDU，哪怕未按顺序，也要接收下来。如果把这个范围看成是接收窗口的话，接收窗口的大小是大于 1 的；而回退 N.ARQ 正是接收窗口等于 1（只接收顺序中的下一个 PDU）的一个特例。所以选择性重传 ARQ 也可以看成是一种滑动窗口协议，只不过其发送窗口和接收窗口都大于 1。

对于选择重传 ARQ 协议，接收窗口显然不应该大于发送窗口。如果用 N 位进行编号，则接收窗口的最大值受以下式的限制：

$$WR \leqslant WT \ \text{和} \ WR \leqslant 2^n - 1$$

其中，WR 为接收窗口的大小，WT 为接收窗口的大小。当接收窗口大小为最大值时，发送窗口大小就等于接收窗口大小。

选择重传 ARQ 的一个简单例子如图 4-18 所示，帧 6 损坏了。帧 7 和帧 8 失序到达主机 B，主机 B 并没有将其丢弃，而是将其存在缓存区中。直到正确地接收到帧 6 后，再一起按顺序上交本地主机。

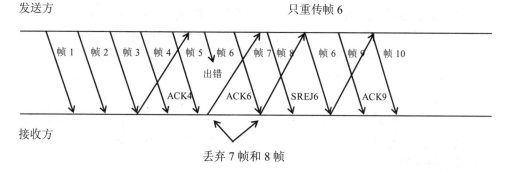

图 4-18 选择重传 ARQ 示例

选择重传 ARQ 比回退 N.ARQ 效率更高，因为它减少了重传量，但是由于选择重传 ARQ 需要接收端必须维持一个足够大的缓存，以便存放 SREJ（选择性拒绝）发送过后收到的各帧，直到出错的帧被重传，而且它必须将收到的重传帧插入到正确的位置。这就要求这种发送端具有更复杂的逻辑功能，以便能够不按顺序发送一个帧。由于有这样的复杂性，选择重传 ARQ 不如回退 N.ARQ 应用广泛。

4.4 网 桥

网桥用于扩展网络的距离，同时又有选择地将有地址的信号从一个传输介质发送到另一个传输介质，并能有效地限制两个介质系统中无关紧要的通信。网桥可分为本地网桥和远程网桥。本地网桥是指在传输介质允许的长度范围内互连网络的网桥，远程网桥是指连接的距离超过网络的常规范围时使用的网桥，通过远程网桥将局域网互连成为城域网或广域网。

网桥内具有存储器和 CPU，典型的网桥实际上相当于具有 CPU、存储器和两个网络接口的计算机。网桥的 CPU 仅执行只读存储器中的程序。当然也可以在一台 PC 机上运行网桥。

4.4.1 网桥的功能

中继器、网桥以及路由器主要解决的问题是网络通信线路的连接，所以它们工作在 OSI 的低三层。中继器实现网络间物理层的互连。中继器从一个网络段上接收信号将之放大，重新定时后传送到另一个网络段上，以延长局域网的电缆长度。路由器是网络层的互连设备，不但可以用于局域网之间的互连，还可以在广域网之间、广域网与局域网之间实现互连功能。路由器不仅可以存储和转发分组，还具有路径选择、多路重发和错误检测的功能。网桥工作在数据链路层，在局域网之间实现互连，与中继器相比较，网桥更为复杂，但是与路由器相比较，网桥的结构与功能较简单。

1. 数据的转发

网桥的主要功能是数据的过滤和转发。网桥首先要确定收到帧的目的设备是否在这个数据帧所在的网段上。如果目的设备在这个网段上，网桥就不会将这个数据帧送到其他网桥端口，这就是一个过滤的例子。过滤是对帧的处理过程，它阻止帧通过网桥。

数据过滤有下述 3 种基本类型。

（1）目的地址过滤

当网桥从网络上接收到一个数据帧后，首先确定其源地址和目的地址，如果源地址和目的地址处于同一局域网中，就不转发而是简单地将其丢弃，否则就转发到另一局域网上，这就是目的地址过滤。

（2）源地址过滤

源地址过滤就是根据需要，拒绝转发具有特定地址的数据帧。这个特定的地址无法从地址查取表中找到，但是可以由网络管理模块提供。事实上，并非所有网桥都进行源地址的过滤。

（3）协议过滤

协议过滤与源地址过滤相似，由网络管理指示网桥对指定的协议帧进行过滤。在这种情况下，网桥要根据帧的协议信息决定是转发还是过滤该帧。通常过滤只用于控制流量、隔离系统，并为网络系统提供安全保护。

如果 MAC 目的地址在另一个网段上，网桥就将其发送到相应的网段上，这就是转发。网桥有权对数据进行过滤和转发可以带来很多好处。在一个单独的局域网中，一个有缺陷的节点有可能不断地输出无用的信息流，这些无用的信息流会严重地影响网络性能，甚至会破坏局域网的运行。网桥可以设置在局域网的关键部位，来防止因单个节点出现异常而破坏整个系统。

由于网桥对数据帧进行过滤和转发，所以网桥必须具有输入缓冲、输出缓冲以及转发的功能。对于输入信号的缓存，当各个子网间通信出现高峰时或者当输出缓存已经装满时，为了不丢失数据，在输入端建立输入缓冲器，可以存放大量的等待转发的数据帧。需要转发的每个报文在进入目的网之前先放入输入缓冲器，等待时机插入到子网中去。

2. 自学习能力

当一帧到达时，网桥必须决定将其过滤还是转发。如果要转发，则必须决定发送到哪个局域网。此决策通过查阅网桥中一张大型散列表里的目的地址来确定。该表可列出每个可能的目的地，以及它属于哪一条输出线路（LAN）。例如，图4-19中的网桥2的表列出B是属于LAN2的，因为网桥2仅仅考虑的就是把传送给B的帧送到哪一个LAN上。而以后要如何传输，网桥并不考虑。

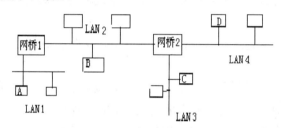

图4-19　用网桥连接的局域网

当插入网桥之前，所有散列表为空，网桥进行过滤和转发的决策如下。

网桥能收到任何一个LAN传送来的数据。通过查看源地址，网桥就可以知道访问哪个LAN上的哪台机器。例如图4-19中的桥1在LAN3上看到来自机器C的数据帧，就认为LAN3上可以访问机器C，并将此记录入表，在以后如果收到从LAN1来的，目的地为C的数据帧，将按该表把数据帧转发到LAN3上；如果从LAN3来的，目的地为C的数据帧，就将丢弃。这样，一段时间以后，网桥将学习到所有站的地址，这就是网桥的自学习能力。

3. 与广域网连接

网桥可以互连相距遥远的局域网，如图4-20所示，这样就可以满足企业发展自己网络的需要。这种功能的实现是由广域网网桥来完成的。广域网网桥也叫半网桥，它们成对地在一起工作。每个网桥的一个端口连接在租用的线路上。各个网桥相互合作，来为数据帧提供路由服务。

图4-20　远程连接的网桥

在通过广域网络进行互连时，必须考虑广域网接入时延和信息传送时延。显然广域网中传输距离越长，信息传送延迟就越大，而相应的数据传输效率就越低，一般来说，基于网桥的广域网络连接的计算机网络覆盖距离不应该超过20km。广域网络的访问时间在于网桥基于数据链路层工作，所以采用的点到点直达通道，一般不希望数据传输在广域网络中经过复杂的交换，与路由器和网桥式路由器不同，即网桥中期望数据帧快速传输。

4. 设备管理

网桥的设备管理功能如下。

（1）配置管理

配置管理功能主要包括网络中所有网桥的操作和网桥的操作参数设置。网桥的操作有初始化、重置和关闭，网桥的操作参数设置包括过滤表的生存时间、帧传播延时控制。

（2）故障管理

故障管理功能是及时报告网络故障，并对网络故障进行修整。

（3）性能管理

性能管理的主要功能是统计网桥各端口数据帧的丢失数量。

（4）安全管理

安全管理主要是指：网桥可以通过一些设置以满足一定的安全需求。它可以设置不同的设备网桥访问时间或者配置用户修改和访问网桥的参数。

网桥的管理可以在本地进行，也可以集中管理，后者通过网络中心的计算机与网桥进行远程连接，这种方式可以简化网络的管理，提高网络管理的效率。另外，网桥也允许在一台网桥上对网络中所有的网桥进行远端管理，这就要求网桥具有远端设备的管理能力。

4.4.2 网桥协议结构

以MAC网桥为例介绍网桥的协议结构。MAC网桥的协议结构是IEEE 802 ID标准定义的。在802结构中，网桥只能在MAC层作用，因为工作站在MAC层进行分配。图4-21给出了一种简单的情况。

在图4-21中，网桥连接的两个局域网采用不同的MAC层和LLC层协议，一个MAC帧被网桥接收，如果目的工作站和发送工作站不在同一个网络上，那么在经过短暂的缓冲之后，就从另一个LAN上转发出去。而当目的工作站和发送工作站在同一个网络上时，MAC帧将被丢弃。

图4-21（b）给出了用网桥封装数据的方法。数据由用户提供给LLC层。LLC实体给数据加上LLC首部后再传送给MAC实体，MAC在LLC传送来的数据单元上再加上MAC首部和尾部，形成一个完整的MAC帧，发送到LAN上。网桥接收该MAC帧，根据帧中的目的MAC地址确定是否以及向何处转发该帧。网桥不剥离MAC域，只是把MAC帧完整地中继到目的工作站所在的LAN上。

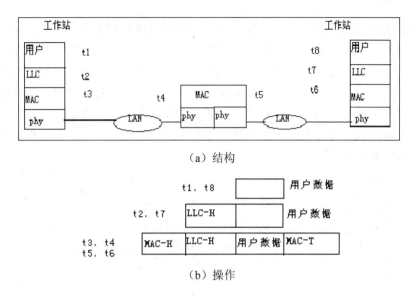

（a）结构

（b）操作

图 4-21　用一个网桥连接两个 LAN

MAC 层中继网桥的概念允许单个网桥互连两个相近的 LAN，如果两个 LAN 距离很远，则需要两个网桥与之相连，而用某种手段将两个网桥连接起来。这就是网桥的远程连接。实际中可以用点对点线路进行网桥的连接，也可以通过介入一个网络进行连接。这就是网桥连接广域网的功能。

图 4-22 给出了用点到点链路连接两个网桥的例子。在这个例子中，当网桥收到一个 MAC 帧以后，对 MAC 帧进行包装，加上链路层的首部和尾部，通过点到点链路传送到另一个网桥。目的网桥剥离链路层域，把原来的未做任何改变的 MAC 帧传送到目的工作站。

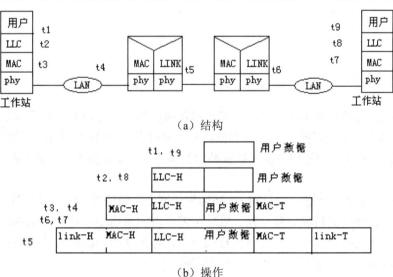

（a）结构

（b）操作

图 4-22　用点对点链路连接的桥

介入的通信装置也可以是一个网络，例如一个广域网的报文交换网。如图 4-23 所示，两个网桥经过 X.25 虚电路互连，在这种情况下，网桥功能要稍微复杂一些，但是它也是中继 MAC 帧。如前所述，网桥要完整无缺地把 MAC 帧从这个 LAN 的工作站发送到另一个 LAN 的工作站上，当一个网桥从源 LAN 收到发往另一个 LAN 的 MAC 帧，网桥也要对其进行包装，即给 MAC 帧加上一个 X.25 报文层首部和尾部，把数据单元传送给它连接的 DCE 上，DCE 剥离链路层域，把 X.25 报文通过网络送到另一个 DCE，目的 DCE 加上链路层首部和尾部把数据单元送到目的网桥，目的网桥剥离全部的 X.25 域，把原来的未做任何修改的 MAC 帧送给目的工作站。

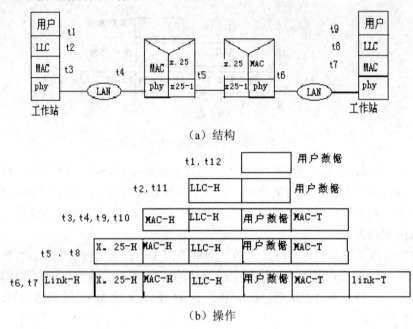

（a）结构

（b）操作

图 4-23　用 X.25 网络连接的桥

4.4.3　网桥的分类

数据链路层可以划分为两个子层，即逻辑链路控制子层（LLC）和介质访问控制子层（MAC），其中介质访问控制子层用于管理和协调对介质的访问，如冲突的协调、令牌的传递等，而逻辑链路控制子层主要对数据帧进行操作，例如流量控制、错误检测以及 MAC 子层的寻址。

有些网桥是 MAC 层的桥，这些桥在同构局域网之间做桥接，如在以太网（IEEE 802.3）之间的桥接，这种情况相对简单一些。唯一可能出现的问题是，目的局域网的负载过重，当数据帧不断地涌入网桥时，使得网桥难以应付。如果这种情况持续的时间过长，网桥最终会因为用尽缓冲空间而不得不开始丢弃数据帧。

有 3 个互不兼容的局域网标准，即 IEEE 802.3、IEEE 802.4 和 IEEE 802.5，当在这些互不兼容的局域网之间进行桥接时必然会带来复杂的问题。在不同构局域网之间进行桥接的网桥工作在逻辑连路子层，下面仅以 IEEE 802.3 到 IEEE 802.5 的局域网桥接为例来介绍这类网桥的工作原理。如图 4-24 所示，主机 A（IEEE 802.3）先把应用信息放到一个数据包中，然后用 IEEE 802.3 数据帧的格式压缩数据包，也就是把数据包下传到 LLC 子层并加上一个 LLC 头，而后又在 MAC 子层加上一个 802.3 头，此数据单元发送到电缆上，最后上传到网桥的 MAC 子层，在此去掉 802.3 头，剥掉 802.3 头的数据包（带有 LLC 头）交给网桥的 LLC 子层做进一步的处理。最后数据包被加上 IEEE 802.5 的帧头并通过 IEEE 802.5 的介质传给主机 B。

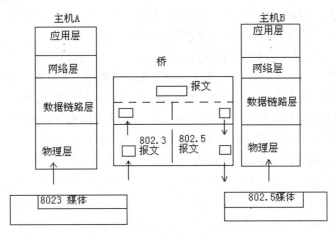

图 4.24　网桥的工作原理

以上仅分析了异构局域网网桥工作原理，在实际应用中常常用到各种各样的网桥，根据过滤表格处理方式的不同以及工作层上的差异可以分为以下几种。

1. 透明网桥

透明网桥可以使网络运行对用户完全透明。主要表现在把连接插头插进网桥即可工作，不需要改动硬件和软件，无须设置地址开关，无须装入选径表或参数，现有的局域网完全不受网桥的任何影响。

如图 4-25 所示的配置，网桥 1 连接 LAN1 和 LAN2，网桥 2 连接 LAN2、LAN3 和 LAN4。网桥接受所有 LAN 传送到它的每一帧，到达 LAN1 上网桥 1 的目的为 A 的帧可立即被丢弃，因为它已在该 LAN 上。目的地为 B、C 或 D 的帧则必须转发。

当一帧到达时，网桥必须决定将其丢弃还是转发。如果要转发，则必须决定发送哪个LAN。此决策通过查阅网桥中一张大型散列表里的目的地地址来确定。该表可列出每个可能的目的地，以及它属于哪一条输出线路（LAN）。例如，网桥 2 的表列出 A 属于 LAN2，因为网桥 2 所必须知道的就只是应该把传送给 A 的帧送到哪一个 LAN。事实上，它并不关心以后的传输。

当插入网桥之初，所有散列表为空。透明网桥采取逆向学习算法来完成所有站点位置的确定，这里不再赘述。

当计算机和网桥加电、断电或迁移时，网络的拓扑结构也随之变化。为了处理动态拓扑问题，每当增加散列表项时，在该项中注明数据帧的到达时间。每当表中已有的数据帧到达时，用当前时间更新该项。这样，从表项就可以知道最后到来的数据帧的时间。

网桥中有一个进程定期扫描散列表，清除时间早于当前时间若干分钟的所有项，如果从 LAN 上取下一台计算机，搬移至别处重连到 LAN 上，那么在几分钟内它即可重新开始正常工作而无须人工干预。这个算法同时也表明如果机器停止工作数分钟，发给它的数据帧将不得不扩散，一直到它自己发送一帧时为止。

帧的路径选择规程取决于它来自的 LAN（源 LAN）和目的地所在的 LAN（目的地 LAN）。

❖　如果源和目的地 LAN 相同，则必丢此帧。

❖　如果源和目的地 LAN 不同，则转发此帧。

❖　如果目的地 LAN 未知，则进行扩散。

每当一帧到来时，都必须应用此算法。为了提高可靠性，也可在一对 LAN 之间设置多个网桥，如图 4-25 所示。但是，这种配置可能在拓扑结构间产生回路，引起信息的循环问题。例如，有一目的地不明的帧 F，每个网桥按照处理目的地不明帧的规则进行扩散，假设在此例中网桥 1 看见目的地不明的 F，将其复制后产生 F1。紧接着，网桥 2 看见目的地不明的 F1，将其复制后产生 F2。类似的，网桥 1 又产生 F3，形成循环。

解决这个问题的办法是让网桥相互通信，每个网桥每隔几秒广播其标识（例如，由厂家设置的保证其唯一性的标号）以及一张已知的连在 LAN 上的全部网桥清单。然后，用一分布算法挑选一网桥作为生成树的根。例如，选取一个序号最小的网桥作为根，可通过让每个网桥选到根的最短路径来构造一棵生成数。各 LAN 间的所有传送都遵从这棵生成树路径。由于每个源到每个目的地只有唯一的路径，所以不可能再有循环。

2. 转换网桥

转换网桥是透明网桥的一种特殊形式。它在物理层和数据链路层使用不同协议的 LAN 提供网络连接服务。图 4-26 所示为连接令牌环网和以太网的转换网桥。转换网桥通过处理与每种 LAN 类型相关的信封来提供连接服务。转换网桥提供的处理由于令牌环和 Ethernet 信封类似而比较简单。但是，这两种 LAN 的帧长不同，转换网桥又不能将长帧分段，所以在使用这种网桥时，互连的 LAN 所发送的帧长要能被两种 LAN 接受。

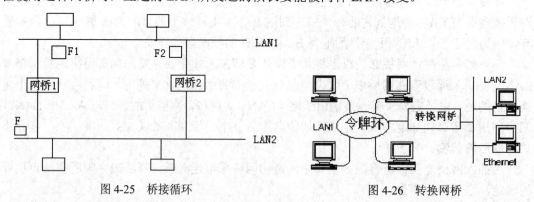

图 4-25　桥接循环　　　　　　　　　　　　图 4-26　转换网桥

如图 4-26 所示，网桥使用 LAN1（令牌环网）的物理层和数据链路层协议读取 LAN1 工作站发送的所有帧的终点地址。网桥对寻址到 LAN1 工作站的帧不予过问并进行滤除。

网桥将发往 LAN2 工作站的帧加以接受，并使用 LAN2 所用的物理层和数据链路层协议将这些帧转发到 LAN2。网桥对 LAN2 工作站发送的帧进行同样的处理。

3. 封装网桥

封装网桥通常用于连接 FDDI 骨干网。图 4-27 所示为这种连接结构，封装网桥用来将 4 个 Ethernet 连到 FDDI 骨干网上。与转换网桥不同，封装网桥是将接收的帧置于 FDDI 骨干网使用的信封内，并将封装的帧转发到 FDDI 骨干网，进而传递到其他封装网桥，拆除信封，送到预定的工作站。为解释其工作过程，假定 LAN1 上的工作站要将报文发往 LAN3 上的某一设备，其过程如下。

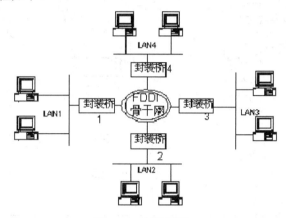

图 4-27　封装网桥

封装网桥 1 使用 LAN1 所用的物理层和数据链路层协议来读取 LAN1 上设备发送的所有帧的 MAC 终点地址；封装网桥 1 接受寻址到其他 LAN 上的帧，并将这些帧置于 FDDI 的信封内，将此信封发送到 FDDI 骨干网上；封装网桥 1 对寻址到 LAN1 上设备的帧全都滤除；封装网桥 2 接收所有帧，去掉信封，检查 MAC 帧地址，由于 MAC 帧地址不在本地 LAN2 上，于是将这些帧滤除；封装网桥 3 接收所有帧，去掉信封，检查 MAC 帧地址，由于 MAC 帧地址处于本地 LAN3，封装网桥 3 便使用 LAN3 的物理层和数据链路层协议将帧发给 LAN3 的预定设备；封装网桥 4 的操作与封装网桥 2 相同；封装网桥 1 将来自 FDDI 骨干网的帧从 FDDI 双环上撤离。

4. 网桥的广播

一个多播帧有一个组目的地址，可以被一组监听这个多播地址的站点所接收。广播是多播的一种特例，它的目的站就是所有站点。因此，发往广播地址（所有站点的）帧将被 LAN 上的每一个站点所接收。网桥对广播帧的处理是，将其直接发送到除接收这个帧的端口以外的所有端口，这样广播帧可以到达所有站点。类似的，网桥不能发现监听多播地址的站点的位置，所以它也把多播帧溢出到除接收到多播帧的端口以外的所有端口。

要理解的重要一点是：在默认情况下，网桥不过滤多播和广播，因为设计网桥的目的是为了使网桥连接的所有网络可以透明地操作，就像它们是一个网络一样。因此，在多播和广播包时，网桥就像中继器那样把包从所有端口上发送出去。

图 4-28 左侧是一组中继器连接的网段组成的一个冲突域，同时也是一个广播域。由于中继器连接网络站点发出的广播或多播帧将被所有的网段看到，就像其他通过中继器的帧一样。图 4-28 的右侧是一个连接了几个 LAN 的网桥，每个 LAN 都作为独立的冲突域进行操作。但是通过网桥连接的这一组 LAN 仍作为一个广播域工作。为了准确起见，实际上应该把它称作多播域。因为广播地址是多播地址的一个特例。

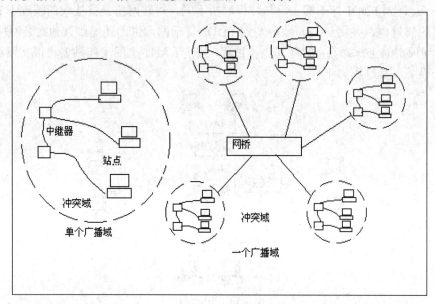

图 4-28　广播域

站点出于种种原因需要发送多播或广播帧。有些高层网络协议将广播或多播帧作为它们地址发现过程的一部分。广播和多播也可用于动态地址分配，典型的，当站点第一次被加电时，它需要找到一个高层网络地址来开始通信。某些多媒体应用程序也可能使用多播帧向一组站点发送音频和视频数据。因此，典型的网络上总会出现某种程度的帧。网桥溢出广播和多播意味着用户需要限制网桥连接的站点总数，使广播和多播率不至于高到产生问题。

5. MAC 网桥

媒体访问控制网桥是用以两个相同网络的链路级中继设备，例如 CSMA/CD 网络或令牌网络，并不支持不同种网络的互连，如 CSMA/CD 和令牌网络之间的互连。同时互连多个网络，实际仍能保持原有网络的独立性，即构成若干个访问域，这是和转发器基于互连的网络不同的。对于令牌环互连而言，任何令牌中拥有各自处理信息传送的令牌，如果采用两个令牌环通过一个网桥直接互连时，网桥在逻辑上分别作为两个令牌环的处理单元，监视网络中传输数据帧。对于总线网络而言，互连总线网络中出现的碰撞信号不会向其他网络中广播，即不会影响到其他网络的正常工作。这种业务隔离的特性，可以保证任意网络段设备获得的传输能力只和本段设备和业务传输特性有关，当网桥进行数据转发，实际它是作为和网卡等价的网络设备，执行同样的信道申请和信息传送操作。

6. LLC 网桥

LLC 网桥或链路层网桥，也称混合网桥，更确切地可称为混合网络网桥，可以连接在协议上无关的不同类型的 LAN 上，只需要 LAN 具有相同的 LLC 层协议，这是非常容易达到的，因为 IEEE 802 给所有的 LAN 定义了相同的逻辑链路控制 LLC 协议（IEEE 802.2），所以 LLC 网桥可以实现不同 MAC 帧之间的转换，如 CSMA/CD 和令牌环之间转换，令牌环和 FDDI 之间的转换。

根据网桥处理不同的 MAC 帧的方式，LLC 网桥可以分成转换网桥和封装网桥两种类型。封装网桥是将接受的 LAN 的 MAC 帧封装到中间传输网络的链路层帧中，当数据帧到达接收 LAN 时，由接收端网桥去除中间传输网络链路层帧的控制开销，将被封装的内容传到接收端 LAN。所以，封装网桥要求发送端 LAN 和接收端 LAN 具有相同的类型，这是由于中间网桥并没有对传输的数据帧进行任何修改，只是通过封装方式来利用中间网络的传输能力。

转换网桥则是在网桥处对接收的数据进行格式转换，去除原有的数据头部，改装成合适网桥输出断口的网络可传送的格式。转换网桥的主要功能如下。

- ❖ 比特和字节排序，不同的 MAC 协议数据传送的比特和字节顺序是不同的，例如有的采用"高位在前"，而有的采用"低位在先"的原则，所以必须根据不同的 MAC 协议规定作为相应的修改。
- ❖ 帧长的限制，不同的 LAN 允许不同的 MAC 帧的长度不同，所以在传送时必须限制需要传送帧的长度。
- ❖ 帧格式的转换和校验项的生成。
- ❖ 数据缓存，当不同传输速率网络间通信时必须能够缓存高速网络数据，再向低速网络进行发送。当通过中间网络连接两个不同的局域网时，完成端到端的数据传送，必须完成两次数据帧的转换。

4.4.4 网桥的局限性

网桥具有迅速高效、自适应能力强的特点，同时，与其他工作在高层的网络互连设备相比较，它的使用和安装都相对简单。但是网桥也存在问题，特别是在与广播帧相关的应用上。广播式通信所带来的结果是整个网络都能看见存在于某对设备间的问题。

1. 广播风暴

由于网络中不同部分中的节点和网桥间的差异，一个广播帧可能被错误地解释，而错误地解释该帧的网桥又引发了另一个广播帧，这第二个广播帧再一次被错误地解释，依次类推，结果就导致了广播帧风暴，它将严重地影响网络性能。这个问题很难解决。

2. 广播通信量的增长

由于许多网桥加入到网络中，广播通信量的增长速度是指数而不是线性增长。最终，广播帧可能占用网络带宽的可观部分。

3. 有毒分组

当网络软件变化时，可能出现程序问题。有时问题以这种方式出现：接收到特定类型的广播帧给接收到此帧的每一个网桥或节点带来灾难性的影响。之所以称为"有毒分组"的原因就是它将使网络上的所有用户同时经历这样的问题。

4.5 交 换 机

交换和交换机最早应用于电话通信系统（PSTN），早期由于当时技术上的限制，交换过程通过人工方式完成。随着网络技术的发展，交换过程自动完成。交换是指按照通信两端传输信息的需要，用人工或设备自动完成信息传输的方法。广义的交换机就是一种在通信系统中完成信息交换功能的设备。

4.5.1 交换技术概述

1. 网络的过载

网络拥挤现象不可避免，引起网络拥挤的原因，一般来说，只有少量不易确定的因素会引起网络流量的增加，从而增加带宽负担。主要表现在以下几个方面。

- ❖ 往网络中增加了些用户、文件服务器、应用服务器和网络外设。
- ❖ 安装了一些用作客户机/服务器的高性能 PC 机。
- ❖ 使用了带宽占用量很大的网络应用程序，如电子邮件和其他与信息有关的工作组软件、分布式数据库以及多媒体。
- ❖ 提供 Internet 访问，包括 Web 服务器和浏览器。
- ❖ 将多个 LAN 汇入到一个共享的 LAN 中。

这些因素无论是单独的还是组合起来都会使网络产生一定的过载，并引起拥塞。

2. 交换技术

交换器与网桥的功能有些类似，都是将大型的网络划分成比较小的网段，从而将工作小组同其他的工作小组在本地的流量隔离开来，提高了总体带宽。网桥和交换器也有着本质的区别，那就是后者是通常具有两个以上的端口支持多个独立的数据流，具有较高的吞吐量。另外，与基于硬件的传输设备，如 Intel 的 Express Switching Hub（Express 交换集线器），集为一体的交换器，其包处理速度比利用软件实现的该功能的速度快很多。下面介绍几种典型的交换技术。

（1）端口交换

端口交换技术最早出现在插槽式的集线器中，这类集线器的背板通常划分有多条以太网段（每条网段为一个广播域），不用网桥或路由连接，网络之间是互不相通的。以太主模块插入后通常被分配到某个背板的网段上，端口交换用于将以太模块的端口在背板的多个网段之间进行分配、平衡。根据支持的程度，端口交换还可细分为以下 3 部分。

❖ 模块交换：将整个模块进行网段迁移。

❖ 端口组交换：通常模块上的端口被划分为若干组，每组端口允许进行网段迁移。

❖ 端口级交换：支持每个端口在不同网段之间进行迁移。这种交换技术是基于 OSI 第一层上完成的，具有灵活性和负载平衡能力等优点。如果配置得当，那么还可以在一定程度上进行容错，但没有改变共享传输介质的特点，因而不能称之为真正的交换。

（2）帧交换

帧交换是应用广泛的局域网交换技术，它通过对传统传输媒介进行微分段，提供并行分头的机制，以减小冲突域，获得高的带宽。对网络帧的处理方式一般有以下几种。

❖ 直通交换：提供线速处理能力，交换机只读出网络帧的前 14 个字节，便将网络帧传送到相应的端口上。

❖ 存储转发：通过对网络帧的读取进行验错和控制。

直通交换的交换速度非常快，但缺乏对网络帧进行更高级的控制，缺乏智能性和安全性，同时也无法支持具有不同速率的端口的交换。

（3）信元交换

ATM 采用固定长度 53 个字节的信元交换。由于长度固定，因而便于用硬件实现。ATM 采用专用的非差别连接，并行运行，可以通过一个交换机同时建立多个节点，但并不会影响每个节点之间的通信能力。ATM 还容许在源节点和目标节点建立多个虚拟链接，以保障足够的带宽和容错能力。ATM 采用了统计时分电路进行复用，因而能大大提高通道的利用率。ATM 的带宽可以达到 25MB、155MB、622MB 甚至数 GB 的传输能力。

4.5.2 交换机的功能

交换机是网络中最重要的设备，它主要完成 OSI 参考模型中物理层（第一层）和数据链路层（第二层）的功能。

交换机是一种由多个在端到端基础上连接 LAN 段或各独立设备的高速端口组成的设备，为每一个独立的端口提供全部的 LAN 介质带宽。交换机主要完成 OSI 参考模型中物理层和数据链路层的功能，工作在 OSI 参考模型的数据链路层上，如图 4-29 所示。主要功能包括物理编址、网络拓扑结构、错误校验、帧序列以及流控。

❖ 物理编址定义了设备在数据链路层的编址方式。

❖ 网络拓扑结构包括数据链路层的说明，定义了设备的物理连接方式，如星型拓扑结构或总线型拓扑结构等。

❖ 错误校验向发生传输错误的上层协议警告。

❖ 数据帧序列重新整理并传输除序列以外的帧。

❖ 流控可以延缓数据的传输能力，以使接收设备不会因为在某一时刻收到了超过其处理能力的信息流而崩溃。

交换机除了以上基本功能外，还能够对 VLAN 支持，对链路汇聚的支持，甚至有的具有防火墙的功能。

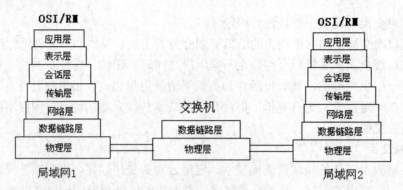

图 4-29　OSI/RM 上的交换机

4.5.3　交换机的分类

交换机的种类很多，每一类都支持不同速率。

1. 基于广义划分

❖　广域网交换机。
❖　局域网交换机。

广域网交换机主要应用于电信领域，提供通信用的基础平台。局域网交换机则应用于局域网络，用于连接网络资源设备，如服务器、PC 机及网络打印机等。局域网交换机根据使用的网络技术可以分为以太网交换机、令牌环交换机、FDDI 交换机、ATM 交换机、快速以太网交换机等。

2. 基于网络技术划分

❖　以太网交换机。
❖　快速以太网交换机。
❖　千兆以太网交换机。
❖　FDDI 交换机。
❖　ATM 交换机。
❖　令牌环交换机。

3. 基于功能划分

❖　模块式交换机。
❖　固定端口交换机。

模块式交换机（机架式交换机）的主体一般是一个内置电源（另外可配置 1~2 个冗余电源）和多插槽主板的机柜（Chassis），在插槽中可扩展交换模块和网管模块（CPU 板），每个交换模块可以是 100Base.TX，可以是 1000Base.X，也可以是 ATM。模块式交换机的优点是功能强大、扩展性强、可靠性高，并且可根据实际网络拓扑结构、传输介质和网络端口数目来灵活配置交换模块。模块式交换机价格昂贵，但却有着固定端口交换机难以比拟的背板带宽。它一般作为网络核心交换机或大型（1000 节点以上）校园网/园区网的分布层交换机。

固定端口交换机外观如同机架式 HUB，最常见的有 8/16/24/48/80 个 RJ.45 端口。固定端口式带扩展槽交换机是一种有固定端口数并带有少量扩展槽的交换机，这种交换机在支持固定端口类型网络的基础上还可以支持其他类型的网络。固定端口式不带扩展槽交换机仅支持一种类型的网络，但价格最便宜。随着技术的普及，现在也出现了千兆的固定端口交换机。此类交换机一般都有 1~2 个固定的 100Base.TX 上联端口，一个用于接入 100Base.FX 或 1000Base.X 的光纤介质端口。固定端口交换机最优秀的特征就是安装管理方便、便于堆叠、价格适中，最适合做小型网络主干或大型网络的分布层/接入层设备。

4. 基于应用规模划分

- ❖ 企业级交换机。
- ❖ 部门级交换机。
- ❖ 工作组级交换机。

一般来说，企业级交换机都是模块式交换机；部门级交换机可以是模块式（插槽数较少），也可以是固定端口式；而工作组级交换机一般为固定端口式（功能较为简单）。另一方面，从应用的规模来看，作为骨干交换机时，支持 500 个信息点以上大型企业应用的交换机为企业级交换机，支持 300 个信息点以下中型企业的交换机为部门级交换机，而支持 100 个信息点以内的交换机为工作组级交换机。

5. 基于应用领域划分

- ❖ 台式交换机。
- ❖ 工作组交换机。
- ❖ 主干交换机。
- ❖ 企业交换机。
- ❖ 分段交换机。
- ❖ 端口交换机。
- ❖ 网络交换机。

 小结

数据链路层的任务就是把从物理层得到的原始比特序列转换成网络层利用的帧流。使用各种成帧方法来形成帧。数据链路层协议能提供差错控制，以重传受损或丢失的帧。还采取了流量控制机制，防止拥塞的发生。而滑动窗口机制以便捷的方式将差错控制和流量控制结合起来。

在数据链路层常使用的是面向比特的协议，例如 SDLC、HDLC、LAPB 等协议。所有这些协议都使用标志字节来界定帧，用位填充技术来防止标志字节出现在数据中。所有这些协议还都使用滑动窗口进行流量控制。

习题

1. 如果 011110111111101111110 是经过位填充的，那么输出串是什么？

2. 讨论滑动窗口协议的优缺点。

3. 何谓 MAC 地址？MAC 地址是物理地址吗？以太网的 MAC 地址格式是什么？

4. 常使用的传输介质是什么？

5. 画图说明 OSI 和 IEEE 802 标准之间的对应关系。

6. 简要叙述 CSMA/CD 的工作原理。

7. 描述 IEEE 802.3 所使用的截断的二进制指数退避算法。

8. 什么是信道复用？波分复用、频分复用与时分复用有什么区别？

9. 试描述 CDMA 原理。

10. 有哪些差错控制方法？

11. 什么是奇偶校验？水平奇偶、垂直奇偶与水平垂直奇偶校验有什么区别，有什么特点？

12. 设有一个（7，3）码，生成多项式 $g(x) = x^4 + x^3 + x^2 + 1$，当传输信息为 101 时，求循环冗余码。

13. 数据链路层采用了后退 N 帧（GBN）协议，发送方已经发送了编号为 0~7 的帧。当计时器超时时，若发送方只收到 0、2、3 号帧的确认，则发送方需要重发的帧数是哪几帧？

14. 数据链路层采用选择重传协议（SR）传输数据，发送方已发送了 0~3 号数据帧，现已收到 1 号帧的确认，而 0、2 号帧依次超时，则此时需要重传的帧数是几？

第5章 局 域 网

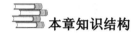
本章知识结构

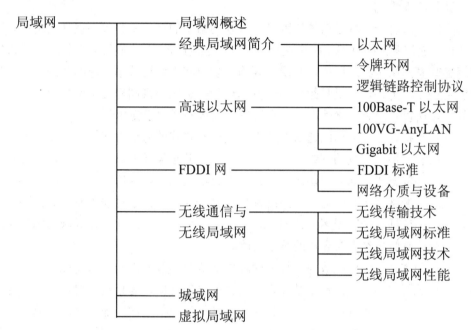

![学习目标图标]
学习目标

❖ 了解局域网概述。
❖ 理解以太网、令牌环网、FDDI 标准、网络介质与设备、高速以太网。
❖ 掌握逻辑链路控制协议、无线局域网标准、无线局域网、无线局域网性能、虚拟局域网。

5.1 局域网概述

由 IEEE 协会的 IEEE 802 委员会负责局域网标准的工作,该委员会于 1980 年 2 月成立,所颁布的与 LAN 所有有关的标准都以 ANSI /IEEE 802.X 为代号。任何标准的制定都是对现有可行技术的认可,进而提供一个统一的标准,避免网络用户因系统不相容,导致所开发的网络硬件无效。

在 20 世纪 60 年代后期和 70 年代前期之间，出现了局域网，计算机网络发生了巨大的变化。每一个局域网包括一种共享信道（介质），通常是电缆，许多计算机都连在上面。计算机按顺序使用共享介质来传送数据。

不同的局域网具有不同的使用电压、共享方式与调制技术等细节。通信信道的共享能够消除重复性，所以降低了费用，进而使局域网技术得以流行。

允许多台计算机共享通信介质的网络可用于局域通信，点对点连接可用于长距离网络和一些其他特殊情况。

共享网络只用于局域通信的原因是：共享网络中的计算机必须协调使用网络，而协调需要通信。通信所需的时间由距离决定，计算机之间的地理上的长距离带来了较长的延迟。长延迟的共享网络是不适用的。其次，要用更多时间来协调共享介质的使用，传送数据的时间就更少了。另外，提供长距离高带宽的通信信道比提供同样带宽的短距离通信信道要昂贵的多，所以长距离网络使用点对点连接，局域网适用于使用共享方式。

局域网是指在一个公用的通信介质上，实现对等式的通信方式，并能将信息由一个站发出，让所有其他站接收的网络。在传输过程中，并不需要通过交换方式，但需要通信介质的使用权仲裁方式。局域网建在一个企业内或组织内，并由其使用及维护。

传统的局域网将所有的计算机系统都接在同一介质上，这种线路配置方式为点到多点链路，又称为广播式链路或多路访问链路。由于介质共享，因此，在局域网中，必须利用介质访问协议来解决结点对介质的争用问题。

目前，局域网技术已经成为计算机网络中最成熟的技术之一。对局域网高需求的主要原因是计算机网络中的访问局部性原理。访问的局部性原理是指在一组计算机中通信不是随机的，而是有一定的规律。首先，如果一对计算机通信一次，那么这对计算机很有可能在不久的将来再通信，然后周期性地进行通信，这称为临时访问的局部性，它表示时间上的关系。其次，计算机经常与附近的计算机通信，这称为物理访问的局部性，它强调了地理上的关系。

访问的局部性原理很容易理解，因为它与人类的通信方式类似。例如，人们经常与附近的其他人（例如一起工作的同事）通信。另外，如果一个人与某个人（例如朋友或家庭成员）通信，那么他很有可能与同一个人再次通信。

总的来说，访问的局部性原理就是：计算机与附近的计算机通信的可能性大，并且计算机很有可能与同一个计算机重复通信。所以，局域网现在比其他网络类型可连接更多的计算机。

LAN 是在特定范围内，由多部计算机系统进行点对点式的信息传输的网络。IEEE 802 委员会所规定的是 LAN 中遵循 OSI 参考模型中的物理层和数据链路层，也考虑到 LAN 与网络较高层（例如，网络作业环境的应用程序）的标准，如图 5-1（a）所示，在这个模型中数据链路层可以分成两个子层：介质访问控制层（MAC）和逻辑链路层（LLC），如图 5-1（b）所示。

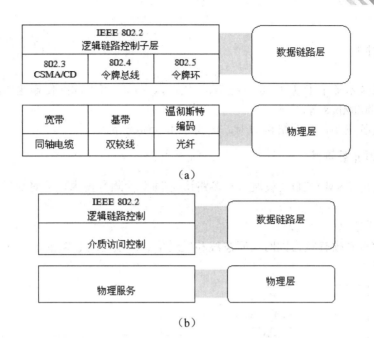

图 5-1　802 标准与 OSI 参考模型

IEEE 802 委员会总共有 11 个工作组，其编号顺序与职责如表 5-1 所示。

表 5-1　802 标准分类

工作组代号	职　责
IEEE 802.1	网间互连
IEEE 802.2	逻辑链路控制标准
IEEE 802.3	带有监测冲突的载波监听多路存取
IEEE 802.4	令牌总线局域网
IEEE 802.5	令牌环局域网
IEEE 802.6	城域网络
IEEE 802.7	宽带技术顾问组
IEEE 802.8	光缆技术顾问组
IEEE 802.9	综合语音/数据网络
IEEE 802.10	局域网络安全
IEEE 802.11	无线局域网

5.2　经典局域网简介

本节介绍的两种局域网是在局域网发展过程中产生重大影响的较经典的局域网，即以太网和令牌环网。

5.2.1 以太网

以太网的技术最早出现在 20 世纪 70 年代。以太网拥有不同的传输速率，如 10Mbps、100Mbps 和 1000Mbps 等。

以太网设备主要包括网络接口卡、集线器和电缆线等。

1. 以太网介质访问

以太网使用 CSMA/CD（载波监听多路访问/冲突检测）技术作为对介质（总线）访问的技术。

（1）发送信息

以太网节点必须有能力同时监听总线和发送信息。发送信息时的过程如图 5-2 所示，其算法的描述如下。

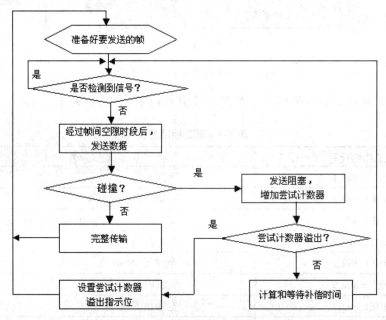

图 5-2　以太网发送算法

① 监听总线上有无其他节点正在发送信息。检测载波信号就是指这项工作。如果检测到有信息正在被发送，继续监听，直到信道空闲为止。

② 当没有检测到信号时，开始发送信息。

③ 在发送过程中监听总线，把接收到的信息与所发送信息进行比较，如果相同，则继续发送。

④ 如果接收到的信息与所发送信息不一致，说明发生冲突，停止发送信息。值得注意的是，信号收发机只是去等候一个电压临界值的突破，因此，信号反射和噪声通常也表现为冲突。

⑤ 发送干扰串，警告所有其他各节点已检测到冲突。

⑥ 等待任意一段时间，再从第①步开始。

（2）退避算法

在 CSMA/CD 算法中，一旦检测到冲突，并发完阻塞信号后，为了降低再冲突的概率，需要等待一个随机时间，然后再次使用 CSMA 方法试图传输。为了保证这种退避维持稳定，采用了一种称为二进制指数退避的技术，其算法的过程如下。

① 对每个帧，当第一次发生冲突时，设置参量 L=2。

② 退避间隔取 1~L 个时间片中的一个随机数。

③ 当帧重复发生一次冲突，则将参量 L 加倍。

④ 设置一个最大重传次数，超过这个次数，则不再重传，并报告出错。

这个算法是按后进先出的次序控制的，即未发生冲突或很少发生冲突的帧具有优先发送的概率，而发生过多次冲突的帧，发送成功的概率反而小。

在一个频繁使用的网络上，会发生冲突，并且每当这种情况发生时就会浪费一些时间，这是网络性能由于负载增加而下降的一个原因。发送过程中一旦检测到冲突，节点便停止发送信息，这就是在 CSMA/CD 中 CD（冲突检测）的含义。而其他一些相似的协议直到节点发送到信息的结尾才要求其停止发送信息，这样当任意的冲突节点正在发送一个长信息时，便会浪费大量时间。

电信号从总线上的一端到另一端所花费的时间是与 CSMA/CD 有关的一个潜在问题。假设在一个大型网络中，有两个节点 A、B 位于总线上方向相反的两个末端，并且同时开始发送信息。节点 A 在它发送出信息的最初位到达节点 B 之前，有可能发送出最后一位，反之亦然。两者都不会检测出冲突，但是信号将会被歪曲。解决这个问题的一个方法是，要求所发送信息的长度至少要能防止上述情况的发生。

（3）接收信息

以太网接收帧的步骤如图 5-3 所示。

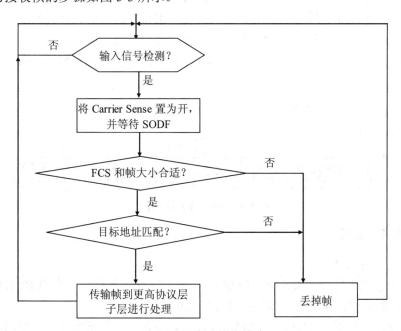

图 5-3　以太网接收算法

2. 以太网帧格式

标准以太网的帧如图5-4所示。

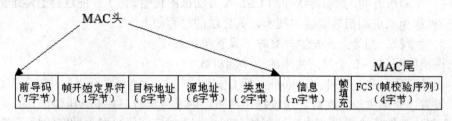

图5-4 标准以太网帧格式

以太网帧格式中，各字节解释如下。

❖ 前导码：长度为7个字节，可以使LAN上所有的其他站点达到同步。

❖ SFD（帧定界符）：也称为帧开始定界符，格式为"10101011"，占用1字节。

❖ 目标地址：占用6字节。

❖ 源地址：占用6字节。

❖ 类型：占用2字节。

❖ 信息：0~1500个字节。

❖ 帧填充：如果数据长度小于46个字节，则把它填充到46个字节。

❖ FCS（帧校验序列）：占用4字节采用32位CRC循环冗余校验。用来做错误校验控制。

帧填充可以保证帧有足够的长度。

在目标地址中设置一个控制位，以太网帧可以被送到一组节点中。这样便允许帧的多重投递。以太网的地址字段可以是一个全局地址，由其他控制位表示。网络层可把帧送到不在LAN上的目的地，任何以太网的节点可以用这种方式给出地址。

IEEE 802.3帧格式如图5-5所示。它与标准以太网的帧格式不同，长度字段代替了类型字型字段。

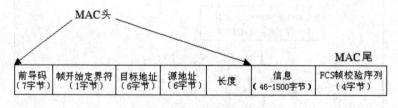

图5-5 IEEE 802.3帧格式

3. 以太网的结构

（1）10Base2以太网

最简单的以太网结构是由几个工作站组成，这些工作站连接在一个单独的以太网段上。在图5-6中，以太网由4个节点和1台服务器组成。

这种结构类型使用了10Base2同轴电缆连接。通常网卡包括收发器，细网电缆通过T型接头来连接。收发器接收从工作站传来的数字信号，并将其转换为物理电缆连接所适应的格式。粗网的拓扑结构常使用外部收发器，而细网连接简单，还可以为以太网提供低成本的选择。

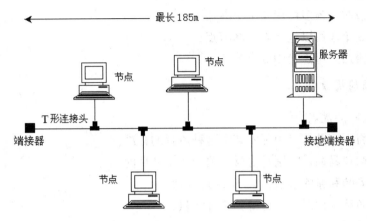

图 5-6　10Base2 以太网结构

以下是 10Base2 以太网的说明。

❖　通常使用同轴电缆连接。

❖　在发送机和接收机之间，一组最多可连接 5 个段。

❖　在连接段时，最多可用 4 个中继器。

❖　最多 3 个段可以包含以太网节点。

❖　每个段最多可连接 30 个节点。

（2）10Base5 以太网

在图 5-7 中，给出了一个 10Base5 以太网的例子。10Base5 也称为粗缆网或黄电线（外层常为黄颜色）连接。外部收发器常用于粗缆网应用程序。网卡与收发器相连接，而收发器又与物理网络电缆相连接。每个段必须在两端结束，其中一端使用接地端接器。

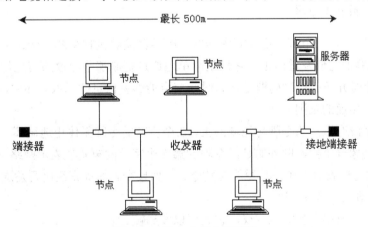

图 5-7　10Base5 以太网结构

当构建 10Base5 以太网结构时，应考虑以下几点。

❖　收发器应每隔 2.59m 或者 2.59m 的倍数放置。

❖ 每个段不能超过 500m。

❖ 在发送器和接收器之间，一组中最多可连接 5 个段。

❖ 连接段时，最多可用 4 个中继器。

❖ 最多 3 个段可以包含以太网节点。

❖ 每个段最多可连接 100 个节点。

4. 以太网的优缺点

（1）以太网的优点

❖ 在成百上千的节点中都安装了这种流行的标准。

❖ 协议简单易懂，特别是协议中关于错误处理的部分。

❖ 可以安装和删除节点，且不会打乱网络。

❖ 在低负载的情况下，可得到高吞吐量。

（2）以太网的缺点

❖ 帧的最小值为 64 字节，短帧具有较高的额外费用。

❖ 不确定性：不能保证在一个已定义时隙内的访问，这是一个实时应用程序的问题。

❖ 没有办法去区分通信优先次序。

❖ 有限的电缆长度。

❖ 当负载接近最大值时，冲突会引起性能快速下降。

5.2.2 令牌环网

IEEE 802.5 标准使用令牌传递，对于媒体访问控制来说，这是一个完全不同于 CSMA/CD 的方法。

1. 令牌环网介质访问

在令牌环网中，每个节点都含有中继器，中继器能够接收从两个链路中的一个发来的信息位，并能够把它们发送出去。它只是简单地通过复制那些经过的信息位而接收帧。环形 LAN 的一个媒介访问控制问题是什么时候节点能够将信息位插入到环中，如图 5-8 所示。

（1）令牌传递的规则

① 在一个没有激活的令牌环局域网上，3 个字节的令牌无休止地循环。

② 令牌就像一个帧，例外的是，令牌的第 2 个字节的第 4 位表示网络空闲。

③ 3 个优先位表示工作站是否能得到令牌。如果令牌的优先级比要发送的帧的优先级高，那么工作站就会错过令牌。

④ 节点一旦获得令牌的控制权，它就可以发送帧。

⑤ 每个后继节点转发帧直到该帧到达源节点。

⑥ 每一次只能有一个帧在环上循环，适用于 802.4 或 802.5；不适用于 FDDI。

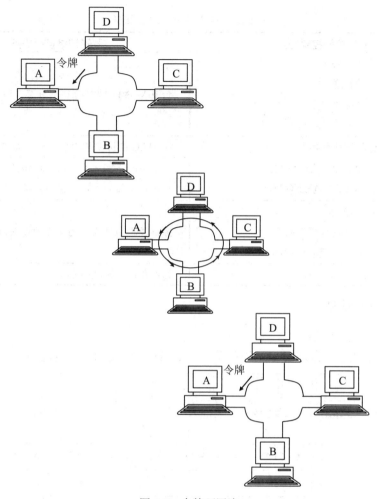

图 5-8　令牌环网流

（2）令牌传递特点

令牌传递的一个优点是内置应答。当发送帧的节点取回帧时，就知道帧在环上移动并且应该被接收者接收。令牌传递的一个缺点是：对于错误的某些类型比较敏感。当一个节点出错时，它就会留下一个无休止循环的"忙"令牌，这个"忙"令牌会使得整个网络空闲下来。它也不能发送一个空令牌，这也会使得整个网络空闲下来。由于这些潜在的问题，每一令牌环 LAN 必须包含一个节点，这个节点在其正常的功能之外，还要具有一个监控功能。这个节点查看在环上的通信，以便去发现错误的模式并采取正确的措施，例如，当必要时可以插入一个空令牌。当然，拥有监视器的功能可以提示当节点出错时，应该采取哪些措施。

2. MAC 层服务

令牌环协议的 MAC 层提供的服务如表 5-2 所示。

表 5-2 MAC 层和 LLC 层服务

介质访问控制服务	逻辑链路控制服务
令牌建立协议 （1）帧传送 （2）帧接收 （3）FCS 生成并校验	与 IBM 网络 S/W 连接的标准接口
环维护和令牌控制 （1）激活/备用监视功能 （2）环错误恢复及隔离	在 MAC 层协议和上层协议之间的标准接口 在逻辑网络实体间支持虚拟路径 在逻辑实体间提供有保障的传送和正确的排序
环管理控制 （1）网络管理报告服务 （2）网络管理参数控制	提供逻辑地址头，为接收帧查询路由
16Mb/s 早期版本	为源路由网桥获得路由信息

3. 令牌环网结构

（1）传统令牌环结构

图 5-9 表示几个环段通过多站访问单元（MAUs）连接构成令牌环网。

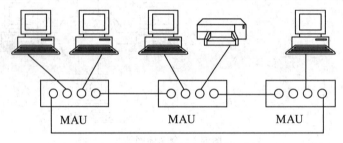

图 5-9 简单的令牌环网

通过前端处理器、集群控制器或者一个 LAN 网关设备，令牌环网节点能够访问主机的资源。图 5-10 画出了 3 个传统的用来访问一个 IBM 主机的令牌环网结构。

（2）令牌环网桥

通过使用网桥可以连接令牌环网，如图 5-11 所示。使用网桥的目的是隔绝环与环之间的通信量。环应该被很好地安排，这样网络上一个段的大部分通信量就会保存在它自己的环上，而不是穿过网桥。再增加一个网桥则会提供丰富的、更高层次的可用性。8230s 和 8228s 是 IBM MAU 的产品，在令牌环网中经常可以使用。

（3）令牌环骨干

通过使用令牌环网和网桥，可以组成一个骨干结构，如图 5-12 所示。这个结构允许在经过几个环的网络节点之间进行任何形式的通信。当网络大得可以容纳多个环时，骨干结构在网络上任何两个节点之间，可以提供最短的平均路径。可分享的设备（例如，打印机和文件服务器）可以放在骨干上，这样能提供到网络上所有节点的快速访问。这种结构类型的一个典型实例就是在一个多层办公的联合企业中将多个楼层连接在一起。每层可以含有一个单独的环，并且通过骨干能够连接所有的环（层）。

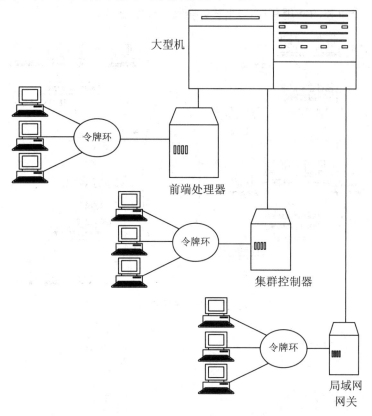

图 5-10 令牌环网和 IBM 主机连接

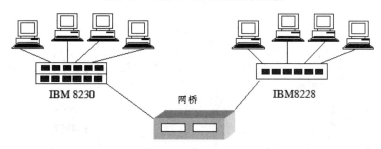

图 5-11 令牌环网桥

在许多实例中，光缆（令牌环网或 FDDI）被用来作骨干，这样便消除了因建筑物的分散引起的电位差和环境危害所造成的问题。图 5-13 显示了令牌环网是怎样与一个 FDDI 骨干连接的，这是一个非常典型的结构。为了连接其他的段或访问 WAN，令牌环和以太网段通过网桥或者路由器，可以连到高速骨干上。

（4）令牌环网交换

令牌环网交换能够为令牌环网上的每个用户提供 4Mb/s 或者 16Mb/s 的带宽。通过运行在一小块网络硬件上的软件，单个工作站的端口在令牌环网卡之间交换帧。与许多令牌环中任意一个进行的单个端口的软件控制交换，消除了在物理上修补网络电缆以便去改变

LAN 结构的需要。与令牌环交换有联系的是防止潜在崩溃、自动保护环的能力。对于令牌环网交换，有两个重要的应用程序：骨干交换和工作组交换。

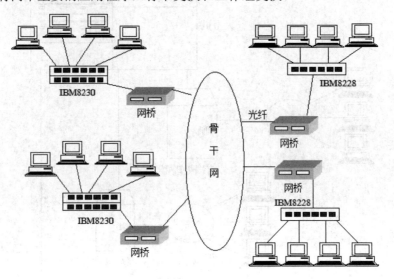

图 5-12　令牌环骨干结构

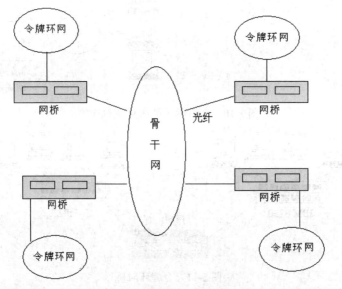

图 5-13　令牌环和 FDDI 骨干

在许多令牌环网中，一个中心令牌环可以用来组成共同骨干。在这种结构中，工作组用户通过令牌环骨干访问共享资源。工作组常通过一个 MAU 与骨干连接（MAU 在图中被描绘成一个环，实际上是一个提供点连接物理设备）。这样的环境中，有两个选择可供考虑：一是使用网桥将工作组的通信与骨干隔离开；二是使用路由器将工作组的通信量与骨干隔离开。

为了将网桥和路由器合并进入令牌环骨干网，提出了图 5-14 所示的结构。在这个结构中，直到共享资源通过骨干被访问，网桥和路由器才将工作组的通信量与骨干隔离开。这样便提高了骨干的工作性能，因为只有指定到共享资源和从共享资源来的通信才使用骨干。然而，当工作组用户访问骨干设备（例如，共享服务器）时，使用网桥和路由器去隔离工作组的通信，可能会增加大量的等待时间。一个解决方案就是：用交换机去代替网桥和路由器，以便去组成一个交换式折叠骨干，如图 5-15 所示。工作组段仍然完整，只是它到网桥和路由器的连接被交换机代替。属于骨干的共享资源能够被分给一个属于它们自己的交换机端口。

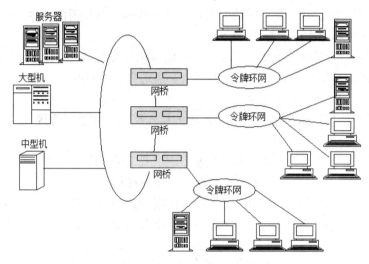

图 5-14　网桥、路由器隔离

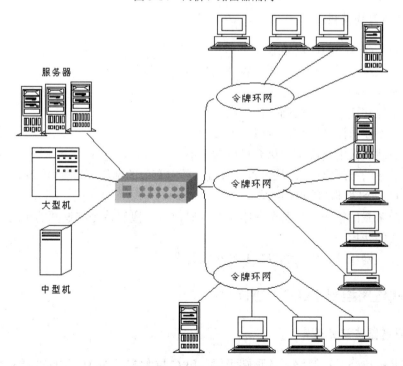

图 5-15　交换式集中式骨干

这种方法的优点是：一是减少了与整个网络连接的设备。通过减少网络中网桥和路由器的数量和给一个设备添加必要的功能，网络的维护和控制性能可以得到改善。这种方法也会减少网络的桥接等待时间，同时提高整体容量。容量由交换机的操作性能决定。

选择令牌环交换机时，应考虑以下几点。

① 可靠性和冗余度。因为交换机现已成为唯一可能出错的点，所以它必须非常可靠，必须提供备用电源、能够进行热备份的部件等。

② 性能特点。高吞吐量和低等待时间是一个交换机非常重要的特性。交换机的等待时间应远远小于网桥和路由器的等待时间。

③ 拥挤控制。由于到一个特殊工作组的通信量也许会超过工作组的可用带宽，所以交换机必须能够控制通信量中的这些偶然的峰值。当选择交换机时，也要考虑足够的缓冲空间和管理。

④ 桥接选项。报源路由桥接（IBM 使用的显式路由）和透明桥接（也叫作学习桥接）都应被支持。

⑤ 广播控制。如果只是简单地用交换机代替一个现存的骨干，那么从工作组环到骨干的通信流变化很小。但是如果服务器和其他骨干设备被放到专用的端口，这将会导致协议广播和源路由探测器通信量的增加，因为设备试图找到网络上其余的每个点。只有交换机实现广播压缩，广播和探测器通信量才能传送到所有的交换段上，在一些段上可能出现不止一次。

⑥ 网络管理选项。交换机的控制、管理和故障隔离也是应予以考虑的重要特性。

4. 令牌环的优缺点

IEEE 802.5 令牌环的优点如下。

❖ 标准双绞介质比较便宜而且容易安装。
❖ 容易发现和纠正电缆的故障。
❖ 确定性和通信可以被确定优先级。
❖ 帧中不要求添加数据，所以帧比较短。
❖ 在负载较大的情况下，仍有良好的性能。
❖ 通过环的接线集中器，环可以被桥接入环中有效的部位，环的大小没有实际的限制。

IEEE 802.5 令牌环的缺点如下。

❖ 在低负载的情况下，甚至网络是空载时，有一段等待令牌返回的延迟。
❖ 较高的费用。
❖ 与以太网相比，安装和管理起来更为复杂。

5.2.3 逻辑链路控制（LLC）协议

1. 逻辑链路控制帧格式

逻辑链路控制是数据链路层的顶端子层。LLC 层独立于 MAC 访问介质和协议。换句话说，LLC 层能够与令牌环和以太网的子层一起使用。图 5-16 显示了 LLC 协议数据单元

（PDU）的格式。

图 5-16　逻辑链路控制 PDU 格式

逻辑链路控制帧格式包括以下字段。

❖　DSAP：目标服务访问点。

❖　SSAP：源服务访问点。

❖　控制：控制字段。

❖　信息：信息字段。

这是一个信息帧。信息字段的大小是可变的，与帧的类型相关。帧还有其他两种类型：监督型和无编号型。

LLC 协议是基于 HDLC 控制协议的。LLC 协议由 3 种服务形式组成：非确认无连接服务、连接服务和有确认无连接服务。

2. 流量控制

为了保证一个发送实体不要超出接收实体的范围，LLC 提供以下几种流量控制。

（1）停和等

在接收每一帧后，发回确认帧。在发送下一个数据单元之前，发送者必须等待直到接收到确认帧为止。

（2）滑动窗口

允许一次发送多个 PDUs（协议数据单元或者 LLC 帧）。如果接收站分配了 7 个输入缓冲器，它就能接收 7 个 PDUs。为了记录确认 PDUs，每个都要用从 0~7 的数作标记。接收站通过发送所期望的下一个 PDU 的号码来确认收到一个 PDU。如果两个站正在发送和接收数据，必须保持两个窗口一个为发送，另一个为接收。确认帧和数据可以一起发送，这称为背载。图 5-17 说明了滑动窗口的概念。

在图 5-17 中，两个节点正在交换 PDUs。节点 X 正把信息发向节点 Y，反之亦然。当从节点 X 传向节点 Y 时，在图中画了 4 项。它们是 DSAP（X 或者 Y）、PDU 的类型、发送计数和接收计数。其顺序如下。

① 节点 X 发送 PDU 0，期望从节点 Y 来的 PDU 0。

② 节点 Y 发送 PDU 0，期望从节点 X 来的 PDU 1。

③ 节点 X 发送 PDU 1，期望从节点 Y 来的 PDU 1。

④ 节点 Y 发送 PDU 1，期望从节点 X 来的 PDU 2。

⑤ 节点 X 发送 PDU 2，期望从节点 Y 来的 PDU 2。

⑥ 节点 Y 发送 3 个 PDUs（2,3,4）到节点 X，期望从节点 X 来的 PDU 3。

⑦ 节点 X 发送 PDU 3，期望从节点 Y 来的 PDU 5。

⑧ 节点 Y 发送一个无编号的 PDU 到节点 X，期望从节点 X 来的 PDU 4。

在步骤⑦，节点 X 确认 3 个 PDUs 时，也发送信息。

SAP 是发送节点和接收节点相互存放信息的地方。每个 SAP 有一个字节的地址。LLC

层必须为多个网络层的协议（如 IPX 或者 IP）提供一个通信路径。如图 5-18 所示，LLC 是个公用层，它为较低的数据链路层协议提供接口。

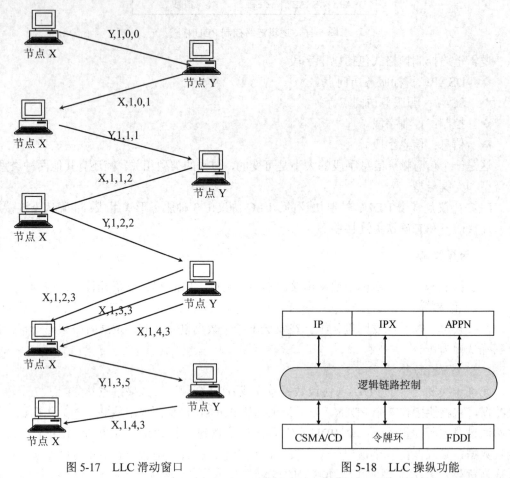

图 5-17　LLC 滑动窗口　　　　　　　　　图 5-18　LLC 操纵功能

通过使用 SAP 的值，LLC 能够跟踪每个协议。SAP 的值如下。

❖ 04：IBM SNA。

❖ 06：IP。

❖ 80：XNS。

❖ E0：NetWare。

❖ F0：NetBIOS。

❖ F4：令牌环 LAN 工作站。

❖ FF：全局。

图 5-19 显示了面向连接的 LLC 会话（2 型 LLC）的例子，可以保证所有带排序、应答和自动重试的数据链路的传送。在一些叫作链路站的节点之间建立连接，这些节点希望在任何数据传送之前进行通信。2 型 LLC 是 IBM 局域网协议的数据链路层。在图 5-20 中，工作站 1 向工作站 2 发出了一个连接请求帧。对于这个连接请求，工作站 2 返回了一个肯定应答。如果工作站 2 不能进行通信，它就会返回一个否定应答。有了肯定应答，就可以

建立链路，开始发送数据。所有数据将被确认，但不是每个报文分组都需要确认。一旦全部数据被发送出去，双方任一个工作站都能够发送一个断开连接的请求去关闭链路。

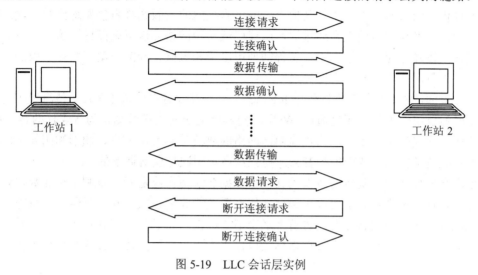

图 5-19　LLC 会话层实例

5.3　高速以太网

交换式以太网不能提供足够大的带宽。因为经常需要传输高分辨图像、视频和其他丰富的媒体数据类型来实现，所以桌面计算机、服务器、集线器和交换机的压力随着带宽的增加而增加。表 5-3 对应用程序及其对网络的冲击做出了总结。

表 5-3　应用程序及其对网络的影响

应 用 程 序	数据类型/大小	网络通信量的影响	对网络的要求
科学建模	1G 字节	大文件的增多 需要更宽的带宽	更高的带宽 桌面、服务器、主干
出版、图像处理	100M 字节	大文件的增多 需要更宽的带宽	更高的带宽 桌面、服务器、主干
因特网 内部网 外部网	音频、视频 1M~100M 字节	大文件的增多 需要更宽的带宽 必要的低等待时间	更高的带宽 桌面、服务器、主干 低等待时间
数据仓库 网络备份	1T 字节 （T=10^{12}）	大文件的增多 需要更宽的带宽 固定时间、长度的传输	更高的带宽 桌面、服务器、主干 低等待时间
桌面会议面板	1.5~4Mb/s	请求服务的级别 大量的数据	更高的带宽 桌面、服务器、主干 低等待时间

很多应用程序需要在网络上传输较大的文件，例如，科研上的应用程序就需要极高带宽的网络，用来传送复杂的三维可视化对象，这些复杂对象所包含的范围从原子到飞机；桌面计算机中的杂志、小册子和其他繁杂的色彩亮丽的出版物被直接发送到数字输入的打印设备中；许多医用器械正在通过局域网或广域网的链路传送复杂图像，这样可以分享昂贵的设备，以及专门的医学知识；工程师使用电子和机械设计的自动工具在分散的开发队伍中交互工作，共享庞大的文件等。

另一方面，许多开发者正在使用 Internet 工具去开发各自的内部网络，使得组织内部的用户不必通过电子邮件，而是通过 Web 浏览器就能访问关键数据，为多媒体的客户机/服务器应用程序提供了方便。因为当前内部网络的通信基本上由文本、图形和图像组成，所以快速扩大包括更高带宽密度的音频、视频和声音领域是众所期望的。

数据仓库技术也需要传送较大的文件。数据仓库使得决定者可以利用企业数据做出报告和分析，这种报告和分析可以正确评估生产系统的成绩、安全和完整性，这种方法现已变得很流行。这些数据仓库可能含有上亿字节的数据，它们分散在几百个平台上并且有上千用户去访问，它们必须被有规律地修改以便去为用户严格的商业报告和分析提供最新的数据。

另外，网络服务器的备份和存储系统工作在许多场合都是必要的，要求企业信息存档。这些备份常在下班后进行，并且在固定的时间内（4~8 小时）要求很大的带宽。需要备份的可能是千万或上亿字节，它们分布在整个企业的上百个服务器和存储系统中。

随着应用程序的不断扩大，要求在桌面上分享更大的带宽。另外，整个网络用户持续增长，对带宽提出更高的要求。对于一个普通的用户来说，以太网的 10Mb/s 速率足够了。然而，由于客户机/服务器的应用程序的增长，数据内容的改变，10Mbps 已不能满足要求。于此同时，传送声音、数据、图像等多媒体信息的需要和普通的用户复杂性的增长，这些都推动了更大带宽的需求。

最早提出的两个标准中可以增加以太网上的带宽：一个是 100Base-T，又称为快速以太网；另一个是 100VG-AnyLAN。其中，100Base-T 现已得到广泛应用。

5.3.1　100Base-T 以太网

100Base-T 以太网技术可以向以太网提供 100Mb/s 的速率。快速以太网与以太网相似之处都采用 CSMA/CD 的介质访问方法，都使用无屏蔽的双绞线电缆，并且具有相同的物理结构。100Base-T 网络结构如图 5-20 所示。这个结构与在 10Mb/s 以太网上使用的星形结构相类似。这种结构中，双绞线电缆能够延伸 100 米，光纤能够延伸 300 米。与每个 100Base-T 集线器相连的设备享有 100Mb/s 的带宽。如图 5-21 所示，使用 10Mb/s 和 100Mb/s 设备都可以加入以太网。100Base-T 的 MAC 帧和 10Mb/s 以太网的 MAC 帧相同，所以用来在 10Mb/s 以太网与快速以太网之间搭桥的设备必须只关心数据率，而不考虑数据内容或帧的格式。100Base-T 标准中，UTP 电缆的最大长度为 100 米，并且必须使用第 5 类电缆。如果使用光缆，100Base-T 标准可增加远距离传输能力。

如图 5-21 所示，使用 10Mb/s 和 100Mb/s 技术都可以加入以太网。

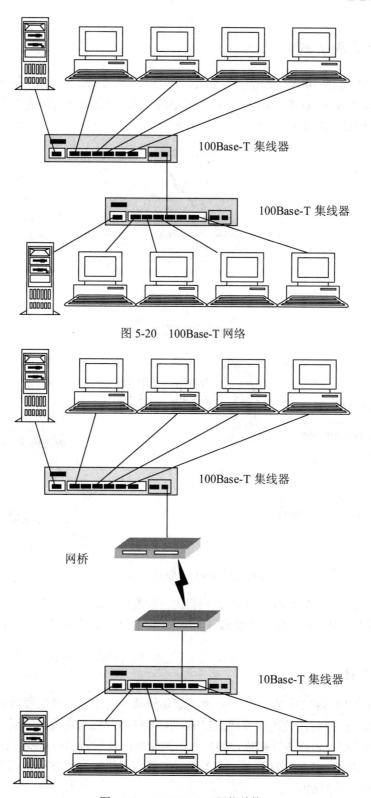

图 5-20   100Base-T 网络

图 5-21   10/100Base-T 网络结构

5.3.2　100VG-AnyLAN

标准为 802.12 的 100VG-AnyLAN 也是一种使用集线器的 100Mb/s 高速局域网，简写为 100VG，VG 代表 Voice Grade，而 Any 则表示能使用多种传输媒体，并可支持 IEEE 802.3 和 802.5 的数据帧，如图 5-22 所示。

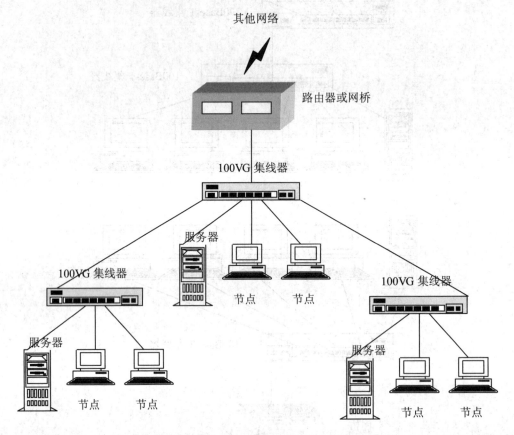

图 5-22　100VG-AnyLAN 以太网

100VG-AnyLAN 与 100Base-T 以太网相比，没有像 100Base-T 那样获得广泛的接受。这种访问方法与 10Mb/s 以太网和快速以太网（CSMA/CD）的访问方法不同，但 MAC 帧却相同。

1. 层次结构

100VG 可使用多级层次结构。每一个下级集线器相对于其上级集线器就相当于一个端口。在进行循环扫描时，使用深度优先扫描，即当扫描到接入集线器的端口时，就先向下对该集线器的各端口依次进行扫描，然后再回到原来的集线器的端口继续扫描。

100VG 使用 4 对 UTP（3 类线、4 类线或 5 类线）以半双工方式传送数据，因此每对 UTP 的数据率只有 25Mb/s。

2. 访问方法

100VG 是一种无冲突局域网，能更好地支持多媒体传输。在网络上可获得高达 95% 的吞吐量。所采用的访问方法叫作请求优先级。请求优先级协议在媒体接入控制 MAC 子层运行。各工作站有数据要发送时，要向集线器发出请求，每个请求都标有优先级别。一般的数据有低优先级，而对时间敏感的多媒体应用的数据（例如，话音、活动图像）则可定为高优先级。

100VG-AnyLAN 拓扑结构含有 3 个基本部件，即点到点的链路、网络节点和集线器，其中集线器是关键部件。集线器负责管理网络节点。每个集线器查询与其连接的节点，以便了解是否有数据要通过网络发送，并且决定任务的优先级。集线器可以是根集线器或者是下级集线器。下级集线器像节点一样被根集线器检查。

集线器使用一种循环仲裁过程来管理网络的节点。它对各节点的请求连续进行快速的循环扫描，检查来自节点的服务请求。集线器维持两个指针：高优先级指针和低优先级指针，高优先级的请求可在低优先级请求之前优先接入网络，因而可提供所需的实时服务。

集线器接收输入的数据帧并将其导向具有匹配目的地址的端口，从而提供了固有的网络数据安全性。优先级的标记由高层应用软件完成，标记信息作为帧信息的一部分被送往媒体接入控制 MAC 子层。

图 5-23 说明需求优先级协议的工作原理。假定网络中共有 8 个站点，分别接在集线器的 8 个端口。高优先级和低优先级的请求分别用空心和实心箭头表示，而高优先级和低优先级的帧分别用不同的长方框表示。

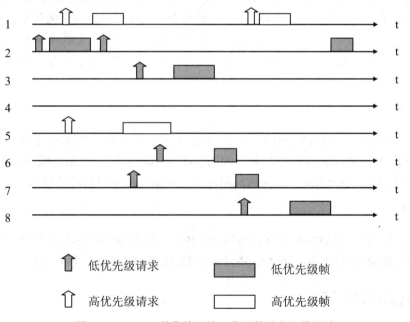

图 5-23 100VG 的集线器端口收到的请求和数据帧

集线器先将两个指针指向端口 1 并开始扫描，首先到达的是从端口 2 收到的一个低优先级请求。集线器在同意这个请求后，就将指针指向端口 3。

端口 2 发送一个低优先级帧。集线器收到此帧后就转发出去。当此帧正在发送时，端口 1 和端口 5 又先后收到高优先级请求。

当集线器从端口 2 接收数据帧时，也开始顺序轮流对高优先级请求予以同意；先是端口 1，然后是端口 5。接着将高优先级指针指向端口 6。

当端口 5 将高优先级帧接受完毕时，已经没有其他的未被同意的高优先级请求。于是接线器就转到低优先级请求。从上一个低优先级帧发送完毕后，已先后有 4 个低优先级请求到达，它们来自端口 2、7、3 和 6。但因刚才低优先级指针已经指向端口 3，因此集线器接收低优先级帧的顺序应当是端口 3、6、7 和 2（假定没有其他的请求插入）。

低优先级帧先后从端口 3、6 和 7 传送给集线器。但正当端口 7 接收数据时，端口 8 接收到一个低优先级请求，而端口 1 接收到一个高优先级请求。

集线器降低优先级指针指向端口 8，将高优先级指针指向端口 1。由于高优先级请求可以优先得到处理，因此端口 1 先收到数据帧。

当端口 1 接收数据帧时，已有两个低优先级请求在等候。但是由于现在低优先级指针指向端口 8，因此在端口 8 接收完数据帧后，才能轮到端口 2。

3. 编码

100VG 采用 5B6B 编码来传输数据。这种编码方式是先将数据流划分为每组 5 位，然后按照编码规则将其转换为 6 位，因此每对 UTP 上 30MBaud 的信号速率可以获得 25Mb/s 的数据率。5 位共有 32 种组合，但在 6 位的 64 种组合中，只有 20 种是其中的 1 和 0 一样多（当每组中具有相同数量的 1 和 0，但是直流分量为零）。因此有 12 种输入组合所对应的输出就一定有直流分量。编码规则使这 12 种数据中的每一种对应于两种不同的输出：一种叫作"方式 2 输出"，它包含 2 个 1 和 4 个 0；另一种叫作"方式 4 输出"，它包含 4 个 1 和 2 个 0。当这 12 种输入中的某一种出现时，对应的输出就使"方式 2 输出"和"方式 4 输出"交替出现，因而使输出数据流中直流分量最小。

4. 实现

在任何 100VG-AnyLAN 网络中，3 个层有一个最大值。如果使用第 5 类电缆，100VG-AnyLAN 段能被延伸到 150 米（100Base-T 为 100 米）。一个根集线器最多允许 1024 个节点。在 100VG-AnyLAN 中，网桥或路由器可用来连接不同的网络技术。

5. 拓扑

100VG 还支持 10BASE-T 和令牌环的网络拓扑，因此 10BASE-T 以太网和令牌环可方便地移植成 100Mb/s 的速率。100VG 还可通过 FDDI 或 ATM 与广域网连接。

5.3.3 Gigabit 以太网

在各项高速以太网技术中，快速以太网或 100Base-T 以太网已经很普遍。在广泛接受的 10Base-T 以太网的基础上，快速以太网技术提供了一种对于 100Mb/s 性能平稳的、无破坏性的进展。但是在 100Base-T 与服务器和桌面相连接时，还需要在骨干网和服务器中使用一种更高速的网络技术。在理想情况下，这种技术也应提供一种平稳、有效的升级路径，并且又不需要再培训。

Gigabit 以太网是符合上述条件的最合适的解决方案。Gigabit 以太网又称为千兆位以太网、吉位以太网，可以为校园网提供 1Gb/s 的带宽。与其他类似速度的技术相比，它以较低的花费提供了以太网的简单化，为当前以太网的安装提供了一个自然升级的路径。

Gigabit 以太网与原有以太网一样，使用相同的 CSMA/CD 协议、相同的帧格式和帧长度。对于众多的网络用户，这意味着他们现存的网络投资在可以接受的花费下能够扩展到 G 的速度，同时不用去再培训用户。

由于这些优势，再加上全双工操作的支持，Gigabit 以太网是一个理想的在 10/100Base-T 交换机中使用的骨干互连技术，就像连接在一个高性能的服务器上。还可以提供一个升级路径，因为将来的高端桌面计算机要求的带宽比 100Base-T 能提供的带宽更大。

5.4 FDDI 网

FDDI 是光纤分布数据接口（Fiber Distributed Data Interface）的英文缩写。光纤作为网络的传输介质，因为频带宽、抗电磁干扰能力强、体积小、重量轻等优点，现已经被广泛采用。FDDI 是用于高速局域网的介质访问控制标准，拓扑结构为环状，和 IEEE 802.5 十分接近，因为采用光纤作为传输介质，数据传输率高，因而该标准也有其特点，如表 5-4 所示。

表 5-4 FDDI 与 IEEE 802.5 的比较

	FDDI	IEEE 802.5
传输媒体	光缆 屏蔽双绞线 非屏蔽双绞线	屏蔽双绞线 非屏蔽双绞线
传输处理	符号级	比特级
数据速率	100Mb/s	4 或 16Mb/s
信号速率	125Mboud	8 或 32Mboud
最大帧尺度	4500 字节	4500 字节（4Mb/s） 18000 字节（16Mb/s）
可靠性要求	有	无
信号编码	4B/5B（光缆） MLT（双绞线）	差分温切斯特
同步方式	分散式	集中式
容量分配	计时令牌轮巡	优先级与预定位
令牌释放	传输后释放	接收后释放或传输后释放（可选）

FDDI 网以光纤通信和令牌环网为基础，增加一条光纤链路，使用双环结构，进而提高了网络的容错能力。FDDI 网使用改进的定时令牌传送机制，可以让多个数据帧同时在环上传输，提高了网络的利用率。在 FDDI 网的双环结构中，一个环为主环，另一个为辅环，两个环的传输方向相反。正常情况下，只有主环工作，而辅环为备份，如图 5-24 所示。

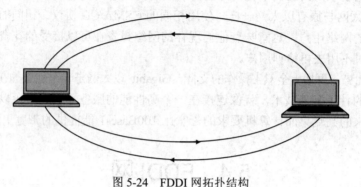

图 5-24　FDDI 网拓扑结构

一旦网络发生故障，无论是线路故障，还是结点故障，FDDI 网都会自动将双环重构为单环，致使网络工作不中断，这是 FDDI 网的一个重要特点，如图 5-25 所示。

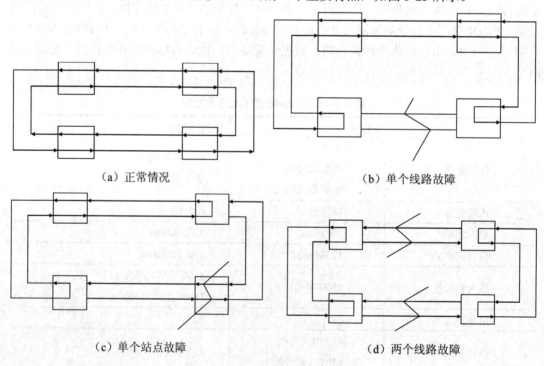

（a）正常情况　　　　　　　　　　　　　　（b）单个线路故障

（c）单个站点故障　　　　　　　　　　　　（d）两个线路故障

图 5-25　FDDI 网重构的各种情况

FDDI 最初是面向光纤的一种网络，但是现在可以用屏蔽型和非屏蔽型双绞线电缆来建立这种高速、可靠的网络结构，这种网络通常称为铜线电缆分布式数据接口网络 CDDI。

5.4.1 FDDI 标准

FDDI 标准定义了速率为 100Mb/s 光纤环网的 MAC 层和物理层，而在 MAC 层之上则借用了 IEEE 802.5 的 LLC 协议，其体系结构及其与 IEEE 802.5 标准的关系如图 5-26 所示。

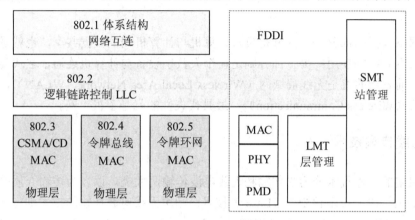

图 5-26　FDDI 体系结构及其与 IEEE 802 标准的关系

FDDI 标准对以下领域进行了规定：网络介质（光缆）、设备（站和集中器）和拓扑（双环配置）。FDDI 高性能光纤令牌环局域网的速率为 100Mb/s，跨越距离可达到 200km，最多可接 100 个站，FDDI 可以使用单模光纤和激光器，也可以使用多模光纤和 LED，后者不仅成本低，而且安全性较好，误码率低于 2.5×10^{-10}。

FDDI 的 MAC 可以在 IEEE 系列标准定义的 LLC 下操作，因为 FDDI 采用了 IEEE 802.5 的体系结构。关于物理层的标准被分成两个子层。物理层的上部子层 PHY 是物理层中与介质无关的部分，物理层的下部子层 PMD 是物理层中与传输介质相关的部分。几乎同时，OSI 在 1989 年发布了 ISO93141（PHY）和 IOS93142（MAC），于 1990 年发布了 ISO93143（PMD）国际标准，这 3 个标准被称为基本的 FDDI。

PMD 子层对用于光纤的发射器和接收器的特性做了规定，同时还对站到环的连接环所用的光缆和连接器等硬件相关的特性做了规定。PHY 子层包括与 MAC 子层间的服务接口规范，使用的是一种新的 4b/5b 码，而不是电缆网络的温切斯特码，这种编码方案的优点是节约带宽，缺点是丢失曼温切特编码自定时的特性。

5.4.2 网络介质与设备

在光纤中传输光信号的优点是通信量大，理论上可以通 100 亿路电话或 1000 万套电视，实际上一对光纤可以通几百路到几千路电话，由于光纤很细，一根光缆就可以包括几十根到几百根光纤，其容量是很大的。光纤敷设方便，维护简单，抗电磁干扰。而且当长距离传输时，中继站距离长。当然，光纤作为通信介质，也有它的缺点：光纤制造工艺复杂，耦合困难，当光纤断裂时，故障点很难寻找。

由于光纤网以光纤作为传输介质，其传输的是光信号，所以网内必然引入光信道。光信道中涉及的关键部件有激光器、光纤、光电探测器、光耦合器等。

5.5 无线通信与无线局域网

无线网络包括两部分：一部分是负责计算机与计算机间的数据共享，也就是取代或与原有的以太网络搭配使用；另一部分则是让个人数字设备与计算机连通，取代传统的有线传输方式。前者指的就是无线局域网（Wireless Local Area Network，WLAN），后者也就是无线通信（Wireless Communication），最具代表性的就是手机上网。

5.5.1 无线传输技术

无线网络的传输技术分为光传输和无线电波传输两大类。以光为传输介质的技术有红外线（Infrared，IR）技术和激光（Laser）技术；利用无线电波传输的技术则包括窄频微波（Narrowband Microwave）、直接序列展频（Direct Sequence Spread Spectrum，DSSS）、跳频式展频（Frequency Hopping Spread Spectrum，FHSS）、HomeRF 以及蓝牙（Bluetooth）等技术，移动电话是利用无线电波来传输数据。

1. 光传输介质

无论是红外线还是激光，因为是利用光作为传输介质，所以都必须受限于光的特性。在无线网络的应用上，光传输最突出的特性如下所述。

❖ 光无法穿透大多数的障碍物，会出现折射和反射的情况。

❖ 光的行进路径必为直线，不过可以通过折射及反射的方式解决非直线路径传输问题。

（1）红外线

红外线传输标准是在 1993 年由 IrDA 协会（Infrared Data Association）制定，目前几乎所有笔记本电脑都配备有红外线通信端口。IrDA 或 IR 缩写指的都是红外线，而 IrDA Port、IR Port 表示红外线通信端口，红外线传输有如下 3 种模式。

① 直接红外线连接

将两个要建立连线的红外线通信端口面对面，之间不能有阻隔物，即可建立连接。这种连接完全不需要担心发送数据中途被截取，绝对安全，不过适用范围非常小。红外线通信端口一定要面对面，这是因为从红外线通信端口所发射出的红外线，以圆锥形向外散出。而要建立连线，则必须让计算机所射出的红外线可以被对方计算机的红外线通信端口收到，所以两台计算机要建立连接时，就必须面对面放置。大致以通信端口为中心，左右偏移 15° 的范围之内都可，如图 5-27 所示。

② 反射式红外线连接

反射式的连接方式不需要红外线通信端口面对面，只要是在同一个封闭的空间内，彼此即能建立连接，这种连接很容易受到空间内其他干扰源的影响，导致数据传输失败，甚至无法建立连接，如图 5-28 所示。

图 5-27　红外线通信端口要面对面

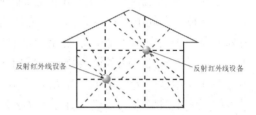

图 5-28　反射式红外线连接

③ 全向性红外线连接

全向性连接则是获取直接和反射两者之长，利用一个反射的红外线基地台（Base Station，BS）为中继站，将各设备的红外线通信端口指向基地台，彼此便能够建立连接，如图 5-29 所示。

④ 红外线传输的局限性

因为红外线传输受限于如下因素，所以影响了在无线局域网中的应用。

❖ 传输距离太短。红外线数据传输是以点对点的方式进行，传输距离约在 1.5m 之内，但是在一个局域网中，不可能每个端点都在 1.5m 的范围内紧紧相邻，影响了红外线传输在无线局域网中的应用。

❖ 易受阻隔。红外线传输易受阻隔，这也是光的特性之一。当用红外线建立连接之后，只要有任何障碍物屏蔽到红外线，连接就会中断，如果中断超过一定时间，则此次连接就会失败。由于红外线的穿透率非常差，就算两个红外线通信端口之间仅相隔一本杂志，通常还是无法建立连接，而在架设局域网时，跨越障碍物是件平常的事，所以红外线易受阻隔的特性，不适合作为局域网的主要传输介质。

（2）激光

激光和红外线都属于光波传送技术，不过激光无线网络的连接模式只有直接连接一种。这是因为激光是将光集成一道光束，再射向目的地，途中几乎不会产生反射现象，在许多需要安全的连接环境中，激光是一个极佳的选择。通常在空旷或拥有制高点的地方，而且不愿意或不能挖掘路面、埋设管线时，最适合用激光来建立两个局域网间连接的信道，如图 5-30 所示。

图 5-29　全向性红外线连接

图 5-30　激光通信的应用

2. 无线电波传输介质

无线电波是无线局域网网络的主要传输介质，这是因为无线电波的穿透力强，而且是全方位传输，不局限于特定方向，与光波传输相比较，无线电波传输特别适合用在局域网。另外还有一种情况也很适合采用无线电波传输，就是当用户不愿意负担布线和维护线路的成本，而其环境又有许多障碍物时，采用无线电波的无线网络就是唯一的解决方案。但是，不管在任何地区，无线电波频率都是宝贵的资源，也都受到特别的管制，因此无线网络所采用的无线电波频率大多设置在 2.4GHz 公用频带，以避免相关的法律问题。不过因为是公用频带，包括工业、科学与医学的许多设备，都将无线电波频率设在这个频带内（例如微波炉），因此大多通过调制技术发送信号，以避免信号互相干扰。

事实上，整个无线电波频率有许多频带属于公用频带，按用途不同而有所区别，同时每个国家所开放的公用频带范围和数量也不一定相同。如 2.4GHz（2.4000~2.4835GHz）频带原本是规划给工业、科学及医疗（Industrial，Scientific and Medical，ISM）领域免申请即可使用，但后来也开放给所有使用无线电波的设备使用，而且几乎全世界（除了西班牙和法国）都开放使用，所以无线网络设备也大多采用 2.4GHz 频带为主要传输频率。同属于ISM 频带的公用频带还有 900MHz（900~928MHz）、5.8GHz（5.725~5.850GHz）。

部分的无线网络都采用展频技术来发送信号，因为这种技术的保密能力与抗干扰能力都很强，所以受到广泛的应用。以无线电波作为传输介质的技术有窄频微波、直接序列展频、跳频式展频、HomeRF、Bluetooth 等。

微波和激光一样可提供点对点的远距离无线连接，应用方式也类似，不过他是采用高频率短波长的电波来传送数据，所以微波较容易受到外在因素的干扰，例如，雷雨天气或受邻近频道的噪声干扰。

微波频带介于 3~30GHz 之间，而为了节省带宽和避免串音的干扰，因此微波设备通常都不使用公用频带，而且以非常窄的带宽来传输信号。这种窄频微波的带宽刚好能将信号塞进去而已，如此不但可以大幅减少频带的耗用，也可以减轻串音干扰的问题。

如果不申请专用频道，也可以使用窄频微波。事实上也有厂商尝试开发使用公用频带的微波产品，不过如同前面所提，微波很容易受到噪声的干扰，而在公用频带内，有太多的无线电产品会发出电波，虽然采用了窄频的技术，无可避免还是会被其他信号干扰到，导致传输质量不良。

微波系统除了频带的问题之外，另一个大问题是没有统一的标准。这是个很严重的问题，因为没有统一的标准，所以各家厂商所生产的产品无法互通。一旦采用了某一家的微波设备后，后续的采购就必定要买相同品牌的产品，否则不能互相通信。如果是想换其他品牌，就必须将整套设置全部更新。这点比频带问题更直接地影响到微波系统网络的普及广泛应用。

5.5.2 无线局域网标准

无线局域网是使用无线传输媒体的局域网。无线网络的发展经历了两个阶段：IEEE 802.11 标准出台以前的互不兼容阶段和 IEEE 802.11 标准问世后的无线网络产品规范化阶段。1987 年，由 IEEE 802.4 小组开始在 IEEE 802 委员会中进行对于无线 LAN 的研究。最初小组想开发一个使用等同于令牌总线 MAC 协议的基于 ISM 的无线网。后来，研究者们发现令牌总线使得无线电频谱不能充分利用，因而不适合于控制无线电媒体。因此在 1990年，IEEE 802 成立了一个新的工作组，即 IEEE 802.11，专门从事无线网的研究，由其开发一个 MAC 协议和物理媒体标准。

虽然并不是所有的产品都反映了 802.11 标准。但是熟悉此标准还是有用的，因为它的特点代表了无线网所需具备的能力。802.11 工作组开发了模型，如图 5-31 所示。

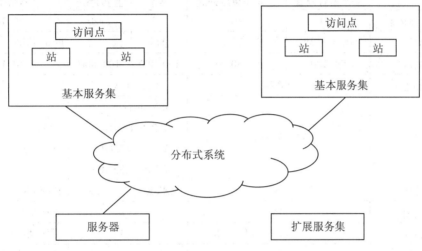

图 5-31　IEEE 802.11 结构

在无线局域网中，最小建筑物模块是基本服务集（Basic Service Set，BSS），该服务集中所有站点使用相同的 MAC 协议以及竞争共享无线媒体的站点。一个服务集可以是独立的，也可以通过一个访问站点连接到骨干网上。访问点的功能像一个网桥。MAC 协议可以是完全分布式的，或者由装在访问点处的中央协调功能来完成。

扩展服务集（Extended Service Set，ESS）包括多于两个的基本服务集，这些服务集通过一个分布式系统相连接，其中的分布式系统一般是一个有线骨干局域网。扩展服务集对于逻辑链路控制（LLC）层而言是一个单独的逻辑网络。标准定义了 3 种移动站点：无转移站点、BSS 转移站点和 ESS 转移站点。

（1）无转移站点是固定的，或者只在一个 BSS 的通信范围内移动。

（2）BSS 转移站点在同一个 ESS 中的不同 BSS 之间移动。在这种情况下，站点之间传输数据就需要寻址能力来辨认站点新的位置。

（3）ESS 转移站点从一个 ESS 的 BSS 移动到另一个 ESS 的 BSS。802.11 支持的高层的连接并不一定能得到保证，服务可能遭到破坏。

5.5.3　无线局域网技术

按照所使用的传输技术来分类，无线网可以分成 3 种类型：红外线局域网、扩展频谱局域网和窄带微波局域网。红外线 LAN 的范围局限在一间房间里，因为红外线不会穿透不透明的墙壁。

扩展频谱无线网使用扩展频谱传输技术。大多数情况下，这些网络在 ISM 频带内运行，无须申请 FCC 执照。窄带微波局域网使用微波频谱而不用扩展频谱。这种网络的有些产品是需要 FCC 执照的，其他的则使用免执照 ISM 频带。3 种类型的主要特点如表 5-5 所示。

表 5-5　无线 LAN 技术比较

	红外线		扩展频谱		无线电
	漫反射红外线	定向光束红外线	跳频	直接序列	窄带微波
数据速率（Mb/s）	1~4	10	1~3	2~20	5~10
移动性	固定/移动	与 LOS 固定	移动		固定/移动
范围（ft）	50~200	80	100~300	100~800	40~130
可监测性	可忽略		几乎无		一些
波长/频率	800~900nm		ISM 频带： 902~928MHz 2.4~2.4835GHz 5.725~5.85GHz		18.825~19.205GHz 或 ISM 频带
调制技术	IIK		GFSK	QPSK	FS/QPSK
辐射能量	NA		<1W		25mW
访问方法	CSMA	令牌环 CSMA	CSMA		预定 ALOHA，CSMA
需执照否	否		否		除 ISM 外都需要

5.5.4　无线局域网性能

一个无线局域网应该满足任何 LAN 所需要达到的性能要求，包括高容量、覆盖短距离的能力、站点之间的全连接，以及广播能力。当然，无线网还有自己特殊的性能要求。下面列出了无线网的主要性能。

❖ 结点数：无线网络可能要支持跨元的几百个节点。

❖ 漫游：无线网的 MAC 协议必须允许移动站点从一个元移动到另一个元。

❖ 并列网络操作：随着无线网的普及，很有可能两个或多个无线网在一个区域内运行，或是干扰不可避免要在网络中存在。这种干扰会阻碍 MAC 协议的正常操作，并允许无授权的访问进入一个特定的网络。

❖ 服务范围：无线网的典型覆盖范围是直径 90~305m。

❖ 与骨干网络的连接：在大多数情况下，要求与骨干网络的互连。

❖ 吞吐量：媒体访问控制协议必须尽可能利用无线媒体，从而达到最大容量。

❖ 电池供应：移动的工作站在使用无线适配器时，需要使用长寿命的电池，在这种情况下，MAC 协议中如果移动站点不停地监控访问点或与基站经常进行握手，则显然不合适。

❖ 传输安全：无线网易于被干扰和容易被入侵。因此，无线网的设计须提供防止入侵的一定的安全措施。

❖ 无须执照的操作：用户更喜欢不必申请执照的无线网络产品。

❖ 动态配置：可以动态管理无线网地址和网络，自动地对站点进行加入、删除或者重定位，而不影响到其他用户。

5.6　城　域　网

城域网覆盖的范围介于局域网和广域网之间。随着各种组织需求的日益增长，传统的点对点和交换网络技术已经不能满足这些需求，城域网得到了重视。宽带综合业务数字网 B-ISDN 以及 ATM 技术，都保证了一系列的高速需求。然而还有另一方面的需求：在大覆盖范围内提供廉价并且高容量的私有网和公共网。

IEEE 802.6 标准综合了局域网和广域 ATM 的特点，对于城市范围十分适合，有如下很多特点。

1. 802.6MAN 使用双总线

802.6 与 802LAN 的最大区别就是 802.6 标准使用了两条分离的总线，用于同时传递数据。

2. 802.6MAN 采用固定长度的分组

这一点 802.6MAN 与 802LAN 不同，而与 ATM 一样，802.6MAN 采用了固定长度的分组。为了与 ATM 兼容，802.6MAN 使用含有 48 字节数据的 53 字节的信元，在 802.6MAN 中该信元称为槽。固定长度的格式无论对于大分组还是小分组都提供了有效和高效的支持，并且能够支持等时数据。

3. 802.6MAN 支持 LLC

802.6 站点能够支持 802.2 LLC 情况下的无响应、无连接数据通信。

4. 802.6MAN 速度快

802.6MAN 提供一系列的速度，开始时标准指定速度为 44.7Mb/s。现在速度能够从 1.544Mb/s 变换到 155Mb/s，完全覆盖了 IEEE 802 定义的局域网和广域 ATM。

5. 802.6MAN 能够共享媒体

与 IEEE 802 标准定义的局域网相同，802.6 城域网使用比连接设备容量大得多的共享媒体。这样就能做到一方面支持同步通信，另一方面又能支持突发和异步通信。

6. 802.6MAN 具备寻址功能

802.6 站点必须能够识别其他 802LAN 所使用的 16 位和 48 位的地址。另外，802.6MAN 还能使用 60 位的 ITU-T 格式选项，从而能够与 ISDN 兼容。

IEEE 802.6 定义标准称为分布式队列双总线（Distributed Queue Dual Bus，DQDB）。

图 5-32 是基于 IEEE 802.6 标准描述的 DQDB 子网的使用。一个子网或一群子网可以被用于公共网，也可以用于为特定的用户提供一幢建筑物或一群建筑物之间的私有主干网。为了提供城域范围内的服务，一个 DQDB 网络可以从几公里延伸至 50 公里，而且，不同的子网可以运行于不同的数据速率。

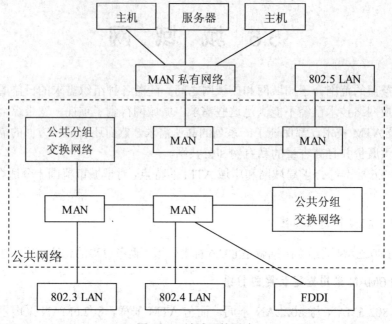

图 5-32 城域网的用途

各个 DQDB 子网可以用网桥或路由器连接起来，一对网桥或一对路由器之间可以是点对点连接，也可以是网络，包括分组交换网络、电路交换网络或者是 ISDN。

5.7 虚拟局域网

虚拟局域网（Virturl Loal Area Network，VLAN）是一种迅速发展的技术。

5.7.1 虚拟局域网产生的背景

虚拟局域网的出现，主要是基于广播风暴问题和安全性问题。它不是一种新型的局域网，而是局域网资源的一种逻辑组合。

1. 广播风波问题

在计算机网络中，当一个结点发送广播帧后，每个接收到该帧的结点都进行复制和转发到所有与其连接的网络，如果大量这样的广播帧存在网络中将导致网络性能下降，严重将导致网络瘫痪，这就是网络风暴问题。

2. 安全性问题

在局域网中，广播数据包都可以被该网段的所有设备接收到，随着多媒体在局域网中的应用，将导致数据传输量的增大，更为严重的是安全性问题。

5.7.2　虚拟局域网的基本概念

虚拟局域网是指建立在物理局域网基础架构之上，利用路由器和交换机的功能来配置网络的逻辑拓扑结构，进而使网络中的结点不局限于所处的物理位置，并且能够根据需要灵活扩充不同逻辑子网，如图 5-33 所示。

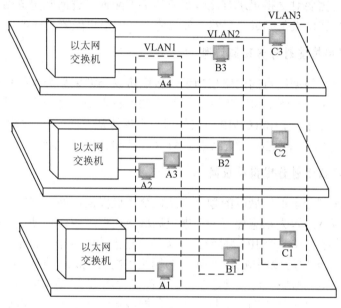

图 5-33　虚拟局域网结构

虽然虚拟局域网不受结点所在物理位置的限制，但同样具有物理局域网的功能和特点，即同一物理局域网内的结点可以互相访问，不同局域网络的结点不能直接访问。当结点的物理位置变化时，不需要人工进行重新配置，组网方法灵活。可以看出，虚拟局域网能有效地控制广播域的范围并减少共享介质所形成的安全隐患问题。

5.7.3　虚拟局域网的组网方法

虚拟局域网与物理局域网的功能和操作方式相同，但不同的是组网方法不同。由于交换技术可以在网络层和其他高层实现，所以虚拟局域网可以在不同层次上实现。虚拟局域网主要有 4 种划分方式。

1. 基于端口划分的虚拟局域网

这是一种最常用的虚拟局域网成员定义方法，这种方法在逻辑上将局域网交换机的端口划分为不同的虚拟子网，各虚拟子网彼此相互独立。使用端口定义虚拟局域网时，不允许不同的虚拟局域网包含相同的物理网段或交换端口，也就是说，一旦网络中的端口号改变，网络管理员需要对虚拟局域网成员重新配置，这种方法的缺点是灵活性较差。

2. 基于 MAC 地址划分虚拟局域网

这种方法可以根据站点的 MAC 地址来定义虚拟局域网成员。在基于 MAC 地址划分的虚拟局域网中，交换机对站点的 MAC 地址和端口进行跟踪，当有新站点入网时，首先根据需要将其划归给某一虚拟局域网，在网络中，无论该站点如何移动，由于其 MAC 地址不变，因此不需要对其网络地址重新配置。基于 MAC 地址划分虚拟局域网的方法缺点是在新站点入网时，需要对交换机进行比较复杂的手工配置，进而确定该站点属于哪一个虚拟局域网，初始配置由人工完成。显然，如果将大量的用户配置到虚拟局域网相当麻烦。

3. 基于网络层地址划分虚拟局域网

这种划分方法是根据站点的网络层地址，按照协议类型来划分虚拟局域网成员的一种方法，如果用 IP 地址来划分虚拟局域网。这种方法的特点是允许用户移动工作站而无须重新配置网络地址，这对于使用 TCP/IP 协议的用户来说特别方便。由于检测网络层地址比检测 MAC 地址的时间长，故这种方法比基于 MAC 地址的方法性能差。

4. 基于 IP 广播组划分虚拟局域网

这是一种动态划分虚拟局域网的划分方法，交换机根据各站点网络地址自动将其划分成不同的虚拟局域网。首先动态建立一个虚拟局域网代理，由代理使用广播信息通知各结点，表示此时网络中存在一个 IP 广播组，如果某个结点响应这个广播信息，则该结点加入这个 IP 广播组称为虚拟局域网成员，并可以与网络中的其他成员通信。IP 广播组中的所有结点属于同一个虚拟局域网，它们只是在特定时间段内的 IP 广播组成员。IP 广播组划分虚拟局域网动态特性提供了很高的灵活性，可以根据服务灵活地组建虚拟局域网，并且能跨越路由器直接与广域网互连。

上述的 4 种虚拟局域网实现技术相比较，基于 IP 广播组划分虚拟局域网的网络智能化程度最高，但实现起来最复杂。

5.7.4 虚拟局域网的优点

归纳起来，虚拟局域网的优点如下所述。

1. 可以抑制网络上的广播风暴

通过划分多个虚拟局域网就可减少在整个网络范围内的广播包的传输，这是由于广播信息不会跨越虚拟局域网，而是限制在各个虚拟网的范围内，缩小了广播域，提高了网络性能。

2. 增加了网络安全性

由于各虚拟局域网之间不能直接通信，必须通过路由器进行转发，这就增强了网络的安全性。

3. 集中化的管理控制

同一部门的子部门分散于不同的物理地点时，虽然数据彼此保密，但是需要同一结算时，就可以跨地域，将其设在同一虚拟局域网之中，进而实现数据安全与共享。

小结

局域网络是较早出现，并且是较成熟的技术，因此，局域网络技术的学习是十分必要的。

本章主要介绍了局域网的相关知识，讲述各种局域网的结构、协议、访问控制等内容。其中的局域网技术主要包括传统的以太网、令牌环网、令牌总线网、高速类以太网、光纤分布式数据接口（FDDI）网、无线局域网、城域网和虚拟局域网等相关技术。

习题

1. 为什么在局域网中 5 类双绞线用得如此之广？
2. 如果在一建筑内已安装了有较大电噪声的缆线，用哪一种缆线替代它最好？
3. 判断正误：缆线连接器是网络中最可靠的元件。
4. 判断正误：3 类双绞线不能支持 100Mb/s 以太网。
5. 判断正误：光纤的安全性没有屏蔽双绞线（STP）的好。
6. 什么是局域网？局域网与广域网有哪些区别？
7. 描述 IEEE 802 标准中，各层次与 OSI 体系结构层次的对应关系。
8. 局域网中常用的拓扑结构有哪些？
9. 以太网采用什么方式解决冲突问题？该方式如何工作？
10. 叙述令牌环网中数据发送与接收的过程。
11. 简述逻辑链路控制层的功能。

第6章 广 域 网

本章知识结构

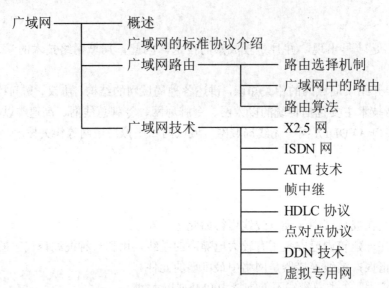

学习目标

❖ 了解广域网概述、广域网协议介绍。

❖ 理解 X2.5 网、ISDN 网、ATM 技术、路由算法。

❖ 掌握广域网路由、帧中继技术、点对点协议、HDLC 协议、DDN 技术和虚拟专用网等。

广域网（Wide Area Network, WAN）是覆盖范围相对较广的数据通信网络，可以连接多个城市和国家，形成地域广大的远程处理和局部处理相结合的计算机网络，其结构比较复杂，传输速率一般低于局域网。

6.1 概　　述

ARPAnet 的出现，标志着以资源共享为目的的计算机网络诞生。在发展初期，网络一般是为某一机构组建的专用网。专用网的优点是针对性强、保密性好；缺点是资源重复配置，造成资源的浪费，系统封闭，使系统之外的用户很难进入。随着计算机应用的不断深入发展，一些小规模的机构甚至个人也有了联网需求，这就促进了通信公用数据网的诞生。

广域网由结点以及连接这些结点的链路组成，链路就是传输线，也可称为线路、信道或干线等，用于计算机之间传送比特流。结点也可称为交换机、分组交换结点或路由器，将它们统称为路由器。结点执行分组存储转发的功能，结点之间是点到点连接。广域网基于报文交换或分组交换技术，当信息数据沿输入线到达路由器后，路由器经过路径选择，找出适当的输出线并将信息数据转发出去。

广域网和局域网有较大的区别和联系。范围上，广域网比局域网的覆盖范围要大得多。组成上，广域网通常是由一些结点交换机以及连接这些交换机的链路组成，结点交换机执行将分组存储转发的功能，结点之间都是点到点连接，为了提高网络的可靠性，通常一个结点交换机与多个结点交换机相连；而局域网通常采用多点接入、共享传输媒体的方法。层次上，广域网使用的协议在网络层，主要考虑路由选择问题；而局域网使用的协议主要在数据链路层以及物理层。应用上，广域网强调的是数据传输，侧重的则是网络能够提供什么样的数据传输业务，以及用户如何接入网络等；而局域网侧重的是资源共享，更多关注如何根据应用需求进行规划、建立和应用。

6.2 广域网的标准协议介绍

广域网的标准协议包括 3 部分，分别为物理层协议、数据链路层协议和网络层协议。广域网协议模型结构如图 6-1 所示。

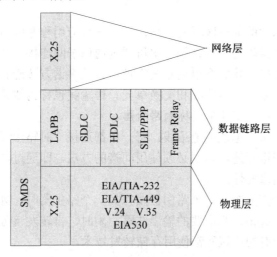

图 6-1 广域网协议模型结构

1. 物理层协议

物理层协议描述了如何为广域网服务提供电子、机械、程序、功能和规程方面的连接。广域网物理层提供有 3 种基本方式连接，即专线连接、电路交换连接和包交换连接。

2. 数据链路层协议

数据链路层协议描述了单一数据链路中数据帧是如何在系统间传输的，如帧中继、

ATM 等。其中包括为运行点到点、点到多点、多路访问交换业务（如帧中继）等设计的协议。这一层典型的广域网协议介绍如下。

（1）高级数据链路控制（HDLC）：是点对点、专用链路和电路交换连接默认的封装类型。

（2）点对点（PPP）：PPP 包含标识网络层协议的协议字段，由互联网工程任务组（Internet Engineering Task Framework，IETF）定义并开发。

（3）串行链路网络协议（SLIP）：是点对点串行连接应用于 TCP/IP 的标准协议。

（4）综合业务数字网（ISDN）：一种数字化电话连接系统。ISDN 是第一部定义数字化通信的协议，该协议支持标准线路上的语音、数据、视频、图形等的高速传输服务。

（5）X.25 及平衡式链路访问程序（LAPB）：X.25 是帧中继的原型，指定 LAPB 为一个数据链路层协议。

（6）帧中继：一种产业标准，维护多路虚拟电路的交换式数据链路层协议。

3. 网络层协议

网络层协议主要提供两种功能：一是为网络上的主机提供服务，分别为面向连接的服务和无连接的服务，其具体实现通过数据报服务和虚电路服务；二是路由的选择和流量控制。

6.3　广域网路由

广域网是一种跨越大的地理区域的网络，包括运行应用程序的所有计算机。通常称这些计算机为主机，有时也称为端点系统。主机通过通信子网连接。子网的功能是把消息从一台主机传到另一台主机，就好像电话系统中把声音从讲话方传送到接收方。通信子网一般由两个不同的部分组成，即传输线和交换单元。传输线也称为线路、信道或者干线，用来在计算机之间传送比特。交换单元称为路由器。

在广域网中包含大量的电缆或电话线，每一条都连接一对路由器。如果两个路由器间没有电缆连接而又希望进行通信，则必须使用间接的方法，即通过其他路由器。这说明了在广域网中路由选择的重要性。

当通过中间路由器把分组从一个路由器发往另一个路由器时，分组会完整地被每一个中间路由器接收并存放起来。当需要的输出线路空闲时，再转发该分组，将这种技术称为存储转发技术，几乎所有的广域网都使用存储转发技术。

6.3.1　路由选择机制

1. 广域网的物理地址

为了实现在计算机网络中进行通信，连接到网络的计算机就必须有它自己唯一的地址，只有这样，才能明确要将分组发送给谁，以及由谁来接收该分组。没有地址的计算机无法在计算机网络中进行通信。

为了提高数据传输的效率，广域网采用了层次编址。最简单的层次编址方案是将一个地址分成前后两部分：前一部分表示分组交换机，后一部分表示连在分组交换机上的计算机，例如这种层次编址方案如图 6-2 所示。

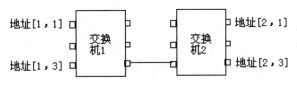

图 6-2　计算机层次编址举例

图 6-2 中用一对十进制整数来说明一个地址。连到交换机 1 上的端口 1 的计算机的地址为[1，1]。不难看出，采用这种编址方案，广域网中的每一台计算机的地址一定是唯一的。在实际应用中，计算机的地址都用二进制数表示。二进制数中的一些位表示地址的第一部分，即交换机的编号；而其他位则表示地址的第二部分，即计算机接入的交换机的端口号。因为每个地址用一个二进制数来表示，所以用户和应用程序可将地址看成是一个数，而不必知道这个地址是分层的。

交换机利用目的地址进行端口的选择。分组交换机并不需要知道所有可能的目的信息，它只需知道的是：为了将分组发往最终目的地所需的下一站的地址。因此，每个节点交换机中都有一个路由选择表，一般也称之为路由表。当接收到一个分组时，交换机即根据分组的目的地址查找路由表，以决定分组应发往的下一站是什么。表 6-1 即为图 6-2 中交换机 2 的路由表，并且仅给出了路由表中最重要的两个内容，即一个分组将要发往的目的站，以及分组发往的下一站。

表 6-1　交换机 2 的路由表

目　的　地	下　一　站
[1，1]	端口 3
[1，3]	端口 3
[2，3]	连在端口 3 上的计算机

应该注意的是，路由表中没有源地址这一项。这是因为交换机在转发分组时，所需要的信息只与分组的目的地址有关，而与分组的源地址以及分组在到达交换机之前所走的路径无关，这种特性也叫作源地址独立性。

源地址独立性使得计算机网络中的转发变得更紧凑、更有效。这是因为转发不需要源地址信息，而仅仅从分组中检查目的地址，所以所有的沿同样的路径的分组只需占用路径表的一个入口。

2. 层次地址和路由的关系

路由即是为被转发的分组选择下一站的过程。从 6-2 表中可以看出，表中不止一个表目具有相同的下一站，如目的地为[1，1]和[1，3]的表目。也就是说，目的地址的第一部分相同的分组都将被发往通向同一个交换机的端口。这样，在转发分组时，交换机只需检查层次地址的第一部分即可。仅使用层次地址的一部分进行分组转发的好处如下。

（1）因为路由表可以排成索引阵列的形式，不需再逐项搜索，因此缩短了查表时间。

（2）因为每个目的交换机占用一个表项，而不是每个目的计算机占用一个表项，从而缩小了路由表的规模。

在两级地址方式中，除了最后的交换机外，其余交换机在转发分组时，都只用到分组的目的地址的第一部分，当分组到达与目的计算机相连的交换机时，交换机才检查分组目的地址的第二部分，将分组送往最终的目的计算机。

6.3.2 广域网中的路由

随着连入的计算机数目的增加，必须对广域网的容量做相应的扩展。广域网有两种扩展方式：第一，当计算机数目增加不多时，可通过增加单台交换机的 I/O 端口硬件或使用快速的 CPU 来扩展；第二，对于更大规模的网络扩展，就需要增加新的分组交换机。增加网络的分组交换能力只需将交换机加入网络内部，专门处理网络负载即可，不需要增加计算机。这样的交换机上没有连接计算机，叫作内部交换机，外部交换机是与计算机直接相连的交换机。

不论外部交换机还是内部交换机，都需要一张路由表，并且应都能转发分组，只有这样才能保证网络正常工作。而且，路由表必须符合下列条件。

（1）路由完备性。每个交换机的路由表必须包含有所有可能目的地的下一站。

（2）路由优化性。对于一个给定的目的地而言，交换机内路由表中下一站的值必须是指向目的地的最短路径。

在广域网的拓扑中，用节点表示网络中的分组交换机，边表示广域网中的链路。如图 6-3 所示的是一个广域网及其相应的图的表示。

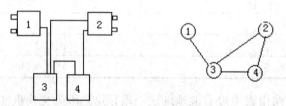

图 6-3 广域网及其相应的图

表 6-2 是图 6-3 所示网络中各交换机的路由表。

表 6-2 每个交换机的路由表

| 交换机1 | | 交换机2 | | 交换机3 | | 交换机4 | |
目 的 地	下 一 站	目 的 地	下 一 站	目 的 地	下 一 站	目 的 地	下 一 站
1		1	[2，3]	1	[3，1]	1	[4，3]
2	[1，3]	2		2	[3，2]	2	[4，2]
3	[1，3]	3	[2，3]	3		3	[4，3]
4	[1，3]	4	[2，4]	4	[3，4]	4	

虽然层次地址减小了路由表的规模，但简化了的路由表仍然包括有许多下一站相同的表目，造成表项的重复。考虑图 6-3 所示的网络，交换机 1 对应只有一条链路连到其他的交换机上（交换机 3），除了给交换机 1 自己的信息外，所有的输出分组都只能发往这一条链路端口上。在较小的网络中，路由表重复的表目不多。然而，在规模巨大的广域网中，有的交换机的路由表中将有大量的重复表项，这种情况下，查找路由表将很费时。为限制表项的重复，大多数的广域网采用默认的路由机制，这种方法用一个表目来代替路由表中有相同下一站值的许多表目。任何路由表中只允许有一条默认路由。而且默认路由的优先级低于其他路由。转发机制对于给定的目的地址如果找不到一条明确的路由，它就使用默认路由。利用默认路由，表 6-2 可简化为如表 6-3 所示。

表 6-3 有默认路由的路由表

交换机1		交换机2		交换机3		交换机4	
目 的 地	下 一 站	目 的 地	下 一 站	目 的 地	下 一 站	目 的 地	下 一 站
1		2		1	[3, 1]	2	[4, 2]
*	[1, 3]	4	[2, 4]	2	[3, 2]	4	
		*	[2, 3]	3		*	[4, 3]
				4	[3, 4]		

表中的*表示默认路由，默认路由是可选的，只有在多个目的地的下一站相同时，才有默认路由。例如路由表中交换机 3 就无须默认路由，因为交换机 3 通往每个方向的下一站都不相同。而交换机 1 则有默认路由，因为除了它自己，通往所有方向的下一站都一样。

6.3.3 路由算法

路由表主要依据路由算法来构造。一个好的路由算法应具备下列特征：正确性、简单性、健壮性、稳定性、公平性和最优性。然而这些优点往往不能兼得。例如，健壮性要求算法不受网络故障的影响，能很好地适应网络拓扑结构和流量的改变，但这往往需要定期收集各种有关的网络信息并进行复杂的计算，其算法就不能简单。再例如，为使网络的吞吐量达到最大，就必须保证数据流量大的站点优先占用最优路由进行发送，这样数据流量小的站点就只能使用较差的路由或等待较长的时间才能发送。另外所谓的最优路由算法，也不能保证所有的性能指标都是最优，例如可使网络获得最大吞吐量的路由算法，就无法使得分组在网络中的平均延迟最小。在通常情况下，一种优秀的路由算法是兼顾某几项重要的性能指标并使它们都成为较优。路由选择算法有非自适应路由算法和自适应路由算法两种。

1. 非自适应路由算法

非自适应路由算法又称静态路由算法。静态路由是指由网络管理员手工配置的路由信息，该路由表在系统启动时被装入各个节点（路由器），并且在网络的运行过程中一直保持不变。这种算法没有考虑到网络运行的实际情况，当网络的拓扑结构或链路的状态发生变化时，网络管理员需要手工去修改路由表中相关的静态路由信息。静态路由信息在默认情况下是私有的，即它不会传递给其他的路由器。当然，也可以通过对路由器进行设置使之成为共享。非自适应路由算法简便易行，在一个载荷稳定、拓扑变化不大的网络中运行效果很好，因为在这样的环境中，网络管理员易于清楚地了解网络的拓扑结构，便于设置正确的路由信息。因而静态路由算法广泛应用于高度安全性的军事系统和较小的商业网络。

在大型和复杂的网络环境中，不宜采用静态路由，一方面因为网络管理员难以全面地了解整个网络的拓扑结构；另一方面，当网络的拓扑结构和链路状态发生变化时，需要大范围地调整路由器中的静态路由信息，这就增大了工作的难度和复杂程度。

2. 自适应路由算法

自适应路由算法也称为动态路由算法，它总是根据网络当前流量和拓扑来选择最佳路由，当网络中出现故障时，自适应路由算法可以很方便地改变路由，引导分组绕过故障点继续传输。自适应路由算法灵活性强，但算法复杂，实现难度较大，各个路由器之间须定期交换路由信息，增加了网络的负担，另外当算法对动态变化的反应太快时容易引起振荡。因为为了可应付各种意外情况，大型网络被设计有多重连接，而动态路由又能使网络自动适应变化，所以大多数网络都采用动态路由。

6.4 广域网技术

本节主要介绍在广域网中应用的主要技术。

6.4.1 X.25 网

1. X.25 网简介

X.25 网是采用 X.25 标准建立的网。X.25 标准是在 1976 年建立的，它是联网技术的标准和一组通信协议，也就是说，它只是一个对公共分组交换网（PSN）接口的规范，并不涉及网络内部的功能实现，因此 X.25 网指的是该网络与网络外部 DTE 的接口遵循 X.25 的标准。X.25 标准开创了分组交换技术的先河。建立 X.25 标准的目的是为了使用标准的电话线建立分组交换网。

2. X.25 的体系结构

X.25 的出现早于 ISO/OSI 协议模型，所以没有被精确地定义成同 7 层模型相同的术语。X.25 协议通常被描述成如下 3 层结构，近似对应于 OSI 互连协议模型的底 3 层，其对应关系如图 6-4 所示。

在 X.25 中，将物理层称为 X.21 接口。该接口规定了数据终端设备（DTE）和 X.25 网络之间的电气和物理接口。X.25 的链路访问层描述了 X.25 支持的数据类型和帧结构，同样也描述了建立虚电路的链路访问过程，在平衡异步会话中的流量控制与传送结束后电路拆除等。在分组层，X.25 建立了一个贯穿分组交换网络的可靠虚拟连接，使得 X.25 能够提供点对点的数据分组投递，而不是无连接的或多点之间的数据分组传输。

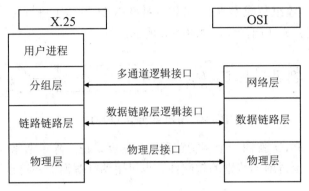

图 6-4　X.25 协议分层模型

3. X.25 服务

X.25 服务是接收从终端用户来的数据包，并将数据包经过计算机网络传输后，送到指定的终端用户。在 X.25 中，有许多差错检查功能，用以保证数据的完整性。这是因为 X.25 是利用电话线进行数据传输的，但电话线传输不能保证可靠性。

4. 分组的概念

一个数据分组是一个能够独立从源地址到目的地址之间进行传送的信息单元，它被封装和寻址，不再需要任何其他的信息。分组包括两个部分：其一是数据本身，其二是分组头的寻址信息。图 6-5 给出了分组结构，除了源地址和目的地址，分组还包括路由、差错校验和控制信息。每一个数据分组是一个包含自身寻址和路由信息的分离信息分组。

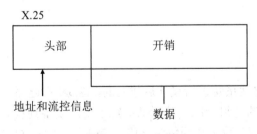

图 6-5　X.25 分组

5. 分组组装/拆装器（PAD）

使用 X.25 规范与分组交换网接口的 DTE 必须有相应的硬件和软件支持 X.25 规范，具有这种能力的终端称为 X.25 终端或分组终端，但实际使用的许多终端（如字符终端）都不具备这样的能力，它们不能直接与 X.25 网络相连。为了解决这个问题，CCITT 定义了一种称为 PAD（Packet Assembly/Disassembly）的设备，PAD 插在非 X.25 终端和分组交换网之间，起一个规范转换的作用，帮助把非 X.25 网的数据流转换成 X.25 网数据包，或者将 X.25 网的数据包转换成非 X.25 的数据流，同时它还具有完成建立、协议转换、仿真、调整速率等功能。

ITI 规范共同定义了一个称为分组装/拆器或 PAD 的黑盒子。PAD 把来自异步 DTE（如个人计算机）的字节流组装成为 X.25 分组，并在 X.25 网络上进行传输。当然，它也能对送回到 DTE 的数据完成逆向操作，如图 6-6 所示。

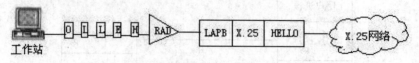

图 6-6　分组装/拆器（PAD）

对 DTE 来说，PAD 就像一个调制解调器。这就是说，除了通常异步通信所需的软硬件外，无须在 DTE 上再增加特别的软硬件。也可用调制解调器通过点到点链路将 DTE 连至 PAD 上。

6. X.25 的性能

在 X.25 的发展初期，网络传输设施基本上借用了模拟电话线路，这种线路非常容易受噪声的干扰，从而引起误码。为了确保无差错的传输，在每个节点，X.25 都要做大量的处理，这样就导致较长的时延并且除了数据链路层，分组层协议为确保分组在各个逻辑信道上按正确顺序传送，需要有一些处理开销。在一个典型的 X.25 网络中，分组在传输过程中在每个节点大约有 30 次左右的差错检测或其他处理步骤，这样有效吞吐量远远低于构成网络的物理链路的额定容量。

现今的数字网络越来越多地使用光纤介质，可靠性大大提高，带宽足够大，发生拥塞的可能性很小。不再需要流量控制，而且错误恢复可由必须处理错误恢复的高层处理。因此，就可以简化 X.25 的某些差错控制过程。帧中继技术正是基于这一思想发展起来的。

6.4.2　ISDN 网

1. ISDN 的定义

ISDN 基本上是对电话系统重新设计后建立的，ISDN 不遵照 OSI，它是遵照 CCITT 和各国的标准化组织开发的一组标准，其标准决定了用户设备到全局网络的连接，使之能方便地用数据形式处理声音、数字和图像的通信。1984 年 10 月，CCITT 推荐的 CCITT ISDN 标准中给出了 ISDN 的定义：　ISDN 是由综合数据电话网发展起来的一个网络，它提供端到端的数据连接以支持广泛的服务，包括声音和非声音的。用户的访问是通过少量多用途的用户网络接口标准实现的。

由 CCITT 的定义看出：IDN 提供多种业务；ISDN 提供开放式的标准接口；ISDN 提供端到端数字连接。

2. ISDN 的特点

ISDN 首先对音频服务做了改进，使信息能与语音进行同步传输。例如，当电话接通时，可在显示屏上显示拨号人的电话号码、姓名、地址等信息。ISDN 中另一个通信业务是交互式图文服务，这种服务使一些日常的服务部门工作能方便快速地完成，如预订票、预订旅馆、银行转账等工作。

ISDN 业务的特点主要表现在以下几个方面。

（1）综合性

ISDN 能通过一对用户线提供电话、数据、传真、图像、可视电话等多种服务。既可以向用户提供可以交换的实时连接业务，也可以提供用于专线的永久连接业务。在可交换业务中，ISDN 既可以提供电路交换业务，也可以提供分组交换业务。

（2）经济性

ISDN 能够在一对用户线上最多连接 8 个终端，并且可以是 3 个以上的终端同时通信。对于基本连接的 ISDN 用户-网络接口，用户可以有两个 64Kb/s 信息通道和一个 16Kb/s 的信令通道。所以说无论是从网络运营的角度还是从用户的角度来看，使用 ISDN 都会降低费用。

（3）支持多种应用

因为 ISDN 可以为用户提供端到端的透明连接，用户可以根据自己的应用需要传递各种信息。目前，ISDN 的用户主要是中小企业和公司，同时也正向住宅发展，适用于需要在家办公的一些人员。

3. ISDN 的实现

ISDN 为用户提供了一种连接电信用户和远程支持到企业局域网或 Internet 的高效、经济的方案，同时还提供了，例如拨号备份（Dial Backup）和装载平衡（Load Balancing）等冗余选项。虽然电信部门开发了新的宽带服务，例如 xDSL 和电缆（这两种技术以更快速、更便宜、更简单的访问方法迅速占领了家庭市场），但 ISDN 在商业领域仍有广泛的用户基础，典型的应用是用 T1/E1 线路上的 ISDN PRI 连接远程 BRI 局，然后和它们进行大量数据传输。SDN 在数据网络中的应用如下所述。

（1）基本网络连接

ISDN 经常用来作为家庭和小型公司的基本连接，其中典型的情况是通过公用交换网络将基于局域网的计算机和电话线连接到其他网络上。

（2）远程局域网间的网络连接

远程 ISDN 连接可分成下面 3 种类型。

❖ 远程访问。

❖ 远程节点。

❖ 小型办公室/家庭办公室。

远程访问连接允许远程用户通过使用模拟或 ISDN 调制解调器/路由器的拨号连接来访问公司局域网。移动用户一般使用具有内置 V.90 调制解调器的便携式计算机拨号进入企业网络来收发邮件或传输文件。因为利用普通老式电话服务（POTS），所以这种访问类型最便宜，使用也最广泛。

属于远程节点的用户能够连接到中心站点，并且除了速度稍慢之外它们和本地用户一样。为了利用这种类型的启动方式，远程节点必须配备客户端软件和连接企业访问服务器的调制解调器。企业访问服务器是汇聚拨号用户的路由设备。

因为小型办公室一般需要比模拟的拨号服务较多的带宽，增加的带宽用来为到企业局域网或 Internet 的数字拨号连接实现 ISDN BRI，如图 6-7 所示。

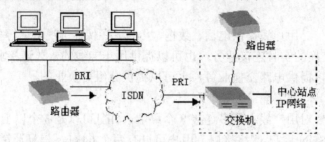

图 6-7　ISDN 的小型办公室连接

（3）随时拨号远程联网

使用 ISDN 的一个好处就是能通过随时拨号远程联网（DDR）的特征，来按需发送载荷。利用 DDR，仅当路由器接收到定义为"感兴趣的"的载荷时，才建立 ISDN 连接。

（4）网络冗余与溢出

任务紧急的应用程序具有很高的可靠性与可用性需求，这使得容错性能成为网络设计中的一个重要准则。冗余通常是实现容错的首选方式。例如，很多公司使用租用线路作为广域网主连接，以确保能连续获得一条数据通路，同时又租用另外一条线路作为备份。然而，这种方案实现起来非常昂贵，这是由于备份线路仅在主线路失灵或者出现故障的情况下才使用，而无论其是否真正被使用，公司都要为该冗余线路交付每月的租金。

拨号连接（如一条 ISDN BRI 线路）是较为合理的主线路备份解决方案，如图 6-8 所示，当主线路失灵或者出现故障时，拨号线路由中心互连网络设备自动激活，在该过程中，不会出现明显的网络服务降级。若主线路是运行于 T1 或 E1 速率的高速信道，则几个较低速率的拨号线路可以聚集起来，实现同等的高带宽容量。

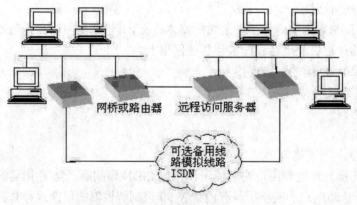

图 6-8　网络冗余

当数据负载增加时，ISDN 也可以用来传送溢出的数据流。当主线路达到最大容量时，网桥或路由器可以检测到带宽瓶颈，实时拨通一条或者多条 ISDN 线路，通过 B 信道来路由溢出的通信数据流。

4．ISDN 的发展前景

就目前已成熟的技术来说，ISDN 是接入 Internet 的较好方式，ISDN 本身也在不断发展中。发展的主要方面如下。

（1）将新的用户数据传输技术用于 ISDN。这种技术可以使现有用户线的传输能力达到 2Mb/s 以上。

（2）由 ISDN 来提供 SVC 的帧中继业务。虽然已经在数据网络中使用，但这只是 PVC 业务。SVC 还是要靠 ISDN 来提供的。连接的建立有赖于共路信令系统的建设。

（3）ISDN 新业务、新应用的开发和推广使用。ISDN 不过是一个网络条件，以此为基础的新业务、新应用，如远程教育、远程购物、远程医疗、远程控制家用电器等，都可以以此为基础进行发展。

（4）ISDN 技术和 Internet 技术的集成。考虑将 Internet 的路由器技术乃至 ISP 与 ISDN 交换机集成在一起，以提高网络的经济性和性能。

（5）新的 ISDN 终端的开发。例如，研制集图像、数据声音和接入 Internet 各种功能于一体的新型终端等。

6.4.3　ATM 技术

异步传输模式（Asynchronous Transfer Mode，ATM）是建立在电路交换和分组交换的基础上的一种面向连接的新的交换技术。

1．ATM 的特点

在 ATM 网中，ATM 交换机占据核心地位，而 ATM 交换技术则是融合了电路交换方式和分组交换方式优点而形成的新型的交换技术，主要具有以下特点。

（1）以固定长度的信元作为信息传输的单位，采用硬件进行交换处理，能够支持高速、高吞吐量和高服务质量的信息交换，有效提高了交换机的处理能力，更加有利于带宽的高速交换。

（2）采用面向连接的方式传送，类似于电路交换的呼叫连接控制方式。在建立连接时，交换机为用户在发送端和接收端之间建立虚电路，减少了信元传输处理时延，有效保证了交换的实时性，尤其适合对实时性要求很高的信息传输。具备该特征是为了预订和留用网络资源，以满足应用服务需求。面向连接还表明在网络中的每个交换机都维持一个信元路由选择表，告诉交换机如何把进来的信元与适当的输出链路相联系。

（3）统计多路复用，将来自不同信息源的信元汇聚到一起，在缓冲器内排队，队列中的信元根据到达的先后，按优先级逐个输出到传输线路上，形成首尾相接的信元流。同一信道或链路中的信元可能来自不同的虚电路，传输线路上的信元并不对应某个固定的时隙，也不按周期出现。按需分配带宽是 ATM 与生俱来的优点。

（4）ATM 显著的缺点是信元首部的开销太大，并且交换技术比较复杂，其协议的复杂性也使得 ATM 系统的配置、管理和故障定位较为困难。

（5）ATM 以异步标示其特征，表明信元可能出现的时间是不规则的，这种不规则的时间取决于应用程序的性质，而不是传输系统的成帧结构。

2. ATM 网络结构

ATM 与帧中继一样，差错控制依赖于系统自身的稳定性以及终端智能系统中的检错和纠错功能。它与帧中继的区别在于帧中继中分组的长度是可变的，而 ATM 的分组长度是固定的，每一分组都为 53 字节，这种长度固定为 53 字节的分组在 ATM 网络中就被称为信元，使用信元传输信息是 ATM 的基本特征。ATM 被 ITU-T 定义为"以信元为信息传输、复接和交换的基本单位的传送方式"。异步传输是指特定用户信息的信元的重复出现不必具有周期性，不存在和某条虚电路对应的固定 ATM 信元位置，因此将这种发送 ATM 信元方式称为异步传输方式。故 ATM 所需要的额外开销比帧中继还要少，因此 ATM 设计的工作范围被大大扩展了，通常在几十到几百兆 bps 之间。其网络结构如图 6-9 所示。

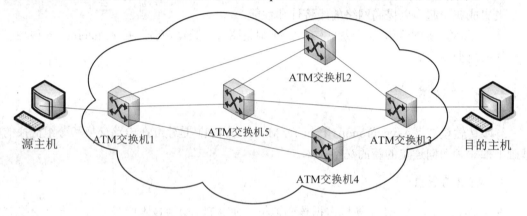

图 6-9　ATM 网络结构图

3. ATM 协议栈

ATM 协议标准由 ITU-T 和 ATM 论坛两大组织制定和完善。其中，ITU-T 负责有关 ATM 各基本标准的制定，而 ATM 论坛侧重于定义运行和管理 ATM 网络的接口标准，这些标准描述了 ATM 设备如何与其他设备进行通信的情况。ATM 标准采用了简化的网络协议，主要由 ATM 物理层、ATM 层和 ATM 适配层等 3 层组成。它们与 ISO 的 OSI 网络协议的对应关系如图 6-10 所示。其中，物理层对应 OSI 模型的第一层，ATM 层和 AAL 层对应于 OSI 模型的第二层。但 ATM 信头的地址具有类似于 OSI 第三层的功能。虽然 ATM 协议模型没有严格采用 OSI 七层协议模型，但是充分利用了 OSI 的层次概念。

（1）物理层：ATM 物理层的主要功能是使信元以比特流的形式在传输系统中进行传送。

（2）ATM 层：类似数据链路层协议，它允许来自不同信元的用户数据通过多个虚拟信道在同一条物理链路上进行多路复用，并规定了简单的流量控制。每个 ATM 连接由信元首部的两级标号来识别，一级是虚拟通路标识 VCI（Virtual Channel Identifier），第二级是虚拟通道标识 VPI（Virtual Path Identifier），VPI 和 VCI 的关系如图 6-11 所示。

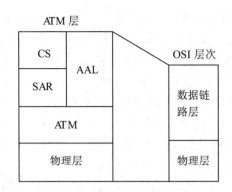

图 6-10　ATM 与 OSI 网络协议的对应关系

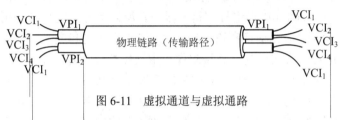

图 6-11　虚拟通道与虚拟通路

（3）ATM 适配层（AAL）的作用是把来自高层的各种业务数据适配到下层的 ATM 层，以便使用统一的 ATM 信元形式来传送。适配层有两个子层：会聚子层和拆装子层。会聚子层又包括两个子层：特定业务会聚子层和公共部分会聚子层。拆装子层把上层来的数据分割成 48 字节的 ATM 有效载荷，送到 ATM 层后加上 5 字节的信元头，构成 53 字节的信元传送，另一方面，也负责把来自 ATM 层的信元组装成报文送到上层。

4．ATM 信元结构

信元是 ATM 网的基本传输单位。ATM 是面向连接的分组交换技术，它把应用数据帧分割成 48 字节长的信元载荷，加上 5 字节的头，然后把这些信元通过 ATM 网络传送，在它们的目的地再装配信元载荷，重构原来的用户数据帧。

图 6-12 所示为 ATM 信元格式。每个信元由 5 字节的头和 48 字节的净荷组成。其头部包含虚通路标识符（VPI）段、虚通道标识符（VCI）段、净荷类型（PT）段、信元丢弃优先级（CLP）段和头错误检查（HEC）段。

8	5	4	1
一般流控（GFC）		虚拟通路标识（VPI）	
虚拟通道标识		虚拟通道标识	
虚拟通道标识（VCI）			
虚拟通道标识	载荷类型		CLP
头部差错控制（HEC）			
信息字段			
（48 字节）			

图 6-12　ATM 信元格式

在 UNI 和 NNI 上 ATM 信元稍有不同。在 UNI 中，信元头还包含一个一般流控（GFC）段。在 ATM 网络内部，这个 4 位的字段是虚通路标识符的一部分。

❖ GFC：一般流量控制，是一个 4 位的字段，它的使用是提供用户到网络的接口上的流量控制，而不控制在相反方向上的流量。该字段只在 UNI 接口的信元头中出现，即只在主机和网络之间起作用，在网络内部不使用一般流控段。

❖ VPI：虚通路标识符，这个字段在 UNI 中有 8 比特，在 NNI 格式中有 12 比特。NNI 格式中多出来的 VPI 比特来自于 GFC 字段，因为 GFC 字段在 NNI 格式中不存在。

❖ VCI：虚通道标识符，该字段为 16 比特。

在 ATM 网络中，在信元可以开始流动之前，必须在端点站之间建立起端到端的虚通道。每个交换机对到来的每个信元做路由选择。一个信元的路由信息包含在其头部的 VPI（虚通路标识符）和 VCI（虚通道标识符）段中。所以信元的交换和复用主要通过信元头中 VPI 和 VCI 来实现。信元交换和路径选择是 ATM 交换机和交叉连接设备根据连接映像表对 VPI 和 VCI 进行交换实现的，连接映像在虚连接被建立时，由信令过程创建。

❖ 净荷类型指示（PT）：一个 3 比特的字段，用来指出净荷里装载的是用户数据、网络管理数据还是流量管理信息。PT 中有一个比特是 AAL 指示位，当该信元是一个数据包的最后一个信元时为 1，其他信元均为 0。它被终端系统中用来确定一个数据包的结束和下一个数据包的开始。

管理数据可以在 ATM 网络内部使用，而 ATM 层却不关心运载用户信息的 ATM 信元的内容。运载用户信息的信元以 PT 段的最高有效位置 0 表示，载荷通常应送到 ATM 适配层，然后送往用户。PT 段的最高有效位置 1 的信元运载与网络控制有关的信息。这些信息在网络内部产生，用于网络资源管理。

在用户信息信元中，PT 段的中间 1 位是拥挤指示，0 表示信元没有遭遇拥挤，1 表示信元实际上经历了拥挤，如表 6-4 所示。

表 6-4 负载类型字段编码

PT 码	解　释
000	用户数据信元，AAU=0，无拥塞
001	用户数据信元，AAU=1，无拥塞
010	用户数据信元，AAU=0，拥塞
011	用户数据信元，AAU=1，拥塞
100	OAM　F5　段信元
101	OAM　F5　端-端信元
110	资源管理信元
111	为将来的功能保留

❖ CLP：信元丢失优先级，一个 1 比特的值，表示信元丢弃优先级，用于区分那些符合流向约定和不符合流量约定的信元。不符合流量约定的信元在出现网络拥塞时可以被丢弃。由于连接的统计复用，在 ATM 网络中发生信元丢失是不可避免的。

CLP 位置 1 的信元（低优先级）可以在拥挤的交换机处先于 CLP 位没有置 1（高优先级）的信元被丢弃。

❖ HEC：信头差错检测，这个字段被 ATM 网络层用于检测和纠正信元头中的差错。主要用于两个目的：其一，丢弃头部遭破坏的信元及信元定界。其二，该段还被用来从收到的位流中确定信元的边界。头错误检查（HEC）段的值等于用 X^8 去除一个 31 次多项式的余数，其中的 31 次多项式的系数由该信元头的 4 个字节的值给出。

5. 工作原理

ATM 是面向连接的，通过建立虚电路进行数据传输。它假设终端之间没有共同的时间参考，每个时间缝隙（简称时隙）没有确定的占有者，各信道根据通信量的大小和排队规则来占用时隙。ATM 方式的本质是一种高速分组传送模式，它将信息分割成固定长度的信元，再附加上地址后在信道中传输。ATM 网络采用虚电路分组交换方式，两个终端设备经过 ATM 网络传输数据前，根据建立虚电路的两种方式（SVC 和 PVC）先建立虚电路，这样虚电路所经过的 ATM 交换机就可以在建立虚电路的过程中创建转发表。

ATM 网络中用 VPI 和 VCI 来标识虚电路。ATM 交换机的功能是进行相应的 VP/VC 交换，也就是进行 VPI/VCI 转换，把来自于特定 VP/VC 的信元根据要求输出到另一个特定的 VP/VC 上。ATM 信元的传送主要依靠 ATM 交换机的线路接口部件、交换网络和管理控制处理器。

其中，ATM 接口部件为 ATM 信元的物理传输媒介和 ATM 交换结构提供接口；ATM 交换网络的功能是将特定入线的信元根据交换路由指令输出到特定的输出线路上，并且具有缓冲存取、话务集中和扩展、处理多点接入、容错、信元复制、调度、信元丢失选择和延迟优先权等功能；管理控制处理器的功能是对 ATM 交换单元的动作进行控制和对交换机操作管理，即端口控制通信，它的控制模块由软件和高级控制协议组成。

6. ATM 交换机工作过程

用户在接入 ATM 交换机之前，都申请有自己的 VPI 和 VCI。当用户要开始通信时，要先发送信元到交换机，交换机根据其要求编制 VPI/VCI 装换表，让每个输入的 VPI、VCI 都有对应的输出。实际上，VPI、VCI 的工作相当于为其建立了一条信息通道。

由于 ATM 交换机在开始建立连接时，不能够为该连接分配一个整个 ATM 网络中唯一的标识符，故每一段虚电路的标识符都不相同。图 6-13 给出了信元经过 ATM 网络的传输过程。

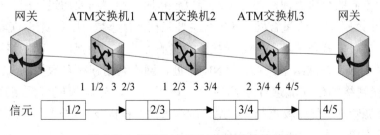

图 6-13　信元经过 ATM 网络的传输过程

　　首先，源终端设备将数据封装成信元，信元携带 VPI/VCI=1/2 的虚电路标识符通过和 ATM 交换机 1 相连的链路传输到 ATM 交换机 1。ATM 交换机 1 从端口 1 接收到该信元，根据信元的虚电路标识符 VPI/VCI=1/2 检索转发表，并将信元的标识符 VPI/VCI=1/2 改为 VPI/VCI=2/3，然后由端口 3 传输出去。逐步经过 ATM 交换机转发，最终到达 ATM 交换机 3，并将信元从端口 4 发送出去。经过和目的终端设备相连的链路，该信元到达目的终端设备，完成了源终端至目的终端的传输过程。表 6-5 中给出了 4 种常见交换技术在 10 个方面的比较。

表6-4　4种常见交换技术的比较

比较项目 ＼ 交换技术	电路交换	分组交换	帧中继	ATM交换
用户速率	4kHz 带宽速率	2.4~64Kb/s	64Kb/s~2Mb/s	N*(64Kb/s~622Mb/s)
时延可变性	很短 不变	较长 可变性较大	较短 可变	短 可变/不可变
动态分布带宽	固定时隙 不支持	统计复用 有限	统计复用 支持较强	统计复用 支持强
突发适应性	差	一般	较强	强
电路利用率	差	一般	较好	好
数据可靠性	一般	高	依靠高质量信道和终端	较高/可变
媒体支持	语音、数据	语音、数据	多媒体	高速多媒体
互连性	差	好	好	好
服务类型	面向连接	面向连接	面向连接	面向连接
成本	低	一般	较高	高

7. ATM 关键技术

　　ATM 的关键技术有以下几个方面。

　　（1）交通管理技术

　　为了更有效地利用网络资源，在多个连接之间合理分配网络资源，避免发生拥挤，ATM 论坛定义了 3 种交通类型：固定位速率、可变位速率、可用位速率。

　　为了适应不同的交通类别，在 ATM 建立连接时，用户需要通过网络的连接受理控制（CAC）功能同网络订立流量合同。其内容主要包括流量参数、服务质量（QoS）等。ATM 交通管理的主要目的就是满足 ATM 连接的等级服务要求，确保用户和网络遵守流量合同中规定的各种参数。在网络节点接口（NNI）处，网络利用网络参数控制（NPC）功能检测来自前一级网络的信元流遵守合同情况。在网络中，交通管理可采用连接受理控制（CAC）、资源管理、优先权控制、拥塞控制等方法，根据反馈控制进行 PCR 整形、速率调整、信元丢弃等工作，确保交通的畅通。

（2）ATM 信令技术

ATM 信令技术是通过 ATM 网络动态建立交换虚电路的必要手段，也是 ATM 技术成功的关键之一。一个来自源站点系统的连接请求通过网络进行传播，边传边建立连接，直到达到最终目的端点系统。连接请求的路由和随之而来的通信流由 ATM 路由协议（PNNI）控制。ATM 的 PNNI 主要描述 ATM 交换机之间的通信接口，用户通过 ATM 网络的信令和路由协议进行路由选择，并且在 PNNI 中的路由矩阵必须支持 ATM 的等级服务质量（QoS）。

（3）ATM 交换技术

ATM 交换技术是 ATM 网络技术的核心，并由交换机构决定 ATM 的规模和性能。ATM 交换是根据信元头信息（VPI/VCI）、基于信元而完成的。当某一信元到达交换机时，交换机将读出该信元头的 VPI 和 VCI 值，并对照交换机中的路由表，当找到输出端时，信头的 VPI 和 VCI 被更新，信元被发往下一段路由。ATM 交换机设计一般分为两大类：时分结构和空分结构。时分结构是指所有输入/输出端口共享一条高速的信元流通路，整个交换矩阵的交换容量由这个共享通路的吞吐量所限制。空分结构指的是在输入和输出端口之间有多条通路，不同的 ATM 信元流可以在不同的通路上同时通过交换机构。空分结构具有很好的硬件扩展性而不影响交换机的吞吐量。

（4）局域网仿真技术

局域网仿真技术的目的是允许现存的网络客户机在 ATM 骨干上传送数据并基于 ATM 的资源进行通信，而不需要基于局域网的客户机的转变。局域网仿真协议使得 ATM 网络的外观和行为方式都与以太网或令牌环局域网相似，但运行速度却比真正的局域网快得多。图 6-14 给出了局域网仿真示意图。

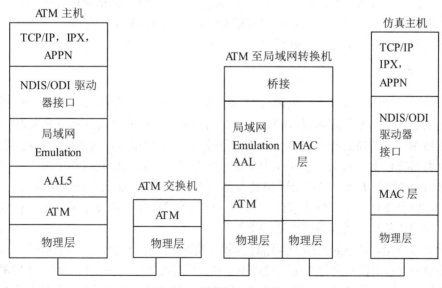

图 6-14　局域网仿真示意图

8. ATM 应用

ATM 是一个统计复用的交换技术，具有较好的灵活性和有效的带宽利用率。其优异的性能在各个方面得到了广泛的应用。

（1）Collapsed 骨干

以太网、令牌环和其他的局域网接口将通过 ATM 连接，形成住宅或校园 Collapsed 骨干。

（2）综合接入

电路仿真能力允许基于电路交换的语音、视频和数据共享昂贵的接入成本，语音和视频的综合业务通过局域网流向每一个桌面系统，使综合业务桌面通信成为现实。

（3）虚拟专用网

对大多数用户来说，虚拟专用网比专用网更加经济实用，并能通过互通业务端口提供与 ATM 帧中继接口、IP 接口和 SMDS 接口的位置进行互通的能力。

（4）高性能的服务器互连

服务器比客户机更需要 ATM 的性能，并将引导 ATM 遍及桌面系统。

（5）高性能的网络互通

高速的网络互通是网络发展的必然趋势。对 FDDI 高层协议和路由功能的支持，既可以用单个功能设备独立实现，也可以用具有混合功能的路由器/交换机实现。

（6）协议互通

基于 ATM 的协议将支持企业与多个无 ATM 能力的位置建立连接。

6.4.4　帧中继

帧中继技术能在用户与网络接口之间提供用户信息流的双向传送，保持其顺序不变，并对用户信息流进行统计复用的一种承载业务。用户信息以帧为单位进行传输，并以快速分组技术为基础。帧中继只存于 OSI 模型的最低两层，链路的各个终端使用路由器将各自的网络连到帧中继网络上。由于帧长度是可变的，因此不适合于语音和视频。

1.　工作原理

帧中继是一种用于减少结点处理时间的技术，其基本工作原理是：在一个结点收到帧的目的地址后，就立即开始转发该帧，无须等待收到整个帧和做任何相应的处理。因此在帧中继网络中，一个帧的处理时间比 X.25 网络减少一个数量级，其吞吐量要比 X.25 网络提高一个数量级以上。然而，按照帧中继的工作原理，当帧在传输过程中出现差错，并检测到差错时，该帧的大部分可能已经被转发到了下一个结点，那么解决这个问题的方法是：当检测到该帧有差错时立即终止发送，并向下一结点发送停止转发指示，下一结点收到该指示后立即终止传输，丢弃该帧并请求重发。

由此可以看出，帧中继网络的纠错过程较为费时，但和一般分组交换网传送方式相比，帧中继的中间结点交换机只转发而不发送确认帧，只有终端结点在收到一帧后才向源结点发回端到端的确认帧，所以只有当其误码率非常低时，帧中继技术才能发挥其所具有的潜力。

帧中继由两个操作平面构成，分别为控制平面（C 平面）和用户平面（U 平面）。虚电路的建立和释放在帧中继的控制平面操作，而用户平面提供端到端的传送用户数据和管理信息功能。当虚电路建立后，用户平面就可以独立于控制平面进行数据发送，其协议的体系结构如图 6-15 所示。

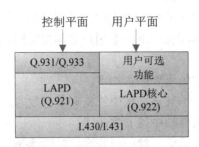

图 6-15　帧中继的协议体系结构

2. 帧中继的特点

帧中继实际上是一种简化了的 X.25 分组交换技术。与分组交换一样，帧中继采用面向连接的交换技术，根据建立虚电路的方式可以将虚电路分为交换虚电路（Switched Virtual Circuit，SVC）和永久虚电路（Permanent Virtual Circuit，PVC）。SVC 是通过信令动态建立的虚电路，通过这种虚电路传输数据，需要 3 个阶段，即建立虚电路、通过虚电路传输数据和释放虚电路。PVC 是长期存在的、通过手工配置建立的虚电路。目前的帧中继网络中，只采用 PVC 业务。帧中继的特点如下：

（1）高效性。帧中继将流量控制、纠错等功能留给智能终端完成，简化了中间结点交换的协议处理，从而减小了传输时延，提高了传输速率，而且它采用了 PVC 技术。帧中继可提供 PVC 和 SVC 业务，目前所采用的 PVC 技术是指在网络管理完成后，通信双方被认为是永久连接的，实际上只有在用户准备发送数据时，网络才为用户分配传输带宽，这样充分提高了有限带宽的利用率。

（2）高可靠性。帧中继的前提是拥有高质量线路和智能化的终端，前者保证了数据在传输中的低误码率，而后者能够纠正这些少量的差错。

（3）经济性。在帧中继的带宽控制技术中，用户可以在网络空闲时使用超过之前向帧中继业务供应商预定的信息速率（简称 CIR），而不必承担额外的费用，这也是帧中继吸引用户的主要原因之一。

（4）灵活性。帧中继协议简单，可随时对硬件设备进行修改、软件升级，即可完成帧中继网的组建，并且能够为接入该网的用户提供共同的网络传输，避免了协议的不兼容性。

3. 帧中继网的应用

❖　通常用于广域网连接远程站点。

❖　帧中继网常用于为早期设计的，但已过时的 X.25 进行升级。

❖　帧中继网适用于处理突发性信息和可变长度帧的信息，特别适用于局域网的互连。帧中继网适合于在下列情况下使用。

❖　当用户需要数据通信，其带宽要求为 64Kb/s~2Mb/s，而通信节点多于两个时。

❖　通信距离较长时，应优选帧中继。

❖　当数据业务量为突发性时，由于帧中继具有动态分配带宽的功能，选用帧中继可以有效地处理突发性数据。

帧中继的灵活计费方式非常适用于突发性的数据通信。因为帧中继网络提供的是永久虚电路连接。永久虚电路是指在帧中继终端用户之间建立固定的虚电路连接，并由此提供数据传送业务。

帧中继设计网络需要考虑的重要因素如下。

❖ 对于 5 个或更多站点的互连，帧中继是非常有效的。

❖ 当距离比较远时，选择帧中继非常明智。

❖ 对时间不敏感的数据通信，帧中继是比较好的选择。

4. 帧中继网络设计

帧中继网络设计步骤如下。

（1）编制需求说明书和通信规范说明书。

（2）确定连通的关键点。

（3）确定通信特性。

（4）选择基于网络需求的帧中继服务参数。

（5）选择符合需求的产品和服务。

（6）确定连通的关键点。

确定要连网的站点数量和位置是帧中继网络设计的关键步骤。由于用户明显地知道设备处于何处，那么节点定位的主要问题是确定它是否能满足连接的要求。

（7）确定通信特性。

确定站点位置之后，网络设计者必须选择适合通信特性以及满足网络需求的策略。每个站点段都必须映射和符合通信的要求。而且，掌握通信类型的准确信息非常重要，主要包括以下方面：文件传输，基于 Web 的通信，电子邮件，数据库操作，选择帧中继服务参数值。

完成以上步骤后，就是决定选择哪一种帧中继服务来支持通信。承诺信息速率（CIR）是确保用户可用的容量。计算 CIR 首先从估算支持每一站对站虚线路的平均数据传输率开始。完成这一计算可以通过使用的专线容量。一旦计算出某个给定的站点所支持的每个连接的 CIR 后，就可以确定下来该站点的访问速率。与此同时必须确定承诺猝发速率（CBR）。最后的步骤是选择满足广域网通信需求的服务和产品。

5. 帧中继网络组成

帧中继网由 3 部分组成，帧中继接入设备（FRAD）、帧中继交换设备和公用帧中继业务。

（1）帧中继接入设备：帧中继接入设备（FRAD）可以是任何类型的帧中继接口设备，如主机、分组交换机、路由器等。

（2）帧中继交换设备：包括帧中继交换机、具有帧中继接口的分组交换机和其他复用设备，为用户提供标准的帧中继接口。

（3）公用帧中继业务：作为中间媒介，方便业务提供者通过公用帧中继网络提供帧中继业务。

6.4.5 HDLC 协议

最早的面向比特协议是 IBM 公司研制的同步数据链路控制协议（Synchronous Data Link Control，SDLC），随后，ANSI 和 ISO 均采纳并发展了 SDLC，同时分别提出了自己的标准：美国国家标准协会 ANSI 的高级通信控制过程协议（Advanced Data Communication Control Procedure，ADCCP）、国际标准化组织 ISO 的高级数据链路控制规程协议（High-level Data Link Control，HDLC）及国际电报电话咨询委员会 CCITT 的链路访问协议（Link Access Protocol，LAP）。其中，HDLC 是使用最为广泛的数据链路控制协议，LAP 成为分组数据网 X.25 标准中数据链路层协议的一部分，改版为 LAPB。HDLC 协议是面向比特的数据链路协议，是数据链路传输的主要协议类型。

1. 相关概念

HDLC 协议规定了站的 3 种类型：主站 P（Primary）、从站 S（Secondary）和复合站 C（Combined）。

在链路上用于控制目的站称为主站，负责对数据流进行组织，对链路上的差错实施恢复，主要功能是发送命令帧和接收应答帧。受主站控制的站称为从站，负责对主站的命令发出应答帧，与主站保持逻辑链路从而配合主站对链路的控制。一般地，主站需要比从站有更多的逻辑功能，所以当终端与主机相连时，主机一般总是主站。在一个站连接多条链路的情况下，该站对于一些链路而言可能是主站，而对另外一些链路而言又可能是从站。复合站是主站和从站功能的复合体，既能像主站一样发送命令帧，也能像从站一样接收响应命令帧。

从建立链路结构形式考虑，复合站在链路上兼顾主、从站的功能，所以各复合站之间信息传输的协议对称，具有同样的传输控制功能，称为平衡型链路结构，其操作为平衡操作，如图 6-16（a）所示。在计算机网络中这是一个非常重要的概念，是学习后面 HDLC 的操作方式的基础。相对的，操作时有主站、从站之分的，且各自功能不同的结构，称为非平衡型链路结构，其操作为非平衡操作。非平衡型结构又分为点对点式和一点对多点式，如图 6-16（b）所示。无论平衡型还是非平衡型链路结构都支持全双工和半双工传输。

复合站A   命令B   复合站B
应答B
命令A
应答A

（a）平衡型结构

图 6-16 链路结构形式

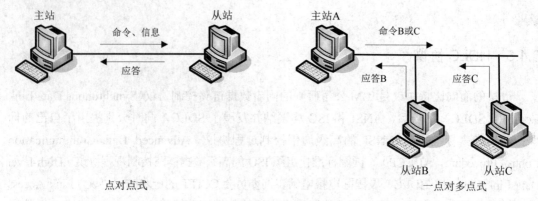

（b）非平衡型结构

图 6-16 链路结构形式（续）

HDLC 的传输模式分为以下 3 种。

（1）正常响应模式 NRM（Normal Responses Mode）应用于非平衡型结构，也可称为非平衡正常响应模式。该响应模式适用于面向终端的点到点或一点与多点的链路，在传输过程中主站可以任意时刻启动数据传输，而从站只有在收到主站某个命令帧，置于此种模式才能以应答的方式向主站发送数据帧。应答数据帧可以由一个或多个帧组成，若数据由多个帧组成，则应指出哪一个是最后一帧。主站负责管理整个链路，且具有轮询、选择从站及向从站发送命令的权利，同时也负责对超时、重发及各类恢复操作的控制。

（2）异步响应模式 ARM（Asynchronous Responses Mode）应用于一个主站和一个从站组成的点对点式非平衡型结构。与 NRM 不同的是，在 ARM 下的传输过程中，从站不需要得到主站的允许，而由从站启动起，即可自主地发送信息。在这种操作方式下，由从站来控制超时和重发，主站拥有对线路的控制权，如初始化、差错恢复、终止逻辑连接。这种模式一般只用于特殊的场合。

（3）异步平衡模式 ABM（Asynchronous Balanced Mode）用于通信双方都是复合站的平衡型结构，允许任何结点来启动传输的操作模式。结点之间在两个方向上都需要较高的信息传输量，链路传输效率较高。在这种操作方式下，任何时刻、任何站都能启动传输操作，每个站既可作为主站又可作为从站，每个站都是复合站。各站都有相同的一组协议，任何站都可以发送或接收命令，也可以给出应答，并且各站对差错恢复过程都负有相同的责任。

2. HDLC 的帧结构

数据链路层的数据传输以帧为单位，而每一帧的结构都具有固定的格式，由 6 个字段顺序组成，如图 6-17 所示。从网络层交下来的分组，成为数据链路层的数据信息，即图中的信息字段，可见信息字段的长度没有规定。在信息字段的头和尾加上 24 比特的控制信息，就构成了数据链路层完整的帧。下面介绍各字段的具体含义。

（1）标志 F

HDLC 协议信息以比特流的形式传输，物理层要解决比特同步的问题，同样数据链路层也必须解决传输信息帧的起、止位置，即帧同步问题。HDLC 规定，在每一帧的开头和结尾各放入一个标记，以此作为一个帧的边界，即标志字段 F（Flag）。标志字段 F 是一组固定的比特序列"01111110"，即 6 个连续的 1 加上两边各一个 0，共为 8 比特。

图 6-17 HDLC 的帧结构

由于标志字段是固定的比特序列，那么在首尾两个标志字段之间，如果碰巧也出现了这个比特序列组合，那么在处理 HDLC 帧时就会认为找到了一个帧的边界，为了避免造成这种误解，采用零比特填充法。

采用零比特填充法可以传输任意组合的比特流，保证了标志序列的唯一性和数据比特流的一致性，也不必对用户所传送的数据内容做任何限制，实现了数据链路层的透明传输，即图 6-17 中所标注的"透明传输区间"。如果两帧连续发送时，前一帧的结束标志 F 也可以作为后一帧的起始标志字段，两帧之间公用一个标志 F。

（2）地址字段 A

指示从站地址。主站、从站、复合站每一个站都被分配一个唯一的地址，HDLC 规定：命令帧中的地址字段携带的是从站的地址，而应答帧中的地址字段所携带的地址是做出响应的从站或复合站的地址。当同一地址分配给多个站时，这种地址称为组地址。当命令帧中含有一个组地址传输时，该帧能被组内所有拥有该组地址的从站或复合站接收。地址字段全"1"是广播地址，包含所有站的地址；而全"0"地址是无效地址，这种地址不分配给任何站，仅用作测试。

（3）控制字段 C

C 是 HDLC 协议中复杂的字段，负责对链路进行监视和控制。该字段共 8 个比特，根据其最前面两个比特的取值，把 HDLC 帧划分为 3 类，对应的类型帧为信息帧 I、监督帧 S 和无编号帧 U。每一种类型帧中的控制字段的格式及比特定义如图 6-18 所示。下面，分别介绍这 3 种帧。

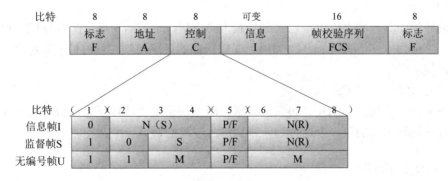

图 6-18 HDLC 控制字段结构

① 信息帧（I 帧）

信息帧用于传送有效信息或数据，通常简称 I 帧。I 帧以控制字段 C 的第一位为"0"为标志。

信息帧的控制字段中的 N（S）用于存放发送帧序号，表示当前发送的信息帧的序号，具有命令含义，占用 2~4bit。N（R）表示本站所期望收到的帧的发送序号，用于存放接收方下一个预期要接收的帧的序号，具有确认的含义，占用 6~8bit。例如，N（R）=5，表示接收方下一帧要接收 5 号帧，换言之，5 号帧前的各帧已接收到。N（S）和 N（R）均为 3 位二进制编码，可取值 0~7。

在 3 种帧格式的控制字段中，第 5 个比特均为探寻/终止（Poll/Final）比特位，简称询问位 P/F。当主站发出的命令帧中 P 比特置为 1，要求对方立即予以响应。当响应帧中的 F 比特置为 1 时，表示数据发送完毕。

② 监督帧（S 帧）

监督帧用于差错控制和流量控制，帧中不含有数据信息字段，只进行监控功能，通常简称 S 帧。S 帧以控制字段第一、二位为"10"为标志。S 帧的控制字段的第三、四比特位为监控功能位 S，根据 S 的 4 种不同编码，又可将监督帧分为以下 4 种类型。

❖ 00——接收准备就绪（RR），通知主站本站已转入准备接收状态，希望接收下一帧的编号是 N（R），并确认序号为 N（R）-1 及以前的帧。

❖ 01——接收未就绪（RNR），通知主站本站处于忙碌状态，暂停接收下一帧 N（R），并确认序号小于 N（R）的帧。这种未就绪状态常见的原因是因为来不及处理已到达的帧，或缺少缓存空间，可以看出，RR 帧和 RNR 帧具有链路流量进行控制的作用。

❖ 10——拒绝（REJ），从站请求发送方把从编号为 N（R）开始的帧及其后续的所有帧进行重发，但确认序号 N（R）以前的帧已正确接收。

❖ 11——选择拒绝（SREJ），请求发送方重传编号为 N（R）的单个 I 帧，其他编号的帧已全部正确接收。

可以看出，接收准备就绪 RR 型 S 帧和接收未就绪 RNR 型 S 帧有两个主要功能：首先，这两种类型的 S 帧用来表示从站的当前状态，是否可以接收下一帧；其次，确认序号小于 N（R）的所有帧。拒绝 REJ 和选择拒绝 SREJ 型 S 帧，告诉发送方发生了差错，并请求重传。

③ 无编号帧（U 帧）

无编号帧因其控制字段中不包含编号 N（S）和 N（R）而得名，简称 U 帧，以控制字段第一、二位为"10"为标志。U 帧用于提供附加的链路控制，如对链路的建立、拆除以及多种控制功能。

（4）帧校验序列 FCS

用来进行差错检测。HDLC 协议的差错检测方法采用"循环冗余校验码"，FCS 检验的范围是从地址字段的第一个比特起，直到信息字段的最后一个比特。

6.4.6　点对点协议

1. PPP 协议概述

点对点协议（Point to Point Protocol，PPP）是 Internet 中广泛使用的链路层通信协议。对于点对点的通信链路，PPP 协议比 HDLC 协议简单。虽然用户接入互联网的方式多种多样，但无论是通过什么方式，通常用户都需要连接到某个互联网服务提供者（Internet Service Provider，ISP）才能接入到互联网，而 ISP 通过与高速通信线路连接的路由器，与互联网连接。PPP 协议就是用户计算机和 ISP 进行点对点线路通信所使用的数据链路层协议，以便控制数据帧在它们之间的传输。

早在 1984 年，Internet 就开始使用面向字符的链路层协议 SLIP（Serial Line Internet Protocol），即串行 IP 协议。但 SLIP 没有差错校验功能，不支持除 IP 以外的其他协议。如果 SLIP 帧在传输中出了错，只能靠高层进行纠正，并且会产生不兼容等问题。为了克服 SLIP 的缺点，IETF 于 1992 年制定了 PPP 协议，经过修订已成为 Internet 的正式标准。PPP 协议主要包括 3 个部分。

（1）一个将 IP 数据报封装到串行链路的方法。PPP 既支持异步链路（无奇偶检验的 8 比特数据），也支持面向比特的同步链路。IP 数据报在 PPP 帧中就是其信息部分。这个信息部分的长度受最大传送单元 MTU 的限制。

（2）一个用来建立、配置和测试数据链路连接的链路控制协议 LCP（Link Control Protocol）。通信双方可在数据链路连接的建立阶段，借助于链路控制协议 LCP，协商一些选项，如在 LCP 分组中，可提出建议的选项和值、接收所有选项、有一些选项不能接收和有一些选项不能协商等。

（3）一套网络控制协议 NCP（Network Control Protocol）。它包含多个协议，其中的每一个协议支持不同的网络层协议，如 IP、OSI 的网络层、DECnet 以及 AppleTalk 等。

2．PPP 协议的帧格式

PPP 协议的帧格式和 HDLC 的帧格式相似，如图 6-19 所示。不同的是，HDLC 协议是面向比特，而 PPP 协议是面向字符的，因此所有的 PPP 数据帧的长度都是整数个字节。其中，PPP 帧的前 3 个字段和最后两个字段与 HDLC 格式是一样的。

图 6-19　PPP 帧的格式

（1）帧界标志 F：为 0x7E。十六进制的 7E 的二进制为 01111110，0x 表示它后面的字符是十六进制表示的。

（2）地址 A：为 0xFF（即二进制是 11111111），对应为广播地址，表示所有的站都接收这个帧。由于 PPP 只用于点对点链路，地址字段实际上不起作用。

（3）控制 C：为 0x03（即二进制是 00000011）。控制字段 C 为常数，表示 PPP 帧不使用编号，不携带 PPP 帧的信息，与 HDLC 的无编号帧 U 的控制字段一样。

（4）协议：说明数据部分封装的是哪类协议的分组，这是 HDLC 中没有的。若协议字段为 0x0021，PPP 帧的数据字段就是 IP 数据报；若协议字段为 0xC021，则数据字段是 PPP 链路控制协议 LCP 的数据；若协议字段为 0x8021，表示这是网络层的控制数据。

（5）数据：数据字段长度可变，默认长度是 1500B，常用的是数据字段封装 IP 数据报。

（6）帧校验序列 FCS：差错校验的循环冗余校验码。当 FCS 检测到传输差错时做丢弃处理，但 PPP 提供的是不可靠的传输服务，并不进行差错控制。FCS 字段默认为两个字节，可协商为 4 个字节。

需要说明的是，为了保证 PPP 帧界标志对传输数据的透明性，帧的数据字段不能出现和标志字段一样的比特（0x7E）组合。由于 PPP 既用于路由器到路由器的面向位的同步链路，也用于主机通过 RS-232、调制解调器和电话线到路由器的面向字符的异步链路，因此 PPP 支持两种填充方法：零比特填充和字节填充。当 PPP 用在同步传输链路时，采用硬件完成比特填充（同 HDLC 的做法一样）。当 PPP 用在异步传输时，采用字符填充法。PPP 利用字节填充法实现了数据的透明传输。

3. PPP 协议的工作状态

PPP 链路的起始和终止状态，总是如图 6-20 所示的"链路静止"状态，此时无物理层连接。当用户拨号接入 PPP 时，由路由器的调制解调器对拨号做出确认后，建立一条从用户 PC 机到 ISP 的物理连接，此时进入"链路建立"状态。接着，用户 PC 机向路由器发送一系列的 LCP 分组（封装成多个 PPP 帧），以便建立 LCP 连接。这些分组及其响应通过协商选择将要使用的一些 PPP 参数，协商成功则进入"身份认证"状态。身份认证机制是 PPP 的一个特点，也是一个重要的安全措施。若身份认证失败，则转到"链路终止"状态；若身份认证成功，则进入"网络层协议"状态。

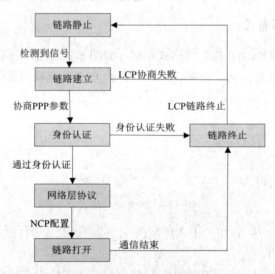

图 6-20　PPP 协议状态图

在"网络层协议"状态，PPP 链路两端通过发送 NCP 分组选择和配置网络层协议，协议可以一个也可以多个。这是因为链路两端的网络层可以运行不同的网络层协议，但通信仍然可使用同一个 PPP 协议。通过进行网络层配置，NCP 给新接入的 PC 机分配一个临时的 IP 地址。这样，用户 PC 机就能成为互联网上的一个主机了。

当网络层配置完成后，链路就进入"链路打开"状态，此时可进行数据通信，链路的两个端点可以彼此向对方发送分组。

当通信完毕时，可由任意一方发出终止请求 LCP 分组请求链路终止链路连接，收到确认后，NCP 释放网络层连接，收回原来分配出去的 IP 地址，再释放数据链路层连接，最后释放物理层连接进入"链路终止"状态。上述过程中 PPP 的状态变化如图 6-20 所示。

6.4.7 DDN 技术

DDN 既可用于计算机之间的通信，也可用于传送数字化传真、数字话音、数字图像信号或其他数字化信号。它主要包括两种类型的连接：永久性连接的数字数据传输信道是指用户间建立固定连接，传输速率不变的独占带宽电路；半永久性连接的数字数据传输信道对用户来说是非交换性的。

数字数据网使用光纤作为中继干线，它将数万、数十万条以光缆为主体的数字电路，通过数字电路管理设备，构成一个传输速率高、质量好，网络时延小、全透明、高流量的数据传输基础网络。

DDN 的基本组成单位是节点，节点间通过光纤连接，构成网状的拓扑结构，用户的终端设备通过数据终端单元（DTU）与就近的节点相连。

CHINADDN 是邮电部门经营管理的中国公用数字数据网。

1. DDN 网络基本组成

DDN 由数字通道、DDN 节点、网管控制和用户环路组成。

在"中国 DDN 技术体制"中将 DDN 节点分成 2 兆节点、接入节点和用户节点 3 种类型。

（1）2 兆节点

2 兆节点是 DDN 网络的骨干节点，执行网络业务的转换功能。主要提供 2048Kb/s（E1）数字通道的接口和交叉连接、对 N×64Kb/s 电路进行复用和交叉连接以及帧中继业务的转接功能。

（2）接入节点

接入节点主要为 DDN 各类业务提供接入功能，主要包括：N×64Kb/s、2048Kb/s 数字通道的接口，N×64Kb/s（N=1~31）的复用，小于 64Kb/s 子速率复用和交叉连接，帧中继业务用户接入和本地帧中继功能，压缩话音/G3 传真用户入网。

（3）用户节点

用户节点主要为 DDN 用户入网提供接口并进行必要的协议转换。它包括小容量时分复用设备；通过帧中继互连的局域网中的网桥/路由器等。

在实际组建各级网络时，可以根据网络规模、业务量等具体情况，酌情变动上述节点类型的划分。例如，把 2 兆节点和接入节点归并为一类节点，或者把接入节点和用户节点归并为一类节点，以满足具体情况的需要。

2. DDN 提供的业务

DDN 是全透明网，可支持多种业务，主要包括以下方面。

（1）提供带信令的模拟接口，用户可以直接通话，或接到自己内部小交换机进行电话通信，也可以进行数据、图像、语音及传真等多种传输业务。

（2）提供速率为 n×64Kb/s~2.08Mb/s 的半固定连接同步传输数字信道。

（3）提供满足 ISDN 要求的数字传输信道。

（4）可进行点对点专线，一点对多点轮询、广播、多点会议。DDN 的一点对多点业务适用于金融、证券等集团系统用户组建总部与其分支机构的业务网。利用多点会议功能可以组建会议电视系统。

（5）开放帧中继业务。用户以一条专线接入 DDN，可以同时与多个点建立帧中继电路。

（6）提供虚拟专用网业务。

3. DDN 网络的应用

（1）DDN 网络在计算机联网中的应用

DDN 作为计算机数据通信联网传输的基础，提供点对点、一点对多点的大容量信息传送通道。如利用全国 DDN 网组成的海关、外贸系统网络。各省的海关、外贸中心首先通过省级 DDN 网，到达国家 DDN 网骨干核心节点。由国家网管中心按照各地所需通达的目的地分配路由，建立一个灵活的全国性海关外贸数据信息传输网络，并可通过国际出口局，与海外公司互通信息，足不出户就可进行外贸交易。

此外，通过 DDN 线路进行局域网互连的应用也比较广泛。一些海外公司设立在全国各地的办事处在本地先组成局域网络，通过路由器等网络设备经本地、长途 DDN 与公司总部的局域网相连，实现资源共享和文件传送、事务处理等。

（2）DDN 网在金融业中的应用

DDN 网不仅用于气象、公安、铁路、医院等行业，也涉及证券业、银行、金卡工程等实时性较强的数据交换。

通过 DDN 网将银行的自动提款机（ATM）连接到银行系统大型计算机主机。银行一般租用 64Kb/s DDN 线路把各个营业点的 ATM 机进行全市乃至全国连网。在用户提款时，对用户的身份验证、提取款额、余额查询等工作都是由银行主机来完成。这样就形成一个可靠、高效的信息传输网络。

通过 DDN 网发布证券行情，证券公司租用 DDN 专线与证券交易中心实行联网，大屏幕上的实时行情随着证券交易中心的证券行情变化而动态地改变，而远在异地的股民们也能在当地的证券公司进行操作，决定自己的资金投向。

（3）DDN 网在其他领域中的应用

DDN 网作为一种数据业务的承载网络，不仅可以实现用户中断的接入，而且可以满足用户网络的互连，扩大信息的交换与应用范围。如无线移动通信网利用 DDN 联网后，提高了网络的可靠性和快速自愈能力。七号信令网的组网、高质量的电视电话会议以及今后增值业务的开发，都是以 DDN 网为基础的。

6.4.8　虚拟专用网（VPN）

1. VPN 的概念

虚拟专用网是通过公共网络实现远程用户或远程局域网之间的互连，具有通过点对点专线实现互连所具有的主要优点。它主要通过采用隧道技术，让报文通过如 Internet 或其他商用网络等公共网络进行传输，由于隧道是专用的，使得通过公共网络的专用隧道进行报文传输的过程和通过专用的点对点链路进行报文传输的过程非常相似，而且公共网络可以同时具有多条专用隧道，因而就可以同时实现多组点对点报文传输。一条隧道一般由以下构件组成：隧道发起者、公共路由网络、一个或多个隧道终端。

隧道发起者和隧道终端可以由多种网络设备和软件实现，如图 6-21 所示，一条隧道的发起者可以是一台便携机，当然，这台便携机必须配有 Modem，并安装了具有 VPN 功能的拨号软件，也可以是用于把远程局域网连到中心局域网的路由器，或者是网络服务提供者用来把用户接入某个商用网络的某个接入点上的远程访问服务器。

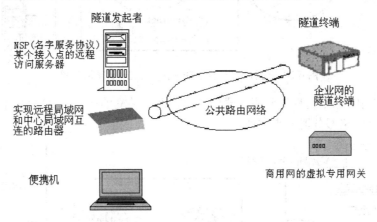

图 6-21　虚拟专用网构件

另外，必须有一些安全服务器、传统的防火墙服务和地址转换功能，VPN 能够提供数据加密、身份认证和授权确认等功能，隧道部件通过和安全服务器通信来完成这些功能，这些服务器同时还能提供预留带宽，乃至网络服务级别和策略等信息。

VPN 功能可以通过对现有网络设备进行软件升级或更换其中的模块实现。

2. VPN 工作原理

如图 6-22 所示是拨号用户通过公共交换电话网（PSTN）和远程访问服务器呼叫入网的过程。在这里，远程访问服务器实现的功能主要包括：PSTN 或 ISDN 的物理接口；作为链路层连接的一端，执行 LCP；对请求建立的数据链路进行认证；作为网络层连接的一端，执行 NCP；在各个接口之间桥接或路由报文。

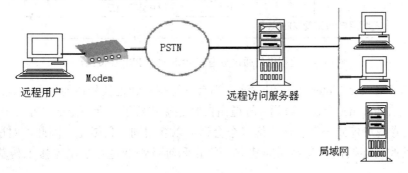

图 6-22　远程用户拨号入网示意图

拨号用户和远程访问服务器之间必须通过 PSTN 连接，但如果采用了虚拟专用网（VPN）技术，拨号用户和中心局域网的连接如图 6-23 所示。

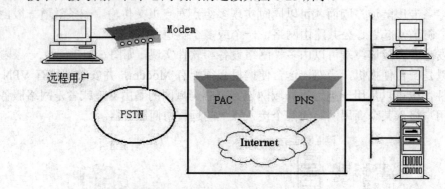

图 6-23　远程用户通过 VPN 接入中心 LAN 示意图

在图 6-24 中，原来远程访问服务器的功能由两个独立的构件 PAC（PPTP 访问集中器）和 PNS（PPTP 网络服务器）来实现。

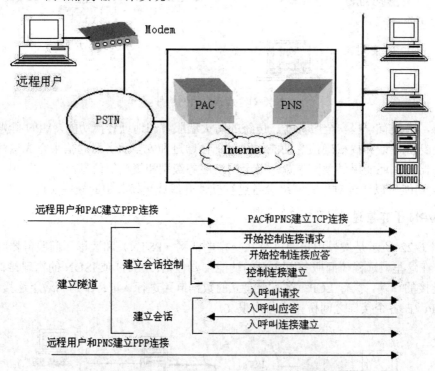

图 6-24　远程用户通过隧道和 PNS 建立 PPP 连接的过程

PAC 和 PNC 通过 Internet 实现互连。当有远程用户通过拨号访问中心局域网时，PAC 和 PNS 首先在 Internet 中建立隧道，隧道由控制连接和若干个会话组成，PAC 和 PNS 必须为每一个拨号用户建立一个会话，但多个会话可以复用同一条隧道。因此，对所有会话只需建立一条控制连接，所有会话的建立、终止和维持都通过在控制连接上传输控制消息实现。

　　PAC 和 PNS 首先必须建立一条 PNS 一端的端口号为 5678 的 TCP 连接,这个 TCP 连接的建立,完全为了在 PAC 和 PNS 之间传输控制消息。在 TCP 连接建立以后,PAC 和 PNS 通过 3 次握手建立控制连接。对每条隧道,只需要一条控制连接。在控制连接建立以后,为每个入呼叫建立会话。PAC 在 PSTN 接口检测到振铃信号时,认为有一个入呼口 L1,就开始和发起入呼叫的远程用户建立 LCP 连接,对远程用户的身份进行认证,如果发现远程用户的呼叫对象是 PNS,PAC 就向 PNS 发送入呼叫请求,通过 PAC 和 PNS 之间 3 次握手,PAC 和 PNS 为该入呼叫建立了一个会话,远程用户可以通过这个会话直接和 PNS 建立 PPP 连接,如图 6-25 所示。

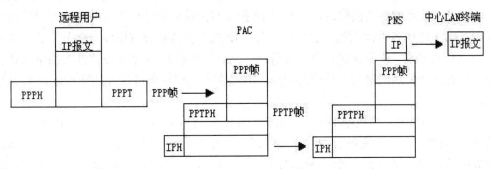

图 6-25　报文格式转换过程

　　PAC 和 PNS 之间建立隧道的过程及隧道的存在,对远程用户是透明的,对远程用户来说,图 6-24 和图 6-25 所示的两种访问方式没有丝毫差别。当然,远程用户所承担的费用改为本地通信费用。

　　如果呼入同一个 PAC 的两个不同用户,都和同一 PNS 建立 PPP 连接,PNS 是无法区分出到达的 PPP 帧是属于两个用户中的哪一个用户,因此,PAC 和 PNS 在为每一个入呼叫建立会话时,都对每一个会话分配一个呼叫标识符,不同会话的呼叫标识符必须是不同的,PAC 将远程用户的 PPP 帧封装成 PPTP 帧时,在 PPTP 帧首部加上该 PPP 帧所对应呼叫的呼叫标识符,PNS 通过 PPTP 帧首部的呼叫标识符就可以确定该 PPP 帧的真正发送用户。

　　远程用户在 PPP 连接建立之后,向中心局域网某个终端发送一个 IP 报文的报文封装过程如图 6-25 所示。

　　用户将发送给中心局域网某个终端的 IP 报文封装成 PPP 帧,发送给 PAC,该 PPP 帧中 IP 报文的源 IP 地址是 PNS 分配给用户的 IP 地址,而目的 IP 地址是中心局域网某个终端的 IP 地址,这些 IP 地址都不是 Internet 全局 IP 地址,而是企业网络内部 IP 地址。PPP 帧到达 PAC 后,首先加上 PPTP 首部,将其封装成 PPTP 帧格式,PAC 在 PPTP 首部中主要增加了该 PPP 帧所对应呼叫的呼叫标识符。封装后的 PPTP 帧将作为新的 IP 报文的数据字段内容,生成以 PAC Internet 全局 IP 地址为源 IP 地址、PNS Internet 全局 IP 地址为目的 IP 地址的 IP 报文,PAC 把该 IP 报文送到 Internet 上。IP 报文经过 Internet 到达 PNS,由 PNS 从收到的 IP 报文中分离出 PPTP 帧,从 PPTP 帧中分离出 PPP 帧,从 PPP 帧中分离出远程用户的原始 IP 报文,以该 IP 报文的目的 IP 地址作为路由地址,将该 IP 报文路由到中心局域网的某个终端上。

从上面内容中可以得知，VPN技术把原来远程访问服务器的功能由PAC和PNS这两个不同的构件实现，其中由PAC实现远程访问服务器5个功能中的1、2、3，由PNS实现远程访问服务器5个功能中的2、3、4、5。

从图6-23和图6-24中可以看出，远程用户发送给中心局域网的数据，从通过点对点专用线路传输变为通过Internet传输，这样一来，数据传输的安全性变得十分重要，目前通过Internet实现数据安全传输的主要手段是采用IPSEG（IP安全）协议。

IPSEG主要由两部分组成：一是IP认证首部（AH）；二是加密负荷的IP封装（ESP）。AH是对IP报文用某种认证算法进行计算，将计算后的结果作为AH插在IP首部和数据字段之间，报文被目的终端接收后，重新对IP报文按照认证算法进行计算，将计算后的结果和认证首部中的内容进行比较，若相符，表示IP报文在传输过程中没有受到损害，否则可以认为已经被篡改。认证算法必须十分复杂，保证无法根据IP报文和认证首部推出认证算法及认证算法所使用的密钥。AH只能保证IP报文的完整性和可靠性，但不对IP数据进行加密。

ESP是将IP报文的数据字段内容进行加密，加密后的结果才真正作为IP报文的负荷封装在IP报文中，IP报文被目的终端接收后，由目的终端重新对IP报文的负荷进行解密，还原成原始数据字段内容。通过选择好的加密算法，ESP可以保证IP报文的完整性、可靠性和保密性。

由IETF正式定制的开放性IP安全标准，它是VPN的基础。IPSEC提供3种不同的形式来保护通过共用或专用IP网络来传送的专用数据。

（1）认证：用以确定所接收的数据与所发送的数据是一致的，同时可以确定申请发送者是否是真实发送者。

（2）数据完整：保证数据从源发地到目的地的传送过程中没有任何不可监测的数据丢失与改变。

（3）机密性：使相应的接收者能获取发送的真正内容，而无意获取数据的接收者无法获取。

在IPSEC中由3个基本要素来提供以上保护形式：认证协议头（AH）、安全加载封装（ESP）和互联网密钥管理协议（IKMP）。认证协议头和安全加载封装可以通过分开或组合使用来达到所希望的保护等级。

IPSEC的一个最基本的优点是它可以共享网络访问设备，甚至是所有的主机和服务器，在很大程度上避免了升级网络资源。在客户端，IPSEC构架允许在远程访问接入点路由器或基于纯软件方式使用普通Modem的PC和工作站上使用。而ESP通过两种模式在应用上提供更多的弹性：传送模式和隧道模式。IPSEC包可以在压缩原始IP地址和数据的隧道模式中使用。

❖ 传送模式：通常是当ESP在一台主机（客户机或服务器）上实现时使用，传送模式使用原始明文IP头，并且只加密数据，包括它的TCP和UDP头。

❖ 隧道模式：通常是当ESP在关联到多台主机的网络访问接入装置实现时使用，隧道模式处理整个IP数据包（包括全部的TCP/IP或UDP/IP头和数据），并用自己的地址作为源地址加入到新的 IP 头。当隧道模式设置在用户终端时，它可以提供更多的便利来隐藏内部服务器主机和客户机的地址，如图 6-26 所示。

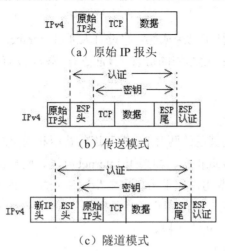

（a）原始 IP 报头

（b）传送模式

（c）隧道模式

图 6-26　IP 报头在传送模式和隧道模式下的新格式

3. VPN 使用的技术

（1）动态密钥交换技术

密钥管理包括密钥确定和密钥分发两个方面，网络通信最多需要 4 个密钥：AH 和 ESP 各有两个发送和接收密钥。密钥管理有手工和自动两种方式，手工管理系统在有限的安全需求下可以工作的很好，自动管理系统使用了动态密钥交换技术，能满足所有的应用要求。

使用自动管理系统，可以动态地确定和分发密钥。自动管理系统具有一个中央控制点，密钥管理者可以更加安全，最大限度地发挥 IPSEC 的效用。

（2）VPN 复用技术

VPN 复用技术是通过网络地址进行标识路由，在一个大型 VPN 网络体系结构中划分出多个独立的 VPN 网络，实现在同一个 VPN 网络体系中建立多个对立的 VPN 通信隧道。其特点如下。

① 支持在一个大型的 VPN 网络体系结构中划分出多个独立的 VPN 网络，并且在某个 VPN 网络还可支持静态的 VPN 和动态的 VPN。

② 根据网络地址连接表的内容，可以在静态 VPN 之间自动建立原先没有设定的 VPN 通道。

③ 对于连接到同一 VPN 网关的两个或多个 VPN 网络，可以在本来相互隔离的 VPN 网络之间建立起静态的 VPN 路由，使这种原本不可连接的 VPN 网络实现 VPN 之间的通信。

4. VPN 的安全性

由于 VPN 采用公用平台，安全性是极为重要的。除使用常规的防火墙抵御攻击外，还通过 VPN 防火墙或 VPN 服务器进行更严格的管理，主要有：身份认证，用"用户名/口令"

方式；对用户访问进行授权；对数据进行加密，如采用 DES、IPsec、RSA 等算法；对密匙（配置语法）进行管理；Intranet/Internet 之间的地址转换；安全性远程培植；集成式防火墙管理等。

目前，VPN 的安全性技术已经成熟。假设有人通过 Intranet/Internet 获得 IP 数据流，即使它采用相同的 VPN 产品，用相同的协议、算法进行解密，没有密匙也不可能使数据复原。

5. VPN 的优点

（1）通信费用的减少

用 Internet 网络把相隔甚远的两台 PC 机互连的费用和用点对点专线或帧中继技术把两台 PC 互连的费用相比，要低得多。如果用 Internet 互连，两台机器只要呼入本地的 ISP 即可，承担的是本地的通信费用，如果用拨号电路线路或拨号 ISDN 线路进行互连，要承担的则是远地的通信费用。由于拨号用户和目的网络的 VPN 设备构成隧道，其通信特性和采用拨号线路直接和远程网络相连一样。

（2）远程用户支持减少

各个远程用户通过 Internet 或其他商用网络进行互连时，这些技术支持应该由 ISP 或 NSP 来提供，而不是由单位负责提供。原来的技术支持费用可以节省，而技术支持费用一般是不低的。

（3）广域网互连设备减少

VPN 减少了用于广域网连接的设备和维护费用，由于只是与 Internet 互连，中心路由器只需要一个广域网接口，而不是像以前为了支持多个远程用户同时访问而需要多个广域网接口或一个 Modem 池。而且这个和 Internet 互连的接口可以同时提供单位内用户访问 Internet 和远程用户通信，以及和其他合作伙伴通信等功能，使得广域网互连设备大大减少。当然，设备减少也降低了设备维护和更换的费用。

（4）容易扩展

VPN 使企业增加远程用户变得十分方便，每当增加一个远程用户，只需到本地 ISP 建立一个账户即可，并且安装远程用户或远程局域网路由器的工作也变得十分简单，一旦实现和本地 ISP 互连，远程用户即可通过 Internet 实现和中心局域网的数据通信。

（5）支持更及时的建立业务联系

使用 VPN，企业可以及时地和新业务伙伴建立联系，而无须经过两个企业信息部门在租用点对点专用线路或帧中继电路时所需的协商、配合，只要两个企业均连在 Internet 上，这种业务联系可以立刻实现。

（6）良好的控制

VPN 在充分利用 NSP 的业务和服务的同时，仍然能够对自己的网络实施良好的控制，例如，通过 Internet 实现远程拨号上网的用户，在访问自己的网络时仍然需要进行用户认证、访问优先级鉴别等。

小结

在地域分布很远、很分散，以致于无法用直接连接来接入局域网的情况，可以通过广域网以专用或交换式的方式把计算机连接起来。广域网可以包括专用线路或交换线路。公共传输网络基本可分为两类：一类是电路交换网络，主要包括公共交换电话网（PSTN）和综合业务数字网（ISDN）；另一类是分组交换网络，主要有 X.25 分组交换网、帧中继等服务。本章简要介绍了以上几种连接广域网的技术。

习题

1. 什么是静态路由？什么是动态路由？
2. 广域网中的计算机为什么采用层次结构方式进行编址？
3. X.25 协议共涉及了几层的功能，每层的名称及功能是什么？
4. 简述 ISDN 的定义和特点。
5. 为什么信元技术作为 ATM 网络的基础部件非常重要？
6. 简述 ATM 网络的关键技术。
7. 帧中继有什么优点？
8. 帧中继网络有哪些常用用途？
9. DDN 网络主要由哪几部分构成？
10. DDN 主要提供了哪几种业务？
11. 什么是 VPN？VPN 中采用的核心技术是什么？

第 7 章　网络层协议

本章知识结构

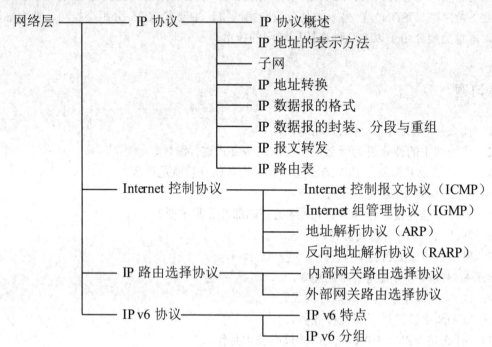

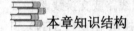学习目标

❖ 了解 IP 协议概述。

❖ 理解 IP 报文转发、路由算法、IP 多播。

❖ 掌握 IP 地址、IP 协议、地址解析协议、Internet 控制报文协议、IPv6。

　　TCP/IP 的 IP 层相当于 OSI 的网络层，IP 层屏蔽了物理网络的差异，向 TCP 层提供了无连接的 IP 数据报服务。整个 IP 层的功能完全是由一些辅助协议与网际协议（IP）组成的协议组。在 TCP/IP 体系中，网络层主要包含 5 个协议：IP、ARP、RARP、ICMP、IGMP。IP 是用于传输 IP 分组的协议；ARP 实现 IP 地址到物理地址的映射；RARP 实现物理地址到 IP 地址的映射；ICMP 用于网络层上控制信息的产生和接收分析；IGMP 是实现组播功能的协议。

7.1　IP 协议

　　网际协议（IP）是在由网络连接起来的源计算机和目的计算机之间传输数据的协议。

它提供对数据大小的重新组装功能，以适应不同网络对报文的要求。IP 负责的是把数据从源传送到目的地，但不保证传送的可靠性和流量控制。

7.1.1 IP 协议概述

IP 分组包括头和数据区。分组的头包含源和目的地址。当然，IP 分组包含的是 IP 地址。IP 分组可以为任意长度（$0\sim2^{16}$ 字节），然后当它们从一台计算机移动到另一台计算机时，必须在物理网络的帧中进行传输。

IP 模块是 TCP/IP 技术的核心，而 IP 模块的关键部分则是它的路由表。路由表放在内存储器中，IP 模块使用它为 IP 分组选择路由。IP 地址是一个逻辑地址。它独立于任何特定的网络硬件和网络配置，不管物理网络的类型如何，它都有相同的格式。IP 地址是一个 4 字节的数字，实际上由两部分合成，第一部分是 IP 网络号，第二部分是主机号。这种 4 字节的 IP 地址通常以小圆点分隔，4 个字节都用十进制数表示，例如 130.130.71.1，其网络号是 130.130，主机号是 71.1。

7.1.2 IP 地址的表示方法

IP 地址可分为 5 类，即 A 类、B 类、C 类、D 类和 E 类，如图 7-1 所示。

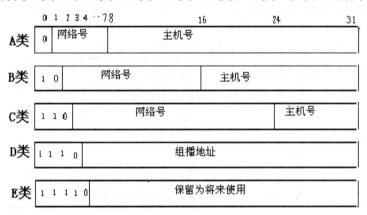

图 7-1 IP 地址的 5 种形式

用二进制代码表示，A 类地址的最高位是 0，B 类地址的最高两位是 10，C 类地址的最高三位是 110，D 类地址的最高四位是 1110，E 类地址的最高五位是 11110。由于 D 类地址仅用于主机组的特殊定义，E 类地址作为保留为未来使用的地址，所以具体网络只能分配 A 类、B 类、C 类地址中的一种。

A 类地址的最高位 0，后面的 7 位是网络号部分，剩下的 24 位表示网内主机号。这样在一个互连网络内可能会有 126 个 A 类网络（网络号 1~126，号码 0 和 127 保留），而每一个 A 类网络中允许有 1600 万个节点。非常大的地区网，才能使用 A 类地址。

B 类地址的最高两位 10 和后面的 14 位是网络号部分，剩下的 16 位表示网内的主机号。这样，在某种互连环境下可能会有大约 16000 个 B 类网络，而每个 B 类网络中可以多于 65000

个节点。一般大单位和大公司营建的网络使用 B 类地址。

C 类地址的最高三位 110 和后随的 21 位是网络号部分，剩下的 8 位表示网内主机号。这样，一个互联网将允许包含 200 多万个 C 类网络，每一个 C 类网络中最多可以有 254 个节点，较小的单位和公司都使用 C 类地址。

通常用点分十进制记法来表示 IP 地址。如 B 类 IP 地址 10000000000010110000001100011111，可记为 128.11.3.31。IP 地址的使用范围如表 7-1 所示。

表 7-1　常用 3 类 IP 地址的使用范围

网络类别	最大网络数	第一个可用的网络号	最后一个可用的网络号	每个网络中的最大主机数
A	126	1.0.0.0	126.0.0.0	16777214
B	16382	128.1.0.0	191.254.0.0	65534
C	2097150	192.0.1.0	223.255.254.0	254

当一个主机同时连接到两个网络上时（如路由器），该主机必须同时具有两个 IP 地址，其网络号部分应该是不同的。这种主机称为多地址主机。

IP 地址和电话号码的结构不一样，IP 地址不能反映任何有关主机位置的地理信息。IP 地址和物理地址是不一样的。

除了上面介绍的可使用的 IP 地址，还有一些不使用的特殊 IP 地址，如表 7-2 所示。

表 7-2　特殊 IP 地址

网络号	主机号	含义
0	0	在本网络上的本主机
0	主机号	在本网络上的某个主机
全 1	全 1	只在本网络上进行广播（各路由器不进行转发）
网络号	全 0	表示一个网络
网络号	全 1	对网络号标明的网络的所有主机进行广播
127	任何数	用作本地软件回送测试

1. 广播地址

所有主机号部分为 1 的地址是广播地址。广播地址分为两种：直接广播地址和有限广播地址。

在一特定子网中，主机地址部分为全 1 的地址称为直接广播地址。一台主机使用直接广播地址，可以向任何指定的网络直接广播它的数据报，很多 IP 协议利用这个功能向一个子网上广播数据。

32 个比特全为 1 的 IP 地址（即 255.255.255.255）被称为有限广播地址或本地网广播地址，该地址被用作在本网络内部广播。使用有限广播地址，主机在不知道自己的网络地址的情况下，也可以向本子网上所有的其他主机发送消息。

广播地址不像其他的 IP 地址那样分配给某台具体的主机。因为它是指满足一定条件的一组计算机。广播地址只能作为 IP 报文的目的地址，表示该报文的一组接收者。

2. 组播地址

D 类 IP 地址就是组播地址，即在 224.0.0.0~239.255.255.255 范围内的每个 IP 地址，实际上代表一组特定的主机。

组播地址与广播地址相似之处是都只能作为 IP 报文的目的地址，表示该报文的一组接收者，而不能把它分配给某台具体的主机。

组播地址和广播地址的区别在于广播地址是按主机的物理位置来划分各组的（属于同一个子网），而组播地址指定一个逻辑组，参与该组的计算机可能遍布整个 Internet 网。组播地址主要用于电视会议、视频点播等应用。

网络中的路由器根据参与的主机的位置，为该组播的通信组形成一棵发送树。服务器在发送数据时，只需发送一份数据报文，该报文的目的地址为相应的组播地址。路由器根据已经形成的发送树依次转发，只是在树的分岔点处复制数据报，向多个网络转发一份复制。经过多个路由器的转发后，则该数据报可以到达所有登记到该组的主机处。这样就大大减少了源端主机的负担和网络资源的浪费。

3. 0 地址

主机号为 0 的 IP 地址从来不分配给任何一个单个的主机号为 0，例如，202.112.7.0 就是一个典型的 C 类网络地址，表示该网络本身。

网络号为 0 的 IP 地址是指本网络上的某台主机。例如，如果一台主机（IP 地址为 202.112.7.13）接收到一个 IP 报文，它的目的地址中网络号部分为 0，而主机号部分与它自己的地址匹配（即 IP 地址为 0.0.0.13），则接收方把该 IP 地址解释成为本网络的主机地址，并接收该 IP 数据报。

0.0.0.0 代表本主机地址。网络上任何主机都可以用它来表示自己。

4. 回送地址

从表 7-1 中可以看到，原本属于 A 类地址范围内的 IP 地址 127.0.0.0~127.255.255.255 并没有包含在 A 类地址之内。

任何一个以数字 127 开头的 IP 地址（127.×.×.×）都叫作回送地址。它是一个保留地址，最常见的表示形式为 127.0.0.1。

在每个主机上对应于 IP 地址 127.0.0.1 有个接口，称为回送接口。IP 协议规定，当任何程序用回送地址作为目的地址时，计算机上的协议软件不会把该数据报向网络上发送，而是把数据直接返回给本主机。因此网络号等于 127 的数据报文不能出现在任何网络上，主机和路由器不能为该地址广播任何寻径信息。回送地址的用途是，可以实现对本机网络协议的测试或实现本地进程间的通信。

7.1.3　子网

一个网络上的所有主机都必须有相同的网络号。当网络增大时，这种 IP 编址特性会引发问题。例如，一个公司一开始在 Internet 上有一个 C 级局域网。一段时间后，其机器数超过了 254 台，因此需要另一个 C 级网络地址；或该公司又有了一个不同类型的局域网，需要与原先网络不同的 IP 地址。最后，结果可能是创建了多个局域网，各个局域网有它自己的路由器和 C 类网络号。

随着各个局域网的增加，管理成了一件很困难的事。每次安装新网络时，系统管理员就得向网络信息中心 NIC（网络接口卡）申请一个新的网络号。然后该网络号必须向全世界公布；而且把计算机从一个局域网上移到另一个局域网上要更改 IP 地址，这反过来又需要修改其配置文件并向全世界公布其 IP 地址。解决这个问题的办法是：让网络内部可以分成多个部分，但对外向任何一个单独网络一样动作，这些网络称作子网。

一个被子网化的 IP 地址包含 3 部分：网络号、子网号、主机号。

其中子网号和主机号是由原先 IP 地址的主机地址部分分为两部分而得到的。因此，用户分子网的能力依赖于被子网化的 IP 地址类型。IP 地址中主机地址位数越多，就能分得更多的子网和主机。然而，子网减少了能被寻址主机的数量，实际上是把主机地址的一部分拿走用于识别子网号。子网由伪 IP 地址（也称为子网掩码）标识。

子网掩码是可用点，十进制数格式表示的是 32 位二进制数，掩码告诉网络中的设备（包括路由器和其他主机）IP 地址的多少位用于识别网络和子网，这些位称之为扩展的网络前缀。剩下的位标志子网内的主机，掩码中用于标志网络号的位，置为 1；主机位，置为 0。

例如，掩码 11111111.11111111.11111111.11000000（255.255.255.192）能在子网产生 64 个可能的主机地址。因此可以在子网内唯一地标志 64 个设备。实际上只有 62 个地址是可用的，另两个主机地址是保留的，第一个主机号总保留为识别子网自身，另一个主机号保留作为子网的广播地址。因此当得到子网内最大可用的主机数时总要减去 2，才能得到可用的主机数。

每一类地址使用不同的位数识别网络，因此每一类地址用于子网化的位数也不同。如果不断扩大的公司用 B 类地址，将 16 位的主机号分成一个 6 位的子网号和一个 10 位的主机号，如图 7-2 所示，这种分解法可以使用 30 个局域网，每个局域网最多有 1022 个主机。子网掩码是 255.255.252.0。

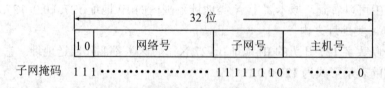

图 7-2　B 类子网分成若干子网的一种方法

在网络外部，子网是不可见的，因此分配一个新子网不必与 NIC 联系或改变程序外部数据库。第一个子网可能使用以 130.50.4.1 开始的 IP 地址，第二个子网可能使用 130.50.8.1 开始的地址，依此类推。

使用 A 类和 B 类 IP 地址的单位可以把它们的网络划分成几个部分，每个部分称为一个子网。每个子网对应于一个下属部门或一个地理范围（如一座或几座办公楼），或者对应一种物理通信介质（如以太网、点到点连接线路或 X.25 网）。它们通过网关互连或进行必要的协议转换。

首先，要确定每个子网最多可包含多少台主机，因为这将影响 32 位 IP 地址中子网号和主机号的分配。例如，B 类地址用开头 2 字节表示网络号，剩下 2 字节是本地地址。如果拥有该 IP 网的单位的计算机数目不超过 14×4094=57316 台，就可以用主机号的开头 4 位作子网号。这种划分（即用主机号部分的开头 4 位作子网号）允许该单位有 14 个子网，每个子网最多可以挂 4094 台主机，再如，拥有 B 类 IP 地址的单位在下属部门较多，每个部门配备的计算机数量较少的情况下，也可以用主机号的开头一个字节作子网号，从而允许该单位有 254 个子网，每个子网最多可以挂 254 台主机。

划分子网以后，每个子网看起来就像一个独立的网络。对于远程的网络而言，它们不知道这种子网的划分。例如，如图 7-3 所示的 B 类网络的网络号是 130.130，在该单位之外的网络仅仅知道这个网络号代表这个简单的网络，而对 130.130.11.1 和 130.130.22.3 所在的两个子网 11 和 22 不加区别，不关心某台主机究竟在哪个子网上。在该单位内部必须设置本地网关，让这些网关知道所用的子网划分方案。也就是说，在单位网络内部，IP 软件识别所有以子网作为目的地的地址，将 IP 分组通过网关从一个子网传输到另一个子网。

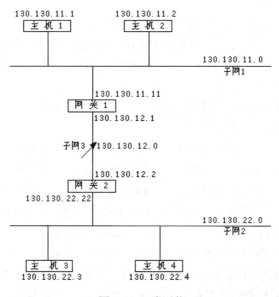

图 7-3　B 类网络

当一个 IP 分组从一台主机送往另一台主机时，它的源地址和目标地址被掩码。子网掩码的主机号部分是 0，网络号部分的二进制表示码是全 1，子网号部分的二进制表示码也是全 1。因此，使用 4 位子网号的 B 类地址的子网掩码是 255.255.240.0。使用 8 位子网号的 B 类地址的子网掩码是 255.255.255.0。

对发送的或中转的 IP 分组的 IP 地址使用子网掩码屏蔽后，显露部分的内容与该主机自己的 IP 地址比较，如果不相同，那么目标主机一定在另外一个子网或网络上，根据路由规则，就要将 IP 分组发送到适当的网关；如果相同，目标主机就被认为与本主机在同一子网上，目标 IP 地址被屏蔽掉的部分就被用来形成目标物理地址。还以图 7-3 中的网络为例，假定在主机上工作，本地主机地址是 130.130.11.1，而目标地址是 130.130.22.4，使用子网掩码 255.255.255.0 进行屏蔽，结果源 IP 地址显露部分的网络码和子网码分别是 130.130 和 11，而目标 IP 地址显露部分的网络码和子网码分别是 130.130 和 22，两者不符合，必须通过网关进行间接投递。

每一个路由器中有一张表，表中列出一些形如"网络，0"的 IP 地址和形如"当前网络，主机"的 IP 地址。前者说明如何到达远程网络，后者说明如何到达本地主机。与每张表相联系的是用来抵达目的地的网络接口，以及某些其他信息。

当一个 IP 分组到达时，就在路由选择表中查找其目的地址，如果分组是发给远程网络的，它就被转发到表中所提供接口上的下一个路由器；如果是本地主机（如该路由器的局域网上），它便被直接发送到目的地。如果目的地网络没找到，分组就被转发到更多扩充表的默认路由器。这一算法表明每一个路由器仅需要保留其他网络和本地主机的记录。不必记全所有网络、主机对，从而大大减少了路由表的长度。

7.1.4　IP 地址转换

IP 地址还不能直接用来进行通信，这是因为以下的因素。

（1）IP 地址中的主机地址只是主机在网络层中的逻辑地址。如果要将网络层中传送的数据报交给目的主机，必须知道该主机的物理地址。所以必须在 IP 地址和主机的物理地址之间进行转换。

（2）用户平时不使用难于记忆的主机号码，而是使用易于记忆的主机名字。因此也需要在主机名字和 IP 地址之间进行交换。

对于较小的网络，可以使用 TCP/IP 体系提供的叫作 HOSTS 的文件来进行从主机名字到 IP 地址的转换。文件 HOSTS 上有许多主机名字到 IP 地址的映射，供主叫主机使用。

对于较大的网络，则在网络的几个地方放置域名系统（DNS）服务器，上面分层次放有许多主机名字到 IP 地址转换的映射表。主叫主机中的名字转换软件自动找到 DNS 的名字服务器来完成这种转换。域名系统 DNS 属于应用层软件。

IP 地址到物理地址的转换由地址转换协议（ARP）来完成。由于 IP 地址是 32 比特，而局域网的物理地址（即 MAC 地址）是 48 比特，因此它们之间不是简单的转换关系。此外，在一个网络上经常有新的计算机加入进来，或撤走一些计算机。更换计算机的网卡也会使其物理地址改变。可见在计算机中应当存放一个从 IP 地址到物理地址的转换表，并且能够经常动态更新。地址转换协议很好地解决了这些问题。

每一个主机都有一个 ARP 高速缓存，里面有 IP 地址到物理地址的映射表，这些都是该主机目前知道的一些地址。当主机 A 向本局域网上的主机 B 发送一个 IP 数据报时，就先在其 ARP 高速缓存中察看有无主机 B 的 IP 地址。如有，就可查出对应的物理地址，然后将该数据报发往此物理地址。

也有可能查不到主机 B 的 IP 地址。这可能是主机 B 才入网，也可能是主机 A 刚刚充电，其高速缓存还是空的。在这种情况下，主机 A 就自动运行 ARP，按以下步骤找出主机 B 的物理地址。

（1）ARP 进程在本局域网上广播发送一个 ARP 请求分组，上面有主机 B 的 IP 地址。

（2）在本局域网中的所有主机上运行的 ARP 进程都收到此 ARP 请求分组。

（3）主机 B 在 ARP 请求分组中见到自己的 IP 地址，就向主机 A 发送一个 ARP 响应分组，上面写入自己的物理地址。

（4）主机 A 收到主机 B 的 ARP 响应分组后，就在其 ARP 高速缓存中写入主机 B 的 IP 地址到物理地址的映射。

在很多情况下，当主机 A 向主机 B 发送数据报时，很可能以后不久主机 B 还要向 A 发送数据报，因而 B 也可能要向 A 发送 ARP 请求分组。为了减少网络上的通信量，A 在发送其 ARP 请求分组时，就将自己的 IP 地址到物理地址的映射写入 ARP 请求分组。当 B 收到 A 的 ARP 请求分组时，B 就将 A 的这一地址映射写入 B 自己的 ARP 高速缓存中。主机 B 以后向主机 A 发送数据报时就更方便了。

在进行地址转换时，有时还要用到反向地址转换协议（RARP）。RARP 使只知道自己物理地址的主机能够知道其 IP 地址。这种主机往往是无主盘工作站。这种无盘工作站一般只要运行其 ROM 中的文件传送代码，就可用下行装载方法，从局域网上其他主机得到所需的操作系统和 TCP/IP 通信软件，但这些软件中并没有 IP 地址。无盘工作站要运行 ROM 中的 RARP 来获得其 IP 地址。

7.1.5　IP 数据报的格式

IP 数据报是 IP 协议的基本处理单元，它由两部分组成：数据报头和数据部分。传输层的数据交给 IP 协议后，IP 协议要在其前面加个 IP 数据报头，用于在传输途中控制 IP 数据报的转发和处理。IP 数据报的格式如图 7-4 所示。

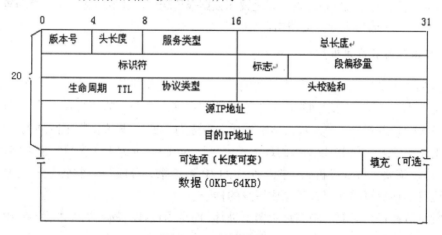

图 7-4　IP 数据报格式

1. 版本号

IP 数据报头部第一项就是 IP 协议的版本号，占用 4 位。无论是主机还是中间路由器，在处理每个接收到的 IP 数据报之前，首先要检验它的版本号，以确保用正确的协议版本来处理。

2．长度字段

在 IP 数据报中有两个长度字段：头长度和总长度。一个表示 IP 数据报头的长度，占用 4 位；另一个表示 IP 数据报总长度，占用 16 位，它的值是以字节为单位的。IP 数据报头又分为固定部分和选项部分，固定部分正好是 20 字节，而选项部分为变长。因此需要用一个字段来给出 IP 数据报头的长度。而且若选项部分长度不为 4 的倍数，则还应根据需要填充 1~3 个字节以凑成 4 的倍数。

3．服务类型

IP 数据报头中的服务类型字段规定了对于本数据报的处理方式。该字段共为 1 字节，分为 5 个子域，其结构如图 7-5 所示。

图 7-5　服务类型

其中，优先权（共 3 位）指示本数据报的重要程度，其取值范围为 0~7。用 0 表示一般优先级，而 7 表示网络控制优先级，即值越大，表示优先级越高。

D、T、R、C 这 4 位表示本数据报所希望的传输类型。

❖　D：要求有更低的延迟。
❖　T：要求有更高的吞吐量。
❖　R：要求有更高的可靠性，就是说在数据报传送中，被节点交换机丢弃的概率更小。
❖　C：要求选择更低廉的路由。

4．数据报的分段和重组

IP 数据报要放在物理帧中再进行传输，这一过程叫作封装。一般来说，在传输的过程中要跨越若干个不同的物理网络，由于不同的物理网络，采用的帧格式是不一样的，且所容许的最大帧长度不同（帧的最大传输单元，简称为 MTU，其值由物理网络的硬件和算法确定，不能更改）。而 IP 数据报的最大长度可达 64KB，远大于大多数物理网络的 MTU，因此 IP 协议需要一种分段机制，把一个大的 IP 数据报，分成若干个小的分段进行传输，最后到达目的地后再重新组合还原成原来的样子。

分段可以在任何必要的中间路由器上进行，而重组仅在目的主机处进行。在 IP 报头中，共有 3 个字段用于实现对数据报的分段和重组：标识符、标志域和分段偏移量。

标识符是一个无符号的整数值，它是 IP 协议赋予数据报的标志，属于同一个数据报的分段具有相同的标识符。标识符的分配决不能重复，IP 协议每发送一个 IP 数据报，则要把该标识符的值加 1，作为下一个数据报的标志。标识符占用 16 位，可以保证在重复使用一个标识符时，具有相同标识符的上个 IP 数据报的所有的分段都已从网上消失了，这样就避免了不同的数据报具有相同标识符的可能。

标志域为 3 位，但只有低两位有效。每个位意义如下。

❖ 0 位（MF 位）：最终分段标志。

❖ 1 位（DF 位）：禁止分段标志。

❖ 2 位：未用。

当 DF 位被置为 1 时，则该数据报不能被分段。假如此时 IP 数据报的长度大于网络的 MTU 值，则根据 IP 协议把该数据报丢弃。同时向源端返回出错信息。

当 MF 标志位置为 0 时，说明该分段是原数据报的最后一个分段。

分段偏移量指出本分段的第一个字节在初始的 IP 数据报中的偏移值，该偏移量以 8 字节为单位。

5. 数据报生存周期（TTL）

IP 数据报传输的特点就是每个数据报单独寻址。而在互联网的环境中，从源端到目的端的时延通常都是随时变化的，还有可能因为中间路由器的路由表内容出现错误，导致数据报在网络中无休止地循环。为了避免这种情况，IP 协议中提出了生存时间的控制，它限制了一个数据报在网络中的存活时间。

在每个新生成的 IP 数据报中，其数据报头的生存时间字段被初始化设置为最大值 255，这是 IP 数据报的最大生存周期。由于精确的生存时间在分布式结构的网络环境中很难实现，故 IP 协议以这种近似的方式来处理，即在数据报每经过一个路由器时，其 TTL 值减 1，直到它的值减为 0 时，则丢弃该数据报。这样即使在网络中出现循环路由，循环转发的 IP 数据报也会在有限的时间内被丢弃。

6. 协议类型

该字段指出 IP 数据报中的数据部分是哪一种协议（高层协议），接收端则根据该协议类型字段的值来确定应该把 IP 数据报中的数据交给哪个上层协议去处理。

7. 头校验和

该字段用于保证头部数据的正确性。其计算方法很简单：在发送端把校验和字段置为 0，然后对数据报头中的内容按 16 比特累加，结果值取反，便得到校验和。注意，IP 协议并没有提供对数据部分的校验。

8. 源 IP 地址和目的 IP 地址

在 IP 数据报的头部有两个字段，即源端地址和目的地址，分别表示该数据报的发送者和接收者。

9. IP 数据报选项

IP 可选项主要用于额外的控制和测试。IP 报头可以包括多个选项。每个选项第 1 字节为标识符，标志该选项的类型。如果该选项的值是变长的，则紧接在其后的 1 字节给出其长度，之后才是该选项的值。在 IP 协议中可以有如表 7-3 所示的一些选项类型。

表 7-3　IP 数据头中的可选项

安 全 选 项	表示该 IP 数据报的保密级别
严格源选径	给出完整的路径表
松散源选径	给出该数据报在传输过程中必须要经历的路由器地址
路由记录	让途径的每个路由器在 IP 数据报中记录其 IP 地址
时间戳	让途径的每个路由器在 IP 数据报中记录其 IP 地址及时间值

7.1.6　IP 数据报的封装、分段与重组

IP 报文要封装成帧之后才能发送给数据链路层。理想情况，IP 报文正好放在一个物理帧中，这样可以使得网络传输的效率最高。而实际的物理网络所支持的最大帧长各不相同。例如，以太网帧中最多可以容纳 1500 字节，而一个 FDDI（光纤分布式数据接口）帧中可以容纳 4470 字节的数据。把这个上限称为物理网络的最大传输单元（MTU）。有些网络的 MTU 非常小，其值可能只有 128 字节。

为能把一个 IP 报文放在不同的物理帧中，最大 IP 报文的长度就只能等于这条路径上所有物理网络的 MTU 的最小值。当数据报通过一个可以传输长度更大的帧的网络时，把数据报的大小限制在互联网上最小的 MTU 之下不经济；如果数据报的长度超过互联网中最小的 MTU 值，则当该数据报在穿越该子网时，就无法被封装在一个帧中。

IP 协议在发送 IP 报文时，一般选择一个合适的初始长度。如果这个报文要经历的中间物理网络的 MTU 值比 IP 报文长度小，则 IP 协议把这个报文的数据部分分割成若干个较小的数据片，组成较小的报文，然后放到物理帧中去发送。每个小的报文称为一个分段。分段的动作一般在路由器上进行。如果路由器从某个网络接口收到了一个 IP 报文，要向另外一个网络转发，而该网络的 MTU 比 IP 报文长度要小，那么就要把该 IP 报文分成多个小 IP 分段后再分别发送。

图 7-6 给出了一个对 IP 报文进行分段的网络环境示例。在图 7-6（a）中，两个以太网通过一个远程网互连起来。以太网的 MTU 都是 1500，但是中间的远程网络的 MTU 为 620字节。如果主机 A 现在发送给 B 一个长度超过 620 字节的 IP 报文，首先在经过路由器 R1时，就必须把该报文分成多个分段。

在进行分段时，每个数据片的长度依照物理网络的 MTU 而确定。由于 IP 报文头中的偏移字段的值实际上是以 8 字节为单位，所以要求每个分段的长度必须为 8 的整数倍（最后一个分段除外，它可能比前面的几个分段的长度都小，它的长度可能为任意值）。图 7-6（b）是一个包含有 1400 字节数据的 IP 报文，经过图 7-6（a）的路由器 R1 后，每个分段都包括各自的 IP 报文头，而且该报文头和原来的 IP 报文头非常相似，除了 MF 标志位、分段偏移量、校验和等几个字段外，其他内容完全相同。

重组是分段的逆过程，把若干个 IP 分段重新组合后还原为原来的 IP 报文。在目的端收到一个 IP 报文时，可以根据其分段偏移和 MF 标志位来判断它是否是一个分段。如果MF 位是 0，并且分段偏移为 0，则表明这是一个完整的 IP 数据报。否则，如果分段偏移不

为 0，或者 MF 标志位为 1，则表明它是一个分段。这时目的地端需要实行分段重组。IP 协议根据 IP 报文头中的标识符字段的值来确定哪些分段属于同一个原始报文，根据分段偏移来确定分段在原始报文中的位置。如果一个 IP 数据报的所有分段都正确地到达目的地，则把它重新组织成一个完整的报文后交给上层协议去处理。

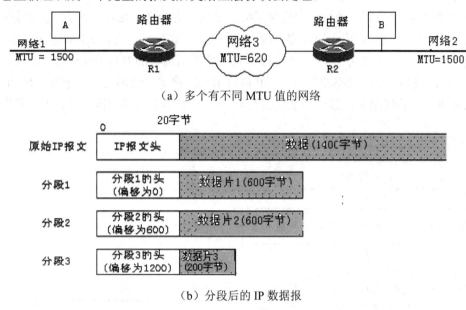

（a）多个有不同 MTU 值的网络

（b）分段后的 IP 数据报

图 7-6　IP 数据报的分段

7.1.7　IP 报文转发

一个 IP 数据报从源端发送到目的地的过程中，通常要经历若干个路由器，而路由器的作用就是存储转发 IP 数据报，为每个 IP 报文寻找最优路径。图 7-7 所示的网络实例就说明这个情况。

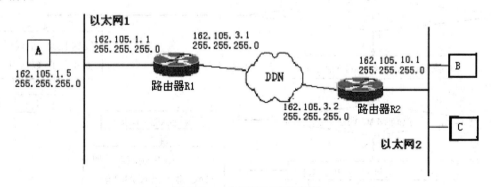

图 7-7　一个网络互连的实例

路由器 R1 收到主机 A 发送给主机 C 的 IP 数据报。R1 的数据链路层根据帧中的以太网类型确定帧中的数据是 IP 报文，于是交给 IP 协议处理。IP 协议首先要检验 IP 报文头中各个域的正确性，包括版本号、校验和以及长度等。如果发现错误，则丢弃该数据报；如果全部正确，则把 TTL 域的值减 1。

若 TTL 的值为 0，数据报到期，应该丢弃；TTL 大于 0，根据 IP 数据报中目的地址查询 R1 中的路由表；如果找到合适的路由，把该数据报向下一站转发，这需要知道下一站的 MAC（媒体访问控制）地址，进行帧封装；如果没有合适的路由，则丢弃该数据报。

报文经过路由器时，由于路由器修改了 IP 头中的 TTL 域，所以还需要重新计算 IP 头中的校验和。如果 IP 报文头带有 IP 选项，则还要根据选项的内容进行处理。在处理的过程中，凡是出现错误、路径不通等情况，IP 协议都要向报文的源端发送一个 ICMP（Internet 控制报文协议）差错报文，报告不能转发及其原因。图 7-8 是路由器中对数据报转发的流程图。

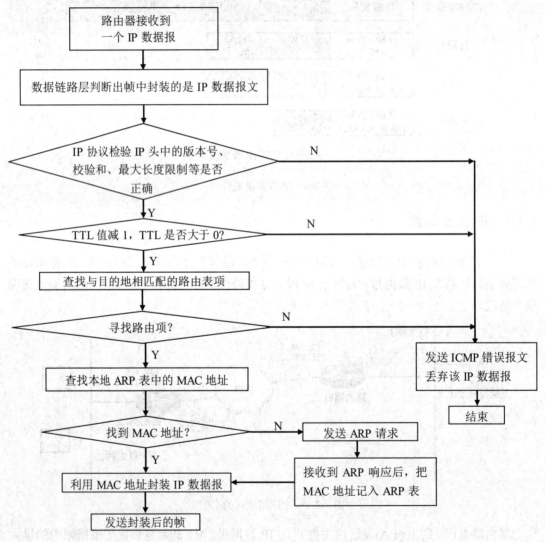

图 7-8　路由器接收到一个 IP 数据报后的处理过程

7.1.8　IP 路由表

1. 路由表的构成

在同一个子网上使用 IP 协议通信时，利用地址解析协议（ARP）得到对方的 MAC 地址，然后利用 MAC 地址把要传输的 IP 数据报进行封装，交给数据链路层发送。若主机在不同的子网上，则数据报必须经过路由器的转发，要选择路径，确定应该向哪一个下一站系统发送。上述工作都是根据 IP 路由表的内容来完成。主机和路由器都维护着各自的路由表，其中表的格式大体上是相同的。

路由表中至少有目的地址、掩码、网关以及接口名称等项。目的地址和掩码是整个表的关键字，唯一地确定到某目的地的路由。网关表示下一站路由器的地址，而接口名字则指出应该向本机的哪个网络接口进行转发。

路由表中每个表项还有两个标志：标志 H 表示该路由是主机路由，即该路由项指明到一台具体的主机的路由；G 则表示网关域中的地址是个有效的路由器的地址。表 7-4 是一个 UNIX 主机中的路由表。

表 7-4　UNIX 主机中的路由表

目的地地址	掩　　码	网　　关	标　　志	接　口　名
127.0.0.0	255.0.0.0	0.0.0.0	UH	l0
162.105.1.0	255.255.255.0	0.0.0.0	U	eth0
162.105.1.0	255.255.255.0	162.105.1.2	UG	eth0
0.0.0.0	0.0.0.0	62.105.1.1	UG	eth0

表 7-4 所示的路由表给出了 4 条路由信息：其中表中的 l0 表示虚拟的回送接口（loopback）；eth0 表示第一块以太网网卡。

第一条是到 127.0.0.0 子网的路由。前面讲过，类似 127.×.×.× 的 IP 地址被称为回送地址。所以往接口上发送的数据实际上都要交给本主机去处理。如果数据报的目的地址为 127.0.0.1，则和该路由项匹配，IP 协议因而把它交给虚拟的回送接口去处理。

第二条路由项的目的子网实际上是和该主机直接相连的子网地址。目的地址为该子网的子网号，而掩码为该网络接口上的掩码。由于没有设置标志位 G，表示网关域并不是一台真正的路由器地址。此时数据报应该往以太网接口上发送，而下一条地址应该是 IP 数据报中的目的主机的地址。

第三条路由项是到以太网 3 的路由。路由项中的 G 标志位有效，表示到达该网络应该经过路由器 162.105.1.2。

第四条路由项的目的地址和掩码全为 0，表示和任何目的地址都可以匹配。这样的路由称为默认路由，表示如果目的地址和路由项中的所有其他项都不能匹配，则最后使用该项作为其路由。这条路由设置了标志位 G，所以路由项中的网关域是有效的路由器地址，作为下一个路由器的地址，并且应该通过 eth0 接口访问该路由器。

2. 路由表的搜索

确定一条路由是否符合要求的方法就是把IP报文中的目的地址跟路由表的每一项中的掩码做"与"运算，看其结果是否与相应的路由项中的目的子网地址相等。

在查找路由表时，要求使用最佳匹配原则。因为在路由表中每条路由的掩码长度不一样，如果有多条成功匹配的路由项，则选择掩码最长的项所对应的路由。实际上，路由器一般都是按照掩码的长度从长到短排序。这样在查找路由表时，自然就从掩码最长的路由开始进行搜索。默认路由的掩码长度为 0，所以它应该是整个路由表的最后一项。

路由表的查找过程如图 7-9 所示。

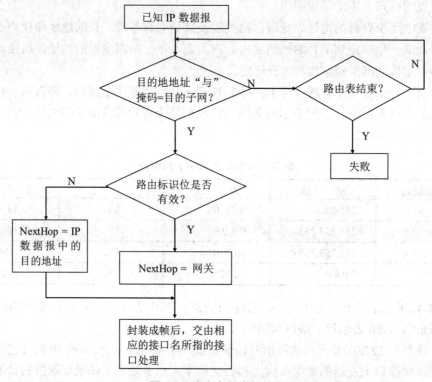

图 7-9　路由表的查找过程

7.2　Internet 控制协议

除了用于数据传送的 IP 协议外，互联网还有多个用于网络层的控制协议，包括 ICMP、IGMP、ARP 及 RARP 协议。

7.2.1　Internet 控制报文协议（ICMP）

如果一个网关不能为 IP 分组选择路由，或者不能递交 IP 分组，或者这个网关测试到某种不正常状态，例如，网络拥挤影响 IP 分组的传递，那么就需要使用 Internet 控制报文协议来通知源发主机采取措施，避免或纠正这类问题。

ICMP 也是在网络层中与 IP 一起使用的协议。ICMP 通常由某个监测到 IP 分组中错误的站点产生。从技术上说，ICMP 是一种差错报告机制，这种机制为网关或目标主机提供一种方法，使它们在遇到差错时能把差错报告给原始报源。例如，如果 IP 分组无法到达目的地，那么就可能使用 ICMP 警告分组的发送方：网络、计算机或端口不可到达。ICMP 也能通知发送方网络出现拥挤。ICMP 是互联网协议（IP）的一部分，但 ICMP 是通过 IP 来发送的。ICMP 的使用主要包括下面 3 种情况。

（1）IP 分组不能到达目的地。

（2）在接收设备接收 IP 分组时，缓冲区大小不够。

（3）网关或目标主机通知发送方主机，如果这种路径确实存在，应该选用较短的路径。

ICMP 数据报和 IP 分组一样不能保证可靠传输。ICMP 信息也可能丢失。为了防止 ICMP 信息无限地连续发送，对 ICMP 数据报传输的问题不能再使用 ICMP 传达。另外，对于被划分成片的 IP 分组而言，只对分组偏移值等于 0 的分组片（也就是第一个分组片）才能使用 ICMP 协议。

ICMP 报文需要如图 7-10 所示的两级封装。每个 ICMP 报文都在 IP 分组的数据字段中通过互联网传输，而 IP 分组本身又在帧的数据段中穿过每个物理网。为标识 ICMP，在 IP 分组协议字段中包含的值是 1。重要的是，尽管 ICMP 报文使用 IP 协议封装在 IP 分组中传送，但 ICMP 不被看成是高层协议的内容，它只是 IP 中的一部分。之所以使用 IP 递交 ICMP 报文，是因为这些报文可能要跨过几个物理网络才能够到达最终目的。因此，ICMP 报文不能依靠单个物理网络来递交。

图 7-10　ICMP 的两级封装

ICMP 报文有两种：一种是错误报文；另一种是查询报文。每个 ICMP 报文的开头都包含 3 个段：1 字节的类型字段、1 字节的编码字段和 2 字节的校验和字段。8 位的类型字段标识报文，表示 13 种不同的 ICMP 报文中的一种。8 位的编码字段提供关于一个类型的更多信息。16 位的校验和的算法与 IP 头的校验和算法相同，但检查范围限于 ICMP 报文结构。

表 7-5 所示为 ICMP 8 位类型字段定义的 13 种报文的名称，每一种都有自己的 ICMP 头部格式。图 7-11 所示是回送请求和回送应答报文的格式。

表 7-5　ICMP 报文类型

类　型　段	ICMP 报文
0	回送应答（用于测试 PING 命令）
3	无法到达目的地
4	抑制报源（拥挤网关丢弃一个 IP 分组时发给报源）
5	重导向路由

续表

类 型 段	ICMP 报文
8	回送请求
11	IP 分组超时
12	一个 IP 分组参数错
13	时戳请求
14	时戳应答
15	信息请求（已过时）
16	信息请求（已过时）
17	地址掩码请求（发给网关或广播）
18	地址掩码请求（网关回答子网掩码）

类型	编码=0	校验和
标识符		序列号
数 据		

图 7-11　回送请求和回送应答报文

回送请求报文（类型=8）用来测试发送方到达接收方的通信路径。在许多主机上，这个功能叫作 PING。发送方发送一个回送请求报文，其中包含一个 16 位的标识符及一个 16 位的序列号，也可以将数据放在报文中传输。当目的地计算机收到该报文时，把源地址和目的地址倒过来，重新计算校验和，并传回一个回送应答（类型=0）报文，数据字段中的内容在有的情况下也要返回给发送方。

7.2.2　Internet 组管理协议（IGMP）

TCP/IP 传送形式有 3 种：单目传送、广播传送和多目传送（组播）。

单目传送是一对一的，广播传送是一对多的。组内广播也是一对多的，但组员往往不是全部成员（如是一个子网的全部主机），因此可以说组内广播是一种介于单目与广播传送之间的传送方式，称为多目传送，也称为组播。

对于一个组内广播应用来说：假如用单目传送实现，则采用端到端的方式完成，如果小组内有 n 个成员，组内广播需要 n-1 次端到端传送，组外对组内广播需要 n 次端到端传送；假如用广播方式实现，则会有大量主机收到与自己无关的数据，造成主机资源和网络资源的浪费。因此，IP 协议对其地址模式进行扩充，引入多目编址机制以解决组内广播应用的需求。IP 协议引入组播之后，有些物理网络技术开始支持多目传送，如以太网技术。当多目跨越多个物理网络时，便存在多目组的寻径问题。传统的网关是针对端到端而设计的，不能完成多目寻径操作，于是多目路由器用来完成多目数据报的转发工作。

IP 采用 D 类地址支持多点传送。每个 D 类地址代表一组主机。共有 28 位可用来标志小组，所以同时多达 25.00005 亿个小组。当一个进程向一个 D 类地址发送分组时，尽最大努力将它送给小组成员，但不能保证全部送到，有些成员可能收不到这个分组。

Internet 支持两类组地址：永久组地址和临时组地址。永久组地址总是存在而且不必创建，每个永久组有一个永久组地址。永久组地址的一些例子如表 7-6 所示。

表 7-6　永久组地址

永久组地址	描　述
224.0.0.1	局域网上的所有系统
224.0.0.2	局域网上的所有路由器
224.0.0.5	局域网上的所有 OSFP（开放最短路径优先）路由器
224.0.0.6	局域网上的所有指定 OSPF 路由器

临时组在使用时必须先创建，一个进程可以要求其主机加入或脱离特定的组。当主机上的最后一个进程脱离某个组后，该组就不再在这台主机中出现。每个主机都要记录它当前的进程属于哪个组。

为了加入跨越物理网络的多目传送，主机必须实现通知本地多目路由器关于自己加入某多目组的信息，该信息称为组员身份信息。然后，各多目路由器之间互相交换各自的多目组信息以建立多目传送路径。

组播路由器可以是普通的路由器。各个多点播送路由器周期性地发送一个多点播送信息给局域网上的主机（目的地址为 224.0.0.1），要求它们报告其进程当前所属的是哪一组，各主机将选择的 D 类地址返回。多目路由器和参与组播的主机之间交换信息的协议称为 Internet 组管理协议，简称为 IGMP 协议。IGMP 提供一种动态参与和离开多点传送组的方法。它让一个物理网络上的所有系统知道主机当前所在的多播组。多播路由器需要这些信息以便知道多播数据报应该向哪些接口转发。

IGMP 与 ICMP 的相似之处在于它们都使用 IP 服务的逻辑高层协议。事实上，因为 IGMP 影响了 IP 协议的行为，所以 IGMP 是 IP 的一部分，并作为 IP 的一部分来实现。为了避免网络通信量问题，当投递到多点传送地址中的消息被接收时，不生成 ICMP 错误消息。

当路由器有一个 IGMP 消息需要发送时，创建一个 IP 数据报，把该 IGMP 消息封装在 IP 数据报中再进行传输。IGMP 报文通过 IP 数据报进行传输。IGMP 有固定的报文长度，没有可选数据。图 7-12 显示了 IGMP 报文如何封装在 IP 数据报中。

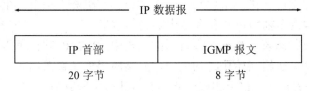

图 7-12　IGMP 报文封装在 IP 数据报中

IGMP 报文通过 IP 首部中协议字段值为 2 来指明。

1. IGMP 报文

图 7-13 显示了长度为 8 字节的 IGMP 报文格式。

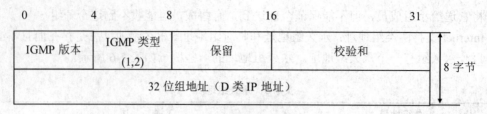

图 7-13　IGMP 报文格式

- ❖　版本：4 位，版本号，RFC1112 将此值定义为 1。
- ❖　类型：4 位，1 表示查询报文，2 表示报告报文。
- ❖　保留：占 1 字节，以便将来使用。
- ❖　校验和：共占 2 字节，提供对整个 IGMP 报文的校验和。
- ❖　组地址：共占 2 字节，查询时，被置为 0；报告时，被置为多点传送组地址。

IGMP 类型为 1 说明是由多播路由器发出的查询报文，为 2 说明是主机发出的报告报文。两种报文格式相同，只是前者的组地址字符取值为 0。IGMP 报告报文的特点是不给出主机信息，所以由若干主机参加同一多目组，它们给出的报告报文完全相同，除第一个外，其余都是不必要的。校验和的计算和 ICMP 协议相同。

IGMP 报告和查询的生存时间（TTL）均设置为 1，这涉及 IP 首部中的 TTL 字段。一个初始 TTL 为 0 的多播数据报将被限制在同一主机。在默认情况下，待传多播数据报的 TTL 被设置为 1，这将使多播数据报仅局限在同一子网内传送。更大的 TTL 值能被多播路由器转发。

从 224.0.0.0~224.0.0.255 的特殊地址空间是打算用于多播范围不超过 1 跳的应用。不管 TTL 值是多少，多播路由器均不转发目的地址为这些地址中的任何一个地址的数据报。

组地址为 D 类 IP 地址。在查询报文中组地址设置为 0，在报告报文中组地址为要参加的组地址。

2. IGMP 协议工作过程

目的 IP 地址 224.0.0.1 被称为全主机组地址。它涉及在一个物理网络中的所有具备多播能力的主机和路由器。当接口初始化后，所有具备多播能力接口上的主机均自动加入这个多播组。这个组的成员无须发送 IGMP 报告。

一个主机通过组地址和接口来识别一个多播组。主机必须保留一个表，此表中包含所有至少含有一个进程的多播组以及多播组中的进程数量。

此表被称为组员状态表，在参加多目组的主机中，IGMP 软件负责维护这个表，其中每一表目对应与一个多目组初始化时均为空。当某应用程序宣布加入一个新的多目组时，IGMP 位置分配一个表目，登记上相应信息，并将计数字段赋值 1。然后，每当有新的应用程序加入该多目组时，计数字段加 1；每当有应用程序推出该多目组时，计数字段减 1。当减到 0 时，表明该主机不再属于该多目组，主机不再参加该多目组的操作。

多播路由器对每个接口保持一个表，表中记录接口上至少还包含一个主机的多播组。当路由器收到要转发的多播数据报时，它只将该数据报转发到（使用相应的多播链路层地址）还拥有属于那个组主机的接口上。

IGMP 协议工作过程分为两个阶段。

（1）某主机加入一个新的多目组时，按全主机多目地址组员身份传播出去。本地多目路由器收到该信息后，一方面将此信息记录相应表格中，一方面向 Internet 上的其他多目路由器通知此组员身份信息，以建立必要的路径。

（2）为适应组员身份的动态变化，本地多目路由器周期性地查询本地主机，以确定哪些主机仍然属于哪些多目组。假如查询结果表明某多目组中已无本地主机成员，多目路由器一方面将停止通告相应的组员身份信息，同时不再接收相应的多目数据报。

多播是一种将报文发往多个接收者的通信方式。在许多应用中，它比广播更好，因为多播降低了不参与通信的主机的负担。简单的主机成员报告协议（IGMP）是多播的基本模块。在一个局域网中或跨越邻近局域网的多播需要使用这些技术。广播通常局限在单个局域网中，对目前许多使用广播的应用来说，可采用多播来替代广播。

7.2.3　地址解析协议（ARP）

地址解析协议用来将 IP 地址转换成物理网络地址。考虑两台计算机 A 和 B 共享一个物理网络的情况。每台计算机分别有一个 IP 地址 IA 和 IB，同时有一个物理地址 PA 和 PB。设计 IP 地址的目的是隐蔽低层的物理网络，允许高层程序只用 IP 地址工作。但是不管使用什么样的硬件网络技术，最终通信总是由物理网络实现的。IP 模块建立了 IP 分组，并且准备送给以太网驱动程序之前，必须确定目的地主机的以太网地址。于是就提出这样一个问题：假设计算机 A 要通过物理网络向计算机 B 发送一个 IP 分组，A 只知道 B 的 IP 地址，把这个 IP 变成 B 的物理地址 PB 的方法是：TCP/IP 协议采用了一个协议，解决了如以太网这样具有广播能力物理网络的地址转换问题，这就是地址解析协议的作用。

从 IP 地址到物理网络地址的变换是通过查表实现的，ARP 表放在内存储器中，其中的登录项是在第一次需要使用而进行查询时通过 ARP 协议自动填写的。表 7-7 列出的是一个简化了的 ARP 表的示例。

表 7-7　ARP 示例

IP 地址	以太网地址
130.130.71.1	08-00-39-00-2F-C3
130.130.71.3	08-00-5A-21-A7-22
130.130.71.4	08-00-10-99-AC-54

当 ARP 解析一个 IP 地址时，它搜索 ARP 缓存和 ARP 表作匹配。如果找到了，ARP 就把物理地址返回给提供 IP 地址的应用，如果 IP 模块在 ARP 表中找不到某一目标 IP 地址的登录项，它就使用广播以太网地址发一个 ARP 请求分组给网上每一台计算机。

这些计算机的以太网接口收到这个广播以太网帧后，以太网驱动程序检查帧的类型字段（值 0806 表明是一个 ARP 分组），将相应的 ARP 分组送给 ARP 模块。这个 ARP 请求分组说："如果你的 IP 地址跟这个目标 IP 地址相同，请告诉我你的以太网地址"。

图 7-14（a）给出的是一个 ARP 请求分组的示例。

因为在 ARP 表中不能找到 IP 地址，所以发出一个 ARP 请求分组。收到广播的每个 ARP 模块检查请求分组中的目标 IP 地址，当该地址和自己的 IP 地址相同时，就直接发一个响应分组给源以太网地址。ARP 响应分组说："是的，那个目标地址是我，让我来告诉你我的以太网地址"。对应图 7-14（a）中的 ARP 请求分组的响应如图 7-14（b）所示，这个响应分组被发送请求的计算机接收，其 ARP 模块将得到的目标计算机 IP 地址和以太网地址加入它的 ARP 表。如果目标计算机不存在，则得不到 ARP 响应，在 ARP 表中也就不会有其登录项，本地 IP 模块将会抛弃发往这个目标地址的 IP 分组。

发送方 IP 地址	130.130.71.1
发送方以太网地址	08-00-39-00-2F-C3
目标 IP 地址	130.130.71.2
目标以太网地址	

（a）

发送方 IP 地址	130.130.71.2
发送方以太网地址	08-00-39-00-3B-A9
目标 IP 地址	130.130.71.1
目标以太网地址	08-00-39-00-2F-C3

（b）

图 7-14　ARP 请求和响应分组

图 7-15 表示了在以太网上使用的 ARP 分组格式，在其他物理网络上，地址段长度可能不同。

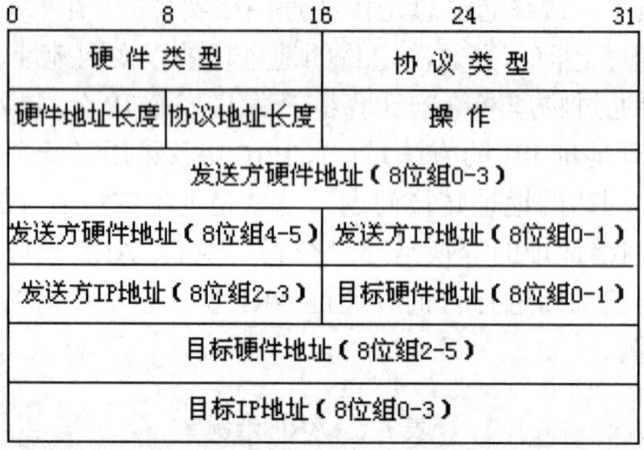

图 7-15　用于以太网的 ARP/RARP 分组格式

下面对分组的各个段分别加以说明。

❖ 硬件类型：指明硬件接口类型，对于以太网，此值为 1。合法的值如表 7-8 所示。

表 7-8　硬件类型表

类　　型	描　　述
1	以太网
2	实验以太网
3	X.25
4	Token Ring（令牌环）

类　型	描　述
5	混沌网 CHAOS
6	IEEE 802.X
7	ARC 网络

❖ 协议类型：指明发送者在 ARP 分组中所给出的高层协议的类型，对 IP 地址而言，此值是 0800（十六进制）。

❖ 硬件地址长度：硬件地址的字节数，对于以太网，此值是 6。

❖ 协议地址长度：高层协议地址的长度，对于 IP，此值等于 4。

ARP 请求和 ARP 应答报文的格式如图 7-16 所示，当一个 ARP 请求发出时，除了接收端硬件地址之外，所有域都被使用。ARP 应答中，使用所有的域。使用 ARP 主要有两个方面的优点。

硬件类型（16 位）	
协议类型（16 位）	
硬件地址长度	协议地址长度
操作码（16 位）	
发送硬件地址	
发送 IP 地址	
接收端硬件地址	
接收端 IP 地址	

图 7-16　ARP 请求和应答报文格式

❖ 不必预先知道连接到网络上的主机或网关的物理地址就能发送数据。

❖ 当物理地址和 IP 地址的关系随时间的推移发生变化（如一台机器更换了有故障的以太网控制器，因而以太网地址改变了）时，能及时给予修正。

7.2.4　反向地址解析协议（RARP）

ARP 协议有一个缺陷：假如一个设备不知道它自己的 IP 地址，就没有办法产生 ARP 请求和 ARP 应答。网络上的无盘工作站就是这种情况。无盘工作站在启动时，只知道自己的网络接口的 MAC 地址，不知道自己的 IP 地址。一个简单的解决办法是使用反向地址解析协议得到自己的 IP 地址 RARP 以与 ARP 相反的方式工作。

反向地址解析协议实现 MAC 地址到 IP 地址的转换。RARP 允许网上站点广播一个 RARP 请求分组，将自己的硬件地址同时填写在分组的发送方硬件地址段和目标硬件地址段中。网上的所有机器都收到这一请求，但只有那些被授权提供 RARP 服务的计算机才处理这个请求，并且发送一个回答，称这样的机器为 RARP 服务器，服务器对请求的回答是填写目标 IP 地址段，将分组类型由请求改为响应，并且将响应分组直接发送给做请求的机器。请求方机器从所有的 RARP 服务器接收回答，尽管只需要第一个回答就够了。这一切都只在系统开始启动时发生。RARP 此后不再运行，除非该无盘设备重设置或关掉后重新启动。

以太网帧的类型段中用十六进制 8035 表示该以太网帧运载 RARP 分组。应当指出的是，为了运行无盘工作站，在每个以太网上必须至少有一个 RARP 服务器，广播帧是不能通过 IP 路由器转发的。RARP 所提供的服务是接收 48 位的以太网物理地址，将它映射成 IP 地址。

RARP 报文和 ARP 报文的格式几乎完全一样。唯一的差别在于 RARP 请求包中是由发送者填充好的源端 MAC 地址，而源端 IP 地址域为空（需要查询）。在同一个子网上的 RARP 服务器接收到请求后，填入相应的 IP 地址，然后发送回给源工作站。

7.3 IP 路由选择协议

Internet 采用的路由选择协议属于自适应的、分布式路由选择协议。由于 Internet 的规模非常大，如果让所有的路由器知道所有的网络应怎样到达，则这种路由表将非常大，处理起来也太花时间。为了便于进行路由选择，Internet 被划分为许多较小的单位，即自治系统。一个自治系统是由同种类型的路由器连接起来的互联网，一般来说路由器是在一个单一的实体管理控制之下，其重要的特点就是它有权自主地决定在本系统内应采用何种路由选择协议。

一个自治系统内的所有网络都属于一个行政单位（如一个公司、一所大学等）来管辖。这样 Internet 就把路由选择协议划分为以下两大类。

- ❖ 内部网关协议（IGP）：在一个自治系统内部使用的路由选择协议，而这与在互联网中的其他自治系统选用什么路由选择协议无关。目前，这类路由选择协议使用最多，如 RIP、HELLO 和 OSPF 协议。
- ❖ 外部网关协议（EGP）：源和目的站不在一个自治系统内。协议使用最多的是 BGP（边界网关协议）。

7.3.1 内部网关路由选择协议

RIP（路由信息协议）是广泛流传的 IP 路由选择算法实现之一，它是 BerkeleyUNIX 发行软件中的一部分。RIP 实现了距离向量算法，并使用跨度计量标准。1 个跨度是直接连接的局域网，2 个跨度是通过 1 个网关可达，3 个跨度是通过 2 个网关可达。以此类推，但 16 个跨度被认为是最大极限，表示无穷距离，即不可达。有关 RIP 标准的细节可参照 Internet 的推荐标准 RFC105。

HELLO（RFC891）是另一个路由选择向量协议，但它的计量对象是时延，而不是跨度。它起初是为运行在 PDP-11 处理机上的 Fuzzball 路由器软件研制，用以控制继 ARPR 网之后发展起来的 NSFNET。今天，HELLO（路由选择协议）没有被广泛采用，HELLO 的问题是它需要同步所有的 Hello 路由器时钟的机制。这需要一个算法，利用它仅能在其时延可以估算的传输链路上，在节点之间传递时间信息。

OSPF（Open Shortest Path First）则是一个现代的链路状态协议，每个网关将它所连接的链路状态信息向其他网关传播。链路状态和路由向量算法之间的差别可以用这样的比喻来说明：路由向量向你的邻居通告整个世界的情况，而链路状态向整个世界通告你的邻居的情况。链路状态机制解决了路由向量产生的许多收剑问题，适用可伸缩的环境。然而，它们是非常强化计算的，典型地需要一台专用机器。OSPF还有若干其他先进特征。

❖ 身份验证。
❖ 路由选择服务类型。
❖ 负载平衡。
❖ 子网划分。
❖ 内部和外部网关表。

下面将介绍两种最广泛应用的内部网关路由协议：路由信息协议（RIP）和开放式最短路径优先协议（OSPF）。

1. 路由信息协议（RIP）

路由信息协议（RIP）采用距离矢量路由选择算法，它是使用最为广泛的一种内部网关协议。路由信息协议最初是由施乐公司的研究中心设计的。1980 年开始用于 UNIX 和 TCP/IP，1988 年 6 月成为标准，出现正式的 RFC 文本。目前已有两个路由信息协议版本。

路由信息协议有两种工作模式：主动模式和被动模式。主动模式主动向其他路由器发布路由信息广告。被动模式只监听路由信息广告，并根据广告内容更新它们的路由表，它本身不发布路由信息广告。通常路由器运行在主动模式，主机工作在被动模式。

路由信息协议的距离以从源端到目的端的路径上所经过的路由器个数为唯一的度量标准，即以路由器的跳数计算最佳路径。

跳数的计算方法是：源网络与目的网络之间通过一个路由器直接相连的为 1 跳，相隔两个路由器的为 2 跳，以此类推下去。在多条路径中选择路由器跳数最少（即距离值最小）的路径为最佳路径。但在实际的网络环境中，路由器跳数最少的不一定就是最佳路径。例如，主机 A 访问主机 B 有两条路径，一条路径的路由器跳数是 3，另一条路径的路由器跳数是 2。按路由信息协议的度量标准，计算出最佳路径是第二条。但如果第一条路径上的路由器都是用高速以太网链路连接的，而第二条路径上的两个路由器都是通过 64KB 的广域网链路连接的。这时，第一条路径实际比第二条路径的带宽高得多，最佳路径应为第一条。但是，在链路带宽基本相同的网络环境中，以路由器跳数确定最佳路径的计算方法是合理的。

当网络拓扑结构发生变化时，例如，路由器检测到一条链路中断了，路由信息协议将重新计算路由表，并把整个路由表定期发送给它的邻居路由器，每个路由器都执行这个操作，以完成互联网上所有路由器的路由表更新。路由信息协议规定路由表的更新时钟为 30 秒，也就是说，路由信息协议每隔 30 秒更新一次路由表。在更新路由表时，它发送的是路由表的整个备份。

为了避免路由信息协议的无限计数问题，该协议规定：路径长度为 16（路由器跳数）时，被视为无限长路径，也就是不可到达路径。因此在一个使用路由信息协议的互联网中，限制了路由器的个数不得超过 15。这一规定限制了路由信息协议的使用范围，一般路由信息协议只适合在小型局域网环境中使用。

路由信息协议 RIP 是一种典型的距离矢量路由选择协议。RIP 协议相对来说比较简单，但它对小型的互联网还是很适用的，仍然是一个广泛使用的路由选择协议。RIP 允许一个通路最多由 15 个路由段数组成，路由段数为 16 即相当于不可达。因此，RIP 只适用于小型网络。

RIP 不能在两个网络之间同时使用多条路由。RIP 选择一条具有最少路段数的路由，即使还存在一条高速（低时延）、但路由段数较多的路由。

（1）RIP 协议报文格式

在 IP 网络中，RIP 协议数据放在 UDP 数据报中，并且使用 520 号端口。在 RFC1058 中，规定了在 TCP/IP 协议栈中 RIP 报文格式，如图 7-17 所示。RIP 数据报文分为 RIP 报头和 RIP 数据两部分。

图 7-17　TCP/IP 协议栈中 RIP 实现的报文格式

在 RIP 报头中各个字段的含义如下。

命令表示该报是一个请求报文（值为 1 时）还是一个响应报文（值为 2 时）。请求报文要求收到该请求的路由器送回其路由表的全部或部分。需要得到响应的目的地址列在报的后面每一项的目的网络地址部分。如果后面仅有一项且目的地址全为 0，则表示要希望得到对方路由表的全部信息。请求分组要求路由器发送。大的路由表可以使用多个 RIP 分组来传递信息。

响应报文是对请求报文的答复，在很多情况下，即使没有收到请求，路由器本身也会定期使用响应报文向外发布路由更新消息。在响应报文中，有全部或部分路由器路由表信息。

版本号表示当前实现的 RIP 版本，目前有两个 RIP 版本，即版本 1 和版本 2，其中版本 2 对版本 1 向下兼容。版本 2 包含有更多的信息，从而支持一些高级的 IP 特性，如变长掩码等。

在 RIP 报头之后是 RIP 的数据部分，由多个结构相同的路由信息项组成。每一个路由信息项中，地址类型标志表明所传输的地址类型。在 Internet 中，该值为 2，表示传输的是 IP 地址信息。目的网络地址是 4 字节的目的网络 IP 地址。如果这 4 字节为 0，则表示该路由项为默认路由。目的网络地址掩码表示目的网络的掩码。目的网络地址和掩码唯一确定一个网络。

距离是一个 16 位的数字，表示从发送该数据报的路由器到接收端所要经过的路由器的数目。

在版本 1 中，每一个路由信息项的目的网络掩码和下一站路由器地址域为 0，路由器还检测 RIP 报文中所有应该置为 0 的字段是否为 0，如果不是，则出错，丢弃该报文。所以 RIP v1 不能支持变长掩码，由于这些字段在 RIP v2 中都得到了应用，所以 RIP v2 可以支持变长掩码。

UDP 的长度最多为 512 字节，所以在一个 RIP 报中最多可以包含 25 条到不同目的网络的路由，如果要发送的路由更新信息很多，则组成多个 RIP 报来发送。

（2）RIP 协议的工作过程

以图 7-18 中的互连网络为例，说明 RIP 协议的工作过程，假设其中的 R1、R2 和 R3 都运行 RIP 协议。

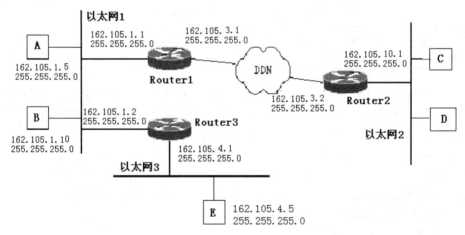

图 7-18　网络互连环境

在 RIP 协议刚开始启动时，它要检测路由器的各个接口的状态和地址信息，以及在该接口上发送和接收数据时的距离值。如果接口状态正常，则在路由表中增加一条路由，表示该接口所在的网络是可达的，且距离值为 1。用同样的方法，该路由器就把几个相邻的网络互连起来，并可以在它们之间转发数据。以路由器 R2 为例，初始化过程结束后，它的路由表中包含两项路由（初始化之后 R2 中的路由表如表 7-9 所示），这意味着它可以在以太网 1 和以太网 3 之间转发数据。

表 7-9　路由器 R2 的初始化路由表

目 的 子 网	目的子网掩码	发 送 接 口	下一站路由器	量　　度	路 由 来 源
162.105.1.0	255.255.255.0	1	162.105.1.2	1	直接连接
162.105.4.0	255.255.255.0	2	162.105.4.1	1	直接连接

可以用类似的方法得到 R1 和 R3 的初始化路由表。

在初始化工作完成之后，R3 主动向各个网络接口发送 RIP 请求。该请求的 RIP 数据部分只包括一项路由信息，且全部字段都是 0，表示要得到相邻的网络上的路由器所拥有的路由表中的全部信息。该请求以广播的形式发送，以太网 1 和以太网 3 上的路由器都应该接收到 R3 的请求。R1 收到请求，就会发回 RIP 响应报，在响应报中，包含到 R1 所直接连接的两个网络：162.105.1.0 和 162.105.3.0，并且量度都是 1。R3 根据响应，可以计算通过到达这两个网络的量度都是 2。但是由于在 R3 已有的路由表中到达 162.105.1.0 子网的路由量度仅为 1，所以 R3 仅在路由表中添加如表 7-10 所示的路由项。

表 7-10 R3 在路由表中加的路由项

目 的 子 网	目的子网掩码	发 送 接 口	下一站路由器	量　　　度	路 由 来 源
162.105.3.0	255.255.255.0	1	162.105.1.1	2	RIP

类似的 R1 也可以从 R3 得到到达子网 162.105.4.0 的路由，添加到自己的路由表中，如表 7-11 所示。

表 7-11 R1 在路由表中加的路由项

目 的 子 网	目的子网掩码	发 送 接 口	下一站路由器	量　　　度	路 由 来 源
162.105.4.0	255.255.255.0	1	162.105.1.2	2	RIP

这样，两台路由器通过相互交流就得到了正确的转发路径。进一步，通过 R1 和 R2 之间的交流，R1 可以得到去以太网 2 的路由，R1 又可以把该路由信息传播给 R3。这样路由信息可以传播到整个网络。整个运行过程都是自动完成的。

运行 RIP 协议的路由器并不是把每一条新的路由信息都添加在自己的路由表中。只是在以下 3 种情况下，路由器会根据获得的路由信息对自身的路由表进行修改。

❖　如果收到的路由项在自身的路由表中不存在，则将它添加到路由表中。

❖　如果收到的路由项的目的子网和现有路由表的某一项相符，而量度值又比它小，则用新的路由项替换之。

❖　如果收到的路由项的目的子网和下一站路由器与现有路由表中的某一项都相同，则无论量度值是减小，还是增加，都修改量度值。

路由更新信息中包含了网络拓扑结构的变化。当一台路由器检测到链路中断时，就重新计算路由，并发送路由更新协议。每一个接收到该更新信息的路由器，也相应会改变其路由表，并向更远处传播网络状态的变化，直到该信息传播到整个网络范围内，使网络中各个路由器的路由表达到一致的状态。

（3）水平拆分算法

因为 RIP 协议使用的是距离矢量路由选择算法，因此也同样存在距离矢量路由选择算法中的无穷计数问题。在 RIP 协议中解决这个问题的办法是使用水平拆分算法。

水平拆分算法与距离矢量路由选择算法的工作过程一样，不同之处是到 R 的距离并不真的向 R 的邻居节点报告（实际上，向该邻居节点报告的距离是无穷大）。以图 7-19 所示的情形来说明。

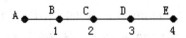

图 7-19　水平拆分算法

如图 7-19 所示的初始状态下，路由器 B、C、D、E 到 A 的距离分别是 1、2、3、4。这时，C 告诉 D 它到 A 的真实距离，但 C 告诉 B 它到 A 的距离是无穷大。类似地，D 告诉 E 它到 A 的真实距离，但并不告诉 C。

现在，假设 A 由于某种原因脱离了网络。在第一次交换时，B 发现直达路径已经没有了，而 C 也报告说到 A 的距离为无穷大，因为两个邻居都不能到达 A，B 也将自己到 A 的距离设为无穷大。第二次交换时，C 发现从它的两个邻居节点都不能到达 A，它也将 A 标为不可达节点。使用水平拆分法，坏消息以每一次一个节点的速度传播，这比不用水平拆分算法要好得多。

对于线性网络，水平拆分有助于解决无穷计数问题。但是，绝大多数网络为了容错的目的而保留一些冗余路径，这就减弱了水平拆分的作用。图 7-20 描述了一个多重路径的网络。

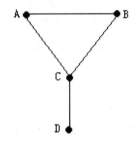

图 7-20　一个涉及多重路径的复杂的无穷计数问题

路由器 C 通知路由器 A、B，经过它到路由器 D 的距离为 2。如果路由器 D 失效或者路由器 C 和 D 之间的联系中断，路由器 C 将它到 D 的距离设为无穷大，并将这一事实告知 A 和 B。通过水平拆分，路由器 A 和 B 不会立即告知路由器 C 到 D 的路由。然而，在路由器 A 和 B 之间仍有一条有效的路由。

路由器 A 得知路由器 B 有一条到 D 的长度为 2 的路径，因此，它将自己到 D 的路径设为 3，并将这一信息（到路由器 D 的长度为 3）发给路由器 C（由于使用水平拆分）。路由器 A 可以将信息发给路由器 C，这是因为路由器 C 并不知道到达 C 的路由。路由器 C 现在认为通过路由器 A 到达路由器 D 的距离为 4。路由器 C 将这一消息发送给路由器 B，路由器 B 现在认为到达路由器 D 的距离为 5。路由器 B 又将这一消息发送给路由器 A。周而复始，最后距离数达到 16。这样水平拆分计数并没有起多大作用。

可以用带反向恶化的水平拆分来解决上面的问题。它与简单的水平拆分不同，它要向从其得到路由信息的相邻节点发送距离计数为 16 的更新向量。如果两个路由器中有互相指向对方的路由，那么用 16 作为距离计数值进行逆向路由通知，可以很快地消除循环的现象。

2. 开放式最短路径优先协议（OSPF）

开放式最短路径优先协议（OSPF）是 1989 年推出的一种链路状态路由选择协议（RFC1131/1247/1583）。RIP 和 OSPF 同属于内部网关协议，但 RIP 基于距离矢量算法，而 OSPF 基于链路状态的最短路径优先算法。它们在网络中利用的传输技术也不同。

RIP 是利用 UDP 的 520 号端口进行传输，利用套接口编程，而 OSPF 则直接在 IP 上进行传输，它的协议号为 89。在 RIP 中，所有的路由都由跳数来描述，到达目的地的路由最大不超过 16 跳，且只保留唯一的一条路由，这就限制了 RIP 的服务半径，即其只适用于小型的简单网络。同时，运行 RIP 的路由器需要定期将自己的路由表广播到网络中，达到对网络拓扑的聚合，这样不但聚合的速度慢而且极容易引起广播风暴，累加到无穷，出现路由环致命等问题，为此，OSPF 应运而生。OSPF 是基于链路状态的路由协议，它克服了 RIP 的许多缺陷。

① RIP 路由协议中用于表示目的网络远近的参数为跳，即到达目的网络所要经过的路由器个数。OSPF 不再采用跳数的概念，而是根据接口的吞吐率、拥塞状况、往返时间、可靠性等实际链路的负载能力定出路由的代价，同时选择最短、最优路由，并允许保持到达同一目标地址的多条路由，从而平衡网络负载。

② OSPF 支持不同服务类型的不同代价，从而实现不同服务质量（QoS）的路由服务；也就是说，在代价一样时，可根据不同的服务类型（如低时延或高吞吐量）来选择路由。当传送一个数据报时，运行 OSPF 的路由器根据目的主机地址和 IP 数据报首部的服务类型字段选择路由。

③ RIP 路由协议路由收敛较慢。RIP 路由协议周期性地将整个路由表作为路由信息广播至网络中，该广播周期为 30 秒。在一个较为大型的网络中，RIP 协议会产生很大的广播信息，占用较多的网络带宽资源；并且由于 RIP 协议 30 秒的广播周期，影响了 RIP 路由协议的收敛，甚至出现不收敛的现象。

OSPF 路由器不再交换路由表，而是同步各路由器对网络状态的认识，即链路状态数据库，OSPF 定期向所有其他路由器广播报文，但这种报文并不涉及某个具体的路由信息，而只是说明它是否可能与某个相邻的路由器通信。这种链路状态报文到达一个路由器时，这个路由器就用此更新它的状态表，将各链路标明"好"或"坏"，只有当链路状态发生了变化，路由器才通过最短路径算法计算出网络中各目的地址的最优路由。OSPF 路由器间不需要定期地交换大量数据，而只是保持着一种连接，一旦有链路状态发生变化时，才通过组播方式对这一变化做出反应，这样不但减轻了不参与系统的负荷，而且达到了对网络拓扑的快速聚合。而这些正是 OSPF 强大生命力和应用潜力的根本所在。

④ RIP 路由协议不支持变长子网屏蔽码，这被认为是 RIP 路由协议不适用于大型网络的又一重要原因。采用变长子网屏蔽码可以在最大限度上节约 IP 地址。OSPF 路由协议对 VLSM 有良好的支持性。

OSPF 使用 IP 协议中的服务类型参数控制传输报文的服务质量。对于不同服务类型的报文来说，具有不同的服务质量参数，如延迟、带宽以及丢失率等。OSPF 根据不同的报文类型计算不同的路径。当两点间有多条相同成本的路径时，OSPF 在路由表中保留并轮流使用这些路径，提高网络带宽的利用率。

OSPF 协议有两个要点：一是每个路由器不断地测试所有相邻路由器的状态；二是周期性地向所有其他路由器广播链路的状态。

OSPF 还有负载平衡的功能，如在同一代价下到一目的主机有多条路由，则 OSPF 协议能使负荷平均地分配给每一个路由。RIP 协议对一个目的主机只算出一条路由。

在 OSPF 路由协议中，一个网络，或者说是一个路由域可以划分为很多个区域。每一个区域内的拓扑结构对区域外部是不可见的。因此，多个单位可以合作使用 OSPF 协议，而每个单位仍可独立地改变其区域内的网络拓扑结构。每一个区域通过 OSPF 边界路由器相连，区域间可以通过路由总结来减少路由信息，减小路由表，提高路由器的运算速度。

OSPF 协议规定路由器之间的信息交换必须经过鉴别。只有互相通过路由鉴别的路由器之间才能交换路由信息。并且 OSPF 可以对不同的区域定义不同的验证方式，提高网络的安全性。RIP 协议就没有这种鉴别功能。

除了在一个自治系统中交换路由信息以外，OSPF 也可以与其他路由选择协议交换路由信息，如 RIP。这种交换可以由一个自治系统边界路由器来执行。

（1）网络拓扑数据库

OSPF 协议的核心就是网络拓扑数据库。拓扑数据库是区域中路由器对网络的描述，它包括区域中所有的 OSPF 路由器和所有连接的网络。通过这个数据库，路由器计算产生路由表。拓扑数据库通过链路状态公告更新。区域中的每一个路由器都有相同的拓扑数据库，这是因为区域中的路由器必须对网络有相同的描述；否则，将会产生混乱、路由环回、连接丢失等后果。

按照网络的特性，OSPF 把网络分成 3 类。

❖ PPP 网络：指连接一对站点的链路，如 DDN 网、拨号网等。在这种网络中两个站点通过一根线路连接起来。

❖ 广播网：这类网络采用广播介质，上面可以同时有多台主机和路由器，并且可以利用一个物理地址向所有的路由器发送数据，如以太网、令牌环网和 FDDI 等。

❖ 非广播网：在这类网络上，可以有多台主机和路由器，但是没有广播能力。X.25、帧中继等就是非广播类网。

广播网和非广播网都称为多访问网络，不同类型的网络，在 OSPF 的拓扑数据库中的表示方法是不一样的。

图 7-21 是由 PPP 线路连接的路由器及其在拓扑结构中的表示。

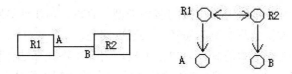

图 7-21 PPP 网络及其拓扑结构

OSPF 的拓扑结构图是一个有向图。在表示 PPP 网络时，每台路由器由一个节点表示，路由器在 PPP 网络上的接口也用一个节点表示。如果网络接口 A 和 B 没有设置 IP 地址，则就不必在拓扑结构图中表示它们。在拓扑结构图中，用双向的弧连接两台路由器，另外在每台路由器与表示它的网络接口的节点之间用单向弧连接。

多访问网络及相应的拓扑结构图如图 7-22 所示。

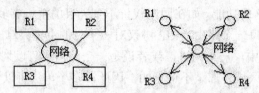

图 7-22　多访问网络及其拓扑结构图

在图 7-22 中，有 4 台路由器连接到网络上。网络可能是一个以太网，也可能是一个 X.25 网，OSPF 用多个双向弧指向一个节点来表示多访问网络的拓扑结构图。在多访问网络的拓扑结构图中，用双向弧连接路由器的节点和网络节点。

仅连接一台路由器的网络称为 stub 网。图 7-23 是 stub 网络及其在 OSPF 协议中的拓扑结构图。在这种拓扑结构图中，分别用一个节点表示路由器和网络，并且有一条从路由器节点指向网络节点的单向弧。

图 7-23　stub 网络及其拓扑结构图

在拓扑结构数据库中，每个节点由其类型（TYPE）和 ID 号唯一标志。类型表示该节点代表的是网络、路由器还是主机，每个节点的 ID 号是一个 32 位的数字。对于网络来说，ID 是其网络地址；对于路由器来说，ID 是该路由器的某一个接口的 IP 地址。如果一台路由器有多个 IP 地址，那么一般情况下，就用值最小的 IP 地址作为其 ID 号。对于主机来说，其 ID 号即是它的 IP 地址。因此，指定了（Type，ID）参数对，就可以在拓扑数据库中唯一地确定一个节点。

拓扑结构图中的每一条有向弧上都有两个参数，每一个参数都用来表示从一个节点到另一个节点的传输成本。在 OSPF 形成的拓扑数据库中，从路由器出发的有向弧上的值为非 0 值，而从网络出发的有向弧上的值为 0。可以根据网络带宽、时延等参数设置这个值。路由器在计算路由时，如果发现一条路径上的所有有向弧上的成本之和为最小，那么就认为这是一条最优路径。

弧上的另外一个参数是该链路支持的服务类型（TOS）。在计算路由表时，可以用来计算满足特定 TOS（如低延迟、高带宽等）要求的路径。

每个路由器利用数据库的信息，以自己为根，用最短路径算法计算最短路径树，产生路由表。OSPF 选择在一条路径上所有传输成本的和为最低的路径作为最佳路径。OSPF 度量成本的权值有网络的带宽、传输时延、吞吐量和可靠性等。

（2）网络层次结构的划分

OSPF 采用分级路由选择，具有层次结构。一个自治系统划分为多个区域，一个区域是一个网络或一组相邻的网络和路由器。一个区域内的路由器相互之间交流路由信息，而与同一个自治系统内的其他区域的路由器不交换任何路由信息。因此在一个区域内的每台路由器具有相同的链路状态数据库，并运行相同的最短路径算法。这种层次结构，可以减少路由信息的流量。

其层次中最大的实体是自治系统（AS），即遵循共同的路由策略统一管理下的网络群。

在 OSPF 的分级系统中，根据路由器所处的层次和作用，可以把路由器分为如下 4 种类型。

❖ 内部路由器：当一个 OSPF 路由器上所有直接相连的链路都处于同一个区域内时，称这种路由器为内部路由器。所有内部路由器都具有相同的链路状态。

❖ 区域边界路由器：当一个路由器与多个区域相连时，称为区域边界路由器。区域边界路由器运行与其相连的所有区域定义的 OSPF 最短路径算法，具有相连的每一个区域的链路状态数据库，并且了解如何将该区域的链路状态信息广播至主干区域，再由主干区域转发至其余区域。

❖ AS 边界路由器：AS 边界路由器是与属于其他 AS 的路由器互相交换路由信息的 OSPF 路由器，该路由器在 AS 内部广播其所得到的 AS 外部路由信息；这样 AS 内部的所有路由器都知道至 AS 边界路由器的路由信息。AS 边界路由器的定义是与前面几种路由器的定义相独立的，一个 AS 边界路由器可以是一个区域内部路由器或是一个区域边界路由器。运行 AS 边界路由器的功能需要使用到外部网关协议，如 BGP4。

❖ 主干路由器：主干路由器是由一个接口连到主干的路由器。所有主干路由器都使用相同的路由算法，在主干内部维持路由信息。每个 AS 都有一个主干区域，称为区域 0，所有区域都与主干相连。

区域的划分产生了两种不同类型的 OSPF 路由，区别在于源和目的是在相同的还是不同的区域，分别为区域内路由和跨区域路由。

OSPF 主干区域负责在区域之间分发路由信息，它包含所有的区域边缘路由器，未完全包括在任何单独一个域中的网络及与其相连的路由器。图 7-24 表示了不同情况下路由器连接的不同区域。

在图 7-24 中，路由器 4、5、6、10、11 和 12 构成了主干。如果区域 3 中的主机 H1 要给区域 2 中的主机 H2 发送数据，则它必须先将数据报发给路由器 13，在由路由器 13 将数据报转发给路由器 12，然后再转发给路由器 11，路由器 11 再沿主干转发给路由器 10，然后通过两个区域内路由器（9 和 7）到达主机 H2。

主干本身也是个 OSPF 区域，所以所有的主干路由器（路由器 4、5、6、10、11、12）与其他区域路由器一样，使用相同的过程和算法来维护主干内的路由信息，主干拓扑对所有的跨区域路由器都是可见的。

可以以非连续主干的形式来定义区域，这时，主干的连接就必须通过虚拟链接方式进行。也就是说，两个主干区域内的路由器必须通过一个非主干区域进行通信，而这种通信又是对这两个主干区域路由器透明的。

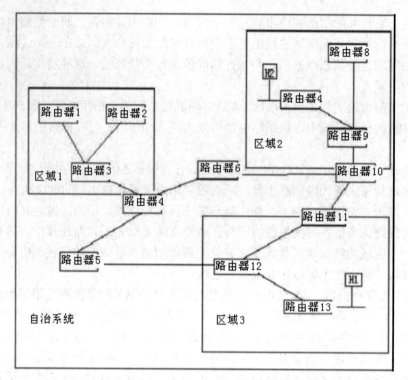

图 7-24　网络层次结构

运行 OSPF 的 AS 边缘路由器通过外部网关协议，例如，EGP（外部网关协议）或 BGP（边界网关协议），或通过配置信息来学习外部路由。

（3）主干区域、虚拟链路和残域

在 OSPF 路由协议中，主干区域必须是连续的，同时也要求其余区域都必须与主干区域直接相连。主干区域一般为区域 0，其主要工作是在其余区域间传递路由信息。所有的区域，包括主干区域之间的网络结构是互为透明的，当一个区域的路由信息对外广播时，其路由信息是先传递至区域 0（主干区域），再由区域 0 将该路由信息向其余区域做广播。

在实际网络中，可能会出现两种情况：第一，没有到达区域 0 的物理连接，这可能是由于网络发生了故障；第二，因为网络的合并出现了两个区域 0，这些区域 0 通过另外的区域（如区域 1）连接。OSPF 对这两种情况提供了虚拟链路解决方案。

虚拟链路设置在两个路由器之间，这两个路由器都有一个端口与同一个非主干区域相连。虚拟链路属于主干区域的，在 OSPF 路由协议看来，虚拟链路两端的两个路由器被一个点对点的链路连在一起。在 OSPF 路由协议中，通过虚拟链路的路由信息是作为域内路由来看待的。下面分两种情况来说明虚拟链路在 OSPF 路由协议中的作用。

① 当一个区域与区域 0 没有物理链路相连时

前文已经提到，一个主干区域必须位于所有区域的中心，其他所有的区域必须与主干区域直接相连。但是也存在一个区域无法与主干区域建立物理链路的可能性，在这种情况下，可以采用虚拟链路。虚拟链路使该区域与主干区域间建立一个逻辑联接点，该虚拟链路必须建立在两个区域边界路由器之间，并且其中一个区域边界路由器必须属于主干区域。

从 OSPF 的观点来看，就有了直接相连的通道。

② 当主干区域不连续时

OSPF 路由协议要求主干区域必须是连续的，但是主干区域也会出现不连续的情况，例如，当把两个 OSPF 路由域混合到一起，并且想要使用一个主干区域时；或者当某些路由器出现故障，都可能引起主干区域的不连续，在这些情况下，可以采用虚拟链路将两个不连续的区域 0 连接到一起。这时，虚拟链路的两端必须是两个区域 0 的边界路由器，并且这两个路由器必须都有处于同一个区域的端口。

在一个非主干区域分裂成两半的情况下，不能采用虚拟链路的方法来解决。如果出现这种情况，其中一个分裂出的区域将被其余的区域作为域间路由来处理。

在 OSPF 路由协议的链路状态数据库中，可以包括 AS 外部链路状态信息，这些信息会通过扩散法传递到 AS 内的所有 OSPF 路由器上。但是，在 OSPF 路由协议中存在这样一种区域，把它称为残域，AS 外部信息不允许广播进/出这个区域。这样做的结果使区域中的路由器可以到达自治系统外部的唯一途径是通过配置默认路由。在区域中的每一个路由器可以看到区域中的每一个网络以及其他区域中的网络。这样做有利于减小残域内部路由器上的链路状态数据库的大小及存储器的使用，提高路由器计算路由表的速度。

当一个 OSPF 的区域只存在一个区域出口点时，可以将该区域配置成一个残域，这时该区域的边界路由器会对域内广播默认路由信息。一个残域中的所有路由器都必须知道自身属于该残域，否则残域的设置没有作用。另外，针对残域还需要注意的是，一是残域中不允许存在虚拟链路；二是残域中不允许存在 AS 边界路由器；三是残域中不允许使用外部路由；四是残域不能是主干区域。

（4）链路状态广播数据报

随着 OSPF 路由器种类概念的引入，OSPF 路由协议又对其链路状态广播（LSA）数据报做出了分类。OSPF 将链路状态广播数据报共分成以下 5 类。

① 类型 1：又被称为路由器链路信息数据报，针对路由器所属的每一个区域都会产生这样的数据报，用于描述路由器上连接到某一个区域的链路或是某一端口的状态信息。路由器链路信息数据报只在某一个特定的区域内广播，而不广播至其他的区域。

在类型 1 的链路数据报中，OSPF 路由器通过对数据报中某些特定数据位的设定，告诉其余的路由器自身是一个区域边界路由器或是一个 AS 边界路由器。并且类型 1 的链路状态数据报在描述其所连接的链路时，会根据各链路所连接的网络类型对各链路打上链路标志。表 7-12 列出了常见的链路类型及链路标志。

表 7-12　链路类型及链路标志

链 路 类 型	具 体 描 述	链 路 标 志
1	用于描述点对点的网络	相邻路由器的路由器标识
2	用于描述至一个广播性网络的链路	DR 的端口地址
3	用于描述至残域，即 stub 网络的链路	stub 网络的网络号码
4	用于描述虚拟链路	相邻路由器的路由器标识

② 类型 2：又被称为网络链路信息数据报。网络链路信息数据报是由指定路由器（在如以太网或者 FDDI 这样的多路访问网络上与所有近邻路由器形成相邻关系的路由器）产生的，在一个广播性的、多点接入的网络，例如，以太网、令牌环网及 FDDI 网络环境中，这种链路状态数据报用来描述该网段上所连接的所有路由器的状态信息。

指定路由器（DR）只有在与至少一个路由器建立相邻关系后，才产生网络链路信息数据报，在该数据报中含有对所有已经与 DR 建立相邻关系的路由器的描述，包括 DR 路由器本身。类型 2 的链路信息只会在包含 DR 所处的广播性网络的区域中广播，不会广播至其余的 OSPF 路由区域。

③ 类型 3 和类型 4：类型 3 和类型 4 的链路状态广播在 OSPF 路由协议中又称为汇总链路信息数据报，该链路状态广播是由区域边界路由器或 AS 边界路由器产生的。汇总链路信息数据报描述的是到某一个区域外部的路由信息，这一个目的地地址必须是在同一个 AS 中。汇总链路信息数据报也只会在某一个特定的区域内广播。类型 3 与类型 4 两种汇总性链路信息的区别在于，类型 3 是由区域边界路由器产生的，用于描述到同一个 AS 中不同区域之间的链路状态，这种 LSA 在区域之间发送，并且在区域之间汇总 IP 网络；而类型 4 是从区域边界路由器发往 AS 边界路由器的，这种 LSA 包含了从区域边界路由器到 AS 边界路由器的度量开销。

值得注意的是，只有类型 3 的汇总链路才能广播进一个残域，因为在一个残域中不允许存在 AS 边界路由器。残域的区域边界路由器产生一条默认的汇总链路对域内广播，从而在其余路由器上产生一条默认路由信息。采用汇总链路可以减小残域中路由器的链路状态数据库的大小，进而减少对路由器资源的利用，提高路由器的运算速度。

④ 类型 5：类型 5 的链路状态广播称为 AS 外部链路状态信息数据报。类型 5 的链路数据报是由 AS 边界路由器产生的，该数据报会在 AS 中除残域以外的所有区域中扩散，每一个外部通告描述了一条到达另一个 AS 中目标的路由，到这个 AS 的默认路由也可以由 AS 外部通告描述。一般来说，这种链路状态信息描述的是到 AS 外部某一特定网络的路由信息，在这种情况下，类型 5 的链路状态数据报的链路标志采用的是目的地网络的 IP 地址；在某些情况下，AS 边界路由器可以对 AS 内部广播默认路由信息，在这时，类型 5 的链路广播数据报的链路标识采用的是默认网络号码 0.0.0.0。

（5）SPF 算法

最短路径优先（SPF）路由算法是 OSPF 的基础。当一个 SPF 路由器启动时，它就初始化路由协议数据结构，然后等待下层协议接口可用的通知信息。当路由器确认下层接口可用时，就用 OSPF HELLO 协议向邻居获取（即具有在共同的网络上接口的路由器）信息。路由器向邻居发送 HELLO 包，然后接收这些路由器发回的信息。这个 HELLO 包不但可以帮助路由器在初始工作时了解相邻结构，而且可以在运行中了解相邻路由器的工作情况，如果相邻的路由器关机了，那就不会从它那里收到回应信息了。

在多重访问网络（支持多于两个路由器的网络）中，HELLO 协议选出一个指派路由器和一个备份指派路由器。指派路由器负责为整个多重访问网络生成 LSA，它可以减少网络通信量和拓扑数据库的大小。

当两个相邻路由器的链接状态数据库同步后，就称为邻接。在多重访问网络中，指派路由器有权决定哪些路由器应该相邻接。拓扑数据库在邻接路由器之间是同步的。路由协议分组的分发只在邻接点间进行。

每个路由器周期性地发送 LSA，提供其邻接点的信息或当其状态改变时通知其他路由器。通过获得相邻路由器发送的信息，失效的路由器可以很快被检测出来，网络拓扑相应地变动，从而能够对网络拓扑结构的变化做到快速反应。从 LSA 生成的拓扑数据库中，每个路由器计算最短路径树，树的根结点就是当前这个路由器。通过这个树可以产生路由表。

（6）OSPF 协议工作过程

在 OSPF 路由协议中，可能每一个区域中运行的最短路径算法都与其他区域不一样。由于一个区域边界路由器同时连接几个区域，因此一个区域边界路由器上同时运行几套 OSPF 最短路径算法，每一个算法针对一个 OSPF 区域。下面对 OSPF 协议运算的全过程做概括性的描述。

① 区域内部路由

当一个 OSPF 路由器启动后，首先初始化路由器自身的协议数据库，然后等待低层协议（数据链路层）报告端口处于工作状态。

如果低层协议得知一个端口处于工作状态时，OSPF 会通过其 HELLO 协议数据报与其余的 OSPF 路由器建立邻接关系。一个 OSPF 路由器向其相邻路由器发送 HELLO 数据报，如果接收到某一路由器返回的 HELLO 数据报，则这两个 OSPF 路由器之间就建立起 OSPF 邻接关系，这个过程在 OSPF 中被称为 Adjacency。在广播性网络或是在点对点的网络环境中，OSPF 协议通过 HELLO 数据报自动地发现其相邻路由器。这时，OSPF 路由器将 HELLO 数据报发送至一特殊的多点广播地址，该多点广播地址为 ALLSPFRouters。在一些非广播性的网络环境中，需要经过某些设置来发现 OSPF 邻接路由器。在多接入的环境中，例如，以太网的环境，还可以用 HELLO 协议数据报选择该网络中的指定路由器（DR）。

一个 OSPF 路由器会与其新发现的相邻路由器建立 OSPF 的邻接关系，并且在一对 OSPF 路由器之间同步 OSPF 网络拓扑数据库。在多接入的网络环境中，非指定路由器的 OSPF 路由器只会与指定路由器（DR）建立邻接关系，并且与网络拓扑数据库同步。OSPF 协议数据报的接收及发送都是在一对具有 OSPF 邻接关系的路由器间进行的。

OSPF 路由器周期性地产生与其相连的所有链路的状态信息，有时这些信息也被称为链路状态广播 LSA。当路由器相连接的链路状态发生改变时，路由器也会产生链路状态广播信息，所有这些 LSA 是通过扩散的方式在某一个 OSPF 区域内进行的。扩散算法是一个非常可靠的计算过程，它保证在某一个 OSPF 区域内的所有路由器都具有一个相同的 OSPF 数据库。根据这个数据库，OSPF 路由器会计算出一个以自身为根的最短路径树，然后该路由器会根据这个最短路径树产生自己的 OSPF 路由表。

② 建立 OSPF 邻接关系

OSPF 路由协议通过建立邻接关系来交换路由信息，但是并不是所有相邻的路由器都会建立 OSPF 邻接关系。下面将简要介绍 OSPF 建立邻接关系的过程。

OSPF 协议是通过 HELLO 协议数据报来建立及维护邻接关系的，同时也用其来保证相邻路由器之间的双向通信。OSPF 路由器会周期性地发送 HELLO 数据报，当它收到其他路由器对它发出的 HELLO 数据报的回应时，这两个路由器之间会建立起邻接关系。

两个 OSPF 路由器建立邻接关系之后，它们就要进行数据库的同步，数据库同步是所有链路状态路由协议的最大的共性。在 OSPF 路由协议中，数据库同步关系仅仅在建立邻接关系的路由器之间保持。

OSPF 的数据库同步是通过 OSPF 数据库描述数据报来进行的。OSPF 路由器周期性地产生数据库描述数据报（该数据报是有序的，即附带有序列号），并将这些数据报发送给邻接路由器。邻接路由器可以将数据库描述数据报的序列号与自身数据库的数据序列号做比较，若发现接收到的序列号比数据库内的数据序列号大，则邻接路由器会针对序列号较大的数据发出请求，并用请求得到的数据来更新其网络拓扑数据库。

③ 域间路由

前面介绍了 OSPF 路由协议在单个区域中的计算过程。在单个 OSPF 区域中，OSPF 路由协议不会产生更多的路由信息。为了与其他区域中的 OSPF 路由器通信，该区域的边界路由器会产生一些其他的信息对域内广播，这些附加信息描绘了在同一个 AS 中的其他区域的路由信息。具体路由信息交换过程如下。

在 OSPF 的定义中，所有的区域都必须与主干区域相连，因此每一个区域都必须有一个区域边界路由器与主干区域相连，这一个区域边界路由器会将其相连接的区域内部结构数据通过汇总链路广播至主干区域，也就是广播至所有其他区域的边界路由器。在这时，与主干区域相联的边界路由器上有主干区域及其他所有区域的链路状态信息，通过这些信息，这些边界路由器能够计算出至相应目的地的路由，并将这些路由信息广播至与其相连接的区域，以便让该区域内部的路由器找到与区域外部通信的最佳路由。

④ AS 外部路由

一个 AS 的边界路由器会将 AS 外部路由信息广播至整个 AS 中的所有区域（残域除外）。为了使这些 AS 外部路由信息生效，AS 内部的所有的路由器（除残域内的路由器）都必须知道 AS 边界路由器的位置，该路由信息是由非残域的区域边界路由器对域内广播的，其链路广播数据报的类型为类型 4。

（7）OSPF 协议报文格式

所有的 OSPF 报文均有 24 字节的头，如图 7-25 所示。

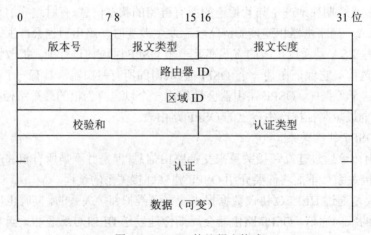

图 7-25　OSPF 协议报文格式

其中各区域的含义如下。

① 版本号：标志使用的 OSPF 版本。

② 报文类型：标志 OSPF 分组类型，OSPF 报文共有 5 种。

❖ HELLO：建立和维持相邻的两个 OSPF 路由器的关系，该数据报是周期性地发送的。

❖ 数据库描述：描述拓扑数据库内容，此类信息在初始化邻接关系时交换。

❖ 链接状态请求：从相邻路由器发来的拓扑数据库请求。当某个路由器发现自己路由表的某部分已经过期时就要使用这一请求获得更新过的信息。

❖ 链接状态更新：对链接状态请求分组的响应，也用于通常的 LSA 散发。单个链接状态更新分组中可以包含多个 LSA。

❖ 链接状态确认：确认链接状态更新分组。

③ 报文长度：指示包括 OSPF 头在内的分组长度，以字节计。

④ 路由器 ID：标志报文的源地址。以 IP 地址来表示。

⑤ 区域 ID：标志分组所属的区域。所有的 OSPF 报文都属于某一个特定的 OSPF 区域。

⑥ 校验和：对整个分组的内容检查，以确定传输中是否发生损坏。

⑦ 认证类型：所有的 OSPF 协议交换均被认证。认证类型可以在每区域的基础上配置。

⑧ 认证：包含认证信息。

⑨ 数据：包含封装的上层信息。

（8）路由表的计算

有关路由表的计算是动态生成路由器内核路由表的基础。在路由表条目中，包括目标地址、目标地址类型、链路的代价、链路的存活时间、链路的类型以及下一跳等内容。

整个计算过程如下。

① 保存当前路由表，当前存在的路由表无效，必须从头开始重新建立路由表。

② 域内路由的计算，通过最短路径算法建立最短路径树，从而计算域内路由。

③ 域间路由的计算，通过检查汇总链路信息数据报来计算域间路由，若该路由器连到多个域，则只检查主干域的汇总链路信息数据报。

④ 查看汇总链路信息数据报：在连到一个或多个传输域的域边界路由器中，通过检查该域内的汇总链路信息数据报来检查是否有比第②、③步更好的路径。

⑤ AS 外部路由的计算，通过查看 AS 外部链路信息数据报来计算目的地在 AS 外的路由。

通过以上步骤，OSPF 生成了路由表。但这里的路由表不同于路由器中实现路由转发功能时用到的内核路由表，它只是 OSPF 本身的内部路由表。因此，完成上述工作后，往往还要通过路由增强功能与内核路由表交互，从而实现多种路由协议。

7.3.2 外部网关路由选择协议

外部路由选择协议用于在各自治系统之间交换路由信息。在各自系统间传送的路由信息称为可达性信息。这种可达性信息只是一种表示通过一个特定的自治系统可到达那一个网络的信息。

将路由选择信息在这些系统之间传递是外部路由选择协议的功能，千万不要把外部路由选择协议和外部网关协议（EGP）相混淆。EGP 并不是一个类属名，而是外部路由选择协议中的一个协议。

边界网关协议（BGP）是一种新的外部路由选择协议，是 EGP 的替代品。目前，BGP 是用于 T3（45MBPS）NSFNET 主干网的内部协议和 NSFNET 主干网与某些区域网之间的外部协议。

边界网关协议是一种外部路由协议。边界指的是自治系统的边界用于在自治系统间传播路由信息。BGP 通过在路由信息中增加 AS 路径和其他等附带属性信息来构造自治系统的拓扑图，从而消除路由环路，实施用户配置的策略。其着眼点是选择最好的路由，并控制路由的传播，而不在于发现和计算路由。边界网关协议的特点如下。

❖ BGP 协议使用面向链接的 TCP 作为其传输层协议，提高了协议的可靠性，端口号是 179。
❖ BGP 对网络拓扑没有限制，并且只有 4 种报文，很简单。
❖ 路由更新时 BGP 只发送增量路由，大大减少了 BGP 传播路由所占用的带宽，适用于在 Internet 上传播大量的路由信息。
❖ BGP 路由的属性由 BGP 的路由策略来使用，供每个自治系统在入口和出口对路由进行过滤、选择和控制，使得 BGP 既简明灵活又强大。
❖ BGP 支持无类别域间路由（CIDR），便于扩展。

BGP 的最初版本是 1989 年提出的 BGP1。目前为 1993 年提出的 BGP4。BGP4 已经成为一种域间路由的标准协议。

1. BGP 路由协议基本原理

两个对等体位于两个自治系统，若它们之间是直接相连的，则称为外部 BGP（EBGP）。如路由器的接口和路由器的接口直接相连，则它们之间建立了 EBGP 连接。位于同一自治系统的 BGP 路由器也可以建立连接，称为内部 BGP（IBGP）连接。此时对等体不需要直接相连只要 TCP 连通即可，如图 7-26 所示。

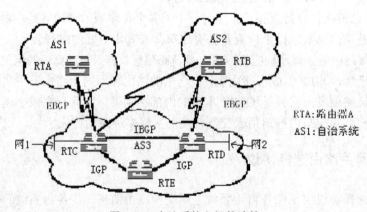

图 7-26　自治系统之间的连接

BGP 邻居又称为对等体，分为两种。如果两个交换 BGP 报文的对等体属于不同的自治系统，那么这两个对等体就是 EBGP 对等体（External BGP），如 RTA 和 RTC；如果两个交换 BGP 报文的对等体属于同一个自治系统,那么这两个对等体就是 IBGP 对等体(Internal BGP), 如 RTC 和 RTD。一个 AS 内的不同边界路由器之间也要建立 BGP 连接,只有这样才能实现路由信息在整个 AS 内的传递。

IBGP 对等体之间不一定是物理上直连的,但必须保证逻辑上全连接(TCP 连接能够建立即可);EBGP 对等体之间在绝大多数情况下是有物理上的直连链路的,但是如果实在无法实现,也可以配置逻辑链接。

BGP 把从 EBGP 获得的路由向它所有的 BGP 对等体通告(包括 IBGP 和 EBGP),而把从 IBGP 获得的路由不向它的 IBGP 对等体通告,向 EBGP 通告时要保证 IGP(内部网关协议)同 BGP 同步,同步是指 BGP 一直要等到 IGP 在本 AS 中传播了同一条路由后,再给其他各 AS 通告这条路由,也就是说,在通告给其他 AS 一条路由时,先要保证本 AS 内部的路由器知道该路由。

BGP 量度是用于规定某个特别路径的优先度的一个任意单位的数字,这些量度通常由网络管理员通过配置文件设定。优先度可以基于任何数量的约定,包括自治系统计数(具有较少的自治系统计数的路径通常更好)、链路的类型等。

BGP 系统与其他 BGP 系统之间交换网络可到达信息。这些信息包括数据到达这些网络所必须经过的自治系统(AS)中的所有路径。这些信息足以构造一幅自治系统连接图。然后,可以根据连接图删除路环,制订选择路由策略。

自治系统中的 IP 数据报分成本地流量和通过流量。本地流量是指起始或终止于该自治系统的流量,其他的流量称为通过流量。

自治系统分为以下 3 种类型。

❖ 残桩自治系统:与其他自治系统只有单个连接。残桩只有本地流量。

❖ 多接口自治系统:与其他自治系统有多个连接,但拒绝传送通过流量。

❖ 传递自治系统:与其他自治系统有多个连接,在一些策略准则之下,它可以传送本地流量和通过流量。

可以将 Internet 的总拓扑结构看成是由一些残桩自治系统、多接口自治系统以及转送自治系统的任意互连。残桩自治系统和多接口自治系统不需要使用 BGP,因为它们通过运行 EGP 在自治系统之间交换信息。

BGP 允许使用基于策略的路由选择。由自治系统管理员制订策略,并通过配置文件将策略指定给 BGP。制订策略并不是协议的一部分,但制订策略允许 BGP 实现在存在多个可选路径时选择路径,并控制信息的重发送。

按照其要达到的目的,可把 BGP 路由策略分为 3 类。

(1)它支持一种友邻获得机制,即控制从本 AS 到其他 AS 的路径,例如,通过制订策略,禁止本 AS 发送的数据经过某一个中间自治系统。如图 7-26 所示,AS3 经过 AS2 和 AS1 都可以到达另一个网络 AS4,但是为了安全起见,AS3 选择通过 AS2 的路径,及时经过 AS1 的路径更短。BGP 对等实体使用友邻的意义在于它们交换路由选择信息,而没有地理位置上接近的必需条件。

(2)控制本 AS 是否为某相邻的 AS 传递过境的数据。图 7-26 包括 3 个自治系统,AS1、AS2、AS3 都有连接,可以分别和它们通信,但是 AS1 可能因为经济等原因,不愿意为 AS2

和 AS3 之间的数据流提供通信，即使 AS1 在 AS2 到 AS3 的最短路径上。

（3）实现自治系统内部的协调。对于 3 个自治系统，其中 AS3 有两个到外部 AS 的出口。显然网 1 到 AS2 的最佳路由是通过 RTC 转发，而网 2 到 AS2 的最佳路由是通过 RTD 转发。这些需要通过路由策略定义，由属于通过一个 AS 的边界网关通过协商实现。

BGP 与 RIP 和 OSPF 的不同之处在于 BGP 使用 TCP 作为其传输层协议。两个运行 BGP 的系统之间建立一条 TCP 连接，然后交换整个 BGP 路由表。从这个时候开始，在路由表发生变化时，再发送更新信号。

BGP 更新报文包括网络号－自治系统路径对信息。自治系统路径包括到达某个特别的网络须经过的自治系统序列，这些更新信息通过 TCP 传送出去，以保证其传输的可靠性。

BGP 是一个距离向量协议，但是与 RIP 不同的是（通告到目的地址跳数的），在 BGP 协议传输的路径信息中，不仅包括到达目的地的距离信息，还包括到达目的地所要穿越的 AS 的编号。BGP 协议可以很容易地用这些信息构造出各个 AS 间的互连图，并且检测出可能存在的循环路由，也就避免了 RIP 协议中无穷计数问题。

与 RIP 的另一个不同是，BGP 采用的是增量更新机制。在两个路由器间最初的数据交换是整个的 BGP 路由表，更多的更新报文所发送的是路由表的变化。与其他的路由协议不同，BGP 不需要对整个路由表进行定期的更新。虽然 BGP 对一个特定的网可能持有不止一条路径，但它在更新报文中仅传输主要的（优化的）路径。

边界网关对于所有的可用路由，按照其中包括的 AS 的数目、路由策略的限制、路径的广播者、链路的稳定程度等因素计算每条路径的优先值，然后以最优的路径作为当前路由。经过 BGP 协议获得的路由信息，一般还要经过 IGP 项自治系统内部的路由器进行广播。

2. 路径矢量路由选择方案

BGP 的关键特性是采用了一种路径矢量的路由选择技术。下面对这一技术做简单的介绍。

在距离矢量路由协议中，每个路由器都向其邻站播发一个矢量，其中列出所有可达的网络，加上到达相应网络的距离度量值以及到该网络的路径。每个路由器都根据其邻站的更新向量建立一个数据库，但并不知道各个特定路径上的中间路由器和网络。将距离矢量路由协议应用于外部路由选择协议时存在两个问题。

（1）距离矢量协议假定所有的路由器都采用相同的距离度量方式，并用这种距离度量来判断路由器的选择顺序。但在实际应用中，不同的自治系统间通常都会采用不同的距离度量方式。如果不同的路由器采用不同的手段来得到度量值，那么用它们来产生稳定的、不循环的路由是不可能的。

（2）一个给定的自治系统可能会与其他的自治系统有不同的优先级，也可能有一些不能应用到其他自治系统的限制。距离矢量算法无法给出沿着路径将要经过的所有自治系统的内部信息。

在链路状态路由选择协议中，每个路由器都要向所有其他路由器广播其链路状态度量值，每个路由器建立起配置中的完整的拓扑映射，然后进行路由选择计算。这个方法如果应用于外部路由选择协议也有问题：不同的自治系统会采用不同的度量方案，会有不同的限制。尽管链路状态协议确实要求链路建立起完整的拓扑映射，但因为不同的自治系统中采用的度量方式可能不一样，要执行一致的路由选择算法是不可能的。

解决方法是分发路由度量值并简单地只提供经由哪个路由器可到达哪个网络，以及必须经过哪些自治系统。这个方法与距离矢量算法有两点不同：① 路径矢量方法不包括距离或耗费的估测；② 每个路由信息块列出了沿着某路由到达目标网络所要经过的所有自治系统。

因为路径矢量中列出了数据报如果沿着这条路由所必须穿过的自治系统，路由器可以参考距离矢量中提供的路径信息，然后根据这些信息来按照某个策略选择路由。也就是说，路由器可以根据是否要避开某个自治系统而决定避开某条特定路径。例如，需要保密的信息可以限制它只能穿越某些特定自治系统。或者路由器可能知道互联网上某些部分的性能或质量，可以避开某些自治系统。性能或质量度量值可以是链路的速率、容量、拥塞趋势以及整体运行质量等。

3. BGP 协议功能

BGP 允许不同的自治系统（AS）内的路由器互相协作交换路由信息。协议的运作通过消息来进行，消息通过 TCP 连接发送。BGP 协议定义了 4 种类型的消息：初始消息、更新消息、通知消息和保持激活消息。

初始消息在对等路由器间打开一个 BGP 通信会话，是建立传输协议后发送的第一个消息，初始消息是由对等设备发送的，且必须得到确认后才可以交换更新、通知和保持激活消息。

更新消息用于提供到其他 BGP 系统的路由更新，是路由器可以建立网络拓扑的一致视图。更新用 TCP 发送以保证传输的可靠性。更新消息可以从路由表中清除一条或多条失效路由，同时发布若干路由。

通知消息在检查到有错误（连接中断、磋商出错、报文差错等）时发送。通知消息用于关闭一条活动的会话，并通知其他路由器为何关闭该会话。

保持激活消息通知对等 BGP 路由器，保持激活消息发布频繁以防止会话过期。

BGP 中定义了以下 3 个过程。

（1）邻居获取过程。

（2）邻居可达性过程。

（3）网络可达性过程。

首先必须执行邻居获取过程。"邻居"指的是同一个子网中的两个路由器。实际上，当在不同自治系统内的两个相邻路由器都同意正常交换路由信息时就是邻居获取。因为其中一个路由器可能不愿意参加，例如，一个路由器可能因为负载过重，不想增加由此带来的来自于外面的系统的负载，所以需要有一个邻居获取过程。在邻居获取过程中，一个路由器给另一个路由器发送一个请求消息，另一个路由器可能接受或拒绝。协议并没有说明一个路由器是怎样知道另一个路由器的地址和存在，同样也没有说明它是怎样知道它需要和哪个特定路由器交换路由信息的。这些问题可以在配置时解决，或者由网络管理员通过人工干预来解决。

在进行邻居获取的过程中，一个路由器给另一个发送一个初始消息。如果目的路由器接受这个请求，它返回一个保持激活消息作为响应。

一旦建立了邻居关系，就可用邻居可达性过程来维持这个关系。每个伙伴必须确保它的邻居仍然存在，且在致力于保持邻居关系。因此这两个路由器定期互相发送保持激活消息。

BGP 定义的最后一个过程是网络可达性过程。每个路由器要保持一个数据库，其中记录可达的子网以及到达该子网的最佳路由。只要这个数据库的内容发生变化，路由器就发送一个更新消息，这个消息广播给所有实现 BGP 的其他路由器。通过这些更新消息的广播，所有的 BGP 路由器可以建立和维护路由信息。

4. BGP 路由

BGP 执行 3 类路由：AS 间路由、AS 内部路由和贯穿 AS 路由。

（1）AS 间路由

发生在不同 AS 的两个或多个 BGP 路由器之间的路由称为 AS 间路由，这些系统的对等路由器利用 BGP 来维护一致的网络拓扑视图，在 AS 之间通信的 BGP 邻居必须在相同的物理网络之内。Internet 就是使用这种路由的实例，因为它由多个 AS（或称管理域）构成，域为构成 Internet 的研究机构、公司和实体。BGP 一个最重要的用途就是用于为 Internet 中提供最佳路由。

（2）AS 内部路由

发生在同一 AS 内的两个或多个 BGP 路由器之间的路由称为 AS 内路由，同一 AS 内的对等路由器使用 BGP 来维护一致的系统拓扑视图。也可用 BGP 来决定将哪个路由器作为外部 AS 的连接点。一个组织，如大学，可以利用 BGP 在其自己的管理域（或称 AS）内提供最佳路由。BGP 协议既可以提供 AS 间路由，也可以提供 AS 内部路由。

（3）贯穿 AS 路由

贯穿 AS 路由发生在两个或多个不运行 BGP 的 AS 交换数据的对等路由器间。在贯穿 AS 环境中，使用 BGP 通信的双方都不在 AS 内，BGP 必须与 AS 内使用的路由协议交互，以成功地通过该 AS 传输 BGP 通信，贯穿 AS 环境如图 7-27 所示。

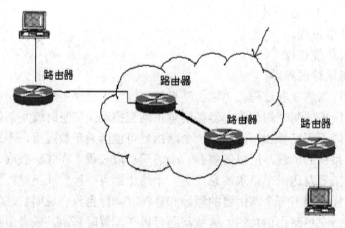

图 7-27　贯穿 AS 环境

与其他路由协议一样，BGP 维护路由表、发送路由更新信息且基于路由度量决定路由。BGP 系统的主要功能是交换其他 BGP 系统的网络可达信息，包括 AS 路径的列表信息，可用此信息建立 AS 系统连接图，以消除路由环及执行 AS 级策略。

每个 BGP 路由器维护到特定网络的所有可用路径构成的路由表，但是它并不清除路由表，它维持从对等路由器收到的路由信息直到收到增值更新。

BGP 设备在以下两个时候交换路由信息：初始时和增值更新后。当路由器第一次连接到网络时，BGP 路由器交换它们的整个 BGP 路由表，当路由表改变时，路由器仅发送路由表中改变的部分。BGP 路由器并不周期性地发送路由更新，且 BGP 路由更新只包含到某网络的最佳路径。

BGP 用单一的路由度量决定到给定网络的最佳路径。这一度量含有指定链路优先级的任意单元值，BGP 的度量通常由网管赋给每条链路。赋给一条链路的值可以基于任意数目的尺度，包括途经的 AS 数目、稳定性、速率、延迟或代价等。

5. BGP 报文格式

（1）信头格式

所有的 BGP 报文类型都使用基本的报文信头。初始、更新和通知报文有附加的域，而保持激活报文只使用基本的报文信头。图 7-28 所示为 BGP 信头格式。

域长（字节）

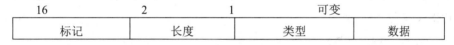

图 7-28 BGP 信头

每个 BGP 分组都包含信头，信头标志了该分组的功能。信头中的每个域简介如下。

① 标记：含有认证值。发送者可以在这个字段中插入一个值，用来作为认证机制的一部分，使得接收者可以确认发送者的身份。

② 长度：指示报文的总长度，以字节计。

③ 类型：标志报文类型，BGP 定义的报文类型有 4 种，即初始、更新、通知和保持激活。

在建立传输层连接之后，EBGP 对等体间通过发送初始报文来交换各自的版本、自治系统号、保持时间、BGP 标志符等信息进行磋商；更新报文携带的是路由更新信息，其中包括撤销路由信息和可达路由信息及其路径属性；当 BGP 检测到差错（连接中断、磋商出错、报文差错等）时，发送通知报文，关闭与对等体的连接；保持激活报文在 BGP 对等体间周期地发送，以确保连接保持有效。

④ 数据：为可选域，含有上层信息。

（2）初始报文格式

BGP 初始报文由 BGP 信头和附加域构成，图 7-29 所示为 BGP 初始报文的附加域。

域长（字节）

图 7-29 BGP 初始报文的附加域

在信头的类型域中标志为BGP初始报文的BGP分组包含下列各域，这些域为两个BGP路由器建立对等关系提供了交换方案。

① 版本：提供BGP版本号，使接收者可以确认它是否与发送者运行同一版本协议。

② 自治系统：提供发送者的AS号。

③ 保持时间：在发送者被认为失效前最长的不接收报文的时间。

④ BGP标志：标志BGP发送者的IP地址，在启动时决定，对所有本地接口和所有对等BGP路由器而言都是相同的。

⑤ 可选参数长度：标志可选参数域的长度（如果存在的话），以字节为单位。

⑥ 可选参数：包含一组可选参数。目前只定义了一个可选参数类型。认证信息含有下列两个域。

❖ 认证码：标志使用的认证类型。

❖ 认证数据：包含由认证机制使用的数据。

（3）更新报文格式

BGP更新报文由BGP信头和附加域构成，图7-30所示为BGP更新报文的附加域。收到更新报文分组后，路由器就可以从其路由表中增加或删除指定的表项以保证路由的准确性。更新报文包含下列域。

域长（字节）

2	可变	2	可变	可变
失效路由长度	失效路由	总路径属性长度	路径属性	网络层可达信息

图7-30　BGP更新报文的附加域

① 失效路由长度：标志失效路由域的总长度（以字节为单位）或该域不存在。

② 失效路由：一组失效路由的IP地址前缀列表。

③ 总路径属性长度：标志路径属性域的总长度（以字节为单位）或该域不存在。

④ 路径属性：描述发布路径的属性，可能的值如下。

❖ 源：必选属性，定义路径信息的来源，即这个信息是由一个内部路由协议（如OSPF）还是由一个外部路由协议（如BGP）产生。

❖ AS路径：必选属性，指路由经过的AS列表。

❖ 下一跳：必选属性，定义了在网络层可达信息域中列出的应该用作到目的地下一跳的边界路由器的IP地址。

❖ 多重出口区分：可选属性，在到相邻AS的多个出口间进行区分。

❖ 本地优先权：可选属性，用以指定发布路由的优先权等级，这个优先权等级只对本AS内的其他路由器有用。

❖ 原子聚合：可选属性，用于发布路由选择信息。

❖ 聚合：可选属性，包含聚合路由信息。一般来说，一个互联网和它对应的地址空间可以分层组织或者按树形进行组织。在这种情况下，子网地址可以分成两个或多个部分，在一个给定子树下的所有子网有一个共同的部分互联网地址，使用这个共同的部分地址，在网络层可达信息字段中必须交换的信息可以大量减少。

⑤ 网络层可达信息：包含发出该消息的路由器可以到达的子网标志，每个子网通过它的 IP 地址标志。

（4）通知报文格式

图 7-31 所示为 BGP 通知报文使用的附加域。通知报文分组用于给对等路由器通知某种错误情况。

域长（字节）

错误码	错误子码	错误数据

图 7-31　BGP 通知报文的附加域

① 错误码：标志发生的错误类型。下面为定义的错误类型。

❖ 报文头错：指出报文头出了问题，如不可接受的报文长度、标记值或报文类型。

❖ 初始报文错：指出初始报文出了问题，如不支持的版本号，不可接受的 AS 号或 IP 地址或不支持的认证码，这个报文也可用来表示初始报文建议的保持时间是不能接受的。

❖ 更新报文错：指出更新报文出了问题，如属性列表残缺、属性列表错误或无效的下一跳属性。

❖ 保持时间过期：如果发送方路由器在保持时间内没有收到后面的保持激活、更新或通知报文，就发送这个错误报文，这之后 BGP 节点就被认为已失效。

❖ 有限状态机错：指示期望之外的事件。

❖ 终止：发生严重错误时根据 BGP 设备的请求关闭 BGP 连接。

② 错误子码：提供关于报告的错误的更具体的信息。

③ 错误数据：包含基于错误码和错误子码域的数据，用于检测通知报文发送的原因。

7.4　IP v6 协议

在 IP v4 开发之时，32 位的 IP 地址似乎足够 Internet 需要。但随着 Internet 的增长，32 位的地址也存在问题。另外，由于 IP v4 不能提供网络安全，也不能实施复杂的路由选项，如在 QoS 的水平上创建子网等，所以应用也受到了限制。同时，IP v4 除了提供广播和多点传送编址外，并不具备多个选项来处理多种不同的多媒体应用程序，如视频流或视频会议等。

为适应 IP 的爆炸式应用，Internet 工程任务组（IETF）开始了 IPng 的初步开发。1996年，IPng 的研究诞生了一种称为 IP v6 的新标准，并在 RFC1883 中得到定义。IP v6 是从 IP v4 扩展而来，使得应用程序和网络设备可以处理新出现的要求。

7.4.1　IP v6 特点

IP v6 是在 IP v4 的基础上发展起来的，具有 IP v4 的所有功能，并增加了一些更加优秀的功能。IP v6 的主要特征如下。

- ❖ 128 位编址能力，扩展地址和路由的能力。
- ❖ IP 头中更有效的应用和选项扩展。
- ❖ 简化了分组头格式，删除了一些 IP v4 分组头中字段或设置为可选，以减少分组的开销。
- ❖ 用于服务质量要求的流标志。
- ❖ 不允许有数据报分段。
- ❖ 内嵌式的授权和加密安全。
- ❖ 一个单独的地址对应着多个接口。
- ❖ 地址自动配置和 CIDR（无类型域间路由）编址。
- ❖ 可将新的 IP 扩展的头用于特殊需要，包括用于更多的路由技术和安全选项中。
- ❖ 支持资源预定，并且允许路由器将每一个数据报与一个给定的资源分配相联系。

7.4.2　IP v6 分组

一个 IP v6 的协议数据单元（分组）格式如图 7-32 所示。

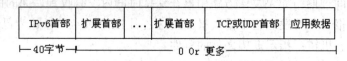

图 7-32　IP v6 的分组格式

IP v6 首部长度为 40 字节，而在 IP v4 中只需 20 字节。如前所述，IP v6 数据报头已经发生了改变。变化主要是提供对新的、更长的 128 位 IP 地址的支持以及去掉作废的和不用的域。图 7-33 表示了 IP v6 头结构。基本的 IP v6 头包含以下域。

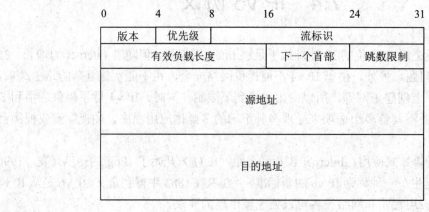

图 7-33　IP V6 分组头格式

❖ 版本：IP 版本号。IP v4 数据报头中的版本号为 4 位长，记录数据报的版本号，IP v6 中的版本号为 6 位长。

❖ 优先级：优先级域（4 位长）包括一个说明数据优先级的数值。用于定义传输顺序的优先级，首先设置一个粗略分类值，然后在每一类中再设置范围更精细的标志。

该域说明了一个包是否包含着协助控制网络阻塞的信息。用于阻塞控制的包可以提供如过滤、自动 E-mail 投递和与 Internet 相关的控制等特征。不控制阻塞的包是携带数据的，可以指定不同的优先级来说明丢弃一个包对信息的影响。例如，携带声频的包的优先级应当设置得高一些，说明一定要避免丢弃包，因为这样会干扰声音播放的连续性。

❖ 流标识：流标识 24 位长。此处的信息用于向路由器说明包需要以特殊的方法来进行处理。例如，多点传送包需要额外的网络资源，而秘密的包需要更高的安全性。

流标识和源机器 IP 地址一起提供网络流标识。例如，用户正在使用网络上的 UNIX 工作站，那么，流标识就和其他如 Windows 95 PC 等机器上的流标识不同。这个域能用于标识流特性并提供一定的调节功能。这个域也能帮助大流量的数据传输标识目的机器，在这种情况下缓存系统能在源和目的之间更有效地路由。

❖ 有效负载长度：该域 16 位长，说明了报有效负载的大小（不计报的头）。该域用于指示整个 IP 数据报的长度，以字节为单位。整个长度不包括 IP 头自身。16 位域的使用使最大值限制在 65353 之内，但使用扩展头能提供对发送大数据报的支持。

❖ 下一个首部：由于可以添加扩展的头，所以在基本的头到了结尾时，该域就提供了有关预期的头是何种类型的信息。如果没有包含扩展的头，那么下一个头就是 TCP 或者 UDP。下一个首部用于标志哪一个应用跟在 IP 头之后，表 7-13 列出了为下一个首部定义的几个值。

表 7-13　IP 下一首部值

值	描　述
0	跳一跳选项
4	IP
6	TCP
17	UDP
43	路由
44	分段
45	域间路由
46	资源预约
50	封装安全
51	认证
58	ICMP
59	没有下一首部
60	目的选项

❖ 跳数限制：这是对 IP v4TTL 域的修正。当创建一个包后，就会在跳数限制 （HopLimit）域中输入最大的路由器跳数值，每次包经过第 3 层设备时，该值都 会减 1。当第 3 层设备遇到的包的跳数限制为 0 时，就将该包丢弃，以免在网络 上不断地传播。跳数限制域决定了数据报经过的最大跳数。每一次转发，该数值 减 1，当跳数限制减少到 0 时，数据报被丢弃。

❖ 源地址：这是发送设备的 128 位的地址。

❖ 目标地址：此域包含着接收包的设备的 128 位地址。

最后，128 位的源和目的 IP 地址放置在头中。

当前，IP v6 定义了以下 6 种扩展头。

❖ 步跳扩展头。

❖ 路由扩展头。

❖ 分段扩展头。

❖ 验证扩展头。

❖ 安全负载封装扩展头。

❖ 目标选项扩展头。

IP v6 的主头必须出现在所有的扩展头之前。扩展头是可选的，可以组合使用，也可以一个都不用。在单个的包中，每种类型的扩展头只能出现一次。当同时使用多个扩展头时，它们必须严格遵守上面列举的顺序。例如，如果同时使用了路由扩展头、验证扩展头和安全负载封装扩展头，那么包头域必须按照如下顺序出现。

（1）IP v6 的主头。

（2）路由扩展头。

（3）验证扩展头。

（4）安全负载封装扩展头。

（5）目标选项扩展头。

（6）TCP 或 UDP 头。

（7）应用数据。

在每一个扩展头中，第一个字节为一个 8 位的下一个头字段，该字段用以指明后面紧跟的是哪个头。在最后一个扩展头中，下一个头域包含的值为 59。在上面的例子中，在路由扩展头中，下一个首部中指出后面紧跟的是验证扩展头；验证扩展头的下一个首部指出后面的是安全负载封装扩展头；安全负载封装扩展头的下一个首部的值为 59，表明该扩展头是最后一个。除分段扩展头之外，在下一个首部之后紧跟着是一个 8 位的头扩展长度，指明该扩展头的长度。每个扩展头的长度必须为 8 的倍数字节，如图 7-34 所示。

步跳扩展头用于大数据的传输，如多媒体视频报。其应用数据负载可以从 65535 字节到 4 亿字节。报所经过的每一个路由都将读取步跳头，这样会轻微地增加路由器的处理时延。路由扩展头使用按顺序排列的路由地址标志整个路由，可以通过配置该头达到让包沿相同路径传输的目的，这种报可用于某些特殊的情况，例如，当某条路径上的路由器出现故障时。

图 7-34 IP v6 包中的扩展头

在 IP v6 中，每个发送结点通过使用探索报执行一个最大传输单元（MTU）路径发现确定过程，便可以确定接收网络所允许的最大报尺寸。该路径发现产生的信息包括是否有某个路由器出现故障和目标网络是否需要较小的报（IP v6 包最多可以包括 1280 个 8 位字节）。当向使用小于 1280 个 8 位字节报的网络上发送报时，IP v6 便对报进行分段。根据 MTU 路径发现所获取的信息，发送结点将报进行分段，在报头中添加分段扩展头，告知接收者报是如何分段的。将报分段的能力在从以太网向令牌环网发送报或者在具有不同报大小的快速以太网和 G 位以太网之间传输时尤为重要。当把一个报进行分段后，每一个段都分配一个分段组内的标识符（每组是唯一的）；该标识符放入 32 位标识符域，这样在接收数据时，不同组的分段就可以很容易地区分开。

验证扩展头可用于确认数据报的完整性（IP 头、TCP 头、数据），即保证接收到的数据报和发送的一样。在每一个头的每一个域上都进行验证，还包括负载数据。如果在发出后某个域中的值有所改动（对于步跳计数来说肯定要发生变化），该字段的验证值为 0。通常，验证扩展头和安全负载封装扩展头是一起使用的，这样便可以对包进行验证和加密/解密。当使用这两个扩展头时，在接收节点上将做如下处理。

（1）首先验证 IP 头，然后验证 TCP 头，如果 IP 头被加密，TCP 头被加密，或者两种类别都使用安全负载封装扩展头进行了说明，首先需要解密。

（2）在验证之后，使用安全负载封装扩展头中的信息对负载进行解密。

（3）在解密了负载后，对负载进行验证。

在有安全需要的网络上，可以使用安全负载封装扩展头对 IP 包负载或者 TCP/IP 头和负载进行加密，该扩展头支持与数据加密标准（DES）相兼容的密钥加密技术。在网络传输加密起作用并且激活了 Internet 或者其他类型的局域网和广域网上的加密之后，在 IP v6 头中就将包括安全负载封装扩展头。

1. 优先级分类

IP v6 头中的优先级分类首先把数据报分成两类中的一种：有拥塞控制和非拥塞控制。非拥塞控制的报文总是比拥塞控制的报文优先路由。

如果数据报是拥塞控制的，它会对网络的拥塞问题很敏感。如果拥塞发生时，会减慢数据的处理，报文会暂时存放在缓存器中直到问题解决。拥塞控制这一大类之中，又有几个子类用于定义数据报的优先极。子类优先级列在表 7-14 中。

表 7-14　拥塞控制报文优先级

优　先　级	描　　　述
0	无优先级定义
1	后台流量
2	非特殊照顾的数据传输
3	没分配
4	特殊照顾的块数据传输
5	没分配
6	交互式流量
7	控制流量

非拥塞控制的报文有优先级 8~15，但是如前所述，它们没有定义。

每个基本子类的例子可以帮助读者理解数据报优先级。路由和网络管理报文具有最高优先级，给它们分配类 7。交互性应用（如 Telnet 和 RemoteX 会话），被分配为类 6。非实时传送，但仍采用交互式控制（如 FTP 应用），被分配为类 4。电子邮件被分配为类 2，低优先级（如新闻）被分配为类 1。

2. 流标识

如前所述，新加到 IP v6 头中的流标识域能帮助识别一系列 IP 数据的发送方和接收方。使用缓冲器来处理流数据报能更有效地路由。不是所有的应用都能处理流标识，在这种情况下，此域被置为 0。

一个简单的例子能说明流标识的用处。例如，一台运行 Windows 98 PC 和另一网络上的 UNIX 服务器连接，并且发送大量的数据报。通过设置一个特殊的流标识给所有传输的数据报，则沿途上的路由器能在路由缓冲器中放置一项指出对相同流标识的报文如何路由。当后续具有相同流标识的数据报到达时，路由器不必重新计算路由；路由器仅仅检查缓冲器并且取出保存的信息即可。这样加速了通过每一个路由器的数据报处理速度。

为了防止缓冲器过大或出现一些过时的信息，IP v6 规定 Cache 中维护的信息不能超过 6s。如果一个具有相同流标识的数据报在 6s 内没到达时，缓冲器项会被删除。为了防止发送机器产生重复值，发送方必须等 6s 才能使用相同的到另一目的机的流标识值。

IP v6 流标识用于给对时间要求严格的应用保留路由。例如，实时应用必须在相同的路由上发送大量数据报且需要尽快地发送（如视频和音频要求），可以先在发送数据报之前建立路由。注意在中间路由器上不要超过 6s 的限制。

3. 128 位 IP 地址

（1）Ipng 的最重要方面是提供更长 IP 地址的能力。版本 6 把 IP 地址从 32 位增大到 128 位，这样可以有更多的地址。

（2）IP v6 编址使得一个 IP 标志符可以与多个不同的接口相关，从而可以更好地处理多媒体信息流量。在 IP v6 网络中，传送的多媒体流量不是进行广播或多点传送组，而是将所有接收接口都指定为同一个地址。

（3）IP v6 并不沿基于分类的地址而行，而是与 CIDR（无类型域间路由）兼容的，从而地址可以通过很大范围的选项来进行配置，并使得路由和子网的通信更出色。同时，它还提供了选项，使在一个组织内，一个单独的地址内创建各异的网络大小、网络位置、组织、组织类型和工作组等。IP v6 编址是自动配置的，可以减轻网络管理员管理和配置地址的工作负荷。它支持两种自动配置技术。

（4）一种基于动态主机配置协议（DHCP）用于动态编址。在每次计算机登录到网络时，动态编址都会自动地给它分配一个 IP 地址。在 DHCP 下，一个 IP 地址在给定时间内是租用给一特定的计算机的。

另一种自动配置技术是无状态的。在无状态自动配置中，网络设备指派自己的 IP 地址，而不是从服务器中获得。它简单地通过将网络信息中心的 MAC 地址与从子网路由器中获得的子网命名结合在一起，就创建了地址。

（5）新 IP 地址支持 3 类地址：单播地址、组播地址和任一广播地址。

- ❖　单播地址：用于标志一台特定机器的接口，这样可以使 PC 使用几种不同的协议，每一种有自己的地址。因此，用户能给特定机器的 IP 接口地址发消息。
- ❖　组播地址：标志一组接口，能使组中的所有机器接收相同的报文。这非常像版本 4 中的广播，但是定义组更加灵活。用户的机器接口可以属于几个组播组。
- ❖　任一广播地址：用于识别一个组播地址上的一组接口。换句话说也就是同一台机器上的多个接口可以接收报文。

版本 6 的 IP 头有很大变化，提供更多信息和灵活性。分段和重组的处理也发生了变化，为 IP 提供更多功能。IP v6 的认证性机制能确保数据在发送与接收之间没被破坏，并且发送端和接收端是正确的、不被冒充的。

4. IP 扩展头

IP v6 能在 IP 头上提供附加的头。当到目的地的简单路由不起作用时，或者当需要特殊服务如认证时，扩展头就是必要的。所需的额外信息封装在扩展头中并附加在 IP 头上。

IP v6 定义了几种扩展头类型，用放在 IP 头中下一首部中的一位数标志，当前接受的值及其含义列于表 7-13 中。IP 头中可以附加几种扩展头，每个扩展头中的下一首部标志下一个扩展头。正常情况下，扩展头按数值递增的顺序排列，这样便于路由器分析扩展头。

（1）步跳头

扩展类型 0 是步跳头，这种类型给报文经过的每一台机器提供 IP 选项。

在步跳扩展头中的选项包括 3 部分：类型、长度和类型值。类型域和长度域分别为 1 字节长，值域的长度是可变的，由长度字节指明。

到目前为止，有 3 种步跳扩展头类型：Pad1、PadN 和 JumboPayload。

- ❖　Pad1 选项是单字节，类型为 0，没有长度和值域，它用于在必要时改变其他选项的顺序和位置，通常由一个应用发出命令。
- ❖　PadN 选项是类似的，只是值域中有 N 个 0 和一个计算出的长度。
- ❖　JumboPayload 扩展选项用于处理大小超过 65535 字节的数据。IP 头的长度域限制为 16 位，因此数据报大小限制在 65535 字节内。要处理更大的数据报文，IP 头长度域置为 0，使路由器重新定向扩展头，找到正确的长度值。扩展头中的长度域使用 32 位。

（2）路由头

当发送机器想控制数据报的路由，而不是靠路径上的路由器时，IP 头要附加上路由扩展。路由扩展（包括整个路由的 IP 地址）给出到达目的地的路由。

（3）分段头

分段头允许一台机器把大的数据报分段成更小的一部分。设计 IP v6 的一个目的是防止分段，但是在一些情况下，为了沿着网络发送报文，必须允许分段。

（4）认证头

认证头用于保证数据报的内容没有被改变过。默认情况下，IP v6 使用称为信息摘要为 5（MD5）的认证策略，只要连接双方达成一致意见，也可以使用其他的认证策略。

认证头包括安全参数索引（SPI），SPI 和目的 IP 地址一起定义认证策略。SPI 之后跟着认证数据，对 MD5 而言是 16 字节长。MD5 开始于一个密钥之后，并附加上整个报文。密钥在末尾标记，为了防止跳数问题和认证头自身改变值，它们应该置为 0，以便于计算认证值。MD5 算法产生一个 128 位的值放在认证头中，在接收端，重复相反步骤。两端必须有相同的密钥，这样策略才能工作。

数据报在产生认证值之前可以使用默认的 IP v6 加密策略 CBC 进行加密，CBC 是数据加密标准（DES）的一部分。

小结

网络层为传输层提供各种服务，它可以建立在虚电路或数据报上。在这两种情况中，网络层的主要任务就是从始发地向目的地发送分组。

互联网有许多与网络层有关的协议。它们包括数据传输协议 IP，控制协议 ICMP、ARP、RARP、IGMP 以及路由选择协议 OSPF 和 BGP。本章主要介绍了网络层的主要协议，通过这些内容的学习，可以对网络层的服务和功能有较深刻的理解。

习题

1．IP 地址分为几类，各如何表示？

2．某公司分配到一个 B 类 IP 地址，其网络号是 129.250.0.0。该公司有 4000 多台机器，分布在 16 个不同的地点。如果选用子网掩码为 255.255.255.0。试给每一个地点分配一个子网号码，并计算每个地点主机号码的最小值和最大值。

3．在互联网上的一个 B 类地址的子网掩码为 255.255.224.0。试问在其中每一个子网上的主机数最多有多少个？

4．描述 IP 数据报转发的过程。

5．某个 IP 地址的十六进制表示为 C22F1481，试将其转换为点分十进制的形式。这个地址是哪一类 IP 地址。

6．试说明下列协议的作用：IP、ARP、RARP 和 ICMP。

7．ARP 和 RARP 都是从一个空间映射到另一个空间，从这个意义上讲，它们是相似的。然而 ARP 和 RARP 在实现方面却有一点很不相同。指出这个不同。

8．试简述 RIP、OSPF 和 BGP 路由协议的主要特点。

9．下一代 IP 协议 IP v6 没有首部检验和，这样有什么优缺点？

10．在图 7-35 所示的采用"存储—转发"方式分组的交换网络中，所有链路的数据传输速度为 100Mbps，分组大小为 1000B，其中分组头大小为 20B，若主机 H1 向主机 H2 发送一个大小为 980000B 的文件，则在不考虑分组拆装时间和传播延迟的情况下，从 H1 发送到 H2 接收完为止，需要的时间至少是多少？

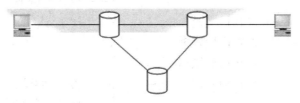

图 7-35 "存储—转发"方式分组的交换网络

11．某网络的 IP 地址为 192.168.5.0/24，采用长子网划分，子网掩码为 255.255.255.248，则该网络的最大子网个数和每个子网内的最大可分配地址个数为多少？

12．在子网 192.168.4.0/30 中，能接收目的地址为 192.168.4.3 的 IP 分组的最大主机数是多少？

13．某主机的 IP 为 180.80.77.55，子网掩码为 255.255.252.0，若该主机向其所在子网发送广播分组，则目的地址为多少？

第8章 传输层协议

本章知识结构

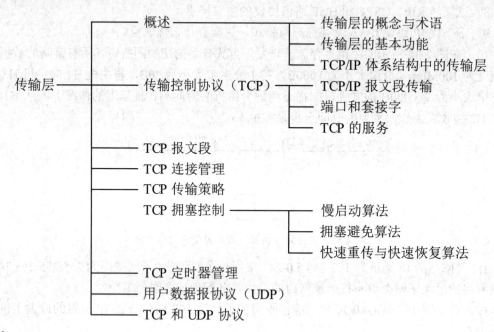

学习目标

❖ 了解传输层概念与术语、传输层的基本功能。
❖ 理解 TCP 连接建立、拥塞控制、流量控制。
❖ 掌握 UDP 协议、TCP 协议、差错处理和拥塞控制技术。

8.1 概　述

传输层的任务是保证两个主机的进程之间实现通信，为上面的应用层提供服务。

8.1.1 传输层的概念与术语

1. 进程

进程是一段具有独立功能的程序对某个数据集在处理机上的执行过程，能达到管理和控制计算机软、硬件资源的目的。进程是操作系统中非常重要的一个概念，在计算机中运行一个应用程序，计算机会启动一个应用进程来管理和维护该程序的顺利执行。当两台主机在通信时，实际上是两台主机的两个应用进程之间在进行数据传输。

2. 进程之间的通信

网络层可以实现两台主机之间的数据报的传输，传输层位于网络传输的上层，用户应用功能的下层，如图 8-1 所示。从计算机网络组成的观点出发，位于资源子网的两台主机进行通信时，发送方在传输层进行报文的封装，通过通信子网实现了主机和主机之间的通信，数据报到达目的主机后，才将数据报的首部剥去，上交到传输层，所以只有资源子网部分的主机才有传输层，而通信子网的路由器在实现分组转发的过程中不会用到传输层。

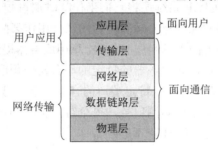

图 8-1　传输层的地位

如图 8-2 所示，局域网 1 的主机 H_1 和局域网 2 的主机 H_2 进行通信，两个网络通过广域网互连，局域网 1 通过路由器 R_1 接入广域网，局域网 2 通过路由器 R_2 连入广域网，主机 H_1 的应用进程 1、应用进程 2 分别和主机 H_2 的应用进程 3、应用进程 4 进行通信，应用进程 1 和应用进程 2 产生的报文通过端口分别传给传输层，传输层使用复用技术，将应用进程的数据封装后共享网络层提供的服务。这些报文沿着图 8-2 中所示的链路到达目的主机后，传输层使用分用技术，通过不同的端口将报文送给相应的应用进程。所以从传输层的角度来看，实际上通信是在两个主机的应用进程之间进行。

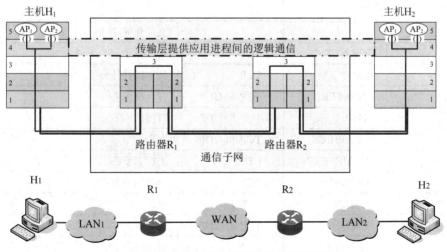

图 8-2　传输层为数据传输提供的逻辑通信

3. 端口

用户在使用网络时，可以同时运行多个应用程序，如打开一个 Web 浏览器看新闻，使用文件传输上传或下载文件，同时可能使用中继聊天（IRC）程序和朋友聊天。所以网络中的主机可以同时使用多个应用程序进行网络通信，因此需要有能够识别哪个应用进程产生的数据的标识，这就是传输层的端口技术。传输层有两个主要的协议 TCP 和 UDP，为接收和发送应用进程的数据，TCP 和 UDP 为应用进程提供了 16 位端口号码，用于特定应用进程间建立连接和识别应用进程。端口号分为如下 3 种类型。

（1）熟知端口号（0~1023）：分配给系统的主要和核心服务。

（2）注册端口号（1024~49151）分配给行业应用程序和进程。虽然 IANA 将 1024~49151 作为注册端口号，但一些 TCP/IP 系统还将它们当作临时端口号。

（3）动态端口号（49152~65535）又叫短暂端口，用作某些连接的临时端口。

将网络中为用户提供服务的主机叫作服务器，享用服务器提供服务的主机叫作客户机。客户机通过访问服务器的端口，向服务器的特定的后台监控程序发出请求，从而得到服务器响应。服务器的监听程序监听每一个特定端口的客户请求信息，为客户提供服务。TCP/IP 为服务器的每种服务程序设定了全局端口号，每个客户进程都知道相应的服务器进程的熟知端口号，表 8-1 给出了常用的熟知端口说明。

表 8-1　常用的熟知端口号和服务器进程的说明

端　口　号	服　务　进　程	使用的协议	说　　　明
1	TCPMUX	TCP	TCP 端口多路复用服务
5	RJE	TCP	远程任务入口
7	ECHO	TCP 和 UDP	ECHO（回应）
11	USERS	TCP 和 UDP	当前活跃用户
13	DAYTIME	TCP 和 UDP	日期时间
17	QUOTE	TCP 和 UDP	本日引述
20	FTP-DATA	TCP	文件传输-数据
21	FTP	TCP	文件传输-控制
23	TELNET	TCP	远程登录
25	SMTP	TCP	简单邮件传输
35	PRINTER	TCP 和 UDP	打印机服务
37	TIME	TCP 和 UDP	时间
41	GRAPHICS	TCP 和 UDP	图形
42	NAMESERV	UDP	主机名服务
43	NICNAME	TCP	查阅用户身份
49	LOGIN	TCP	登录
53	DNS	TCP 和 UDP	域名服务
67	BOOTPS	UDP	引导协议/动态主机配置协议（服务器）

续表

端 口 号	服 务 进 程	使用的协议	说 明
68	BOOTPC	UDP	引导协议/动态主机配置协议（客户机）
69	TFTP	UDP	简单文件传输协议
80	HTTP	TCP	超文本传输协议
101	HOSTNAME	TCP 和 UDP	NIC 主机名服务器
110	POP3	TCP	邮局协议 3
111	RPC	TCP 和 UDP	远程过程调用
123	NTP	UDP	网络时间协议
137	NETBIOS-NS	TCP 和 UDP	NetBIOS 名称服务
138	NETBIOS-DG	TCP 和 UDP	NetBIOS 数据报服务
139	NETBIOS-SS	TCP 和 UDP	NetBIOS 会话服务
143	IMAP	TCP	互联网报文访问协议
161	SNMP	UDP	简单网络管理服务
179	BGP	TCP	外部网关协议
194	IRC	TCP	互联网中继聊天系统
443	HTTPS	TCP	安全套接字层上的超文本传输协议
500	IKE	UDP	IPsec 互联网密钥交换
520	RIP	UDP	路由信息选择协议（RIP-1 和 RIP-2）
521	RIPng	UDP	下一代路由信息选择协议

注册端口号用于没有采用 RFC 标准化的协议，所以多数限制在小范围里使用，表 8-2 给其中一部分 TCP/IP 的注册端口号和应用程序说明

表 8-2　一部分 TCP/IP 的注册端口号和应用程序

端 口 号	服 务 进 程	使用的协议	说 明
1512	WINS	TCP 和 UDP	微软 Windows 因特网命名服务
1701	L2TP	UDP	第二层隧道协议
1723	PPTP	TCP	点到点隧道协议
2049	NFS	TCP 和 UDP	网络文件系统
6000~6063	X11	TCP	X Windows 系统

4. 端口的使用举例

客户机和服务器的应用程序交换信息时，客户机分配一个短暂端口号用作客户机的 TCP/IP 请求报文的源端口，服务器收到该请求后，产生一个回应报文，在构建回应报文时，服务器把目的端口和客户机端口做一个调换。也就是说，回应的数据通过熟知端口或者注册端口返回给客户机的短暂端口。

图 8-3 是一台客户机访问 WWW 服务器的示例，客户机的 IP 地址为 165.10.72.8，服务

器的 IP 地址为 202.204.208.71，提供 WWW 服务的端口为 80，现在客户机向服务器发送 HTTP 的请求，客户机的应用程序从短暂端口池中分配一个临时端口号如 3456 给该请求，该请求报文的源地址为 165.10.72.8，端口为 3456，目的地址为 202.204.208.71，端口为 80。当 HTTP 请求到达服务器时，将被传送到 80 端口，HTTP 服务器进程接收到这个请求，将服务器的 Web 页面数据打包成回应报文，回应报文的源地址是 202.204.208.71，端口是 80，目的地址为 165.10.72.8，端口为 3456。这两个进程就实现了信息交换。

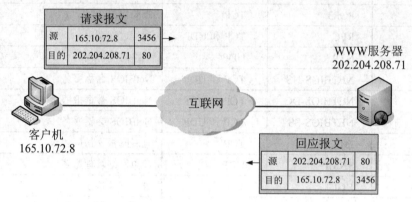

图 8-3　客户机访问 WWW 服务器

8.1.2　传输层的基本功能

1. 传输层的作用

传输层为应用进程之间提供有效、可靠、保证质量的通信服务，而网络层是实现主机和主机之间的逻辑通信。图 8-4 所示为传输层和网络层提供服务的作用范围的比较。

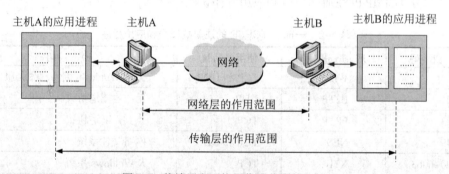

图 8-4　传输层和网络层作用范围的比较

2. 传输层的基本功能

计算机网络的发展在数据通信部分借助了电信部门的网络系统，使用电信部门网络系统要比自己建设通信子网更为经济。所以一般来说，计算机网络的通信子网就是公共数据交换网，用户和网络建设部门不能控制公共数据网的品质，如果通信子网的服务不能满足用户的需求，传输层必须对通信子网的服务加以完善，通过执行传输层的协议，屏蔽通信子网在技术和设计上的差异和服务质量的不足，向上层提供一个标准的、完善的通信服务。

因为传输层可以起到隔离通信子网的技术差异性（如网络拓扑、通信协议的差异）改善传输可靠性的作用，所以应用层的网络应用程序可以不必担心不同的子网接口和不可靠的数据传输，为用户提供可靠的数据传输服务。

传输层的服务是通过两个实体的传输层执行相同的协议来实现的，传输层的协议和数据链路层的协议非常相似，要解决差错控制、流量控制和分组拆装等问题，在互联网中传输层有两个主要的协议：一个是面向连接的 TCP 协议，另一个是无连接的 UDP 协议。

3. 传输层提供的服务质量

传输层向高层用户屏蔽了下面通信子网的细节，在应用进程看来好像在两个传输层实体之间有一条端到端的逻辑链路实现报文的传输。因为这条逻辑链路上使用的协议不同，对上层提供的服务品质（Quality of Service，QoS）存有差异。当传输层使用 TCP 协议时，尽管下面的通信子网是不可靠的，其为上层提供的是一条全双工的可靠链路；当传输层使用无连接的 UDP 协议时，为上层提供的是不可靠的链路，这种不可靠可以理解为上层收到的数据不保证没有差错。对于传输层来说，服务质量（QoS）是一个十分重要的概念。衡量传输层的服务质量的重要参数如下。

（1）连接建立延时

针对面向连接服务，连接建立延时是指从传输服务用户请求建立连接到收到连接确认所经历的时间，显然，延时越短，服务品质越好。

（2）连接建立失败的概率

是指在最大连接建立的延时时间内，未能建立起连接的概率。造成连接失败的可能性很多，如网络拥塞等。

（3）吞吐量

是指每秒钟传输的用户数据的字节数。

（4）传输延时

从发送端发送用户报文到接收端接收到报文所经历的时间。

（5）残余误码率

残余误码率为测量丢失和乱序的报文数占整个报文的百分数。

（6）安全保护

为防止未经授权和许可的第三方读取或修改数据的保护。

（7）优先级

为用户提供的一种控制机制，保证在网络拥塞或者重要信息通过等情况下，优先级高的优先享用服务。

（8）恢复功能

当网络出现问题时的一种自动恢复策略，该参数给出了传输层本身出现内部问题和拥塞的情况下自发终止连接的可能性。

在 QoS 指标中，有很多指标是底层网络技术决定的，传输层可以改善的是它的可靠性，如延时是通信子网的物理指标，仅通过传输层协议无法改善，可以改善的是连接建立失败的概率、残留误码率等可靠性指标。

4. 传输层的服务原语

传输层是用户可以直接调用完成网络服务的层次，传输层的服务原语是用户调用网络服务的方法，OSI 规范给出了 4 种类型的原语，如表 8-3 所示。

表 8-3　传输服务原语

类　型	服　务　原　语
建立连接	T-CONNECT.request(called address;calling address;expedited data option;quality of service;data)
	T-CONNECT.indication(called address;calling address;expedited data option;quality of service;data)
	T-CONNECT.response(quality of service;responding address;expedited data option;data)
	T-CONNECT.confirm(quality of service;responding address;expedited data option;data)
释放连接	T-DISCONNECT.request(data)
	T-DISCONNECT.indication(disconnect reason;data)
面向连接的数据传送	T-DATA.request(data)
	T-DATA.indication(data)
	T-EXPEDITED-DATA.request(data)
	T-EXPEDITED-DATA.indication(data)
无连接的数据传输	T-UNITDATA.request(called address;calling address;quality of service;data)
	T-UNIEDATA.indication(called address;calling address;quality of service;data)

传输层面向连接的服务原语的实现如图 8-5 所示。

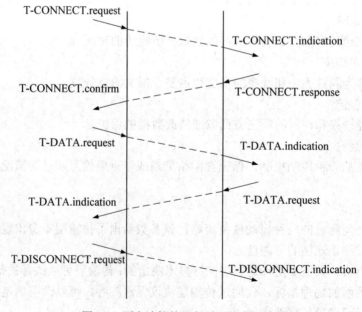

图 8-5　面向连接的服务原语的实现过程

8.1.3　TCP/IP 体系结构中的传输层

TCP/IP 的传输层有两个不同的协议，如图 8-6 所示。

图 8-6　TCP/IP 体系结构中的传输层协议

1.　传输控制协议（Transmission Control Protocol，TCP）

TCP 协议是面向连接的，在数据传输前必须先建立连接，数据传送完成后要释放连接，TCP 不提供广播或多播服务。为了能够提供可靠的、面向连接的传输层服务，TCP 要有流量控制机制、确认机制、计时器和连接管理等功能，增加一些系统开销是不可避免的。

2.　用户数据报协议（User Datagram Protocol，UDP）

UDP 在数据传输前不必建立连接，目的主机收到 UDP 报文后，也不必给出确认，虽然 UDP 不提供可靠交付，但在某些条件下，UDP 的运行速度要比 TCP 快大约 40%，在网络状态好的系统中 UDP 是一种有效的工作方式。

3.　TCP 和 UDP 的比较

在传输层还有一个协议 SCTP，在这里不做介绍，后面的两节将对 TCP 和 UDP 协议进行较为详细的讨论。表 8-4 所示的是 TCP 和 UDP 简要的比较结果。

表 8-4　TCP/UDP 简要比较

特　　征	UDP	TCP
一般描述	简单、高速、功能简单的包装协议，只负责将应用层和网络层连接在一起	保证应用层数据的可靠发送，不必担心网络的不可靠性
协议连接设置	无连接，直接发送数据	面向连接，发送数据之前必须建立连接
到应用层的数据接口	基于报文，将数据封装在包中发送	基于流，不用特定的结构发送数据
可靠性和确认	无可靠性，无确认的尽最大努力交付	可靠报文交付，所有数据都要被确认
重传	无，如果需要由应用层完成	自动重传丢失数据
数据流管理特性	无	使用滑动窗口管理流控制；用窗口大小进行调节；有拥塞避免方法
开销	很低	较低，和 UDP 相比开销较高
传输速率	很高	高，但没有 UDP 高
数据量的适应性	少量到中等的数据量（最多几百个字节）	少量到大量的数据（最多可以达到几个吉字节）

续表

特　征	UDP	TCP
适用范围	适合数据交付速率高于数据完整性的应用、发送数据量较小的应用、使用多播和广播的应用	适合要求发送的数据必须可靠地交付到接收端的应用
适用的上层协议	多媒体应用、DNS、BOOTP、DHCP、TFTP、SNMP、RIP	FTP、TELNET、SMTP、DNS、HTTP、POP、IMAP、BGP、IRC

8.2　传输控制协议

传输层协议（TCP）处于应用层和网络层之间，它实现了端到端的通信。传输控制协议在端主机上实现，提供面向连接的稳定可靠的服务。

8.2.1　TCP/IP 报文段传输

TCP 连接上的每个报文段均有两个字节的序列号。对于 10Mb/s 局域网全速运行的主机，理论上序列号经过一个小时后重复出现，但事实上这需要更长的时间。序列号用在确认和滑动窗口机制中，占用了独立的 32 位的头字段。

1. TCP 实体报文段简介

发送和接收方 TCP 实体以报文段的形式交换数据。一个报文段包含一个固定的 20 字节的头（加上一个可选部分），后面跟着 0 字节或多字节的数据。TCP 决定报文段的大小。可将几次写入的数据归并到一个报文段中或是将一次写入的报文段分为多个报文段。对报文段的大小有以下两个限制条件。

（1）每个报文段（包括 TCP 头在内）必须适合 IP 载荷能力，不能超过 65536 字节。

（2）每个网络都存在最大传送单位（MTU），要求每个报文段不大于 MTU。MTU 一般为几千字节，由此决定了报文段大小的上界。如果一个报文段通过了几个网络而未分解，而进到一个 MTU 小于该报文段长度的网络，那么处于网络边界上的路由器就会把该报文段分解为两个或更多小的报文段。

如果一个报文段相对较大，那么路由器将其分解为多个报文段。每个新的报文段都有自己的 TCP 头和 IP 头，所以通过路由器对报文段进行分解增加了系统的总开销。

2. TCP 实体的基本协议

TCP 实体的基本协议是滑动窗口协议。当发送方传送一个报文段时，还要启动计时器。当该报文段到达目的地后，接收方的 TCP 实体向回发送一个报文段（如果有数据应该带上数据，否则不带数据）。其中包括一个确认序号，它等于收到的下一个报文段的顺序号。如果发送方的定时器在确认信息到达之前超时，那么发送方会重发报文段。

虽然该协议看起来很简单，但是有很多的细节问题需要注意，例如，报文段可能被分解，因此有可能所发送的部分报文段到达了目的地，并得到了接收方 TCP 实体的确认，但报文段的其余部分却丢失了。

另外，报文段在传输中可能延迟，以至于发送方因定时器超时而重发这些数据。如果一个重发的报文段和第一次发送时选取了不同的路由，并且分解的方式不同，那么远程报文段和重发报文段的数据片可能分散到达，这需要分析细致的管理机制才能确保一个可靠的字节流。最后，由于互联网是由很多网络组成的，报文段在其传送通路上难免会偶尔遇到拥塞或断开的网络，TCP 协议必须以有效的方法解决这些问题。

TCP 并不对高层协议的数据产生影响。它将高层的协议数据看成是不间断的数据流，因此，对这些数据的所有处理工作都是由高层协议进行的。但是 TCP 仍试图将这些数据流分隔成一些不连续的单元，以便以独立的报文段形式进行发送和接收。

TCP 可在各种网络上提供有序可靠数据传输能力的虚电路服务。TCP 在不可靠的分组传输子网上（这种子网随时都有可能出现数据丢失、损坏、重复传送、延迟和错序）提供可靠的进程间的通信机制。为取得可靠传送，TCP 必须检测分组丢失，收不到确认时自动重传，以及处理延迟的重复数据报等许多问题。

TCP 是面向字节流的。当两个应用程序转移大量数据时，把数据看成字节流。当一个应用程序把数据发送给 TCP 实体时，TCP 可能会立即将其发送出去或将其缓存起来。

流投递服务将源机器上发送方交给它的字节序列不加改变地在目的机器上传给接收方。TCP 为它的高层协议数据流中的每一字节都分配一个顺序号。在与对等的 TCP 交换报文段时，TCP 给这些段附加控制信息，包括该段中第一个字节的顺序号以及该段中所有数据字节的个数。这样就使得接收端 TCP 能将这些段还原成一个不间断的数据流送给它的高层协议。

当需要重传一系列报文段时，TCP 可以方便地对数据进行重新封装。例如，它能将传送的两个较小的段合并成一个较大的段。这种情况往往出现在广域网中。为了提高线路通信效率，往往需要传输的段尽可能大一些，从而降低报文段头部信息相对于用户数据的比例。

3. TCP/IP 报文段的传输过程

图 8-7 给出了从发送方的高层协议通过 TCP 到达接收方的高层协议的数据传输过程。

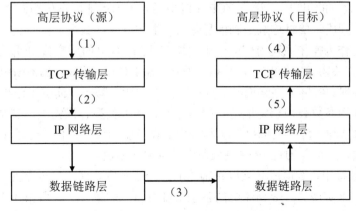

图 8-7 TCP/IP 报文段的传输过程

TCP/IP 报文段的传输过程说明如下。

（1）发送方的高层协议发出一个数据流，向它的 TCP 实体进行传输。

（2）TCP 将此数据流分成段。可能提供的传输措施包括全双工的定时重传、顺序传递、安全性指定和优先级指定、流量控制、错误检测等，然后将这段交给 IP。

（3）IP 对这些报文段执行它的服务过程，包括创建 IP 分组、数据报分割等，并在数据报通过数据链路层和物理层后经过网络传给接收方的 IP。

（4）接收方的 IP 在可能采取检验和重组分段的工作后，将数据报变成段的形式送给接收方的 TCP。

（5）接收方的 TCP 完成它自己的服务，将报文段恢复成它原来的数据流形式，送给接收方的高层协议。

为了对 TCP 的功能有一个较清晰的概念，下面先对过程（2）中叙述的 TCP 服务进行简要说明。

① 全双工：一个 TCP 的连接支持两个通信的高层协议之间同时的双向数据传递。

② 定时：当系统的条件不能按用户定义的超时参数及时传递数据时，TCP 通知自己的高层协议，告诉服务失败。

③ 排序：TCP 按照发送方高层协议提供的同样的数据顺序，将数据送给接收方的高层协议。

④ 标记：TCP 在建立连接时，相互之间协商由高层协议提出的安全性和优先级要求。当高层协议未对此做出规定时，TCP 按默认值进行处理。TCP 建立连接的一个必要条件，就是由互相通信的高层协议所提供的安全性部分的信息能够互相匹配起来。每个 TCP 段中都指定有经协商后的安全性的值。

⑤ 流量控制：TCP 在其连接的通信过程中，能够调整流量，以防止内部的 TCP 数据传递出现拥塞，从而导致服务质量下降和出错。

⑥ 错误控制：TCP 能在校验所允许的范围内保证数据的无差错传递。

所有的网络通信都可以看作是进程之间的通信。进程在调用 TCP 时，通过作为参数的数据缓冲区将数据送出。TCP 从该数据缓冲区取出数据并分成段，然后调用 IP 模块，将这些段依次送往目标站点的 TCP。接收方 TCP 在收到的段中将数据取出，装入供接收用的缓冲区，并通知接收方的用户。发送方 TCP 在段中插入了为保证可靠传输而必须的控制信息，所以接收方在收到段时要将这些控制信息除去，取出真正的数据。

TCP 一般是作为操作系统内部的一个模块安装的。TCP 的用户接口通过对 TCP 连接的打开（OPEN）、关闭（CLOSE），数据的发送（SEND）、接收（RECEIVE）或调用连接的状态信息来实现。实际上，它们与文件的打开、关闭、写入、读出十分相似。在 TCP 的调用接口中，作为参数必须指定地址（端口号）、服务类型、优先级、安全性的值及其他控制信息等。TCP 与实际网络的接口也与普通的设备驱动模块一样。但是 TCP 不能直接调用设备驱动模块，一般是通过 IP 模块来调用设备驱动模块。

在 TCP 的连接中，数据流必须以正确的顺序送达对方。TCP 的可靠性是通过顺序编号和确认（ACK）来实现的。数据流上的各字节都有自己的编号，各段第 1 个数据的顺序编号和该段一起传送，称它为段顺序编号。而且，在送回的 ACK 信息中，含有指示下一个应该发送的顺序编号。TCP 在开始传送一个段时，为准备重传而首先将该段插入到发送队列之中，同时启动时钟。其后，如果收到了该段的 ACK 信息，就将该段从队列中删去。如果在时钟规定的时间内 ACK 未返回，那么就再次送出这一个段。TCP 中的 ACK 应答并不保证数据已到达对方的用户进程，它仅仅是对 TCP 模块收到信息的确认。

TCP 为控制流量和模块间通信采用了窗口机制。窗口是接收方接收字节数量能力的表示。在 ACK 应答信息中，TCP 把 ACK 加上接收方允许接收数据范围的信息回送给发送方。发送方除非以后又收到来自接收方的最大数据允许接收范围信息，否则总是使用由接收方提供的这一范围发送数据。

8.2.2　端口和套接字

TCP 使用了应用层接口处的端口与上层的应用进程进行通信，应用层的各种进程是通过相应的端口与运输实体进行交互。为了识别不同的应用进程，TCP 协议中引进了端口和套接字的概念，每个端口有一个 16 位标识符，称为端口号，当传输层收到了互连网络层提交上来的数据时，就要根据其首部中的端口号来决定应当通过哪一个端口上交给接收此数据的应用进程。

从网络整体来看，端口号由不同的主机上的 TCP 协议独立分配，所以不可能全局唯一。网络上具有唯一性的 IP 地址和端口号结合在一起，才构成唯一能识别的标识符套接字。

一个 TCP 连接由通信双方的套接字确定，套接字为通信双方的输入和输出所用，因而为全双工式。从 TCP 的规定来看，端口与任何进程可自由进行连接，这是由实现 TCP 的各操作系统决定。不过还是有一些基本的约定。例如，对一些公共的服务统一规定使用固定的端口号。FTP 的端口号为 21，Telnet 的端口号为 23，SMTP 的端口号为 25，HTTP 的端口号为 80。其余的编号留给操作系统分配，可用于其他任意程序。

在调用 TCP 的 OPEN 来建立连接时，应将自己的端口号和对方的套接字作为参数。TCP 模块返回标志这条连接在本地使用的名字。为了使用已连接好的套接字，必须保存一些相关的信息。为此构造一个称为传输控制块（TCB）的数据区，并将本地使用的标志该连接的名字作为指向这个 TCB 数据区的指针。此外，在 OPEN 信息中还需指定连接是主动进行的还是被动进行的。

在被动进行的 OPEN 请求中，进程不能从自己发起连接，只能接受外来的连接请求。对于被动的 OPEN 而言，必须能接受来自任何进程的连接请求。在这种情况下，由于不必指明对方的套接字，故将目标方套接字这一参数域全部置成 0。这样的用法只能在被动的 OPEN 请求中使用。这种被动 OPEN 请求，可以用于形成为接收来自各用户请求而提供服务的套接字。

在已经建立起来的连接上的数据传输，可以看成是字节流的运动。发送方用户每当用 SEND 函数发送数据时，为了使它尽快到达接收方，可以使用 PUSH（推进）标志。对于发送方的 TCP 来说，当它接收到 PUSH 标志时，就立即将其发送队列中，准备发送的数据全部发出。对于接收方的 TCP 来说，一旦收到 PUSH 信号，就不再等待后续到来的数据，而直接转向接收数据的接收进程。写入一个 TCP 报文段中的数据是一次或多次 SEND 调用的结果。PUSH 的功能和 TCP 用户接口间交换数据的缓冲区的使用有关。假如收到了 PUSH 标志，TCP 模块就不管该数据区是否装满，立即将数据发送出去。相反，未收到 PUSH 标志时，只有在用户缓冲区已用完的情况下，才会向接收方发送数据。

PUSH 标志迫使 TCP 尽快将数据发送出去，而不必等待后续数据的到来。假如有一台虚拟终端，它以网络上另一台主机作为其服务器，则该终端一般会在每一行输入回车换行符时发送 PUSH 标志，从而与服务器取得联系。

TCP 还定义了通知接收方有紧急数据到达的服务，但是对接收到的紧急数据如何进行处理，在 TCP 中并没有规定。通常是推荐接收方尽快做出处理。

8.2.3　TCP 的服务

尽管 TCP 和 UDP 都使用相同的网络层（IP），TCP 却向应用层提供与 UDP 完全不同的服务。TCP 提供一种面向连接的、可靠的字节流服务。

面向连接表明两个使用 TCP 的应用（通常是一个客户和一个服务器）在彼此交换数据之前必须先建立一个 TCP 连接。这一过程与打电话很相似，先拨号振铃，等待对方摘机应答后才通话。

在一个 TCP 连接中，仅有两方进行彼此通信。TCP 通过下列方式来提供可靠性。

（1）应用数据被分割成 TCP 认为最适合发送的数据块。而 UDP 应用程序产生的数据报长度将保持不变。由 TCP 传递给 IP 的信息单位称为报文段或段。

（2）当 TCP 发出一个段后，启动定时器，等待目的端确认收到这个报文段。如果不能及时收到一个确认，将重发这个报文段。

（3）当 TCP 收到发自 TCP 连接另一端的数据，将发送一个确认。这个确认不是立即发送，通常将推迟几分之一秒。

（4）TCP 将保持其首部和数据的校验和。这是一个端到端的校验和，目的是检测数据在传输过程中是否发生了变化。如果收到段的检验和有差错，TCP 将丢弃这个报文段和否认应答，希望发送端超时并重发。

（5）由于 TCP 报文段作为 IP 数据报来传输，而 IP 数据报的到达可能会失序，因此 TCP 报文段的到达也可能会失序。如果必要，TCP 将对收到的数据进行重新排序，将收到的数据以正确的顺序交给应用层。

（6）由于 IP 数据报会发生重复，TCP 的接收端必须丢弃重复的数据。

（7）TCP 还能提供流量控制。TCP 连接的每一方都有固定大小的缓冲空间。TCP 的接收端只允许另一端发送接收端缓冲区所能接纳的数据。这将防止较快主机致使较慢主机的缓冲区溢出。

两个应用程序通过 TCP 连接交换 8 位字节构成的字节流。如果一方的应用程序先传 10 字节，又传 20 字节，再传 50 字节，连接的另一方将无法了解发送方每次发送了多少字节。接收方可以分 4 次接收这 80 字节，每次接收 20 字节。一端将字节流放到 TCP 连接上，同样的字节流将出现在 TCP 连接的另一端。

另外，TCP 对字节流的内容不做任何解释。TCP 不知道传输的数据字节流是二进制数据，还是 ASCII 字符、EBCDIC 字符或者其他类型数据。对字节流的解释由 TCP 连接双方的应用层解释。

8.3 TCP 报文段

在两台计算机之间传输的数据单元称为报文段。报文段交换涉及建立连接、传输数据、发送确认、通知窗口尺寸，直到关闭连接。在 TCP 协议中，一个从机器 A 传往机器 B 的确认可与从机器 A 发给机器 B 的数据在同一个报文段中传输，但这个确认的对象是从机器 B 到机器 A 的数据。图 8-8 所示为 TCP 报文段的格式，每个报文段均以固定格式的 20 字节的头开始，前面是 TCP 头，固定的头后面是头的一些可选项，后面是数据，最多有 65536-20（IP 头）-20（TCP 头）=65496 字节数据。不带任何数据的报文段也是合法的，报文段既可以用来建立连接，也可以运载数据和应答。

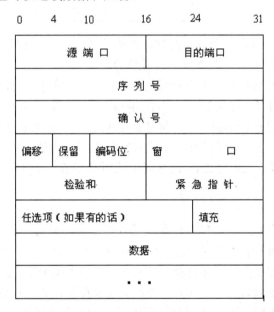

图 8-8　TCP 报文段的格式

（1）在 TCP 头中的源端口段和目标端口段各包含一个 TCP 的端口号，分别标志连接本地和远端的两个应用程序。每个主机都可以自行决定如何分配自己的端口。端口号加上主机的 IP 地址构成源端和目的端机的套接字序号，标示一个连接。

（2）序列号标志本报文段中的数据在发送方字节流中的位置。确认号标志本报文段的下一个期待接收的字节的编号。序列号是指与本数据报文段同向流动的数据流，而确认号是指与本数据报文段反向流动的数据流。

（3）移段（也被称为 TCP 头长）为一个整数，指明报文段头的长度，占 32 位。因为头中的任选项段长度可变，它是由包括的那些选项而定的，因此 TCP 头也是变长的。这个字段实际上是指明数据在报文段中开始位置，以 32 位字节为单位来测量的，但该数字只是给出头部包括多少个 32 位字节。

（4）标有保留的段为 6 位，备用。

（5）接下来的 6 位为编码位。有的报文段只载送应答，而另外的报文段载送数据。还有的报文段请求建立或关闭一条连接。TCP 软件使用编码位确定报文段的目的与内容。这 6 位解释报文段头中的其他段，如表 8-5 所示。

表 8-5　TCP 报文段头中编码位段各位的含义

位（自左至右）	含　义
URG	紧急指针段有效
ACK	确认段有效
PSH	本报文段请求一次推进
RST	重置连接
SYN	同步序列号
FIN	发送方已到达自己字节流的结尾

（6）TCP 软件每次发送一个报文段时，通常在窗口段中指定它的缓冲区大小。该段包含一个网络标准字节顺序表示的 32 位无符号整数。

尽管 TCP 是面向流的协议，但有时候处在连接的一端的程序也需要立即发送数据（称为带外数据），而不用等待连接的另一端上的程序接收完数据流中正传输的数据。例如，当使用 TCP 进行远程登录会话时，用户可能决定发送一个键盘序列，去中断或终止在另一端的程序。当远端机器上的程序运行不正确时常常需要这样的信号。发送这样的信号就不能等待另一端的程序读取完已经处在 TCP 流中的所有字节；否则就不可能中断已经停止读取输入的程序。

表 8-5 中各位的含义如下。

❖ URG：提供带外信令，TCP 允许发送方把数据指定成是紧急的，表明接收程序应尽可能快地通知紧急数据到达，而不管紧急数据处在流中什么位置。当发现紧急数据时，接收方的 TCP 便通知与连接相关的应用程序进入紧急方式。在所有紧急数据都被消耗完毕之后，TCP 又告诉应用程序返回正常运行方式。

当在一个报文段中发送紧急数据时，用以标志紧急数据的机制由编码位段中的 URG 和值是从序列号段值开始算起的报文段中的正偏移。将紧急指针值与序列号相加就得到最后一个紧急数据字节的编号。

❖ ACK：其值为 1 表示确认号是合法的。如果 ACK 为 0，那么报文段不包括确认信息，确认字段被省略。

❖ PSH：表示是带有 PUSH 标志的数据，接收方因此请求报文段一到便可送往应用程序，而不必等到缓冲区装满时才传送。

❖ RST：用于复位。由于主机崩溃或其他原因而出现错误的连接。它还可以用于拒绝非法的报文段或拒绝连接请求。

❖ SYN：用于建立连接。在连接请求中，SYN=1，ACK=0，表示捎带确认字段无效。连接响应报文段应带有确认，因此 SYN=1，ACK=1。实质上，SYN 位用来代表

CONNECT.REQUEST 和 CONNECT.ACCEPTED，用 ACK 位来区分这两种可能。

❖ FIN：用于释放连接。它表明发送方已经没有数据发送了。然而，当断开连接后，进程还可以继续接收数据。用于建立连接和断开连接的报文段均有顺序号，因此可以保证按正确顺序得到处理。

窗口大小字段表示确认了字节之后还可以继续发送多个字节，用可变大小的滑动窗口来处理 TCP 中流量控制。窗口大小字段置为 0 是合法的，表示它已经收到了包括确认号减 1（即已发送的所有报文段）在内的所有报文段，但当前接收方急需暂停，希望此刻不要发送数据，之后通过发送一个带有相同确认号和滑动窗口字段非零值，使得报文段来恢复原来的传输。

TCP 头中的任选项段用以处理其他各种情况。它提供一种增加额外设置的方法，而这种设置在常规的 TCP 头中并不包括。目前正式使用的任选项可用于定义通信过程中最大报文段长，它只能在连接之时使用。任选项可分成以下两种类型。

❖ 仅表示 1 字节的任选项类型。

❖ 表示任选项类型的 1 字节、任选项长度的 1 字节以及实际的任选项内容等 3 部分构成的任选项。

任选项的长度指任选项真正内容的字节数，加上表示任选项种类的 1 字节，以及表示任选项长度的 1 字节。

任选项的长度是可变的，只要求它以字节为单位，因此有可能不一定是 32 位的整数倍。在不是 32 位的整数倍的情况下，为使任选项长度成为 32 位整数倍，可在表示任选项的结束的任选项后面填充一些位来满足要求。

在所有 TCP 软件的实现中，都应该支持所有的任选项。目前使用的任选项定义如表 8-6 所示。

表 8-6　任选项定义

种　　类	长　　度	意　　义
0		任选项结束表示
1		NOP
2	4	最大段长度

❖ 任选项结束

内容：00000000；类型：0

表示任选项结束。在任选项结束位置与 TCP 报头结束位置不一致时使用。

❖ NOP

内容：00000001；类型：1

该任选项可出现在任选项域中的任何位置，为使任选项为 32 位的整数倍，可利用它来填充。

❖ 最大段长度

内容：0000001000000100（2 字节表示的最大段长度）；类型：2；长度：4

检验和也是为了确保高可靠性而设置的。检验头部和数据。如图 8-9 所示的概念上的伪 TCP 头。当执行这一操作时，TCP 的检验和字段设置为 0，并且当字段长度是奇数时，数据字段附加填空一个 0 字节。校验和算法是简单地将所有 16 位字节以补码的形式相加，然后再对相加和取补。因此当接收方对整个数段，包括校验和字段进行运算时，结果应为 0。

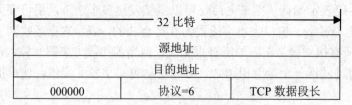

图 8-9 包括在 TCP 校验和中的伪头

TCP 头中的检验和用于头和数据中的所有 16 位字节。检验和也覆盖了在概念上附加在 TCP 头前的伪头，伪 TCP 头包括的信息为：源机器和目的机器的 32 位 IP 地址，TCP 的协议编号（6），以及 TCP 报文段（包括 TCP 头）的字节数。

为了计算校验和，TCP 把伪头加到 TCP 报文段上，再对全部内容（包括伪头、TCP 报文段头及用户数据）求出 16 位的反码之和；校验和的初始值设置为 0，然后每 2 字节为 1 个单位相加；若相加的结果有进位，那么将和加 1。如此反复，直到全部内容都相加完为止。将最后的和值对 1 求补，即取二进制反码，便得到 16 位的检验和。

8.4 TCP 连接管理

传输连接的管理包括建立连接和释放连接两个过程。

1. 建立连接

要建立一条连接，TCP 要使用 3 次握手动作，如图 8-10 所示，进行建立连接的 TCP 双方通过交换 3 个报文段来同步顺序号。

握手中的第 1 个报文段可以被识别，因为它在其编码位段中将 SYN 位置 1。第 2 个报文段将 SYN 位和 ACK 位都置 1，表明它应答第 1 个 SYN 同时继续握手过程。第 3 个报文段仅仅是一个应答，只是用以通知目的地表明双方一致认为连接已经建立。

通常，为了建立一个连接，一台机器上的 TCP 软件被动地等待握手。例如，服务器通过执行 LISTEN 和 ACCEPT 原语（可以指定源端机也可以不指定）被动地等待一个到达的连接请求。

另一台机器上的 TCP 软件发起连接过程。例如，执行 CONNECT 原语，同时要指明它想连接到的 IP 地址和端口号，设置它能够接受的 TCP 报文段的最大值，以及一些可选的用户数据（如口令）。CONNECT 原语发送一个 SYN=1，ACK=0 的数据段到目的端，并等待对方响应。该报文段到达目的端后，那里的 TCP 实体将查看是否有进程在侦听目的地端口字段指定的端口。如果没有，它将发送一个 RST=1 的应答，拒绝建立该连接。

如果某个进程正在对该端口进行监听，于是便将到达的 TCP 数据段交给该进程。它可以接受或拒绝建立连接。如果接收，便发回一个确认报文段。握手过程使得即使在双方机器试图同时启动连接的情况下也能正常工作。因此，连接的建立可以从任一端起始或者从两端同时启动。一旦连接建成了，数据就可以同等地在两个方向上流动。这里没有主或从的区别。

3 次握手完成两个重要功能。既要双方做好发送数据的准备工作（双方都知道彼此已准备好），也要双方就初始序列号进行协商。这个序列号在握手过程中被发送与确认。每个机器选择一个初始顺序编号，这个编号在要发送的数据流中用来标识字节。顺序号不需要从 1 开始。

一般情况下，TCP 报文段的发送顺序如图 8-10 所示。

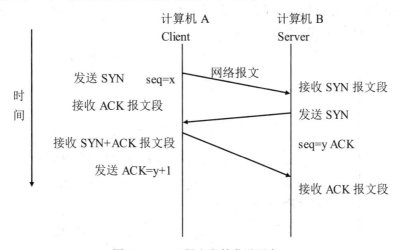

图 8-10　TCP 报文段的发送顺序

每个报文段中既包括一个序列编号段，又包括一个确认编号段。发起握手动作的计算机 A 设其为客户端，它先向其 TCP 发出主动打开命令，表明要向某个 IP 地址的某个端口建立运输连接。

主机 A 的 TCP 向主机 B 的 TCP 发出连接请求报文段，其第一步中的同步比特 SYN 应置为 1，同时选择一个序列号 X，把它的起始序号 X 放到 3 次握手中第 1 个 SYN 报文段的序列号域中。计算机 B 为服务器端，已经先发出一个被动打开命令，告诉它的 TCP 要准备接收客户端的连接请求。收到这个连接请求报文段后，SYN 记录下这个序列号。B 计算机还在回答中将 SYN 置 1，在序列号域内给出自己的序列号以及一个确认，确认序列号为 X+1，表明它期待字节号 X+1。在握手的最后一个报文段中，A 确认从 B 接收到了直至 Y 的全部字节。还要向主机 B 给出确认，其序列号为 Y+1。

主机 A 的 TCP 通知上层应用进程，连接已经建立。主机 B 的 TCP 接收到 A 的确认后，也通知其上层应用进程，连接已经建立。

使用 TCP 进行通信的两个程序可以使用 CLOSE（释放）操作终止对话。在内部，TCP 使用一种修改的 3 次握手释放连接。

TCP 连接是全双工式的，因为把这种连接看成包括两个独立的流传送，每个方向上一个。当一个应用程序告诉 TCP 它没有更多的数据要发送时，TCP 将关闭在一个方向上的连接。正在发送的 TCP 为了关掉一条连接上的方向的那一半，把剩余数据发送完毕，等待接收方对它应答，然后发送一个 FIN 位置 1 的报文段，接收方 TCP 确认这个 FIN 报文段，并通知自己这一边的应用程序没有更多的数据可提供。

当一条连接释放一个方向，TCP 便拒绝再接受这个方向上的数据。同时，数据可以继续在相反方向上流动，直到发送方释放那个方向的连接为止。当然，即便是连接已经释放了，确认还是继续流回到发送端。当两个方向都已释放时，在每一端点上的 TCP 软件便删除各自的连接记录。

2. 释放连接

释放连接的详细情况比上面叙述的还要复杂一些，因为 TCP 使用了修改的 3 次握手去释放连接，图 8-11 所示为这个释放过程。

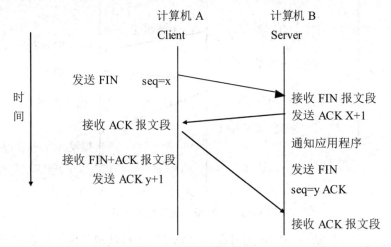

图 8-11　释放连接过程

释放连接所用的修改的 3 次握手，接收第 1 个 FIN 报文段的场点立即应答。

该 FIN 报文段延迟一段时间再发送第 2 个 FIN 报文段。

用以建立和释放连接的 3 次握手之间的差别发生在机器接收到初始的 FIN 报文段之后，TCP 不是立即产生第 2 个 FIN 报文段，而是发送一个应答，然后释放连接的请求通知应用程序。将请求通知应用程序并获得响应可能需要相当长的时间。上述确认防止在等待期间重发初始的 FIN 报文段。最后，当应用程序指示 TCP 完全释放连接时，TCP 发送第 2 个 FIN 报文段，并且源场点以第 2 个报文段即 ACK 应答。通常，应用程序在用完一条连接时就使用释放操作把连接释放。因此，释放连接可以看成是正常使用的一部分，就像关闭文件那样使用。

有时非正常条件的出现会迫使应用程序或网络软件断开一条连接。TCP 为这样的非正常断、连提供了一个重置设施。

为重置一条连接，一侧发送一个报文段，将其编码位段中的 RST 置 1，以此来启动一次终止过程。另一侧立即使连接非正常终止，以此来响应重置报文段。TCP 还通知应用程序发生了重置。重置是一种立即的非正常终止，这表明在两方向上的传递都立即停止，缓冲区的资源也被释放了。

8.5　TCP 传输策略

TCP 中的滑动窗口管理并不直接受制于确认信息。例如，假设接收方有 4096 字节的缓冲区，如图 8-12 所示，如果发送方传送了一个 2048 字节的报文段并被正确接收到，那么接收方要确认该报文段。然而，因为它现在只剩下 2048 字节的缓冲区空间，所以它在接收后面数据时，只声明 2048 字节大小的窗口。

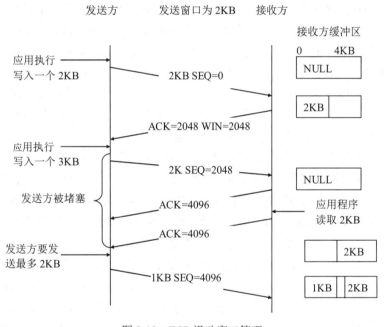

图 8-12　TCP 滑动窗口管理

现在发送方传送 2048 字节，它获得确认，但声明滑动窗口大小为 0。此时发送方必须停止发送数据，直到接收方主机上的应用程序被确定从另外的缓冲区取走一些数据，那时 TCP 可以声明较大的滑动窗口。

当滑动窗口为 0 时，发送方一般不能再发送报文段，但有两种情况除外。一种情况是可以发送紧急数据。例如，允许用户终止在远端机上的运行进程。另一种情况是发送方可以发送一个 1 字节的报文段通知接收方重新声明窗口大小。TCP 标准明确地提供了该选项以防止窗口声明丢失时出现死锁情况。

发送方不需要应用程序一收到数据便发送出去。接收方也不需要尽早发送确认。例如，如图 8-12 所示，将第一个 2KB 数据缓存起来直到另外 2KB 数据到来，以便能一次传输包含 4KB 数据的报文段。利用这一灵活性可以提高性能。

假设有一个连接到交互式编辑器的 TELNET 连接，该编辑器对每次击键均做出响应，最坏的情况是，当一个字符到达负责发送的 TCP 实体后，TCP 创建一个 21 字节的报文段，并将其交给 IP 层作为一个 41 字节的 IP 数据报发送出去。在接收方，TCP 立即发送回一个 40 字节的确认（20 字节的 TCP 头和 20 字节的 IP 头）。接下来，当编辑器读取该字节后，TCP 发送一个窗口更新信息，并将窗口向右移动 1 字节。该分组也是 40 字节。最后，当编辑器处理完该字符后，又用一个 41 字节的分组发送回处理结果。因此，对于每个输入的字符共需要 162 字节的带宽并发送 4 个报文段。当带宽有限时，这种处理方法是不可取的。

很多 TCP 在具体实现时采用了一种方法来优化这种情况，即将确认信息和窗口大小的修正信息延迟 500ms 发送，希望在这些分组上能少带一些数据。例如，编辑器在 500ms 之内发回响应，那么现在只需向远端用户发回一个 41 字节的分组即可，迟发送的分组数和带宽的使用成为原来的一半。

尽管由于接收方采用这种规则减轻了网络的压力，但发送方的效率仍然很低（每次发送的 41 字节的分组中只包括 1 字节数据），要改善这一状况可以采用 Nagle 算法：当数据每次 1 字节到达发送方式，只发送第 1 字节并将后续到达的其余的数据缓存起来，直到发送的 1 字节被确认。接着，用一个 TCP 数据发送所有缓存的字符，并由开始缓冲后到来的字符，直到发出的所有字符被确认。如果用户输入速度很快而网络较慢，那么每个报文段将包括大量的字符数据，从而大幅度地减少了所用带宽。该算法还允许当数据积蓄到滑动窗口的一半或到达最大的报文段时发送一个分组。

另一个可能降低 TCP 性能的问题是糊涂窗口症状，这是由 Clark 在 1982 年提出的。当数据以很大的块的形式送给发送 TCP 实体，而接收方的交互进程每次只能读取 1 字节的数据时会出现这种问题。为了弄清楚这个问题，如图 8-13 所示。开始时，接收方的 TCP 缓冲区已满并且发送方知道这点（即得到了滑动窗口为 0 的信息）。接下来交互应用程序从 TCP 数据流中读取了一个字符。接收方 TCP 于是向发送方发送一个窗口大小修正的信息。告诉对方可以发送 1 字节的数据。发送方应邀发送 1 字节。此时接收方缓冲区又满了，因此接收方在确认该 1 字节的报文段时又将窗口大小设置为 0。这种情况可能会永远持续下去。

Clark 的解决方法是禁止接收方发送 1 字节的窗口大小修正，而是被迫等待直到具有了合适数量的可用空间。特别是，只有当接收方能处理连接建立时，它才能通知最大报文段大小，或者它的缓冲区有 1/2 为空时（取二者之中较小的直），它才能发送窗口大小修正信息。

另外，发送方不发送小的报文段也有助于解决这一问题。它应该等到窗口大小适于发送一个完整的报文段，或者至少是达到接收方缓冲区大小的一半的报文段，这需要发送方必须能够根据过去收到的窗口修正信息进行估计。

Nagle 算法和 Clark 解决糊涂窗口症状方案是互补的。Nagle 算法用于解决由于发送方应用程序每次向 TCP 传送 1 字节数据所引起的问题，Clark 方法用于解决接收方应用程序每次从 TCP 取走 1 字节数据所引起的问题。这两种方法可以共同发挥作用，目的是使发送方不发送数据含量最小的报文段，而接收方不请求对方发送这样的报文段。

接收方 TCP 可以采取进一步的措施来提高性能，而不只是用较大单位进行窗口修正。像发送方 TCP 一样，它也有能力缓存数据，因此，它可以阻塞应用程序的读（READ）请求，直到该程序要大量的数据时。这样做减少了对 TCP 的访问次数，从而降低了总的开销。当然，这会延长反应时间。但对于像文件传输之类的非交互式应用，效率可能比反应时间更重要。

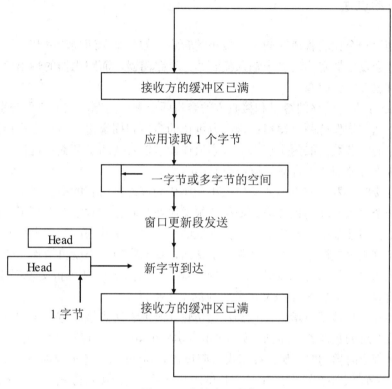

图 8-13　糊涂窗口症状

接收方的另一个问题是如何处理错序的报文段。当然接收方对这些报文段，只有数据证实被接收后才能发送确认信息。如果接收方收到了报文段 0、1、2、4、5、6 和 7，那么它可以确认直到报文段 2 最后 1 字节的数据。当发送方超时后将重发报文段 3。如果接收方已经缓存了报文段 4-7，待接收报文段 3 后，它可以确认直到报文段 7 末尾的所有字节。

8.6　TCP 拥塞控制

当加载到某个网络上的载荷超过其处理能力时，就会出现拥塞现象。

拥塞现象应用物理层的规则便可以得到控制，这个规则即分组保持规则。就是只有当一个老的分组被发送出去后再向网络注入新的分组。TCP 试图通过动态地控制滑动窗口的大小来达到这一目的。

控制拥塞首先要做的是检测。以前检测拥塞的出现是很困难的。分组丢失而造成超时有两个原因：一个是由于传输线路上的噪声干扰，另一个是拥塞的路由器丢失了分组。

现在，由于传输错误造成分组丢失的情况相对较少，因为大多数长距离的主干线都是光纤的，因此，Internet 上发生的大多数超时现象都是由拥塞造成的。Internet 上所有的 TCP 算法都假设分组传输超时是由拥塞造成的，并且以监控定时器超时作为出现问题的信号。

8.6.1 慢启动算法

当数据到达一个大的管道并向一个较小的管道（如一个快速局域网和一个较慢的广域网）发送时便会发生拥塞。当多个输入流到达一个路由器，而路由器的输出流小于这些输入流的总和时也会发生拥塞。

在 Internet 上存在网络的容量和接收方的容量两个潜在问题，它们需要分别进行处理。为此，每个发送方均保持两个窗口：接收方承认的窗口和拥塞窗口。每个窗口都反映出发送方可以传输的字节数。取两个窗口的最小值作为可以发送的字节数。这样，有效窗口便是发送方和接收方分别认为合适的窗口中最小的那个。

当建立连接时，发送方将拥塞窗口大小初始化为该连接所有的最大报文段的长度值，并随后发送一个最大长度的报文段。如果该报文段在定时器超时之前得到了确认，那么发送方在原拥塞窗口的基础上再增加一个报文段的字节值，使其为两倍最大报文段的大小，然后发送。当这些报文段中的每一个都被确认后，拥塞窗口大小就再增加一个最大报文段的长度。当拥塞窗口是 N 个报文段的大小时，如果发送的所有 N 个报文段都被及时确认，那么将拥塞窗口大小增加 N 个报文段所对应的字节数目。

拥塞窗口保持指数规律增大，直到数据传输超时或者达到接收方设定的窗口大小。也就是说，如果发送的数据长度序列，如 1024、2048 和 4096 字节都正常工作，但发送 8192 字节数据时出现定时器超时，那么拥塞窗口应设置为 4096 以避免出现拥塞。只要拥塞窗口保持为 4096 字节，便不会再发送超过该长度的数据量，无论接收方赋予多大的窗口空间亦是如此。这种算法是以指数规律增加的，通常称为慢速启动算法。所有的 TCP 实现都必须支持这种方法。

慢启动算法工作过程如下。

慢启动为发送方的 TCP 增加了一个窗口，即拥塞窗口。当与另一个网络的主机建立 TCP 连接时，拥塞窗口被初始化为一个报文段（即另一端通告的报文段大小）。每收到一个 ACK，拥塞窗口就增加一个报文段（拥塞窗口以字节为单位，但是慢启动以报文段大小为单位进行增加）。发送方取拥塞窗口与接收方窗口中的最小值作为发送上限。拥塞窗口是发送方使用的流量控制，而接收方窗口则是接收方使用的流量控制。

在某些点上可能达到了互联网的容量，于是中间路由器开始丢弃分组，这就通知发送方它的拥塞窗口开得过大。

8.6.2 拥塞避免算法

慢启动算法不能解决的问题是：数据传输达到中间路由器的极限时，分组将被丢弃。拥塞避免算法是一种处理丢失分组的方法。

该算法假定由于分组受到损坏引起的丢失是非常少的，因此分组丢失就表明在源主机和目的主机之间的某处网络上发生了拥塞。有两种分组丢失的指示：发生超时和接收到重复的确认。

拥塞避免算法和慢启动算法是目的不同、独立无关的算法。但是当拥塞发生时，为了降低分组进入网络的传输速率，于是可以调用慢启动来做到这一点。在实际中这两个算法通常在一起实现，描述如下。

（1）对一个给定的连接，初始化拥塞窗口为一个报文段，门限为 65535 个字节。

（2）TCP 输出例程的输出不能超过拥塞窗口和接收方窗口的大小。拥塞避免是发送方使用的流量控制，而接收方窗口则是接收方进行的流量控制。前者是发送方感受到的网络拥塞的估计，而后者则与接收方在该连接上的可用缓存大小有关。

（3）当拥塞发生时（超时或收到重复确认），门限被设置为当前窗口大小的一半（拥塞窗口和接收方窗口大小的最小值，但最少为 2 个报文段）。此外，如果是超时引起了拥塞，则拥塞窗口被设置为一个报文段（这就是慢启动）。

（4）当新的数据被对方确认时，就增加拥塞窗口，但增加的方法依赖于是否正在进行慢启动或拥塞避免。如果拥塞窗口小于或等于门限，则正在进行慢启动；否则正在进行拥塞避免。

慢启动一直持续到返回当拥塞发生时所处位置的一半时才停止，因为我们记录了步骤（2）中制造麻烦的窗口大小的一半，然后转为执行拥塞避免。

慢启动只是采用了比引起拥塞更慢些的分组传输速率，但在慢启动期间进入网络的分组数的速率仍然是在增加的。只有在达到门限拥塞避免算法起作用时，这种增加的速率才会慢下来。

8.6.3　快速重传与快速恢复算法

如果一连串收到 3 个或 3 个以上的重复 ACK，就是一个报文段丢失了。于是就重传丢失的数据报文段，而无须等待超时定时器溢出。这就是快速重传算法。

由于接收方只有在收到另一个相同的报文段时才产生重复的 ACK，而该报文段已经离开了网络并进入了接收方的缓存。也就是说，在收、发两端之间仍然有流动的数据，而不执行慢启动来突然减少数据流。

快速重传与快速恢复算法步骤如下。

（1）当收到第 3 个重复的 ACK 时，将门限设置为当前拥塞窗口的一半。重传丢失的报文段。设置拥塞窗口为门限加上 3 倍的报文段大小。

（2）每次收到另一个重复的 ACK 时，拥塞窗口增加一个报文段大小，并发送一个分组（如果新的拥塞窗口允许发送）。

（3）当下一个确认新数据的 ACK 到达时，设置拥塞窗口为门限（在步骤（1）中设置的值）。这个 ACK 应该是在进行重传后的一个往返时间内对步骤（1）中重传的确认。另外，这个 ACK 也应该是对丢失的分组和收到的第 1 个重复的 ACK 之间的所有中间报文段的确认。这一步采用的是拥塞避免，因为当分组丢失时将当前的速率减半。

8.7 TCP 定时器管理

TCP 使用多个定时器来辅助完成工作。其中重要的是重发定时器。在发送一个报文段的同时，启动一个数据重发定时器。如果在定时器超时前该报文段被确认，则关闭该定时器；相反，如果在确认到达之前定时器超时，则需要重发该报文段，并且该定时器重新开始计时。

超时问题在 Internet 的传输层比数据链路层更难解决。对于后者，由于所预计的延迟基本上是准确的，误差很小，所以只要定时器稍微超过所预计的确认延迟时间即可认为是超时了。因为在数据链路层确认很少被延迟，因此在所预计的时间内确认没有到来一般表示该帧已经丢失。在图中 8-14（a）数据链路层的往返时延概率分布图中，将超时时间设为 T1。

TCP 所面临的是完全不同的情况。TCP 确认返回所需时间的概率密度更接近于图 8-14（b）所示的曲线。如果超时时间间隔设置得太短，如图 8-14（b）中 T2 点，将会出现不必要的数据重发，从而导致无用分组阻塞 Internet 的后果。如果设置的太长，如图 8-14（b）中 T3 点，每当分组丢失时由于数据重发的延迟时间过长，势必会使网络性能受到伤害。

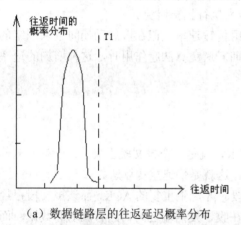

（a）数据链路层的往返延迟概率分布

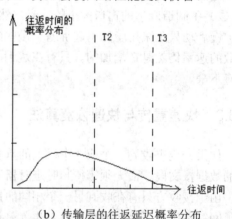

（b）传输层的往返延迟概率分布

图 8-14 往返时延概率分布

解决办法是根据对网络性能的不断测定，采用一种不断调整超时时间间隔的动态算法。通常 TCP 所采用的算法是由 Jacobson 在 1988 年提出的，其内容如下。

对每条连接，TCP 均保存一个变量 RTT（往返时间），用于存放到目的端往返时间当前最接近的估计值。当发送一个数据端，同时启动相应的定时器后，二者均关心确认要花费多长时间，如果时间太长就触发数据重发机制。如果在定时器超时之前得到了确认，TCP 测量该确认花费了多长时间，假定为 M，那么根据下面的公式来修正 RTT。

$$RTT = \alpha RTT + (1-\alpha)M$$

其中，α 是修正因子，决定之前的 RTT 值的权值（即所占比例）。一般 $\alpha = 7/8$。

该算法需要保存另一个被修正变量"D-偏差值"。无论确认何时到达，估计值与测定值之间总是有差别的，于是便可得到 $|RTT-M|$。该偏差的修正值保存在变量 D 中，计算公

式如下：

$$D=\alpha D+(1-\alpha)|RTT-M|$$

其中，α 与用于修正 RTT 的值可以相同，也可以不同。当然 D 并不精确地与标准偏差完全一致，并且 Jacobson 说明了如何只使用整数加、减以及移位，来计算 D。大多数 TCP 程序现在均使用该算法并按以下形式设置超时间隔。

$$超时值=RTT+4\times D$$

因子 4 的选择有两点好处。首先乘以 4 可以简单的移位方法来实现。其次，它可以使不必要的超时和重发达到最小，因为不足百分之一的分组到达延迟要超过 4 个标准偏差。

随着动态估计 RTT 方法的使用出现的一个问题是，当报文段传输超时并重发后怎么办？当确认到达时，不清楚该确认是针对先发报文段还是重发报文段。猜测错误将导致 RTT 的估计值遭到严重破坏。

Phil Karn 提出了一个简单的建议：对于已经重发的报文段无须修正其 RTT。而是在每次传输失败时将超时时间加倍。直到该报文段被成功地发送。这一补充称为 Karn 算法。多数 TCP 程序实现都采用了这种算法。

TCP 不仅使用了数据重发定时器，还有持续定时器，用于防止出现下面介绍的死锁情况。接收方发送一个窗口为 0 的确认，通知发送方等待。然后，接收方更新了窗口大小，但用于通知发送方修正窗口的分组丢失了。现在发送方和接收方都在等待对方进一步动作。当持续时间定时器超时后，发送方向接收方发送一探测报文段。对该探测数据端的响应中包括了窗口大小。如果仍为 0，则重新设置持续时间定时器并重复上述循环；如果不为 0，便可以进行数据发送。

某些程序实现中使用了第三种定时器：保活定时器。当一个连接长时间闲置时，保活定时器会超时而使一方去检测另一方是否仍然存在。如果他未得到响应，便终止连接。该特性是有争议的，因为它增加了系统开销，而且可能会暂时的因为网络不畅而终止一个其实运行正常的连接。

最后一种用于每个 TCP 连接的定时器是用在断开连接操作中的 TIMEDWAIT 状态的。它设置为分组最长生命周期的 2 倍，以确保当一个连接断开后，所有由它创建的分组消失。

8.8 用户数据报协议（UDP）

用户数据报协议（UDP）采取无连接的方式提供高层协议间的事务处理服务，允许互相发送数据报。也就是说，UDP 是在计算机上规定用户以数据报方式进行通信的协议。UDP 与 IP 的差别在于，一般用户无法直接使用 IP，而 UDP 是普通用户可直接使用的，故称为用户数据报协议。UDP 必须在 IP 上运行，即它的下层协议是以 IP 作为前提的。

由于 UDP 是一种无连接的数据报投递服务，所以不保证可靠投递。它与远方的 UDP 实体不建立端到端的连接。而只是将数据报送上网络，或者从网上接收数据报。UDP 根据端口号对若干个应用程序进行多路复用，并能利用校验和检测数据的完整性。

与传输控制协议 TCP 类似，一台计算机上的应用程序和 UDP 的接口是 UDP 端口。这些端口用从 0 开始的数字编号，每种应用程序都在属于它的固定端口上等待来自其他计算机的客户的服务请求。例如简单网络管理协议（SNMP）服务方（又称代理）总是在 161 号端口上等待远方客户的服务请求。一台计算机只能有一个 SNMP 代理程序。当某台计算机的客户请求 SNMP 服务时，它就把请求发到备有这一服务的目标计算机的 161 号 UDP 端口。

UDP 保留应用程序定义的报文边界，它从不把两个应用报文组合在一起，也不把单个应用报文划分成几个部分。也就是说，当应用程序把一块数据交给 UDP 发送时，这块数据将作为独立的单元到达对方的应用程序。例如，如果应用程序把 5 个报文交给本地 UDP 端口发送，那么接收方的应用程序就需要从接收方的 UDP 端口读 5 次，而且接收方收到的每个报文的大小都和发出的大小完全一样。

一个 TCP/IP 主机的 UDP 模块必须具备产生和验证 UDP 校验和的功能。一个应用程序使用服务时可以选择是否产生 UDP 校验和，默认值是需要产生。当 IP 模块收到一个 IP 分组并且发现该分组的头部类型（Type）段标明为 UDP 时，就将其中的 UDP 数据报传给 UDP 模块。UDP 模块接收由 IP 模块传来的 UDP 数据报，并检测 UDP 校验和。如果校验和是 0，就表明发送方没有计算 UDP 校验和。如果校验和非 0，并且检测的结果不正确，则 UDP 模块必须抛弃该数据报。如果检验和有效（或 0），UDP 模块就检测该数据报的目标端口号，如果其端口号与本地的一个应用程序被指定的端口号符合，就将数据报中的应用报文放入队列，让那个应用程序来读取。

对 UDP 来说，不具备如接收保证和避免重复等有序投递功能，故对那些要求数据必须按顺序到达的应用程序，最好采用 TCP；或者用户自己想办法解决顺序到达的问题。例如，简单文件传送协议（TFTP）作为文件传送协议之一就在应用层做这方面的工作。UDP 数据报的格式如图 8-15 所示。

0　　　　　　　　15	16　　　　　　　31
UDP 源端口号	UDP 目标端口号
UDP 报文长度	UDP 校验和
数据	
...	

图 8-15　UDP 数据报格式

下面对各个域分别加以说明。

1. UDP 源端口号

发送端端口号是任选项。该端口号若被指定，当接收进程返回数据时，这些应用数据就不会被别人得到。不指定这个域时，将其值设置为 0。

2. UDP 目标端口号

该端口号用以在等待数据报的进程之间进行多路分离，也就是具有作为接收主机内与特定应用进程相关联的地址的意义。

3. UDP 报文长度

表示数据报头及其后面数据的总长度。最小值是 8 字节，即 UDP 数据报头长度。

4. 校验和

根据 IP 分组头中的信息做出伪数据报头，跟 UDP 数据报头和数据一起进行 16 位的校验和计算。对数据为奇数字节的情况，增加全 0 字节使其成为偶数字节后再行计算。校验和计算的方法与 IP 中所使用的相同。当检验和的结果为 0 时，将它的所有位都置成 1（对 1 求补）。伪报头假想是放在 UDP 报头前边的，其格式如图 8-16 所示。

图 8-16　计算 UDP 校验和时使用的 12 个字节的伪报头

使用伪报头的目的在于验证 UDP 数据报是否已到达它的正确报宿。理解伪报头的关键是，要认识到正确报宿的组成包括互联网中一个唯一的计算机和这个计算机上唯一的协议端口。UDP 报头本身只是确定了协议端口的编号。因而，为验证报宿，发送计算机的 UDP 要计算一个校验和，这个校验和包括了报宿主机的 IP 地址，也包括了 UDP 数据报。

在最终目的地，UDP 软件使用从运载 UDP 报文的 IP 分组头中得到的目标 IP 地址验证校验和。如果校验和一致，那么数据报确实到达所希望的报宿主机和这个主机内的正确协议口。

在伪报头内标有发送方 IP 地址和接收方 IP 地址的段内，分别包括报源 IP 地址和报宿 IP 地址，这两个地址在发送 UDP 数据报时都要用到。协议标识符段包括 IP 分组的协议类型码，对于 UDP 应该是 17（对于 TCP 是 6）。标明 UDP 长度的段包括 UDP 数据报长度（不包括伪报头）。为验证校验和，接收者必须从当前 IP 分组头中提取这些段，把它们汇集到伪 UDP 报头格式中，再重新计算这个校验和。

UDP 在 TFTP 及 Internet 的名字服务等应用中使用。在 UNIX 上，UDP 也在一些检测网络用户的命令中使用。Sun Microsystems 公司开发的 NFS（Network File System）也是在 UDP 上实现的。由于 UDP 协议简单，在每个系统中运行时网络负载很轻，故有利于大量数据的高速传送。

8.9　TCP 和 UDP 协议

TCP/IP 协议体系结构支持两种基本的传输协议：TCP 和 UDP。TCP 代表传输控制协议，它在两个 TCP 端点之间支持面向连接的、可靠的传输服务。UDP 代表用户数据报协议，用于在两个 UDP 端点之间支持无连接的、不可靠的传输服务。

TCP 和 UDP 是不同的传输层协议。二者的共性是都使用 IP 作为其网络层协议。TCP

和 UDP 之间的主要差别在于可靠性。TCP 是高度可用的，而 UDP 是一个简单的、尽力传输的数据报转发协议。这个基本的差别暗示 TCP 更复杂，需要大量功能开销，而 UDP 是简单和高效的。

大部分传统的 TCP/IP 应用，如 Telnet 和 FTP，以及类似 HTTP 这样的较新应用都使用了 TCP 作为传输功能服务。TCP 比较重要的功能特点如下。

1. 面向连接

面向连接是指 TCP 端点之间必须在进行数据通信前相互建立一个连接。只有 TCP 端点才关心连接的状态，而网络的中间路由器只关心 IP 分组的转发。

2. 可靠的数据传递

TCP 中使用了顺序号，并采用了直接应答的方式，在必要时可通过重传来保证发自源端的数据能成功地被传递到目的端。

3. 流量控制

这一功能可以防止 TCP 发送方的发送流量超过接收方的接收处理能力。

其实现方法是接收方向发送方发送一个接收窗口值。该窗口值告诉发送方接收方能够处理多少数据。在收到接收方发来的应答前（该应答通知发送方继续传送更多数据），TCP 发送方最多能发送的数据量只能等于窗口值。

4. 拥塞控制

用于防止 TCP 发送方发送的信息量超过网络中链路或路由器的最大处理能力。

在连接建立后，TCP 发送方首先通过网络发送少量的数据，然后等待接收方的应答。每收到一个应答，TCP 发送方都逐步地增加其发送到网络中的数据数，直到它检测出在某一点上出现拥塞。TCP 发送方能够根据多种因素（包括超时或接收到重复的应答等）来检测出网络中的拥塞是否到达了一个阈值。流量控制和拥塞控制结合起来，使 TCP 主机能够迅速而公平地调整其发送速率，以达到与网络及接收方的处理能力相匹配的目的。

5. 只支持点到点的连接

在 RFC1323 中定义了许多在高速网络上提高 TCP 的性能和吞吐能力的扩展方案。

RFC2018 定义了一种称为 TCP SACK（可选应答）的技术，它把窗口中所对应的数据量划分成许多数据块，接收方对每一数据块只需发送一个应答。如果某些数据丢失，只有丢失的（未应答的）数据块被发送方重传，而不是重传整个窗口所对应的全部数据。图 8-17 说明了两个主机之间 TCP 连接建立、数据交换及连接撤销的过程。

在某些应用中，可能不希望使用或者根本不能使用 TCP 所支持的那些面向连接和可靠的服务。这时，UDP 提供了对这类应用的支持。在某些场合中，例如电子邮件等，只需传送很少量的数据分组，这些应用只需要 UDP。而在另一些场合中，应用程序会自己提供可靠的传输和流量控制机制，这时 UDP 也是足够的。UDP 协议具有以下特征。

❖　无连接操作。

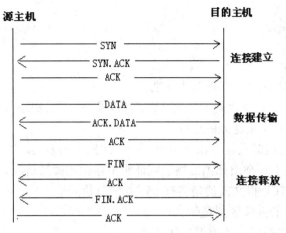

图 8-17　两个主机之间 TCP 的连接

❖　传输不可靠。

❖　没有流量和拥塞控制。

❖　在 UDP 分组头中的源端口号及目的端口号提供了一种简单的复用/解复用服务。

❖　支持点到点和点到多点（组播）的传输。

UDP 经常被认为是不可靠的，因为它不具有任何 TCP 的可靠性机制。UDP 不可靠，是因为其不具有 TCP 的接收应答机制、乱序到达数据的顺序化，甚至不具有对接收到损坏报文的重传机制。也就是说，UDP 不保证数据不受损害地到达目的端，因此，UDP 最适合于单独的报文的发送，对于数据分成多个报文且需要对数据流进行调节的情况，TCP 更适合。有必要对 UDP 的不可靠性和 UDP 的优点做一折中。UDP 是小的、节约资源的传输层协议。它的操作执行比 TCP 快得多。因此，它适合于不断出现的、和时间相关的应用，例如，IP 上传输语音和实时的可视会议。

UDP 也能很好地适用于其他的网络功能，例如，在路由器之间传输路由表更新，或传输网络管理/监控数据。这些功能，虽然对网络的可操作性很关键，但是，如果使用可靠的 TCP 传输机制会对网络造成负面影响。不可靠的协议并不意味着 UDP 是无用协议，只表明用于支持不同的应用类型。

小结

传输层最重要的是提供从发送方到接收方端到端的、可靠的面向连接的字节流服务。传输层协议必须能在不可靠的网络上进行连接管理。在连接管理中采用 3 次握手方案，确保了连接建立过程中不会出错。

Internet 在传输层上使用了两个传输协议：一个是面向连接的 TCP 协议，另一个是无连接的 UDP 协议。主要的 Internet 传输协议是 TCP 协议。它在所有的数据段上都使用一个 20 字节的头。数据段可能会被互联网内部的路由器分为更小的数据片，所以主机必须能进行数据装配。

习题

1. 传输控制协议 TCP 有哪些基本功能？

2. 为什么分组的最长生命期 T 必须足够长，以确保不只分组还有其确认都消失才行呢？

3. 举例说明 TCP 连接建立的过程。

4. 假设在建立连接时使用 2 次握手而不是 3 次握手的方案，即不再需要第三条报文。这时有可能发生死锁吗？举出死锁的例子或证明不存在死锁的情况。

5. 为什么选用 TCP 报文段的最多有 65496 字节数据？

6. TCP 和 UDP 的主要区别是什么？

7. TCP 对于不按序到达的数据如何处理？

8. TCP 对超时重传时间的选择策略是什么？

9. 流量控制和拥塞控制的区别是什么？

10. UDP 数据报首部中的长度字段，其数值范围是多少？

11. 主机甲和主机乙之间已建立一个 TCP 连接，主机甲向主机乙发送了两个连续的 TCP 段，分别包含 300 字节和 500 字节的有效载荷，第一个段的序列号为 200，主机乙正确接收到两个段后，发送给主机甲的确认序列号是多少？

12. 一个 TCP 连接总是以 1KB 的最大段发送 TCP 段，发送方有足够多的数据要发送。当拥塞窗口为 16KB 时发生了超时，如果接下来的 4 个 RTT（往返时间）时间内的 TCP 段的传输都是成功的，那么当第 4 个 RTT 时间内发送的所有 TCP 段都得到肯定应答时，说出拥塞窗口大小。

13. 主机甲与主机乙之间已建立一个 TCP 连接，主机甲向主机乙发送了 3 个连续的 TCP 段，分别包含 300 字节、400 字节和 500 字节的有效载荷，第 3 个段的序号为 900。若主机乙仅正确接收到第 1 和第 3 个段，则主机乙发送给主机甲的确认序号是多少？

第 9 章 应 用 层

本章知识结构

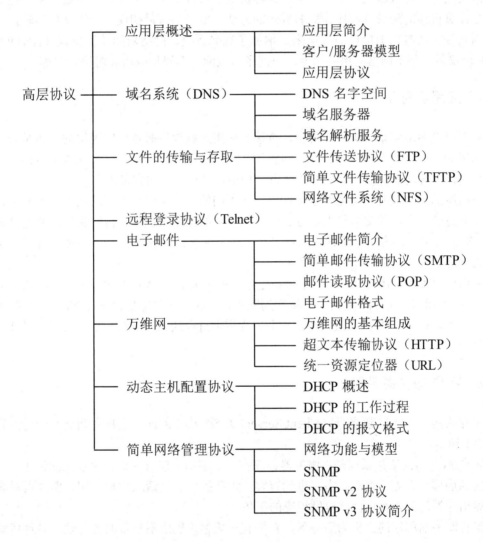

应用层概述 —— 应用层简介
—— 客户/服务器模型
—— 应用层协议

域名系统（DNS）—— DNS 名字空间
—— 域名服务器
—— 域名解析服务

文件的传输与存取 —— 文件传送协议（FTP）
—— 简单文件传输协议（TFTP）
—— 网络文件系统（NFS）

远程登录协议（Telnet）

电子邮件 —— 电子邮件简介
—— 简单邮件传输协议（SMTP）
—— 邮件读取协议（POP）
—— 电子邮件格式

万维网 —— 万维网的基本组成
—— 超文本传输协议（HTTP）
—— 统一资源定位器（URL）

动态主机配置协议 —— DHCP 概述
—— DHCP 的工作过程
—— DHCP 的报文格式

简单网络管理协议 —— 网络功能与模型
—— SNMP
—— SNMP v2 协议
—— SNMP v3 协议简介

高层协议

学习目标

❖ 了解应用层功能、客户/服务器模型。
❖ 理解网络管理的基本概念与模型、简单网络管理协议 SNMP。
❖ 掌握 DNS 系统、文件传输协议、Web 应用、电子邮件和 HTTP 协议。

9.1 应用层概述

对于 TCP/IP 模型来说，传输层的上面是应用层。它包括所有的高层协议。最早引入的是虚拟终端协议（Telnet）、文件传输协议（FTP）和简单邮件传输协议（SMTP）。虚拟终端协议允许一台机器上的用户登录到远程机器上进行工作，文件传输协议提供了把数据从一台计算机移动到另一台计算机的有效的方法。电子邮件最初仅是一种文件传输，但是后来为它提出了专门的协议。近年来又增加了域名系统、网络新闻传输协议（NNTP）和HTTP 协议等。基于网络应用的角度，出现了万维网、多媒体应用和对等网络等。

9.1.1 应用层简介

应用层是网络体系结构的最高层，直接为应用进程提供服务，应用层的任务是为用户提供应用的接口，为不同的计算机之间提供文件传送、访问和管理，实现电子邮件服务、虚拟终端访问等功能，在计算机网络体系结构中，应用层的内容最为丰富。

应用层的一个重要功能是传输文件，由于不同的文件系统有不同的文件管理原则、不同的命名方法和不同的文本行表示方法，所以不同的文件系统之间传输文件，要处理兼容问题，除此之外，还有电子邮件、远程登录、域名解析、动态 IP 地址的获取等各种通用和专用的功能。

应用层也称为应用实体，由若干个特定应用服务元素（SASE）和多个公共应用服务元素（CASE）组成，SASE 提供一些特定的服务，如超文本传输协议（HTTP）、文件传输协议（FTP）等，CASE 提供最基本的服务，为应用进程通信、分布系统的实现提供基本的控制机制。

9.1.2 客户/服务器模型

在互联网中，客户/服务器（Client/Server，C/S）模型的两个进程之间交互的通信方式如图 9-1 所示。

客户/服务器的工作原理是：服务器程序在一个端口上监听客户程序发来的请求，之前服务器的进程一直处于休眠状态，直到有客户程序提出连接请求才被唤醒，服务器对客户请求做出应答，并为客户程序提供相应的服务。

运行服务器程序的主机为服务器，它拥有一般客户机所不具备的各种软、硬件资源和处理能力，从图 9-1 可以看出，一台服务器可以同时为多个客户机提供服务，另外，一台服务器上也可以运行多个服务。

服务器程序主要采用了两种方式实现应对多个客户的同时访问：重复型服务和并发型服务。重复型服务程序主要是针对无连接的客户/服务器模型而设计的，其实现过程如图 9-2所示。并发型服务程序是针对面向连接的客户/服务器模型设计的，如图 9-3 所示。

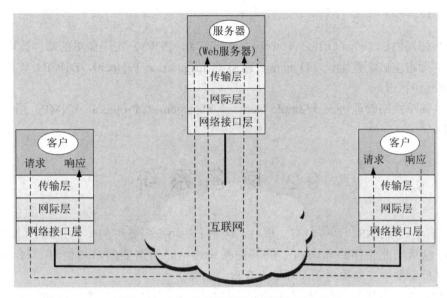

图 9-1 客户/服务器模型的进程之间交互

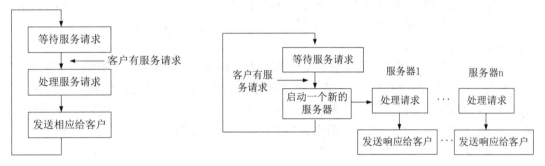

图 9-2 重复型服务过程　　　　　　　图 9-3 并发型服务过程

重复型服务器程序在完成一个客户请求后才能再为其他客户提供服务，重复型服务器包含一个请求队列，客户请求到达后，首先进入队列中，服务器按先进先出的原则对请求逐一地做出响应；并发型服务器是在系统启动时就启动一个主服务器，处于等待状态，一旦有客户请求到达，主服务器立即产生一个子进程（又称之为从服务器），由从服务器来响应客户请求，主服务器再次回到等待客户请求状态，如果还有客户请求，主服务器再次产生一个从服务器来响应新的客户请求，就是说每个客户都有自己的服务器。

9.1.3 应用层协议

在互联网中，应用层的常用协议如下。

（1）域名系统（Domain Name System，DNS）用于实现网络设备名字到 IP 地址的转换服务。

（2）超文本传送协议（Hyper Text Transfer Protocol，HTTP）用于提供万维网服务。

（3）文件传输协议（File Transfer Protocol，FTP）在互联网上实现交互式文件传输功能。

（4）简单邮件传输协议（Simple MailTransfer Protocol，SMTP）实现电子邮件的发送

功能。

（5）邮局协议（Post Office Protocol Version 3.0，POP3）实现简单的邮件读取功能。

（6）动态主机配置协议（Dynamic Host Configuration Protocol，DHCP）实现动态 IP 地址的分配和管理。

（7）简单网络管理协议（Simple Network Management Protocol，SNMP）用于管理和监视网络。

9.2　域名系统

在域名系统（DNS）系统没有出现时，网络上的用户需要维护一个 HOSTS 配置文件，这个文件包括当此工作站和网络上的其他系统通信时所需要的一切信息。每台机器的 HOSTS 文件需要手工单独更新，几乎没有自动配置。

HOSTS 文件包括名字和 IP 地址的对应信息。当一台计算机需要定位网络上的另一台计算机时，就会查看本地 HOSTS 文件，如果在 HOSTS 文件中没有关于此计算机的表项，说明其不存在。DNS 系统的出现使这种情况发生了巨大变化，DNS 允许系统管理员使用一个服务器作为 DNS 主机。

HOSTS 文件仍在使用，这仅是为了避免局域网上的一台计算机使用 DNS 查找一台本地计算机，因为通过 HOSTS 文件查找本地计算机会更快。简单地说，计算机的网络软件在使用默认 DNS 服务器之前，首先查看本地 HOSTS 文件来指导定位，如果在 HOSTS 文件中存在一个匹配，服务器端软件就会直接和远端的主机通信，这样就缩短了通过 DNS 发现 IP 地址的时间。

DNS 负责把名字转换成号码。当转换或解析一个 Web 站点的域名（如 www.cnet.com）并且找到了域名对应的 IP 号（204.162.80.181）时，IP 号就是实际的地址。这样互联网内容就可以传送到 IP 号所指明的 Web 浏览器上。当前，这些服务器都连接到一个叫作网络解决方案（NSI）的公司，这个公司位于弗吉尼亚。NSI，也就是互联网信息中心（InterNIC），负责对域名进行所有权管理和分发。

其中的一部分工作是提供基本的根域名服务器，其他的 DNS 服务器会查找此服务器得到所需要的信息。其结果是全世界有许多共享信息的 DNS 服务器，这样它们所在地的用户就能找到它们的站点和其他的互联网资源。这表明如果用户的 DNS 服务器不能解析一个域名到 IP 地址，服务器就会和另外的 DNS 服务器联系。假如那个 DNS 不能找到域名，它还将继续搜索直到超时。此时就会返回一个错误，如果服务器端容许，还会显示一条错误消息。在无法找到 Web 站点的情况下，浏览器就会显示一条错误信息，即不能定位服务器或存在 DNS 错误。

DNS 就如其组织结构分层一样，从顶级 DNS 根服务器向下延伸，并把名字和 IP 地址传播到遍布世界的各个服务器上。DNS 服务器不在本地存储全部的名字和 IP 地址的映射，一旦 DNS 服务器在自身的数据库中没有找到 IP 地址，它会请求上一级 DNS 服务器看是否能找到这一 IP 地址，这个过程会继续下去直到超时或找到答案。

用户有一个顶级域，如 COM 或 EDU。顶级域（如 COM、EDU 和 ORG）称为通用名，因为它们包含层次在其下面的域和子域，它们是树根。从顶级移至中间级，中间域名的例子包括 coke.com、whitehouse.gov 和 disney.com，这些域名可以被注册。在一个子域内注册的域是端域。端域的例子包括 www.coke.com、www.whitehouse.gov 和 www.disney.com。当然，这些都是 InterNIC 注册系统中有代表性的域，美国之外的系统使用不同的方式来指示位置和国家，如 www.bbc.co.uic，是指 BBC 的 Web 站点是一个商业站点（CO 和 COM 相似），位于英国（UK）。

DNS 的使用方式如下：为了把一个名字映射成 IP 地址，应用程序调用解析器软件。解析器将 UDP（用户数据报协议）分组传送到本地 DNS 服务器上，本地 DNS 服务器查找名字并将 IP 地址返回给解析器，解析器再把它返回给调用者。有了 IP 地址，程序就可以和目的方建立 TCP 连接，或者向它发送 UDP 分组。

9.2.1 DNS 名字空间

DNS 的域名空间是由树状结构组织的分层域名组成的集合。DNS 域名空间树的最上面是一个无名的根（root）域，用"."表示。这个域只是用来定位的，并不包含任何信息。在根域之下就是顶级域名，目前包括 com、edu、gov、org、mil、net 和 arpa 等域名。所有的顶级域名都由 InterNIC（互联网网络信息中心）控制。表 9-1 所示的是顶级域名的说明。

表 9-1　DNS 顶级域名

域　　名	含　　义
com	商业组织，如 HP、Sun、IBM 公司等
edu	教育机构，如 U.C.Berkeley、Stanford University、MIT 等
gov	政府部门，如 NASA、the National Science Foundation
mil	军队组织，如 the U.S Army 和 Navy
net	网络组织和 ISP（互联网服务供应商）等
org	非商业组织
arpa	用于返向地址查询的
cn	居于国家代码的域名，cn 表示中国

顶级域名主要分为两类：组织性的和地域性的。

顶级域名之下是二级域名。二级域名通常是由 NIC 授权给其他单位或组织自己管理的。一个拥有二级域名的单位可以根据自己的情况再将二级域名分为更低级的域名授权给单位下面的部门管理。

DNS 域名树的最下面的叶节点为单个的计算机。域名的级数通常不多于 5 个。

在 DNS 树中，每一个节点都用一个简单的字符串（不带点）标识。这样，在 DNS 域名空间的任何一台计算机都可以用从叶节点到根的节点标识，中间用点"."相连接的字符串来标识：叶节点名.三级域名.二级域名.顶级域名。

从概念上，互联网被分为几百个顶层域，每个域包括多台主机。每个域被分为子域，如图9-4所示。

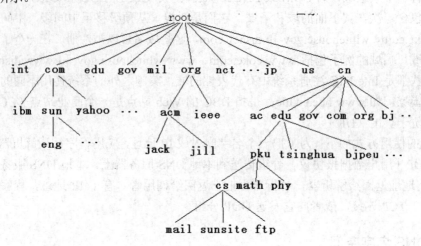

图9-4　互联网域名空间的一部分

9.2.2　域名服务器

在互联网中向主机提供域名解析服务的计算机被称为域名服务器（DNS服务器）。域名服务器负责管理存放主机名和IP地址的数据库文件，以及域中的主机名和IP地址映射。域名服务器分布在不同的地方，它们之间通过特定的方式进行联络，这样可以保证用户通过本地的域名服务器查找到互联网上所有的域名信息。所有域名服务器中的数据库文件中的主机和IP地址的集合组成DNS域名空间。

每个域名服务器都是一种数据库服务器，数据库中含有该服务器负责维护的域或地区子域和单个设备的各种信息，在DNS中，含有这种名字信息的数据库记录被称为资源记录（RR）。

域名解析服务器的实现是采用层次化分布式的模型，每个域名服务器只管理本域下的域名解析工作，如图9-5所示。

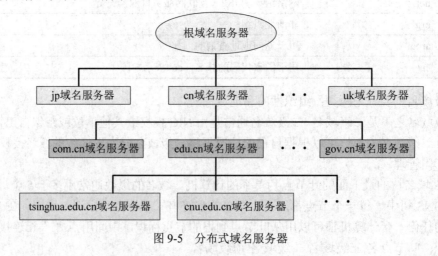

图9-5　分布式域名服务器

根域名服务器存储了根地区有关的信息，并为根地区内的所有结点提供TDL中每个权威服务器的名字和地址的解析服务，从理论上讲，这台域名服务器非常重要，如果出现问题导致其停止运转，则整个 DNS 系统基本上就瘫痪了，由于这个原因，根域名服务器就不应该是一台或两、三台，在互联网上共有 13 个不同 IP 地址的根域名服务器，它们的名字是用 1 个英文字母命名，从 a 一直到 m（前 13 个字母），这些根域名服务器相应的域名分别是：

a.rootservers.net

b.rootservers.net

…

m.rootservers.net

而实际存在的物理服务器远远大于这 13 台，全世界已经安装了一百多个根域名服务器机器，分布在世界各地。如根域名服务器 f.root-servers.net 就分别安装在 40 个地点，中国有 3 个，分别在北京、香港和台北，使世界上大部分 DNS 域名服务器都能就近找到一个根域名服务器，这样做的目的是为了方便用户，加快了 DNS 的查询过程，从而更加合理地利用了互联网的资源。通过网络 ftp://ftp.rs.internic.net/domain/named.root 可以查到最新的根域名服务器列表。

给定一个要解析的名字，根可以为该名字选择一个服务器，下一级的服务器可以为上一级的服务器提供回答，为了保证一个域名服务器能和其他服务器取得联系，域名系统要求每个服务器知道至少一个根服务器的 IP 地址，和它上一级的服务器地址，除此之外，还要存储本子域的所有服务器的地址。对于该域来讲，此服务器叫本地域名解析服务器。

域名服务器完成的大部分工作是相应名字的解析请求，每个请求都需花费时间和网络资源，并且占用本来可以用于传输数据的互联网带宽，因此 DNS 服务器采用高速缓存的方式存储之前曾经访问并解析过的名字和 IP 地址的信息，当下次再有访问该地址的查询报文到达时，直接从该高速缓存中获取，以减轻网络的负担。随着时间的推移，高速缓存中的信息有可能变得陈旧，而导致查询错误，解决这个问题的方法是为每个资源记录 RR 设定一个称为寿命（TTL）的时间间隔，来指定该条记录在缓存中的保留时间，时间的设定和 RR 的类型相关。

9.2.3 域名解析服务

1. 域名解析

DNS 域名服务在互联网中起着至关重要的作用，其他任何服务都有赖于域名服务。因为任何服务，都需要进行域名到 IP 地址，或 IP 地址到域名的转换，也称之为域名解析。

例如，域名解析通常是发生在用户 m.xyz.com 输入一些命令之后，如输入命令 w.x.abc.com。

发起查询的是 xyz 下属的一台主机（其域名为 m.xyz.com）中的一个应用进程，远程主机的域名为 w.x.abc.com。这时服务器要首先从 DNS 服务器获得 w.x.abc.com 对应的 IP 地址，才能和远地服务器建立连接。

互联网上的域名服务器也是按照层次来安排的。每个域名服务器只对域名体系中的一部分进行管理。例如，根服务器（Root Server）用来管理顶级域（如.com）。根服务器并不直接对顶级域下面所属的所有的域名进行转换，但根服务器一定能够找到所有的二级域名的域名服务器，如图 9-6 所示。

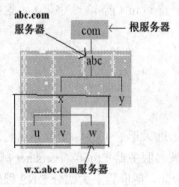

图 9-6　各级域名服务器

互联网允许各个单位根据本单位的具体情况，将本单位的域名划分为若干个域名服务器管理区，并在各个管理区设置相应的授权服务器。说明域名转换过程的例子如图 9-7 所示。

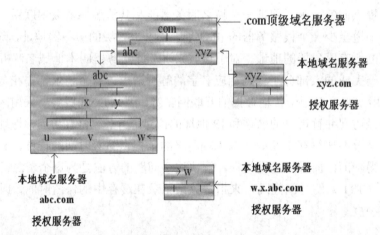

图 9-7　域名转换过程的例子

域名解析的操作有两个主要的文档，即 RFC1034 和 RFC1035。

网络中的一台主机可以用主机名表示，也可以用 IP 地址来表示，人们更愿意用主机名来表示，而网络通信只能用固定长度的 IP 地址来表示，所以需要能将主机名转换成 IP 地址的解析服务，这就是域名解析服务。完成域名解析服务的计算机是域名服务器，负责解析的程序是应用层的 DNS 协议，DNS 使用传输层的 TCP 和 UDP 提供的服务，实际的应用一般使用 UDP 协议，通过 UDP 的 53 号端口来监听客户端的 DNS 请求。

DNS 除了完成从主机到 IP 地址的解析外，还提供主机别名、邮件服务器别名、负载均衡等服务。

（1）主机别名：有的主机可以有一个或多个别名，因为有的主机别名比正规的主机名更容易记忆，通过调用 DNS 获得所给的主机别名的正规主机名和 IP 地址。

（2）邮件服务器别名：通常情况下通过设定一个或多个邮件服务器的别名让用户容易记住邮件地址，DNS 允许一个机构拥有相同的 Web 服务器和邮件服务器的别名。

（3）负载均衡：对于任务繁重的域，允许一组 DNS 服务器来共同分担解析任务。

在实际应用中，一个组织不止有一个域名服务器，可能会有两个或多个域名服务器，以增加域名服务器的可靠性，其中一个是主域名服务器，其他的为备用域名服务器，主域名服务器定期将数据复制到备用域名服务器，如果主域名服务器出现问题，备用域名服务器可以保障 DNS 查询工作能够继续。

2. 域名解析类型

典型的域名解析类型有标准的名字解析、反向名字解析和电子邮件解析。

（1）标准的名字解析：接收一个 DNS 名字作为输入并确定对应的 IP 地址。

（2）反向名字解析：接收一个 IP 地址确定与其关联的名字。

（3）电子邮件解析：根据报文中使用的电子邮件地址来确定应该把电子邮件报文发送到哪里。

3. 域名解析方法

尽管有多种解析活动，大多数还是名字解析请求，所以在这里重点讨论标准的名字解析。由于 DNS 的名字信息是以分布式数据库的形式分散在很多服务器上，因此 DNS 标准定义了两种解析方法，一种是迭代解析，另一种是递归解析。

（1）迭代解析

迭代的方法是：当主机向本地的 DNS 服务器发出 DNS 请求，本地 DNS 服务器不知道该域名的 IP 地址，就以 DNS 客户的方式向根域名服务器发出请求，根域名服务器向请求端推荐下一个可查询的域名服务器，本地域名服务器向推荐的域名服务器再次发送 DNS 请求，回答的域名服务器要么回答这个请求，要么提供另一台服务器名字，重复（迭代）上述过程，直到找出正确的服务器为止，图 9-8 说明了迭代解析过程。

（2）递归解析

递归的方法是：主机向本地的 DNS 服务器发出 DNS 请求，如果在本地域名服务器中有其 IP 地址，就做出正确的回答，如果服务器不知道该域名的 IP 地址，就以 DNS 客户的方式向其他服务器发出请求，其他域名服务器要么知道该域名的 IP 地址给出正确回答，要么再以客户身份发出 DNS 请求，重复（递归）上述过程，直到找到正确的服务器为止，将域名对应的 IP 地址再反向回传给开始发出 DNS 请求的主机，图 9-9 说明了递归解析过程。

使用递归查询的好处是：名字解析速度快，服务器会很快反馈客户端正确的信息或无法找到对应信息的提示。但使用递归查询存在一个问题，即使客户端提供了一个正确的域名，由于服务器中不存在对应的数据而无法正确解析。而迭代查询，只要 DNS 域名正确，一定可以通过迭代的方法找到相应的 IP 地址，但迭代查询的过程比较慢，消耗 DNS 服务器的资源。有时会因为客户端提供了错误的域名，而白白浪费 DNS 服务器的资源，因此通常情况下，不采用客户端的 DNS 迭代服务，客户端只使用递归查询。

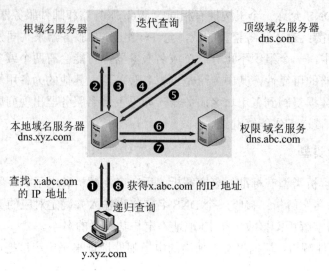

图 9-8　迭代解析

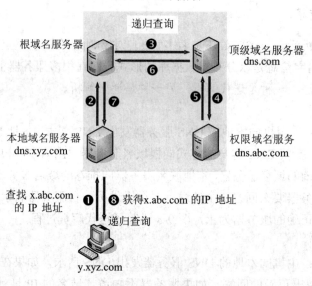

图 9-9　递归解析

4. 域名解析过程

例如，gtld 公司的一名员工通过浏览器要访问 ssj.edu.cn 大学的万维网服务器，如图 9-10 所示。

参阅图 9-10，其域名解析的过程如下。

（1）Web 浏览器认出这有一个 DNS 请求，调用本机的名字解析器，把 www.ssj.edu.cn 传递给高速缓存。

（2）解析器检查自己的高速缓存，看是否有这个域名的地址。

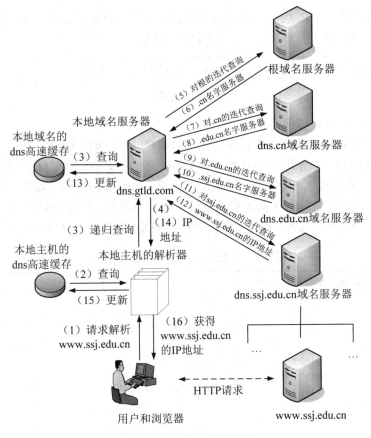

图 9-10　域名解析例子

（3）如果有就返回给浏览器，如果没有就向 dns.gtld.com 发送 DNS 请求。

（4）本地域名服务器 dns.gtld.com 首先检查自己的高速缓存，看有没有该名字的 IP 地址，如果有就向主机的解析器发回 IP 地址的信息。

（5）如果没有，dns.gtld.com 为该名字产生一个迭代请求给根域名服务器。

（6）根域名服务器没有这个名字的解析，返回的是负责.cn 的名字服务器和地址。

（7）dns.gtld.com 又产生一个 DNS 迭代请求给.cn 的服务器。

（8）cn 的服务器返回.edu.cn 域的名字服务器的名字和 IP 地址。

（9）dns.gtld.com 再次产生一个迭代请求给.edu.cn 的服务器。

（10）edu.cn 服务器返回 ssj.edu.cn 域的名字服务器和地址给 dns.gtld.com。

（11）dns.gtld.com 最后向 dns.ssj.edu.cn 发送一个迭代请求。

（12）dns.ssj.edu.cn 域名解析服务器给出了 www.ssj.edu.cn 的 IP 地址。

（13）dns.gtld.com 将 www.ssj.cnu.edu.cn 和其对应的 IP 地址暂存在其高速缓存中。

（14）dns.gtld.com 再将这个名字和对应的 IP 返回给本地机器的解析器。

（15）本地解析器更新高速缓存，将该信息加入进来。

（16）本地解析器把地址提供给浏览器。

在 DNS 服务器中存放的是资源记录（RR），也称为 DNS 记录，它以数据库的形式存放着主机名、主机名与 IP 地址的映射关系信息，为域名解析和额外路由提供服务，DNS 数据库中的每一条记录包括 5 个字段，如图 9-11 所示。

Domain_name	Time_To_Live	Class	Type	Value

图 9-11　字段

❖　Domain_name：域名。

❖　Time_To_Live：寿命，表明该条记录的生存时间，如 86400，表明该条记录可存活的时间为一天中的 86400 秒，对于不同类型的记录寿命时间会不同。

❖　Class：指明记录属于什么载体类别的信息，如互联网的信息属于"IN"类别。

❖　Type：类型字段，指明该条记录是什么类型的记录，目前 DNS 有几十种类型。常用的有 A、NS、CNAME、SOA、PTR、MX、TXT 等，如表 9-2 所示。

表 9-2　常用的 DNS 记录类型和描述

RR 类型值	文 本 编 码	类　　型	描　　述
1	A	地址	最常用的，关联主机和 IP 地址
2	NS	名字服务器	用来记录管辖区域的名称服务器。每个地区都必须有一条 NS 记录指向其主名字服务器，而且这个名字必须有一条有效的地址（A）记录
5	CNAME	规范名	用来定义某个主机真实名字的别名，一台主机可以设置多个别名。CNAME 记录在别名和规范名字之间提供一种映射，目的是对外部用户隐藏内部结构的变化
6	SOA	起始授权	用于记录区域的授权信息，包含主要名称服务器与管辖区域负责人的电子邮件账号、修改的版次、每条记录在高速缓存中存放的时间等
12	PTR	指针	执行 DNS 的反向搜索
15	MX	邮件交换	用于设置此区域的邮件服务器，可以是多台邮件服务器，用数字表示多台邮件服务器的优先顺序，数字越小顺序越高，0 为最高
16	TXT	文本字符	为某个主机或域名设置的说明

❖　Value：每一条记录的具体值。

一个实际的 DNS 资源记录中的部分信息如图 9-12 所示。

5. DNS 报文格式

DNS 报文交换都是基于客户机和服务器的，客户机向服务器发送 DNS 查询请求报文，作为服务器的主机通过回答做出响应，这种查询响应是 DNS 不可分割的组成部分，在 DNS 报文使用的格式上就能体现出来。DNS 的通用报文格式包含 5 个部分，其结构如图 9-13 所示。

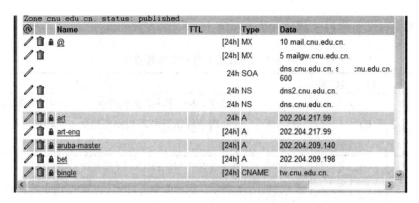

图 9-12 RR 中的部分信息

首部（12个字节）
问题（可变长）
回答（可变长）
权威机构（可变长）
附加信息（可变长）

图 9-13 DNS 的通用板文格式

（1）12 个字节的首部信息：包含了描述报文类型，并提供有关报文重要信息的字段，除此之外，还包含了说明报文其他部分区域记录数的字段。

（2）问题部分：携带一个或多个问题，也就是发送给 DNS 服务器的信息查询。

（3）回答部分：携带一个或多个 RR 回答问题部分提出的问题。

（4）权威机构部分：包括一个或多个向权威名字服务器的 RR，这些服务器可以用来继续解析过程。

（5）附加信息部分：传达一条或多条含有与查询相关的附加信息的 RR，这些信息对于回答报文中的查询来说不是必需的。

在 DNS 首部带有数个重要的控制信息，其首部格式如图 9-14 所示。

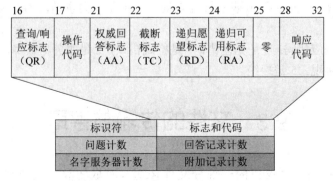

图 9-14 DNS 报文首部格式

DNS 报文首部各字段的描述如表 9-3 所示。

表 9-3　DNA 报文首部各字段描述

段	字段名称	长　度	描　　述
标识符	ID	2 字节	由发送 DNS 请求的主机产生一个 16 比特的标识符。服务器会将该标识符复制到相应报文中，以便匹配对应的请求报文
查询/响应标志	QR	1 比特	区分查询和响应报文。查询为 0，响应为 1
操作代码	OpCode	4 比特	说明报文携带的查询类型。由 DNS 请求方设置，回答时不做修改地复制到响应报文中
权威回答标志	AA	1 比特	在响应报文中，该字段为 1 表示问题部分中指明的域名所在的地区的权威服务器；为 0 表示响应是非权威的
截断标志	TC	1 比特	TCP 对报文长度没有限制，而 UDP 报文长度的上限为 512 字节，如果该字段为 1，表明 DNS 报文长度大于传送机制规定的最大报文长度，而被截断。所以大多数情况下，该字段为表明下面使用的是 UDP 发送
递归愿望标志	RD	1 比特	在查询报文中，该字段为 1 表明发送方希望采用递归查询。如果服务器支持递归查询，该值在响应报文中不变
递归可用标志	RA	1 比特	在响应报文中该字段置 1 或清零以表示创建响应的服务器是否支持递归查询。收到这个响应报文的设备就知道以后该服务器是否可以进行递归查询
零	Z	3 比特	保留
响应代码	RCode	4 比特	查询报文该字段为 0，响应报文利用该字段表明处理的结果
问题计数	QDCount	2 字节	报文中问题部分的问题数
回答记录计数	ANCount	2 字节	回答部分中的 RR 数量
名字服务器计数	NSCount	2 字节	权威机构部分的 RR 数量
附加记录计数	ARCount	2 字节	附加信息部分的 RR 数量

❖ 首部的操作代码：为 0 表示标准查询，为 1 是反向查询，为 2 表示为服务器状态请求。

❖ 首部的响应代码：0 是无差错，1 是格式错误，2 是服务器故障，3 是名字错误，4 是没有实现，5 是拒绝。

9.3　文件的传输与存取

本节介绍 TCP/IP 协议族的一部分文件传送与存取协议，主要包括文件传送协议（FTP）、简单文件传输协议（TFTP）、网络文件系统（NFS）等。

9.3.1 文件传送协议

文件传送协议（FTP）是互联网上使用最广泛的文件传输协议。FTP 提供交互式的访问，服务器指明文件的类型、格式和存取权限（如访问文件的用户必须经过授权，并输入有效的口令）。FTP 屏蔽了各个计算机系统的细节，因而适合在异构网络中任意计算机之间传送文件。

文件传输协议是互联网文件传输的标准。在互联网发展的早期阶段，用 FTP 传输文件的通信量约占整个互联网的通信量的三分之一，而电子邮件和域名系统所产生的通信量还要小于 FTP 所产生的通信量。到了 1995 年，万维网的通信量已超过了 FTP。

1. FTP 的主要功能

（1）客户机与服务器之间交换一个或多个文件，文件是复制不是移动。
（2）能够传输多种类型、多种结构、多种格式的文件，可以包括文件、记录和页。
（3）提供对本地和远程系统的目录操作功能。
（4）具有对文件改名、显示内容、改变属性、删除的功能，以及其他一些操作。
（5）具有匿名 FTP 功能。

文件传输和文件存取之间的区别是，前者是 FTP 提供的，后者是如 NFS 等应用系统提供的。由 FTP 提供的文件传输是将一个完整的文件从一个系统复制到另一个系统中。要使用 FTP，要有登录服务器的注册账号，或者通过允许匿名 FTP 的服务器来传输。

2. 文件传输协议的工作原理

在网络环境中的一项基本应用是将文件从一台计算机中复制到另一台计算机中。但由于各计算机存储数据的格式不同；文件命名规定不同；对于相同的功能，操作系统使用的命令不同；访问控制方法不同。要实现上述功能往往很困难，所以 FTP 的主要功能是减少或消除在不同操作系统下处理文件的不兼容性。文件传输协议只提供文件传输的一些基本的服务，FTP 的工作原理如图 9-15 所示。

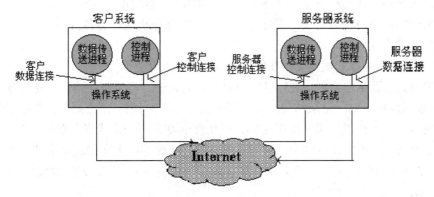

图 9-15　FTP 工作原理

FTP 使用客户/服务器模式。一个 FTP 服务器进程可同时为多个服务器进程提供服务。

FTP 的服务器进程由两大部分组成：一个主进程，负责接受新的请求；另外有多个从属进程，负责处理单个请求。主进程的工作步骤如下。

（1）打开应用端口（21），使服务器进程能够连接上。

（2）等待服务器进程发出连接请求。

（3）启动从属进程来处理客户进程发来的请求。从属进程对客户进程的请求处理完毕后即终止，但从属进程在运行期间根据需要可能创建一些其他子进程。

（4）回到等待状态，继续接收其他客户进程发来的请求。主进程与从属进程的处理并发进行。

3. 数据表示

FTP 协议提供了控制文件传输与存储的多种选择。

（1）文件类型

① ASCII 码文件类型（默认选择）：文本文件以 NVT ASCII 码形式在数据连接中传输。这要求发送方将本地文本转换成 NVT ASCII 码形式，而接收方则将 NVT ASCII 码再还原成本地文本文件。其中，用 NVT ASCII 码传输的每行都带有一个回车，而后是一个换行。

② EBCDIC 文件类型：该文本文件传输方式要求两端都是 EBCDIC 系统。

③ 图像文件类型：也称为二进制文件类型。数据发送呈现为一个连续的比特流。通常用于传输二进制文件。

④ 本地文件类型：在具有不同字节大小的主机间传输二进制文件。每一字节的比特数由发送方规定。对使用 8 位字节的系统来说，本地文件以 8 位字节传输就等同于图像文件传输。

（2）格式控制

该选项只对 ASCII 和 EBCDIC 文件类型有效。

① 非打印（默认选择）格式：文件中不含有垂直格式信息。

② 远程登录格式：控制文件含有向打印机解释的远程登录垂直格式控制。

（3）结构

① 文件结构（默认选择）：文件被认为是一个连续的字节流。

② 记录结构：该结构只用于文本文件（ASCII 或 EBCDIC）。

③ 页结构：每页都带有页号发送，以便接收方能随机地存储各页。

（4）传输方式

FTP 协议的传输方式规定文件在数据连接中如何传输。

① 流方式（默认选择）：文件以字节流的形式传输。对于文件结构，发送方在文件尾提示关闭数据连接。对于记录结构，有专用的两字节序列码标志记录结束和文件结束。

② 块方式：文件以一系列块来传输，每块前面都带有一个或多个首部字节。

③ 压缩方式：一个简单的全长编码压缩方法，压缩连续出现的相同字节。在文本文件中常来压缩空白串，在二进制文件中常用来压缩 0 字节（这种方式很少使用）。

4. FTP 命令

命令和应答在客户和服务器的控制连接上以标准的 ASCII 码形式传输，这就要求在每行结尾都要返回回车（CR）、换行（LF）对。这些命令都是 3 或 4 字节的大写 ASCII 字符，其中一些带选项参数。从客户向服务器发送的 FTP 命令超过 30 个，表 9-4 给出了一些常用命令。

表 9-4 FTP 一些常用命令

命　　令	说　　明
OPEN host	与远程机连接（用户名和口令）
ABOR	异常中断先前的 FTP 命令和数据传输
LIST Filelist	列表显示文件或目录
PASS Password	用户口令
PORT	客户端 IP 地址和端口
QUIT	终止连接
RETR filename	检索一个文件
STOR filename	存储一个文件
TYPE	文件类型，A 表示 ASCII 码，I 表示图像
USER Username	服务器上的用户名
RMD	删除目录
PWD	显示当前目录

在用户交互类型和控制连接上传送的 FTP 命令之间有时是一对一的。但也有时一个用户命令产生控制连接上多个 FTP 命令。FTP 具有匿名 FTP 访问功能，匿名 FTP 访问使得用户可以通过公共账号访问 FTP 服务器，一般公共账号的用户名是 Anonymous，口令可以是用户的 E_MAIL 地址。

5. 连接管理

FTP 与其他大多数文件传输程序不同的是采用两个 TCP 信道，一个是数据信道，另一个是命令信道，两个信道构成了两个连接，即数据连接和控制连接。数据连接仅用来传输全部或部分文件和文件号，控制连接用来传输命令和对命令的应答。所以 FTP 传输文件时，客户与服务器之间要建立两次 TCP 连接。在默认情况下，客户程序的数据端口号和控制端口号相同，服务器的数据端口为 20，控制端口为 21。

（1）控制连接以通常的客户/服务器方式建立。

服务程序被动地打开一个 FTP 的应用端口（21），等待客户程序的 FTP 连接。客户程序主动与端口为 21 的 FTP 服务器来建立连接。控制连接始终等待客户与服务器之间的通信。该连接将命令从客户传给服务器，并传回服务器的应答。传输 TCP 命令和服务器回送信息。由于命令通常是由用户输入的，所以 IP 对控制连接的服务类型就是最大限度地减小时延。

（2）每当一个文件在客户与服务器之间传输时，就创建一个数据连接。数据连接用途如下。

❖ 从客户向服务器发送一个文件。

❖ 从服务器向客户发送一个文件。

❖ 从服务器向客户发送文件或目录列表。

控制连接一直保持到客户服务器连接的全过程，但数据连接可以根据需要随时建立，随时拆除。需要掌握如何为数据连接选择端口号，以及由谁来负责主动打开和被动打开。

通用传输方式（UNIX 环境下唯一的传输方式）是流方式，并且文件结尾是以关闭数据连接为标志。这表明对每一个文件传输或目录列表来说都要建立一个全新的数据连接。其过程如下。

① 由于客户发出命令要求建立数据连接，所以数据连接在客户的控制下建立。

② 客户通常在客户端主机上为所在数据连接端选择一个临时端口号。客户从该端口发布一个被动的打开。

③ 客户使用 PORT 命令从控制连接上把端口号发向服务器。

④ 服务器在控制连接上接收端口号，并向客户端主机上的端口发布一个主动的打开。服务器的数据连接端一直使用端口 20。

服务器总是执行数据连接的主动打开。通常服务器也执行数据连接的主动关闭，除非当客户向服务器发送流形式的文件时，需要客户来关闭连接（通过给服务器一个文件结束的通知）。

客户也有可能不发出 PORT 命令，而由客户向正被服务器使用的同一个端口号发出主动打开，来结束控制连接。这是可行的，因为服务器面向这两个连接的端口号是不同的：一个是 20，另一个是 21。

由于该连接用于传输目的，所以 IP 对数据连接的服务特点就是最大限度地提高吞吐量。图 9-16 描述了客户与服务器以及它们之间的连接情况。可以看出，交互式用户通常不处理在控制连接中转换的命令和应答。这些细节由两个协议解释器来完成。标有用户接口的方框功能是按用户所需提供各种交互界面，并把它们转换成在控制连接上发送的 FTP 命令。类似地，从控制连接上传回的服务器应答也被转换成用户所需的交互格式。从图 9-16 中还可以看出，这两个协议解释器根据需要激活文件传送功能。

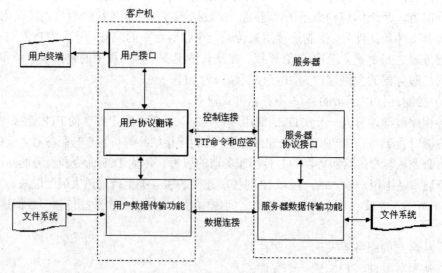

图 9-16　FTP 进程

9.3.2 简单文件传输协议

简单文件传输协议（TFTP）和文件传输协议不同，为了保持简单和短小，TFTP 将使用用户数据报协议（UDP）。TFTP 的代码和它所需要的 UDP、IP 和设备驱动程序都适合只读存储器。

简单文件传输协议（TFTP）是一个很小且易于实现的文件传输协议。也采用客户/服务器模式，但不同于 FTP 的是使用了 UDP 数据报，因此 TFTP 要有自己的差错改正措施。TFTP 只支持文件传输不支持交互，且没有命令集。TFTP 没有列目录的功能，也不能对用户进行身份鉴别。TFTP 有下述两个优点。

❖ 可用于 UDP 环境。可用于同时向许多计算机下载文件。
❖ TFTP 代码所占的内存较小。对那些较小的计算机或无盘工作站来说很重要。

既然 TFTP 使用不可靠的 UDP，TFTP 就必须处理分组丢失和分组重复。分组丢失可通过发送方的超时与重传机制解决。与许多 UDP 应用程序一样，TFTP 报文中没有校验和，它假定任何数据差错都将被 UDP 的校验和检测到。

TFTP 是一个简单的协议，适合于只读存储器，仅用于无盘系统进行系统引导。它只使用几种报文格式，读/写请求报文、数据报文、确认报文、差错报文，是一种停止等待协议。

为了允许多个客户端同时进行系统引导，TFTP 服务器必须提供一定形式的并发。因为 UDP 在一个客户与一个服务器之间并不提供唯一连接（TCP 也一样），TFTP 服务器通过为每个客户提供一个新的 UDP 端口来提供并发。这允许不同的客户输入数据报，然后由服务器中的 UDP 模块根据目的端口号进行区分，而不是由服务器本身来进行区分。TFTP 协议没有提供安全特性。

9.3.3 网络文件系统

网络文件系统 NFS 是在 TCP/IP 网络中广泛使用的一组协议。NFS 提供对网络共享文件的远程访问，使网络用户和应用程序能够读写 NFS 服务器上的文件和目录，而无须关心其物理地址。NFS 可使本地计算机共享远地的资源，就像这些资源在本地一样。通常，无盘工作站完全依赖 NFS 服务器提供文件存取。

NFS 和 FTP 的传输是不一样的，FTP 传输时对远地文件做一个副本，而 NFS 允许应用进程打开一个远地文件，并能够在该文件的某一个特定的位置上开始读写数据，是一系列远程过程调用（RPC）。这样 NFS 可使用户只复制一个大文件中的一个很小的片段，而不需要复制整个大的文件，因此网络上传送的是少量的数据。

1. 网络文件系统协议结构

NFS 由 3 个独立的部分组成，即 NFS 协议本身，通用的远程过程调用（RPC）以及通用的外部数据表示（XDR）。RPC 和 XDR 都提供让编程人员构造分布式程序的机制。

NFS 是一种无状态的协议，这种协议要求在另一操作初始化前，当前的操作必须完成，所以客户提出请求后，必须等待服务器应答，如果服务器无应答或应答缓慢，客户则重发请求。

NFS 是通过 RPC 原语来实现的。NFS 本身包含多个协议，其协议层次结构如图 9-17 所示。

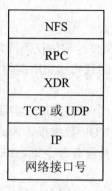

图 9-17　NFS 协议接口

NFS 协议属于 OSI 应用层，RPC 协议属于 OSI 表示层， XDR 协议属于 OSI 会话层，它们既相互独立又相互联系和作用。

2. 远程过程调用（RPC）协议

每个 NFS 服务器都有一个 NFS 服务程序，NFS 服务器由一组 RPC 过程组成。把 NFS 与 RPC 协议分开是为了提供一组公共的 RPC 过程，这样 RPC 不仅可以用于远地文件访问，也可用于任何分布式应用程序。RPC 机制屏蔽了所有的协议细节，编程人员不需要了解下层通信协议就可编写分布式程序。

RPC 的执行过程如图 9-18 所示。RPC 报文可通过 TCP 或 UDP 发送，采用 TCP 发送可靠性高，且能处理成批请求；而采用 UDP 发送速度快，但必须解决可靠性的问题。

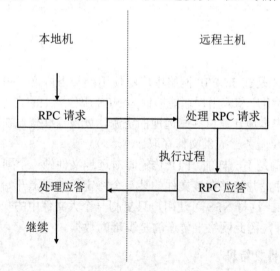

图 9-18　RPC 执行过程

RPC 也是采用客户/服务器模式工作。当本地计算机的客户进程调用一个远程过程时，RPC 就自动收集参数值，形成一个报文，并将此报文发送到远程计算机的服务器，然后等待响应，最后在指定的一些参数中存储返回值。

3. 外部数据表示协议

外部数据表示（XDR）为编程人员提供了一种在异构机器间传递数据的方式，而不再要求编程人员编写转换数据表示的程序。XDR 定义了一种与机器无关的数据表示来解决各机器间数据表示不一致的问题。在某个计算机中的一个进程可调用 XDR 过程，把数据的本地表示转换为与机器无关的表示。当数据传输到另一台机器后，接收程序就调用 XDR 过程把这个与机器无关的表示转换为本地表示。

9.4 远程登录协议（Telnet）

远程登录（Remote Login）是互联网上最广泛的应用之一。可以先登录（也称为注册）到一台主机，然后再通过网络远程登录到任何其他一台网络主机上去，而不需要为每一台主机连接一个硬件终端，但必须有登录账号。

9.4.1 远程登录功能

在 TCP/IP 网络上，有下述两种远程登录功能。

（1）Telnet 具有标准的远程登录的功能。它能够运行在操作系统不同的主机之间。Telnet 通过客户进程和服务器进程之间的选项协商机制，确定通信双方可以提供的功能特性。

（2）Rlog-in 起源于伯克利 UNIX，开始它只能工作在 UNIX 系统之间，现在已经可以在其他操作系统上运行。

远程登录 Telnet 是一个简单的远程终端协议。用户用 Telnet 可在其所在地通过 TCP 登录到远地的另一个主机上（使用主机名或 IP 地址）。Telnet 能把用户的按键操作传到远地主机，同时也能把远地主机的输出通过 TCP 连接返回到用户屏幕。这种服务是透明的，用户感觉好像使用本地的键盘和显示器一样。

Telnet 也使用客户/服务器模式。在本地系统运行 Telnet 客户进程，而在远地主机运行 Telnet 服务器进程。与文件传输协议（FTP）的情况相似，服务器中的主进程等待新的请求，并产生从属进程来处理每一个连接。

图 9-19 所示的是一个 Telnet 客户和服务器的典型连接图。

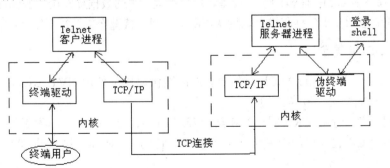

图 9-19 客户-服务器模式的 TELNET 简图

9.4.2 需要考虑的要点

在图 9-19 中，需要考虑以下几点。

（1）Telnet 客户进程、终端用户和 TCP/IP 协议模块同时进行交互。通常所输入的任何信息的传输是通过 TCP 连接，连接的任何返回信息都输出到终端上。

（2）Telnet 服务器进程经常要和伪终端设备交互，至少在 UNIX 系统下是这样的。这就使得对于登录外壳（shell）进程被 Telnet 服务器进程直接调用，而且任何运行在登录外壳进程处的程序都感觉是直接和一个终端进行交互。对于像满屏编辑器这样的应用来说，就像直接在和终端打交互一样。实际上，如何对服务器进程的登录外壳进程进行处理，使得它好像在直接和终端交互，往往是编写远程登录服务器进程程序中最困难的问题之一。

（3）仅仅使用了一条 TCP 连接。由于客户进程必须多次和服务器进程进行通信（反之亦然），这就必然需要某些方法，来描述在连接上传输的命令和用户数据。

（4）在图 9-19 中，用虚线框把终端驱动进程和伪终端驱动进程框起来。在 TCP/IP 实现中，虚线框的内容是操作系统内核的一部分。Telnet 客户进程和服务器进程只属于用户应用程序。

（5）把服务器进程的登录外壳进程画出来的目的是为了说明当想登录到系统时，必须要有一个账号，Telnet 和 Rlog-in 都是如此。

现在，不断有新的 Telnet 选项被添加到 Telnet 中去，这就使得 Telnet 实现的源代码数量增加，但 Rlog-in 变化不大，还是比较简单。

9.4.3 网络虚拟终端

Telnet 协议可以用在任何主机、任何操作系统或任何终端之间。RFC854 定义了该协议的规范，其中还定义了一种通用字符终端叫作网络虚拟终端（NVT）。

NVT 是虚拟设备，连接的双方，即客户机和服务器都必须把它们的物理终端和 NVT 进行相互转换。也就是说，不管客户进程终端是什么类型，操作系统必须把它转换为 NVT 格式。同时，不管服务器进程的终端是什么类型，操作系统必须能够把 NVT 格式转换为终端所能够支持的格式。

NVT 是带有键盘和打印机的字符设备。用户击键产生的数据被发送到服务器进程，服务器进程回送的响应则输出到打印机上。默认情况下，用户按键产生的数据发送到打印机上。

1. NVT ASCII 概念

NVT ASCII 代表 7 位的 ASCII 字符集，网间网协议族都使用 NVT ASCII。每个 7 位的字符都以 8 位格式发送，最高位为 0。

行结束符以两个字符 CR（回车）和紧接着的 LF（换行）这样的序列表示。以\r\n 来表示。单独的一个 CR 也是以两个字符序列来表示，它们是 CR 和紧接着的 NUL（字节 0），以\r\0 表示。

在本书中，FTP 和 SMTP 协议都以 NVT ASCII 来描述客户命令和服务器的响应。

2. Telnet 命令

Telnet 通信的两个方向都采用带内信令方式。字节 0xff（十进制的 255）叫作 IAC（意思是"作为命令来解释"）。该字节后面的一个字节才是命令字节。如果要发送数据 255，就必须发送两个连续的字节 255。

3. 选项协商

虽然可以认为 Telnet 连接的双方都是 NVT，但是实际上 Telnet 连接双方首先进行交互的信息是选项协商数据。选项协商是对称的，也就是说任何一方都可以主动发送选项协商请求给对方。对于任何给定的选项，连接的任何一方都可以发送下述的任意一种请求。

❖ WILL：发送方本身将激活选项。
❖ DO：发送方想叫接收端激活选项。
❖ WONT：发送方本身想禁止选项。
❖ DON'T：发送方想让接收端去禁止选项。

由于 Telnet 规则规定，对于激活选项请求，有权同意或者不同意。而对于后两种选项失效请求，必须同意。这样 4 种请求就会组合出 6 种情况。

选项协商需要 3 字节：1 字节是 IAC 字节，接着 1 字节是 WILL、DO、WONT 和 DONT 这四者之一，最后一个 ID 字节指明激活或禁止选项。现在有 40 多个选项是可以协商的。

从客户发向服务器的 Telnet 命令（以 IAC 开头）只有中断进程（<IAC,IP>）和 Telnet 的同步信号（紧急方式下<IAC,DM>）。将看到这两条 Telnet 命令被用来中止正在进行的文件传输，或在传输过程中查询服务器。另外，如果服务器接受了客户端的一个带选项的 Telnet 命令（WILL、WONT、DO 或 DONT），它将以 DONT 或 WONT 响应。

9.5　电子邮件

电子邮件是互联网中使用最多的网络应用之一，本节主要介绍简单邮件传输协议、邮件读取协议、电子邮件格式等内容。

9.5.1　电子邮件简介

电子邮件采用异步通信方式，不要求收发双方同时在线，邮件被发送到接收方的邮件服务器，并放在其中的收件人的邮箱中，收件人可以在方便的时候从邮件服务器读取信件。电子邮件不仅使用方便，而且具有传递迅速和费用低廉的优点。

从 1982 年的 ARPANET 的电子邮件标准问世到 2001 年的 RFC2821 和 RFC2822 的电子邮件标准出台，电子邮件经历了从简单邮件传送协议（Simple Mail Transfer Protocol，SMTP）RFC821 标准和互联网文本报文格式 RFC822 标准，到通用互联网邮件扩充（Multipurpose Internet Mail Extensions，MIME）RFC2045~2049，再到最后推出 RFC2821 和 RFC2822 的过程。

一个电子邮件系统由三大部分组成，如图 9-20 所示，这就是用户代理、邮件服务器和邮件协议（包括发送邮件协议和接收邮件协议）。

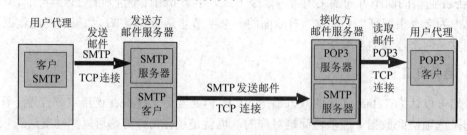

图 9-20　电子邮件系统的组成

用户代理（User Agent，UA）是用户与电子邮件系统的接口，也叫电子邮件客户端软件，是运行在用户端的计算机中的程序，为用户提供发送和接收邮件的界面，如微软公司的 Outlook Express。

用户代理为用户提供以下的功能。

（1）写邮件：为用户提供编辑邮件的环境。如提供通讯录，回复邮件时自动提取对方的邮件地址，将对方来信的内容复制一份到回信编辑窗口。

（2）显示邮件：在屏幕上显示对方的来信。

（3）处理邮件：接收和发送邮件，甚至可以根据需要实现邮件的阅读后删除、存盘、打印、转发等工作。

（4）和邮件服务器通信：发信人写完邮件后利用 SMTP 将邮件发送到邮件服务器，收件人利用 POP3 或 IMAP 从接收端的邮件服务器接收邮件。

邮件服务器是邮件系统的核心，它为每个邮件用户在服务器中设置一个邮箱，管理和维护发送给用户的邮件。邮件服务器的功能是发送和接收邮件，同时还向发件人报告邮件传送的结果。邮件服务器按照客户服务器的方式工作。

常见的电子邮件协议有以下几种：SMTP（简单邮件传输协议）、POP3（邮局协议）、IMAP（互联网邮件访问协议）。这几种协议都是由 TCP/IP 协议族定义的。

❖ SMTP（Simple Mail Transfer Protocol）：是用户代理向服务器发送邮件或者是邮件服务器之间发送邮件的协议。

❖ POP（Post Office Protocol）：目前的版本为 POP3，POP3 是把邮件从电子邮箱中传输到本地计算机的协议。

❖ IMAP（Internet Message Access Protocol）：目前的版本为 IMAP4，是 POP3 的一种替代协议，提供了邮件检索和邮件处理的新功能，这样用户可以完全不必下载邮件正文就可以看到邮件的标题摘要，从邮件客户端软件就可以对服务器上的邮件和文件夹目录等进行操作。IMAP 协议增强了电子邮件的灵活性，同时也减少了垃圾邮件对本地系统的直接危害，同时相对节省了用户查看电子邮件的时间。除此之外，IMAP 协议可以记忆用户在脱机状态下对邮件的操作（例如移动邮件、删除邮件等）在下一次打开网络连接时会自动执行。

从图 9-20 中可以看出，邮件服务器同时充当了服务器和客户机，当接收发送方邮件时为服务器，当发送邮件给接收方服务器时又是客户机。另外，不管是 SMTP 还是 POP3 都是在 TCP 连接上传送邮件，从而保障了邮件传送的可靠性。

电子邮件由信封和内容两个部分组成，电子邮件的传输程序根据邮件信封上收件人地址来发送邮件，TCP/IP 体系的邮件系统规定了电子邮件电子的格式为：收件人邮箱名@邮箱所在主机的域名。

其中，符号@表示"在"的含义，读作"at"，收件人邮箱名又叫作用户名，是收件人自己在申请邮箱时定义的，在邮件服务器中该名字是唯一的。

E-mail 按照客户服务器方式工作，工作过程如图 9-21 所示。

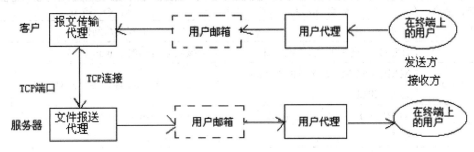

图 9-21　互联网电子邮件示意图

（1）发信人调用用户代理撰写、编辑要发送的邮件。

（2）发件人单击用户代理界面上的"发送邮件"按钮，客户端程序用 SMTP 协议将邮件发送到发送方的邮件服务器上。

（3）发送方邮件服务器收到用户发来的邮件后，将邮件临时存放在邮件缓存队列中，等待发送到接收服务器。

（4）发送端邮件服务器作为 SMTP 客户与接收端的邮件服务器建立 TCP 连接，然后将缓存队列中的邮件依次发送出去，值得一提的是，如果 SMTP 客户还有一些邮件要发送给同一个邮件接收服务器，可以在原来已经建立好的 TCP 连接上重复发送；如果接收方邮件服务器出现故障或负荷过重，暂时无法和 SMTP 客户端建立 TCP 连接，发送端会过一段时间后再尝试发送。如果 SMTP 客户在规定的时间还不能将邮件发送出去，发送邮件的服务器会通过用户代理通知用户。

（5）接收方的邮件服务器进程收到邮件后，把邮件放到收件人的邮箱，等待用户读取。

（6）收件人在方便时，运行用户代理程序，发起和接收邮件服务器的 TCP 的连接，使用 POP3（或者 IMAP）协议读取自己的邮件。

电子邮件无疑是最常用的应用程序。所有 TCP 连接中大约一半用于简单邮件传输协议（SMTP）。

用 TCP 进行的邮件交换是由报文传输代理 MTA 完成的。最普通的 UNIX 系统中的 MTA 是 Sendmail。用户通常不和 MTA 打交道，由系统管理员负责设置本地的 MTA。通常，用户可以选择它们自己的用户代理。

本节仅介绍在两个 MTA 之间如何用 TCP 交换邮件，不考虑用户代理的运行或实现。

9.5.2 简单邮件传输协议（SMTP）

SMTP 是使用最广泛的在 MTA 之间传递邮件的协议，UA 向 MTA 发送邮件也使用 SMTP。SMTP 使用的 TCP 端口是 25，接收端在 TCP 的 25 号端口等待发送端来的 E-mail，发送端向接收方（即服务器）发出连接请求，一旦连接成功，即进行邮件信息交换，邮件传递结束后释放连接。SMTP 协议常用的一些命令如表 9-5 所示。

表 9-5　SMTP 协议常用的一些命令

SMTP 命令	命 令 格 式	命 令 含 义
HELP	HELP<CRLF>	要求接收方给出有关帮助信息
HELO	HELO<发送端的域名><CRLF>	告诉接收方自己的 E-mail 域名
MAIL FROM	MAIL FROM:<发送者的 E-mail 地址><CRLF>	把发送方的 E-mail 地址传递到对方
RCPT TO	RCPT TO:<接收者的 E-mail 地址><CRLF>	把接收方的 E-mail 地址传递到对方，若有多个接收者可以多次使用本命令
DATA	DATA<CRLF> … … … <CRLF>. <CRLF>	用来传递邮件数据，用第一列为"."且只有一个"."的一行结束
QUIT	QUIT<CRLF>	结束邮件传递，释放邮件连接

下面是一个典型的用 SMTP 传递邮件的过程，S 表示发送方的命令，R 表示接收方的回答。

1. 建立邮件连接

S:Helofudan.edu.cn

R:250fudan.edu.cnHellofudan.edu.cn,pleasedtomeetyou

2. 标志发送者

S:MAILFROM:smith@fudan.edu.cn

R:250smith@fudan.edu.cn…Senderok

3. 标志接收者

S:RCPTTO:<llchen@pku.edu.cn>

R:250llchen@pku.edu.cn…Recipientok

S:RCPTTO:<ypsong@tsinghua.edu.cn>

R:250ypsong@tsinghua.edu.cn…Recipientok

4. 传送邮件数据

S:DATA

R:354Entermail,endwith"."onalinebyitself

S:Blahblahblah……

S:…………

R:250Ok

5. 结束邮件连接

S:QUIT

R:221fudan.edu.cnclosingconnection

其中数字标志接收方的回答，如表 9-6 所示。

表 9-6　数字标志接收方的回答说明

回 答 代 码	含　　义
250	请示的邮件工作正常，并已完成
354	开始输入邮件信息，以<CRLF>.<CRLF>结束

9.5.3　邮件读取协议（POP）

UA（或 MTA）向 MTA 发送邮件使用 SMTP，但是在服务器/服务器环境下 UA 到 MTA 取邮件则通过 POP(Post Office Protocol)协议实现，目前常用的是第三版的 POP，简称 POP3，和 SMTP 相似，服务器向服务器发送命令，服务器做出响应。POP3 服务器使用的端口号是 110。表 9-7 列出了一些常用的 POP3 命令。

表 9-7　常用的 POP3 命令

POP 命令	命 令 格 式	命 令 含 义
USER	USER<userid><CRLF>	给出用户标识，用于接收该用户邮件
PASS	PASS<password><CRLF>	给出用户口令，只有用户标识和口令均正确才能对邮件进行操作
LIST	LIST[<邮件编号>]<CRLF>	给出指定的或全部邮件的头部信息
DELE	DELE<邮件编号><CRLF>	删除指定邮件
RETR	RETR<邮件编号><CRLF>	把指定邮件从服务器传递到客户机
QUIT	QUIT<CRLF>	退出 POP3 连接

POP3 服务器端的返回码只有两种：+OK 表示正常，-ERR 表示错误。使用 POP3 接收信息分 4 个阶段：连接阶段、用户验证阶段、邮件操作阶段和连接释放阶段。

9.5.4　电子邮件格式

电子邮件由下述 3 部分组成。

（1）信封（Envelope）是 MTA 用来交付的。在例子中信封由两个 SMTP 命令指明。

MAILFrom:<rstevens@sun.tuc.noao.edu>

RCPTTo:<estevens@noao.edu>

RFC821 指明了信封的内容及其解释，以及在一个 TCP 连接上用于交换邮件的协议。

（2）首部由用户代理使用。每个首部字段都包含一个名，紧跟一个冒号，接着是字段值。RFC 822 指明了首部字段的格式的解释（以 X-开始的首部字段是用户定义的字段，其他是由 RFC 822 定义的）。长首部字段被折在几行中，多余行以空格开头。

（3）正文（body）是发送用户发给接收用户报文的内容。RFC 822 指定正文为 NVT ASCII 文字行。当用 DATA 命令发送时，先发送首部，紧跟一个空行，然后是正文。用 DATA 命令发送的各行都必须小于 1000 字节。

用户接收指定为正文的部分，加上一些首部字段，并把结果传到 MTA。MTA 加上一些首部字段，加上信封，并把结果发送到另一个 MTA。

内容通常用于描述首部和正文的结合。内容是客户用 DATA(数据)命令发送的。

9.6 万 维 网

万维网是灵活而方便的信息服务工具。它将互联网上现有的资源连接起来，构成了以互联网为基础的庞大的信息网络。万维网使得所有连接在互联网上的计算机用户都能够快速地在这个庞大信息资源网络中选择自己需要的内容访问，用户只要单击鼠标就可得到所需要的文本、图形、声音、视频图像等信息，用户既不必关心这些信息的位置，更不用使用烦琐而复杂的命令。

9.6.1 万维网的基本组成

在万维网中，任何计算机用户都可以通过使用某种 Web 浏览器来访问互联网上的 Web 信息，只要在用户浏览器地址栏中定位某个 Web 服务器以及该服务器所提供的相应 Web 文件，就可以从这个 Web 服务器上获取相应的 Web 信息，并通过浏览器将这些信息显示出来。万维网采用客户/服务器网络应用服务模型来完成网络应用服务。

万维网的基本组成为：提供 Web 信息服务的 Web 服务器、从 Web 服务器获取各种 Web 信息的浏览器、定义服务器与浏览器之间交换数据信息规范的 HTTP 协议，以及 Web 服务器所提供的网页文件。

在万维网客户机/服务器技术中，它的服务器称为万维网服务器（或 Web 服务器），它的客户机称为浏览器（Browser）。万维网服务器和浏览器之间通过 HTTP 传递信息，信息以 HTML 格式编写，浏览器则把 HTML 信息显示在用户屏幕上。HTML 是一种信息显示的格式语言，称为标记扩展语言。

使用互联网服务的用户运行客户端软件。客户使用互联网与服务器进行通信。客户机生成一个请求，然后向服务器发出请求，等待应答。当系统启动后，一个或多个服务程序也将启动。服务器一直运行着，以接收请求，其过程如图 9-22 所示。

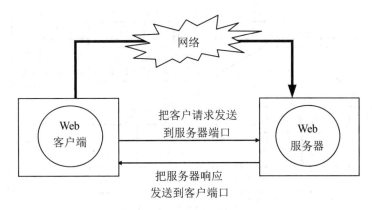

图 9-22　Web 请求/应答示意图

要访问互联网上的资源，客户端就必须运行某种应用程序以实现相关协议的各种进程。常用的浏览器有 Netscape 公司的 Navigator 和微软公司的 Internet Explorer（IE）。

1. Web 浏览器

（1）Web 浏览器的主要功能

❖　获得文本信息、录制声音或图像。

❖　自动显示所获得的信息。

❖　将获得的信息存储在磁盘上。

❖　将获得的信息打印到纸上。

❖　将某一文档中的引用连接到相关文档上。

（2）Web 浏览器的工作过程

Web 客户端通过各种 Web 浏览器程序实现需求，浏览器的主要任务是承接用户计算机的 Web 请求，并将 Web 请求发送给相应的 Web 服务器，接受 Web 服务器的响应，再将这些信息显示给用户。统一资源定位器 URL 是互联网上的标准资源地址，用户向浏览器地址栏输入 URL 请求 Web 服务，一个 URL 的标准格式包括请求服务使用的协议、服务器地址、服务器端口号、请求文档的路径和名称等部分。例如 http//www.163.com 表明通过 HTTP 协议向 www.163.com 服务器提出请求 Web 服务，此时省略了服务器端口号和访问的文档路径及名称信息，所有的 Web 服务器都使用端口号 80 作为默认端口号，浏览器程序自动填上端口号 80，对于访问的文档路径及名称信息，服务器自动将其网页主目录中的 Web 文档 index.html 作为默认网页响应用户的请求。

（3）浏览器的结构

浏览器由客户、解释程序及管理这些客户和解释程序的控制器组成，其结构图如图 9-23 所示。

① 浏览器控制器

浏览器控制器的主要任务是接受通过键盘或鼠标输入的浏览任务，并且调用其他组件执行信息显示所要求的操作。

② HTML 解释程序

HTML 解释器通过标准的 HTML 语法解释器将 HTML 文件转换成相应的显示控制格式。

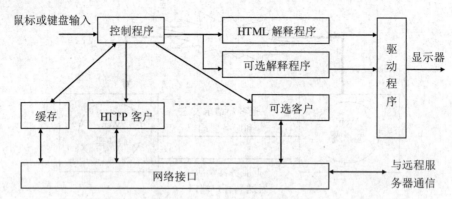

图 9-23　Web 浏览器结构

③ HTTP 客户

HTTP 客户负责向指定的服务器发送 HTTP 请求之后，再从该服务器接受 HTTP 响应。从远程服务器取回所需的文档之后，HTTP 客户将控制交还给浏览器的控制器。

例如，当用户在浏览器地址栏中定义一个 Web 服务请求时，控制器收到该请求后调用 HTTP 客户程序来处理这个 Web 服务请求，HTTP 客户负责向指定的服务器发送 HTTP 请求之后，再从该服务器接受 HTTP 响应。从远程服务器取回所需的文档之后，HTTP 客户将控制交还给浏览器的控制器，控制器根据所接受的文档的编码格式调用相应的解释器向用户显示该文档。HTML 解释器通过标准的 HTML 语法解释器将 HTML 文件转换成相应的显示控制格式，并驱动硬件显示。

浏览器还包括执行额外任务的组件，也还会启动用户计算机运行中的其他应用程序。

2. 服务器组成

服务器端的设置过程：首先必须安装一块与物理网络兼容的网卡。例如，与 100Base-T 的以太网集线器，及 5 类非屏蔽双绞线对应的应该是 100Base-T 的以太网网卡。服务器也必须拥有一个 IP 地址，并设置响应的子网掩码。客户机与服务器在软件和协议方面的主要区别在于所运行的应用程序有所不同。客户端通过 Web 浏览器来访问 Web 服务器上的资源。Web 服务器包括以下一些组成部分。

❖　硬件平台。

❖　网络软件。

❖　Web 服务器软件。

❖　Web 信息。

Web 服务器指的是一台与互联网相连的计算机，其中安装有 TCP/IP 协议以及前面介绍的底层链路层和物理层协议。硬件平台由操作系统控制，其上运行着网络软件，并提供软件与 Web 服务器程序之间的接口。Web 服务器的任务是根据客户端通过 HTTP-TCP-IP 协议传来的请求发送相应的 Web 信息。常用的服务器是 Netscape 公司的 Web 服务器、微软公司的 Internet Information Server（IIS）和 Apache Web 服务器。

3. 服务器的功能

Web 服务器接收 Web 浏览器发来的文档请求，之后分析每个请求，确定要求传送的是哪个文件，然后找到该文件并将其送回各发出请求的 Web 浏览器。Web 服务器主要有如下功能。

❖ 监听 80 端口，以获取浏览器发送的请求。

❖ 创建网络连接以接收浏览器请求。

❖ 读取请求。

❖ 处理请求。

❖ 将请求所要求的信息写到 80 端口。

Web 服务器软件的任务不是处理网络帧、IP 数据包或者 TCP 消息，这些任务都是由操作系统以及相应的网络软件完成的。Web 服务器只需监听 TCP 协议的 80 端口，接收客户端的请求，处理该请求。然后再将信息写回 80 端口就可以将其送回发送请求的客户端，此过程如图 9-24 所示。

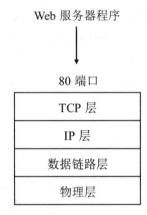

图 9-24 Web 服务器程序的工作流程

4. 服务类型

可以将这种服务分为两种类型：重复型或并发型。重复型服务器通过以下步骤进行交互。

（1）等待一个客户请求的到来。

（2）处理客户请求。

（3）发送响应给发送请求的客户。

（4）返回步骤（1）。

重复型服务器主要的问题发生在步骤（2）。在这个时候，它不能为其他客户机提供服务。相应地，并发型服务器采用以下步骤。

（1）等待一个客户请求的到来。

（2）启动一个新的服务器来处理这个客户的请求。在这期间可能生成一个新的进程、任务或线程，并依赖底层操作系统的支持。这个步骤如何进行取决于操作系统。生成的新服务器对客户的全部请求进行处理。处理结束后，终止这个新服务器。

（3）返回步骤（1）。

并发服务器的优点在于它是利用生成其他服务器的方法来处理客户的请求。也就是说，每个客户都有它自己对应的服务器。如果操作系统允许多任务，那么就可以同时为多个客户服务。

一般来说，TCP 服务器是并发的，而 UDP 服务器是重复的，但也存在一些例外。在基于 Web 的通信中，客户端和服务器通过 HTTP 协议传送信息。HTTP 协议是一族简单的规则集，可用于分布在整个网络里并具有超链接和图像的系统中，HTTP 协议定义了许多应答对，也就是说，它定义了客户端与服务器之间的通信规范。客户端建立起一个与服务端的接收程序（如 Web 服务器软件等）之间的 HTTP 连接，然后客户基于服务器再根据 HTTP 协议定义的规则进行对话。

9.6.2　超文本传输协议（HTTP）

超文本传输协议用于万维网客户机和服务器之间进行信息传输的协议，它是一种请求响应类型的协议。客户机向服务器发送请求。服务器对这个请求做出回答。在 HTTP/0.9 和 HTTP/1.0 中，通常不同的请求使用不同的连接。HTTP/1.1 引入持续连接作为默认的行为，这时客户机和服务器保持已经建立的连接，多次交换请求响应信息，直到有一方明确中止这个连接。即使有持续连接，HTTP 仍然是无状态的协议，服务器在不同的请求之间不保留任何信息。

1. HTTP 请求响应类型

HTTP 中有 3 类请求响应链。第一类如图 9-25（a）所示，第二类如图 9-25（b）所示。

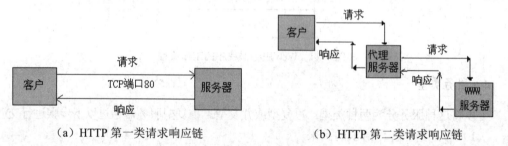

（a）HTTP 第一类请求响应链　　　　　　（b）HTTP 第二类请求响应链

图 9-25　HTTP 中请求-响应链

第三类和第二类相似，也有一个中间节点，该节点称为隧道。隧道和代理不同，隧道只是一个用户向万维网服务器发送请求以及从服务器接收响应的通道，它不执行其他任何功能（如代理的缓存功能、用户鉴别功能等），一般隧道用于连接非 TCP/IP 网络。

代理和隧道可以是多重的，即在客户机到万维网服务器之间可以有多个代理和隧道。

HTTP 协议由两个集合组成：从浏览器到服务器的请求集和从另一方向来的应答集。所有较新的 HTTP 都支持两种请求：简单请求和完全请求。简单请求只是一行声明所需网页的 GET（请求读一个网页）行，而没有协议版本。应答仅是原始的网页，没有头部、MIME、编码。

尽管设计 HTTP 是为万维网使用的，但考虑到今后的面向对象应用，特意将它制定得比所需要得更通用。出于这个原因，完全请求的第一个词，只是简单地将在万维网网页（或通常的对象）上执行的方法（命令）的名字。名字是区别大小写的。表 9-8 列出了这些内置的方法。

表 9-8 内置方法

方　　法	描　　述
GET	请求读一个 Web 页
HEAD	请求读一个 Web 页的头
PUT	请求存储一个 Web 页
POST	附加一个命名的资源（如一个 Web 网页）
DELETE	删除 Web 网页
LINK	连接两个已有资源
UNLINK	切断两个已有资源间的连接

2. HTTP/1.1 的特性

（1）应用层协议：HTTP 工作在应用层，使用可靠的面向连接的 TCP 协议，HTTP 使用的默认端口号是 80。

（2）基于客户机/服务器模式：客户端通过浏览器向服务器发出请求，服务器向客户端返回对请求的响应。

（3）双向传输：客户端向服务器发送请求，服务器向客户端浏览器回应网页信息，浏览器负责将网页内容显示给用户。客户机也可以将诸如表单一类的信息发送给服务器。

（4）支持多个主机名：HTTP/1.1 允许一个 Web 服务器可以处理几十个甚至几百个虚拟主机的请求。

（5）持久连接：允许客户机在一个 TCP 会话中发送多个相关文档的请求。HTTP/1.0 以前的版本是每一个请求需要一个新的 TCP 连接。

（6）部分资源选择：允许客户机只要求文档的部分资源的请求。这样可以减少服务器的负载，节省了资源。

（7）支持高速缓存和代理：Web 浏览器可以将用户浏览过的网页内容缓存在本机高速缓存，当用户再次访问该页面时，可以从缓存中提取；允许在浏览器和 Web 服务器之间建立代理服务器，将本网络中的曾经访问过的网页缓存在本地代理服务器中，当某个客户机的浏览器要访问 Web 服务器时先从本地代理服务器中读取信息，减少互联网访问的流量。和 1.0 版本比较，高速缓存和代理的效率及效果更好。

（8）内容协商：通过内容协商特性完成客户机和服务器的信息交换，确定传输的细节。

（9）安全性好：使用鉴别方法（RFC2617）提高安全性能。

3. HTTP 的工作过程

HTTP 的工作过程如图 9-26 所示。

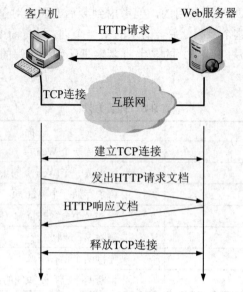

图 9-26　HTTP 的工作过程

　　Web 服务器运行一个服务器进程，通过 TCP 的熟知端口 80（也可以是指定的其他端口）监听客户端浏览器发出的连接请求，当有客户端浏览器通过 URL 向 Web 服务器发出连接请求时，Web 服务器和客户机就建立 TCP 连接，客户机遵循 HTTP 标准向服务器发送浏览某个页面的请求，服务器也遵循 HTTP 标准回应请求页面；最后释放 TCP 连接。

　　例如通过浏览器访问一个 Web 服务器，在 URL 中输入 http://file.ie.cnu.edu.cn，具体实现过程如下。

　　（1）浏览器向域名系统请求解析 ie.cnu.edu.cn 域的 file（文件）服务器的 IP 地址。

　　（2）DNS 解析出 file.ie.cnu.edu.cn 的 IP 地址是 202.204.220.10。

　　（3）浏览器和服务器建立 TCP 的连接。

　　（4）浏览器发出取文件命令：GET index.htm（默认网页文档）。

　　（5）202.204.220.10 服务器给出响应，把 index.htm 文件发送给浏览器。

　　（6）释放 TCP 连接。

　　（7）客户端浏览器将 index.htm 文件显示出来。

4．HTTP 的连接

　　在 HTTP/1.1 版本中，采用了持续连接机制，即在客户端与服务器之间建立起 TCP 连接后，允许传送多个请求与响应，直到其中一方提出关闭 TCP 连接为止。这种连接方式优于早期版本的每发出一对请求/响应就建立和释放一次 TCP 的连接。由于消除了不必要的 TCP 握手和分手，减少了网络拥塞，服务器的负载也进一步减轻。

　　默认情况下，Web 服务器在 80 端口监听到客户机的连接请求后，建立起客户机和服务器的 TCP 连接，客户机发送第一个请求报文，指出客户机使用哪个版本的 HTTP，如果是 HTTP/0.9 或 HTTP/1.0 版本，服务器自动使用短时间连接模式，如果是 HTTP/1.1，就可以使用持续连接，通过请求报文中的 connection：keep-alive 设定为持续连接。之后客户机可以开始操作后续请求，如一个网页中的多个图像请求等，同时接收来自服务器的响应报文，在浏览器中显示收到的数据。服务器用缓存存储客户机的流水请求，并逐一响应请求。

客户机通过最后一个请求报文中的 connection：close 来关闭 TCP 的连接。在理论上服务器也可以终止与客户机的连接。

请求报文由请求行、首部行、空行、正文组成。响应报文由状态行、首部行、空行、正文组成。

5. 基于 cookie 的用户与服务器的交互

为了服务器限制用户的访问以及把一些信息与用户身份关联起来，Web 站点能够实现对用户的识别，HTTP 的 cookie 就可以实现这个目的。在 RFC2109 中对 cookie 进行了定义，允许站点使用 cookie 跟踪用户。

cookie 技术由 4 个部分组成：在 HTTP 的响应报文中有一个 cookie 的首部行；在 HTTP 的请求报文中有一个 cookie 的首部行；在用户端主机中保留有一个 cookie 文件，由用户的浏览器管理；在 Web 站点后台有一个数据库来维护用户信息。

cookie 的工作过程是：当一个用户第一次访问使用 cookie 的网站时，其请求报文到达 Web 服务器时，该网站的服务器为该用户产生一个唯一的识别码，并且以此为索引在服务器的后台数据库中产生一个项目，在其给客户端的响应报文中增加一个包含 set-cookie：的首部行，例如 set-cookie：识别码；当客户端浏览器收到该响应报文后，将在它管理的 cookie 文件中添加一个包括该服务器的主机名和 cookie 识别码的信息，如果该用户继续访问该网站，那么它的每个请求报文的首部行就会带有 cookie：识别码的信息。

例如，用户 SSJ 到一个电子商务网站浏览购物，当请求报文到达该电子商务网站服务器时，服务器为他生成一个识别码如 131908，并且在后台建立起 SSJ 的一个项目，在给 SSJ 的响应报文中添加一个 set-cookie：131908 的首部行信息，SSJ 的浏览器收到该响应报文后，在起管理作用的 cookie 文件中添加一条信息，包括服务器的名称和识别码，当 SSJ 继续浏览该网站时，每个请求报文都会带有 cookie：131908 的首部行信息，此时 Web 网站可以跟踪 SSJ 的在该网站的所有活动了，该站点可以为 SSJ 维护全部购买商品的购物车列表，在 SSJ 结束会话前可以一起付费。如果若干天之后，SSJ 再次到该电子商务网站浏览或购物时，其浏览器会继续使用 cookie：131908 的首部行，网站会根据以前的购物记录为其推荐商品，如果以前 SSJ 在该网站注册过，即提供过名字、邮件地址、信用卡账户等信息，就会在数据库中进行了保存，当 SSJ 继续购物时，不必再次输入这些信息，从而达到了"one-click shopping（一键式购物）"，简化了购物活动的手续。

6. Web 代理服务器与 GET 方法

（1）代理服务器

代理服务器又称为 Web 缓存器，是建立在本地网络、代表起始服务器满足 HTTP 请求的网络实体。代理服务器有自己的磁盘空间，保存最近请求过的对象的副本，本地网络中的主机可以在浏览器中配置代理服务器，代理服务器的工作过程如图 9-27 所示。

① 浏览器建立一个到该代理服务器的 TCP 连接，并且向该代理服务器发出 HTTP 请求。

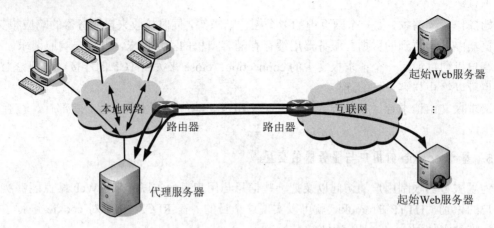

图 9-27　代理服务器的应用

② 代理服务器检查本地是否存储了该对象的副本，如果存储了，代理服务器就向客户浏览器转发该对象的响应报文。

③ 如果没有存储该对象的副本，代理服务器就与该对象的起始服务器打开一个 TCP 的连接，并且发送获得该对象的请求，收到请求后，起始服务器就向代理服务器发送该对象的响应报文。

④ 当代理服务器收到来自起始服务器的响应报文后，在本地存储空间保存该对象的副本，并向客户浏览器发送响应报文。

在整个工作过程中，代理服务器既是服务器，又是客户机，当接收浏览器的请求和发回响应时，它是服务器，当它向起始服务器发出请求时它又是客户机。

使用代理服务器可以减少客户机请求的响应时间，特别是当客户机和起始服务器之间的瓶颈带宽远远低于客户机与代理服务器之间的带宽瓶颈时，其优势更为明显；代理服务器还可以减少本地网络与互联网接入链路上的通信量；如果大多数本地网络都使用代理服务器，可以用较少的投资，降低互联网上 Web 流量，从而改善互联网的性能。

（2）条件 GET 方法

使用代理服务器可以减少用户得到响应的时间，但却不能保证在代理服务器中的对象副本总是最新，当一个用户在一段时间再次访问时，网页的内容已经被更新了。为了解决这个问题，HTTP 协议提供了一种条件 GET 方法，就是在请求报文的首部行中增加一个 If-Modified-Since 项，表明该报文是一个条件 GET 请求报文。

例如，条件请求报文的工作过程如下。

① 客户机向代理服务器发送请求第一个访问 www.pku.edu.cn 的请求。

② 代理服务器向一个原始 Web 服务器发出一个请求报文。

③ 代理服务器向请求的客户机发送响应报文时，在代理服务器中也保存该响应报文的副本。

④ 一个星期之后又有一个客户机发出对 www.pku.edu.cn 的访问，在这一个星期中该网站的页面有可能被更新，所以代理服务器通过发送一个条件 GET，执行更新检查。

⑤ 如果网页没有被修改，Web 服务器发送一个响应报文。

9.6.3 统一资源定位器（URL）

为了标志分布在整个互联网上的万维网文档，万维网使用统一资源定位器（URL）来表示万维网上的各种文档，并使每一个文档在整个互联网的范围内具有唯一的标识符URL。在 RFC 1738 和 RFC1808 中，URL 的定义如下：统一资源定位器 URL 是对能从互联网上得到的资源的位置和访问方法的一种简洁的表示。URL 给资源的位置提供一种抽象的识别方法，并用这种方法给资源定位。只要能够对资源定位，系统就可以对资源进行各种操作，如存取、更新、替换和查找其属性。

上述的资源是指在互联网上可以被访问的任何对象，包括文件目录、文件、文档、声音、图像等，以及与互联网相连的任何形式的数据。资源还包括电子邮件的地址和 USENET 新闻组，或 USENET 新闻组中的报文。

URL 的通常形式如下：

<URL 的访问方式>://<主机>:<端口>/<路径>

URL 的形式由冒号 ":" 隔开的两大部分组成，并且在 URL 中的字符对大写或小写没有要求。

❖ 冒号 ":" 左边的<URL 的访问方式>中，最常用的有 3 种，即文件传输协议（FTP）、超文本传输协议（HTTP）和 USENET 新闻 NEWS。

❖ 冒号 ":" 的右边部分，<主机>一项是必需的，<端口>和<路径>有时可省略。

下面介绍 URL 使用较多的 FTP 和 HTTP 访问方式。

1. 使用 FTP 的 URL

对于使用 FTP 访问的站点的 URL 的最简单的形式如下：

ftp://rtfm.mit.edu

这里 rtfm.mit.edu 就是在麻省理工学院 MIT 的匿名服务器 RTFM 的互联网域名。如果不使用域名，而使用该服务器上点分十进制的 IP 地址写在两个斜杠 "//" 后面也是可以的。假定要直接访问上面的服务器中在目录 webit 下的一个文件 aa.doc，那么该文件的 URL 就如下：

ftp://rtfm.mit.edu/webit/aa.doc

而该目录 webit 的 URL 是：

ftp://rtfm.mit.edu/webit

某些 FTP 服务器要求用户要提供用户名和口令，那么这时就要在<主机>项值前填入用户名和口令。FTP 的默认端口号是 21，一般可省略。但有时也可使用另外的端口号。

2. 使用 HTTP 的 URL

对于万维网的网点访问要使用 HTTP 协议。HTTP 的 URL 的一般形式如下：

http://<主机>:<端口>/<路径>

HTTP 的默认端口号是 80，通常可以省略。若再省略文件的路径项，则 URL 就指到互联网上的某一个主页。主页（HomePage）的概念很重要，它可以是以下几种情况中的一种。

❖ 一个 WWW 或 GOPHER 服务器的最高级别的页面。

❖ 某一个组织或部门的一个定制的页面或目录。从这样的页面可连接到互联网上的与本组织或部门有关的其他站点。

❖ 由某一个人自己设计的描述他本人情况的万维网页面。

用户使用 URL 不仅能够访问万维网的页面，而且还能够通过 URL 使用其他的互联网应用程序，如 FTP、GOPHER、Telnet、电子邮件以及新闻组等。更重要的是，用户在使用这些应用程序时，只使用一个程序浏览器，这显然是非常方便的。

还有一个通用资源标识符 URI（Universal Resource Identifier）。URI 的规则还定义了对任意命名和编址方式进行编码的语法。前面介绍的 URL 必须指向一个特定的主机。如果有的页面频繁地被访问，那么自然就希望将此页面复制几份存放在不同地点的主机上，这样就可能减少网络的通信量。但使用 URL 必须指明该网页所存放的主机。例如，不能说"我希望访问页面 ABC，但我想知道此页面在何主机上"。解决这个问题要用到 URI，因为 URI 的好处是它是一个资源的名字和位置无关，甚至与访问的方式无关。URI 包括了 URL 和 URN（Uniform Resource Name）。因此 URI 可看成是一种广义的 URL。而 URL 只是 URI 的一种类型，在 URL 中指明了访问的协议以及一个特定的互联网地址。

9.7　动态主机配置协议

DHCP 是动态主机配置协议（Dynamic Host Configuration Protocol）的英文缩写。通常将动态主机配置协议简称为 DHCP 协议。

9.7.1　DHCP 概述

DHCP 的前身是引导程序协议（BOOTP），BOOTP 用于无磁盘主机连入网络，网络中的主机使用 BOOT ROM，而不是磁盘启动并接入网络，通过 BOOTP 配置设定 TCP/IP 环境。BOOTP 有一个缺点：在设定前须事先获得客户端的硬件地址，而且 IP 地址是静态的。若在有限的 IP 资源环境中，BOOTP 的一一对应将造成非常可观的浪费，DHCP 可以说是 BOOTP 的增强版本，它分为两个部分：一个是服务器端，另一个是客户端。所有的 IP 网络设定数据都由 DHCP 服务器集中管理，并负责处理客户端的 DHCP 要求；而客户端则会使用从服务器配置的 IP 环境数据。与 BOOTP 相比，DHCP 透过租约的概念，有效且动态地配置客户端的 TCP/IP。DHCP 的分配方式是：在网络中至少有一台 DHCP 服务器在工作，它会通过端口 67 监听网络的 DHCP 请求，并与客户端协商配置客户机的 TCP/IP 环境。IP 分配方式有如下 3 种。

1. 人工分配

网络管理员为某些少数特定的 Host 绑定固定 IP 地址，且地址不会过期。

2. 自动分配

一旦 DHCP 客户端第一次成功地从 DHCP 服务器端租用到 IP 地址之后，就永远使用这个地址。

3. 动态分配

当 DHCP 第一次从 DHCP 服务器租用到 IP 地址后,不是永久地使用该地址,只要租约到期,客户端就得释放这个 IP 地址,以给其他工作站使用,客户端可以比其他主机更优先地得到该地址的租约,或者租用其他的 IP 地址。

显然动态分配比自动分配更加灵活,尤其是当实际 IP 地址不足时,其优势更为明显。例如,一个单位只能提供 100 个 IP 地址用来分配给用户,但并不意味着本单位最多只能有 100 个用户能上网。因为用户不可能都同一时间上网,这 100 个地址轮流地分配给本单位的所有用户使用。DHCP 除了能动态地设定 IP 地址之外,还可以将一些 IP 保留下来给一些特殊用途的机器使用,它可以按照硬件地址来固定地分配 IP 地址。另外,DHCP 还可以帮客户端指定网关、掩码、DNS 服务器等项目。在客户端,只要将 TCP/IP 协议的自动获得 IP 地址选项处打勾,就可以获得 IP 环境设定。

DHCP 的文档是 1997 年的 RFC2131 和 RFC2132,最新公布的 RFC3396、3442 没有把 RFC2131 划归为陈旧的文档。

9.7.2　DHCP 的工作过程

DHCP 的工作过程如图 9-28 所示,运行 DHCP 的服务器被动地打开 UDP67 号端口监听来自客户端的 DHCP 请求。由客户机发起 DHCP 的请求,DHCP 的工作过程如下所述。

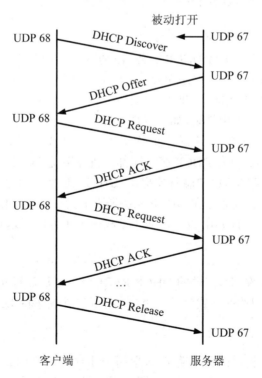

图 9-28　DHCP 的工作过程

1. 发现 DHCP 服务器

当 DHCP 客户端第一次登录网络时，使用 UDP 的 68 号端口向网络发出一个 DHCP DISCOVER 数据包。因为客户端还不知道自己属于哪一个网络，所以数据包的来源地址会为 0.0.0.0，而目的地址则为 255.255.255.255，然后再附上 DHCP DISCOVER 的信息向网络进行广播。Windows 的环境下，DHCP DISCOVER 的等待时间预设为 1 秒，也就是当客户端将第一个 DHCP DISCOVER 数据包送出去之后，在 1 秒之内没有得到响应，就会进行第二次 DHCP DISCOVER 广播。若一直得不到响应的情况下，客户端一共会有 4 次 DHCP DISCOVER 广播（包括第一次在内），除了第一次会等待 1 秒之外，其余 3 次的等待时间分别是 9、13、16 秒。如果都没有得到 DHCP 服务器的响应，客户端则会显示错误信息，宣告 DHCP DISCOVER 的失败。根据使用者的选择，系统会继续在 5 分钟之后再重复一次 DHCP DISCOVER 的过程。

2. 提供 IP 租用地址

当 DHCP 服务器监听到客户端发出的 DHCP DISCOVER 广播后，从还没有租出的地址范围内，选择最前面的空置 IP，连同其他 TCP/IP 设定，响应给客户端一个 DHCP OFFER 数据包。由于客户端在开始时还没有 IP 地址，所以在其 DHCP DISCOVER 封包内会带有其 MAC 地址信息，并且有一个标识号（TID）来辨别该数据包，DHCP 服务器响应的 DHCP OFFER 数据包则会根据这些信息传递给要求租约的客户。根据服务器端的设定，DHCP OFFER 数据包会包含一个租约期限的信息。

3. 接受 IP 租约

如果客户端收到网络上多台 DHCP 服务器的响应，将挑选最先到达的那个响应 DHCP OFFER，并且会向网络发送一个 DHCP REQUEST 广播包，告诉所有 DHCP 服务器它将接受某一台服务器提供的 IP 地址。同时客户端还会向网络发送一个 ARP 数据包，查询网络上面有没有其他机器使用该 IP 地址，如果发现该 IP 已经被占用，客户端则会送出一个 DHCP DECLINE 数据包给 DHCP 服务器，拒绝接受其 DHCP OFFER，并重新发送 DHCP DISCOVER 信息。并不是所有 DHCP 客户端都无条件接受 DHCP 服务器的 OFFER，客户端也可以用 DHCP REQUEST 向服务器提出 DHCP 选择，而这些选择会填写在 DHCP Option Field 字段中，也就是说，在 DHCP 服务器上面的设定，未必是客户端全都接受，客户端可以保留自己的一些 TCP/IP 设定，而主动权永远在客户端这边。

4. 租约确认

当 DHCP 服务器接收到客户端的 DHCP REQUEST 之后，将向客户端发出一个 DHCP ACK 响应，以确认 IP 租约的正式生效，也就结束了一个完整的 DHCP 工作过程。

5. 确定租用期

客户机根据服务器提供的租用期 T，设置两个计时器 T1 和 T2，分别为 0.5T 和 0.875T，当租用期到 T1 时，发送 DHCP REQUEST 要求更新租用期，如果服务器同意，就发送 DHCP

ACK 数据包，客户机就得到新的租用期；如果服务器不同意，就发送 DHCP NAK 数据包，这时客户机必须停止使用原来的 IP 地址，重新申请新的 IP 地址；如果 DHCP 服务器不响应 DHCP 的请求报文，则在 T2 的计时器到时，重新申请新的 IP 地址。

6. 确定租用结束

DHCP 客户机可以向服务器发送 DHCP Release 报文，提前结束租用。

9.7.3 DHCP 的报文格式

1. DHCP 报文格式

DHCP 报文格式如图 9-29 所示。

操作码	硬件类型	物理地址长度	跳数
标识号			
秒数		标志	
ciaddr			
yiaddr			
siaddr			
giaddr			
chaddr			
sname			
file			
选项			

图 9-29　DHCP 报文格式

各字段的含义说明如下。

❖ 操作码：1 字节，1 为客户机发送给 DHCP 服务器的报文，反之为 2。具体的报文类型在选项字段中标识。

❖ 硬件类型：1 字节，1 为以太网。

❖ 物理地址长度：6 个字节，以太网的物理地址为 48 位。

❖ 跳数：1 字节，DHCP 数据包经过的 DHCP 中继代理的数目。DHCP 请求报文每经过一个 DHCP 中继，该字段就会增加 1。

❖ 标识号：4 字节，客户机报文中产生的，用来在客户机和 DHCP 服务器之间匹配请求和响应报文。

❖ 秒数：2 字节，客户机开始请求一个新地址后所经过的时间，目前没有使用，固定为 0。

❖ 标志：2 字节，2 字节的最高比特为广播响应标识位，用来标识 DHCP 服务器响应报文是采用单播还是广播方式发送，0 表示采用单播方式，1 表示采用广播方式，其余比特保留不用。

❖ ciaddr：4 字节，客户机首次申请 IP 地址时，该字段填 0.0.0.0，要是客户机想继续使用之前取得的 IP 地址，则填于该字段。

❖ yiaddr：4 字节，DHCP 服务器分配给客户机的地址，只有 DHCP 服务器可以填写该字段。DHCP OFFER 与 DHCP ACK 数据包中，此字段填写分配给客户机的 IP 地址。

❖ siaddr：4 字节，若客户机需要通过网络开机，则该字段填写开机程序所在服务器的地址。

❖ giaddr：4 字节，若需跨网段进行 DHCP 发放，该字段为中继代理的地址，否则为 0。

❖ chaddr：6 字节，客户机的物理地址。

❖ sname：64 字节，服务器的名称。

❖ file：128 字节，若客户机需要通过网络开机，该字段将填写开机程序名称。

❖ 选项：长度可变，包含报文的类型、有效租期、DNS 服务器的 IP 地址、WINS 服务器的 IP 地址等配置信息。每一选项的第一个字节为选项代码，其后一个字节为选项内容长度，接着为选项内容，最后为结束标志 0xFF。

利用代码 0x35 选项来设定报文的类型，表 9-9 所示为 DHCP 报文类型表。

表 9-9　DHCP 报文类型

选 项 代 码	选 项 内 容	报 文 类 型	描　　述
0x35	1	DHCP DISCOVER	客户机发送，确定可用的服务器传输
0x35	2	DHCP OFFER	由 DHCP 服务器发送给客户机，以响应客户机的 Discover 报文
0x35	3	DHCP REQUEST	客户机向 DHCP 服务器发送的请求消息，请求具体的服务器提供的参数
0x35	4	DHCP DECLINE	由客户机向服务器发送的指明无效参数的报文
0x35	5	DHCP ACK	由 DHCP 服务器向客户机发送，确认提供的配置参数
0x35	6	DHCP NAK	由客户机向 DHCP 服务器发送的拒绝配置参数请求的报文
0x35	7	DHCP RELEASE	客户机向 DHCP 服务器发送的放弃 IP 地址和取消现有租约的报文
0x35	8	DHCP INFORM	由客户机向 DHCP 服务器发送的只请求配置（客户机已经有了 IP 地址）的报文

2. DHCP 中继代理

DHCP DISCOVER 是以广播方式发送的，因为路由器不会将广播报文传送出去，所以只能在同一网络之内发布。如果 DHCP 服务器在其他网络上，由于 DHCP 客户端还没有 IP 环境设定，所以也不知道路由器地址，而且大多数路由器不会将 DHCP 广播封包传递出去，因此 DHCP DISCOVER 是永远没办法抵达 DHCP 服务器，当然也不会发生 OFFER 及其他动作了。要解决这个问题，可以用 DHCP 代理主机来接管客户的 DHCP 请求，将此请求传递给真正的 DHCP 服务器，然后将服务器的回复传给客户。代理主机必须自己具有路由能力，且能将双方的封包互传对方。若不使用代理，也可以在每一个网络之中安装 DHCP 服务器，但这样的话，一来设备成本会增加，而且管理上面也比较分散。如果在一个大型的网络中，这样的均衡式架构还是可取的，DHCP 代理的示意图如图 9-30 所示。

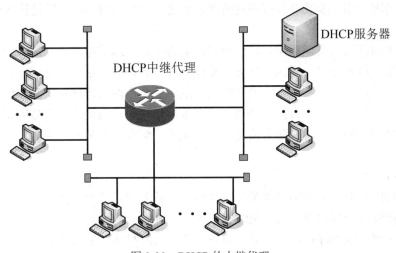

图 9-30　DHCP 的中继代理

9.8　简单网络管理协议

为了使分布广泛、构造复杂的计算机网络正常运行，必须建立一种有效的机制对网络的运行情况进行检测和控制，进而能够有效、安全、可靠、经济地提供服务。

9.8.1　网络功能与模型

网络管理包括了硬件、软件和用户的设置、综合与协调，以便对网络资源进行监视、测试、配置、分析、评价和控制，这样就能用合理的成本保证实时性、运营性能和服务质量，网络管理简称为网管。

1. 网络管理的功能

网络管理的功能大致分为 5 类。

（1）配置管理

配置管理主要完成对配置数据的采集、录入、监测、处理等，必要时还需要完成对被管对象进行动态配置和更新等操作。具体地讲，就是在网络建立、扩充、改造以及业务的开展过程中，对网络的拓扑结构、资源配置、使用状态等配置信息进行定义、监测和修改。

另外，还需要配置、管理、建立和维护管理信息库（MIB），MIB 不仅为配置管理功能使用，还为其他的管理功能使用。

为了让网络管理员对被管网络有一个明确的认识，首先要获取被管网络的配置数据，配置数据的获取方式有网络主动上报、网管系统自动采集、手工采集和手工录入。获得网络的配置数据后，就需要对这些配置数据进行实时监测，随时发现配置数据的变化，并对配置数据进行查询、统计、同步、存储等处理。除此之外，网管员通过网管系统可以完成对配置数据的增、删、改及响应监测到的状态变化，及时对网络的配置进行调整。

（2）故障管理

故障管理的作用是发现和纠正网络故障，动态维护网络的有效性。故障管理的主要任务有报警监测、故障定位、测试、业务恢复以及修复等，同时维护故障日志。为保障网络的正常运行，故障管理非常重要，当网络发生故障后要及时进行诊断，给故障定位，以便尽快修复故障，恢复业务。故障管理的策略有事后策略和预防策略。事后策略是一旦发现故障迅速修复故障的策略；预防策略是事先配备备用资源，在故障时用备用资源替代故障资源。

（3）性能管理

性能管理的目的是维护网络服务质量和网络运营效率，提供性能监测功能、性能分析功能以及性能管理控制功能。当发现性能严重下降时启动故障管理系统。

网络的主要性能指标可以分为面向服务质量和面向网络效率的两类。

① 面向服务质量的指标：有效性（可用性）、响应时间和差错率。

② 面向网络效率的指标：吞吐量和利用率。

（4）计费管理

计费管理的作用是正确地计算和收取用户使用网络服务的费用，进行网络资源利用率的统计和网络成本效益核算，计费管理主要提供数据流量的测量、资费管理、账单和收费管理。

（5）安全管理

安全管理的功能是提供信息的保密、认证和完整性保护机制，使网络中的服务、数据以及网络系统免受侵害。目前采用的网络安全措施有通信伙伴认证、访问控制、数据保密和数据完整性保护等，一般的安全管理系统包含风险分析功能、安全服务功能、告警功能、日志功能、报告功能和网络管理系统保护功能等。

2. 网络管理的模型

目前有两种主要的网络管理体系结构：一种是基于 OSI 模型的公共管理信息协议（CMIP）体系结构；另一种是基于 TCP/IP 模型的简单网络管理协议（SNMP）体系结构。CMIP 体系结构是一种通用的模型，它能够对应各种开放系统之间的管理通信和操作，开放系统之间可以是平等的关系，也可以是主从关系，所以既能够进行分布式管理，也能够进行集中式管理，其优点是通用完备。SNMP 体系结构开始是一个集中式管理模型，从 SNMP v2 开始采用分布式模型，其顶层管理站可以有多个被管理服务器，其优点是简单实用。

在实际应用中，CMIP 在电信网络管理标准中得到使用，而 SNMP 多用于计算机网络管理，尤其是在互联网管理中广泛使用，目前 SNMP 历经了 v1 到 v3 的改进，SNMP v3 是互联网的正式标准，共有 13 个 RFC（2576~2580，3410~3418）文档，所有的 RFC 文档可以在 http://www.rfc-editor.org/rfc-index.html 上找到；在 SNMP v3 中加入了安全性的功能，只有被授权的用户才能有权进行网络管理和获取有关网络管理方面的信息，在本书中重点介绍 SNMP 的网络管理技术。

图 9-31 所示为网络管理的一般模型。

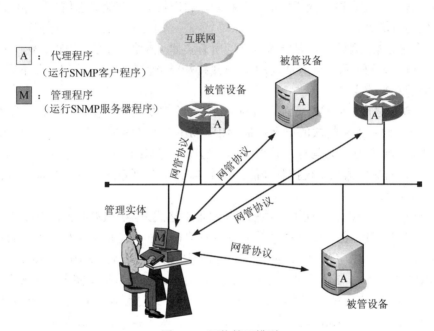

图 9-31　网络管理模型

网络管理主要由管理站、被管设备以及网络管理协议构成。管理站是整个网络管理的系统核心，主要负责执行管理应用程序以及监视和控制网络设备，并将监测结果显示给网管员。管理站的关键构件是管理程序，管理程序在运行时产生管理进程，通常管理程序有较好的图形工作界面，网络管理员直接操作。被管设备是主机、网桥、路由器、交换机、服务器、网关等网络设备，其上必须安装并运行代理程序，管理站就是借助被管设备上的代理程序来完成设备管理的，一个管理者可以和多个代理进行信息交换，一个代理也可以接受来自多个管理者的管理操作。在每个被管设备上建立一个管理信息库（MIB），包含被管设备的信息，由代理进程负责 MIB 的维护，管理站通过应用层管理协议对这些信息库进行管理。图 9-32 是管理进程/代理进程模型。

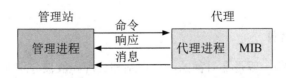

图 9-32　管理进程/代理进程模型

网络管理的第三部分是网络管理协议，该协议运行在管理站和被管设备之间，允许管理站查询被管设备的状态，并经过其代理程序间接地在这些设备上工作，管理站通过网络管理协议获得被管设备的异常状态。网络管理协议本身不能管理网络，它为网络管理员提供了一种工具，网管员用它来管理网络。

3. 网络管理结构中的概念

（1）被管设备：又被称为网络元素，是指计算机、路由器、转换器等硬件设备。

（2）代理：驻留在网络元素中的软件模块，它们收集并存储管理信息，如网络元素收到的错误包的数量等。

（3）管理对象：管理对象是能被管理的所有实体（网络、设备、线路、软件）。例如，在特定的主机之间的一系列现有活动的 TCP 线路是一个管理对象。管理对象不同于变量，变量只是管理对象的实例。

（4）管理信息库：把网络资源看成对象，每一个对象实际上就是一个代表被管理的一个特征的变量，这些变量构成的集合就是 MIB。MIB 存放对象的管理参数；MIB 函数提供了从管理工作站到代理的访问点，管理工作站通过查询 MIB 中对象的值来实现监测功能，通过改变 MIB 对象的值来实现控制功能。每个 MIB 应包括系统与设备的状态信息、运行的数据统计和配置参数。

（5）语法：一个语法可使用一种独立于机器的格式来描述 MIB 管理对象的语言。互联网管理系统利用 ISO 的 OSI ASN.1 来定义管理协议间相互交换的包和被管理的对象。

（6）管理信息结构（SMI）：定义了描述管理信息的规则后，SMI 由 ASN.1 来定义对象及在 MIB 中的表示，这样就使得这些信息与所存放设备的数据存储表示形式无关。

（7）网络管理工作站（NMS）：又称为控制台，这些设施运行管理应用来监视和控制网络元素，在物理上 NMS 通常是具有高速 CPU、大内存、大硬盘等的工作站，作为网络管理工作站管理网络的界面，在管理环境中至少需要一台 NMS。

（8）部件：部件是一个逻辑的实体，它能初始化或接收通信，每个实体包括一个唯一的实体标识和一个逻辑的网络定位、一个单一证明的协议、一个单一的保密的协议。SNMP v2 的信息是在两个实体间来通信。一个 SNMP v2 的实体可以定义多个部件，每个部件具有不同的参数。

（9）管理协议：管理协议是用来在代理和 NMS 之间转换管理信息，提供在网络管理站和被管设备间交互信息的方法。SNMP 就是在互联网环境中一个标准的管理协议。

（10）网络管理系统：真正的网络管理功能的实现，它驻留在网络管理工作站中，通过对被管对象中的 MIB 信息变量的操作实现各种网络管理功能。

9.8.2　SNMP

1. SNMP 体系结构

SNMP 的体系结构一般是非对称的，管理站和代理一般被分别配置，管理站可以向代理下达操作命令访问代理所在系统的管理信息，但是代理不能访问管理站所在系统的管理信息，管理站和代理都是应用层的实体，都是通过 UDP 协议对其提供支持。图 9-33 所示为 SNMP 的基本体系结构。

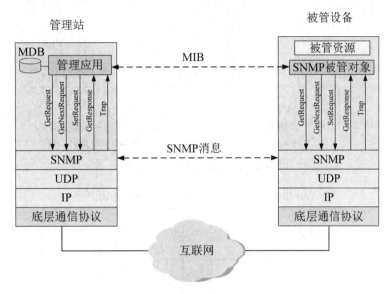

图 9-33　SNMP 基本体系结构

　　管理站和代理之间共享的管理信息由代理系统中的 MIB 给出，在管理站中要配置一个管理数据库（MDB），用来存放从各个代理获得的管理信息的值，管理信息的交换是通过 GetRequest、GetNextRequest、SetRequest、GetResponse、Trap 共 5 条 SNMP 消息进行，其中前面 3 条消息是管理站发给代理的，用于请求读取或修改管理信息的，后两条为代理发给管理站的，GetResponse 为响应请求读取和修改的应答，Trap 为代理主动向管理站报告发生的事件。也就是说，当代理设备发生异常时，代理即向管理者发送 Trap 报文。

2. 三级体系结构

　　如果被管设备使用的不是 SNMP 协议，而是其他的网络管理协议，管理站就无法对该被管设备进行管理，SNMP 提出了代管（Proxy）的概念，代管一方面配备了 SNMP 代理，与 SNMP 管理站通信，另一方面要配备一个或多个托管设备支持的协议，与托管设备通信，代管充当了管理站和被管设备的翻译器。通过代管可以将 SNMP 网络管理站的控制范围扩展到其他网络设备或管理系统中，如图 9-34 所示。

3. 网络管理协议体系结构

　　SNMP 是基于管理器/代理器模型之上的。大多数的处理能力和数据存储器都驻留于管理系统，只有相当少的功能驻留在被管理系统中。SNMP 有一个很直观的体系结构，如图 9-35 所示。为了简化，SNMP 只包括很有限的一些管理命令和响应。管理系统发送 Get、GetNext 和 Set 消息来检索单个或多个对象变量或给定一个单一变量的值。被管理系统在完成 Get、GetNext 或 Set 的指示后，返回一个响应消息。被管理系统发送一个事件通知，告知管理系统。

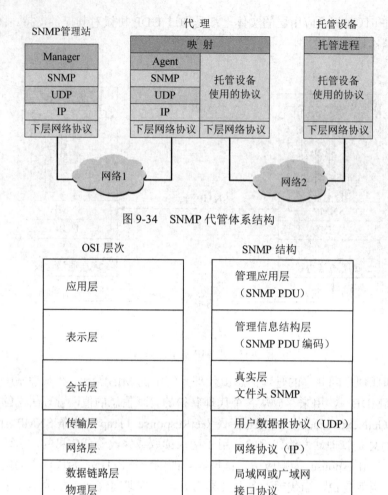

图 9-34　SNMP 代管体系结构

图 9-35　SNMP 结构与 OSI 模型比较

SNMP 假定信道是一个没有联系的通信子网，也就是说，在传输数据之前，没有预先设定的信道。结果是 SNMP 不能保证数据传递的可靠性。图 9-36 所示为 SNMP 体系结构图，从该图可以看出 SNMP 采用的主要协议是用户数据报协议（UDP）和网际协议（IP）。SNMP 也要求数据链路层协议，例如，以太网或令牌环开辟从管理系统到被管理系统的通信渠道。

SNMP 的简单管理和非联系通信也产生很大的作用。管理器和代管理器在操作中都无须依赖对方。这样，即使远程代理器失效，管理器仍能继续工作。如果代理器恢复工作，它能给管理器送一个 Trap。通知它运行状态的变化。SNMP 是在 RFC1157（1-13）中定义的。

4. Trap 与轮询的结合

SNMP 的操作简单，可分为两种基本的管理功能。

❖　通过 Get 的操作，来检测各被管对象的情况。

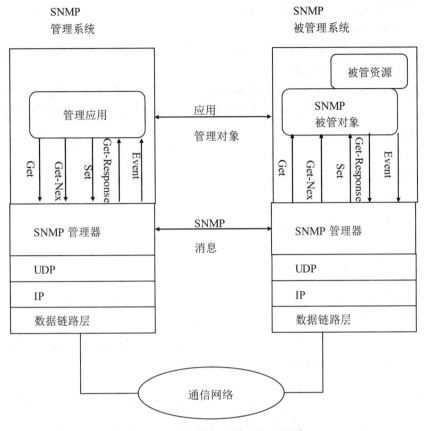

图 9-36　SNMP 网络管理协议体系

❖　通过 Set 的操作来控制各被管对象。

（1）轮询与 Trap

SNMP 可通过轮询操作来实现功能，即 SNMP 管理程序定时向被管设备周期性地发送轮询信息。轮询时间间隔可以通过 SNMP 的管理信息库建立。轮询的优点如下。

① 可使系统相对简单。

② 能限制通过网络所产生的管理信息的通信量。但轮询管理协议也大大限制了管理元素对条件反映的灵活性，限制了所能管理的设备数目。

但 SNMP 不是完全的轮询的协议，它允许某些不经询问就发送的信息，称为 Trap，但 Trap 信息的参数受限制。Trap 同中断是有区别的。使用一般的中断时，被管对象发送中断信息给网控中心，网控中心再对其做出反应，但中断会使网络中计算机的 CPU 承担负荷（因每次中断都使用 CPU 的周期）。

使用轮询系统开销很大。如轮询频繁并未得到有用的报告，则通信线路和计算机的 CPU 周期就被浪费掉了。但轮询协议实现起来较为简单。

SNMP 使用了修正的中断方法。被管对象的代理负责执行门限检查（通常称为过滤），并且只报告那些达到某些门限值的事件。即使这样，发送 Trap 仍然还是属于一种中断。这种方法的优点如下。

① 仅在严重事件发生时才发送 Trap。

② Trap 信息很简单且短小。

使用轮询以维持对网络资源的实时监控，同时也采用 Trap 机制报告特殊事件，使得 SNMP 成为一种有效的网络管理协议。

Trap 允许被管设备直接与网络管理系统通信，并且不需要网络管理系统的预先信息请求，它还允许被管理设备立即向网络管理系统报告错误情况，最初的 SNMP 定义了 6 条必须遵循的 Trap 原语。

❖ 热启动。

❖ 冷启动。

❖ 链接开。

❖ 链接关。

❖ EGP 邻机丢失。

❖ 验证失败。

上面 6 条除了最后一条以外都可以自己解释。如果一个非授权的 SNMP 客户试图向一个 SNMP 服务器发送命令，那么产生验证失败 Trap。所有 SNMP 设备应该实现一个附加的 Trap 类型，即企业自陷；它是制造商对已制定设备发布警告信息的方法。例如，在路由器中，要指出一个未授权的用户是否企图在用户界面上登录。验证失败 Trap 在这种情况下是不合适的，因此要发出企业自陷信息。

（2）轮询管理与异步报警管理

如果想知道网络中某些东西是否变化了，可采用以下方法。

① 网络管理系统进场询问被管理设备是否网络中一切正常，这种方法叫作轮询管理。

② 如果某个设备有故障，被管理设备立即告诉网络管理系统，这种方法叫作异步报警管理。

轮询管理比较容易执行，就是以规定的时间间隔，网络管理系统查询被管设备检查它是否运行。这种策略不需要被管设备有任何判断能力。网络管理系统根据从被管设备那里接收的信息判断是否某个设备出错。

异步报警式管理更复杂一些。SNMP 系统能用前面提到的 Trap 原语生成异步报警。SNMP 中自陷设计的方法允许制造商为特殊设备设定报警进程。但是被管设备必须判定某设备是否出错。下面给出两个例子来说明这个问题。

例 1：在令牌环网集线器中，每个站传送它的 MAC 地址作为加入环进程的一部分。集线器（HUB）存储一个允许的 MAC 地址表。作为一种安全技术，如果某站地址不在表中但要加入这个环，集线器能够拒绝这个站。在发生这种情况时集线器能够向网络管理系统送一个 SNMP 自陷。

例 2：在网桥中，网络管理器把学习表配制成含有最大数量的登记项，假定 1000 个地址。如果表满了，就不能再加帧地址了，数据流就会拥塞网桥上的所有端口（PORT）。理想情况下，网络管理员要知道此表是否已经填满 80%，并希望能把这个临界值设定在网桥中，以表示其是否应向网络管理系统传送一个 SNMP 自陷。

在例子 1 中，有一个简单的是/否判断，并能很容易设计和配置一个自陷系统。另外，自陷生成过程能作为安全非法码插入相同的自码路径。

第 2 例更复杂。首先，检测是否已经超过这个临界值，仅有的实现方法是让网桥 CPU 以某个规则轮询表。当然轮询的越勤，就越快地检测出问题，但占用的 CPU 资源越多，所以需要设定多长时间轮询一次。第二，临界值应该设定为多少合适？在非常复杂的设备如多协议路由器，临界值是 SNMP 自陷过程主要的工具。路由器在供货时就有一些合适的默认临界值，但网络管理员能够将其进行复位。

由于网络的规模不断增加，从利益的角度选择管理策略，轮询式管理完全不实用了。越来越多具有 SNMP 功能的设备开始装备自陷功能，某些设备开始采用临界值。

实际的 SNMP 管理策略建议，如果被管理设备认为某件设备出错时就产生一个自陷，但这个自陷对网络管理系统应该仅是一个简单的帮助信息。在 SNMP 空闲时，轮询被管设备来得到其他所需要的设备状态信息。

5. 委 托

网络管理协议（如 SNMPv 1）有时无法控制某些网络元素。例如，该网络元素使用的是另一种网络管理协议（如 SNMPv 2）。这时可以使用委托代理，委托代理能够提供如协议转换和过滤操作等功能，通过它来对被管对象进行管理。图 9-37 所示为委托管理的配置情况。

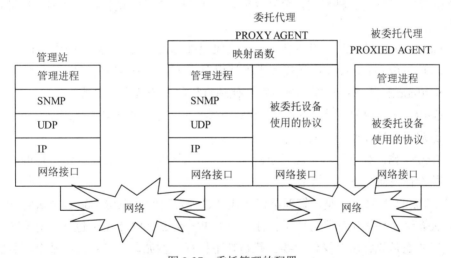

图 9-37　委托管理的配置

为了实现 SNMP v1 信息和 SNMP v2 信息的互译，从 SNMP v2 到 SNMP v1 翻译时，管理器直接向 SNMP v1 代理发送 GetRequest、GetNextRequest、SetRequest 协议数据的单元（PDU），GetBulkRequest 协议数据单元被翻译成若干个 GetNextRequest 协议数据单元。当从 SNMP v1 到 SNMP v2 时，GetResponse 协议数据单元不改变地发送给管理器，SNMP v1Trap 协议数据单元映像到 SNMP v2 Trap 协议数据的单元，带着两个新的变量绑定 SysUpTime.0 和 SnmpTRAPODI.0，这两个变量预先定义在变量绑定字段中。SNMP v1/SNMP v2 委托代理操作如图 9-38 所示。

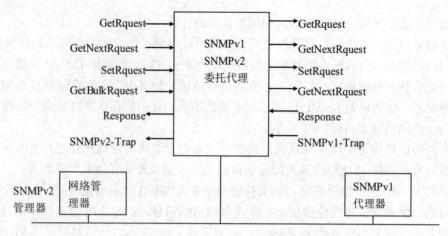

图 9-38　SNMP v1/SNMP v2 委托代理操作

6. SNMP 协议操作

SNMP 协议由 3 部分组成：简单网络管理协议（SNMP）、管理信息结构（SMI）和管理信息库（MIB）。SNMP 主要涉及通信报文的操作处理，协议规定管理进程如何与进程通信，定义了它们之间交换报文的格式和含义及每种报文该如何处理等。

SNMP 定义了以下 5 种报文，分别对应以下 5 种操作来实现管理进程和代理进程之间的交互信息。

❖ GetRequest 操作：被管理进程用来从代理进程处提取一个或多个参数值。

❖ GetNextRequest 操作：从代理进程处提取一个或多个参数的下一个参数值。

❖ SetRequest 操作：设置（或改变）代理进程的一个或多个参数值。

❖ GetResponse 操作：返回的一个或多个参数值。这个操作是由代理进程发出的。它是前面 3 种操作的响应操作。

❖ Trap 操作：代理进程主动发出的报文，通知管理进程有某些异常事件的发生。

对 5 种操作说明如下。

（1）前面的 3 种操作是由管理进程向代理进程发出的。GetRequest、GetNextRequest 和 SetRequest 这 3 种操作都具有原子特性，即如果一个 SNMP 报文中包括了对多个变量的操作，代理要么是执行所有操作，要么就是都不执行，例如，一旦对其中某个变量的操作失败，其他操作都不再执行，已执行过了的也要恢复。

（2）后面两个是代理进程发给管理进程的。图 9-39 描述了上述 5 种操作。

（3）前 4 种操作是请求-应答方式（也就是管理进程发出请求，代理进程应答响应），如果在 SNMP 中使用 UDP 协议，就有可能发生在管理进程和代理进程之间的数据报丢失。因此要设有超时和重传机制。

（4）管理进程发出的前面 3 种操作采用 UDP 的 161 端口。代理进程发出的 Trap 操作采用 UDP 的 162 端口。由于收发采用了不同的端口号，所以一个系统可以同时作为管理进程和代理进程。

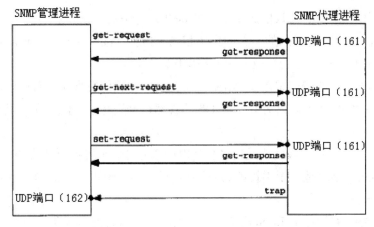

图 9-39　SNMP 的 5 种操作表示

7. SNMP 协议数据单元

PDU 是帧网络节点之间传送的信息单元。例如，一个 IEEE 802.5 帧格式定义令牌环节点之间传输的形式，而 ANSI T1.617 格式则定义帧中继节点之间的传输形式。

由局域网或广域网协议定义的本地网络报头和报尾解除了对帧的限制，如图 9-40 所示。

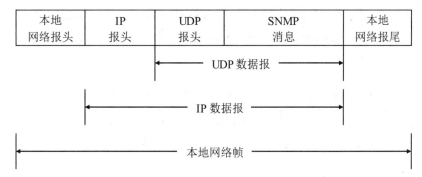

图 9-40　一个传输帧中的 SNMP 消息

被传输的数据叫作网际协议数据报。网际协议数据报是一个经由互连网络从源主机发送到预定目的地的一个信息单位。数据报中有一个目的地 IP 地址，接着是用户数据报协议（UDP）报头，它识别处理数据报并以校验和来进行出错控制的高层协议进程（SNMP）。SNMP 消息是帧中核心的部分，它携带着需要在管理进程和代理进程之间传递的实际数据。

当 IP 包太长以至不能装入一个帧内时，可以将它分为几个帧在局域网传输。例如，一个包含 2500 字节的数据报需要两个以太网帧，每帧可容纳最多 1500 字节的数据，并且每个帧的总体结构将保持不变。

（1）SNMP 的报文格式

SNMP 的报文格式为：

version.community.data

version 域表示 SNMP 协议的版本，在 SNMP v1 中它是 version-1（0）；community 域是为增加系统的安全性而引入的，它的作用相当于口令（password）。data 域存放实际传送的报文，报文有 5 种，分别对应上述 5 种操作。

由于 SNMP 报文的编码采用了 ASN.1 和 BER，这就使得报文的长度取决于变量的类型和值，所以在图 9-40 中，只对 IP 和 UDP 的首部长度进行了标注。在这里介绍各个字段的内容和作用。

① 版本字段是 0。该字段的值是通过 SNMP 版本号减去 1 得到的。显然 0 代表 SNMP v1。

② community 字段是一个字符串。这是管理进程和代理进程之间的口令，是明文格式。默认的值是 public。

③ 对于 Get、GetNext 和 Set 操作，请求标识由管理进程设置，然后由代理进程在 GetResponse 中返回。这个字段的作用是使客户进程（在目前情况下是管理进程）能够将服务器进程（即代理进程）发出的响应和客户进程发出的查询进行匹配。这个字段允许管理进程对一个或多个代理进程发出多个请求，并且从返回的众多应答中进行分类。

（2）SNMP 消息

SNMP 消息本身可以分为两部分：版本标志加 commuity 和 PDU。版本标志加 commuity 有时被称为 SNMP 甄别报头。PDU 类型有 5 种：GetRequest、GetNextRequest、GetResponse、SetRequest 和 Trap。GetResponse 和 SetResponse PDU 的格式相同，如图 9-41 所示，而 Trap PDU 的格式则与众不同。

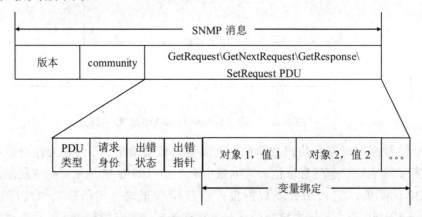

图 9-41　SNMP GetRequest、GetNextRequest、GetResponse 和 SetRequest PDU 结构

版本号（Integer 类型）保证了管理器和代理使用相同版本的 SNMP 协议。

community 在管理访问代理进程之前，对管理进程进行甄别。community 名与管理器的 IP 地址一起，存储在代理器的 community 概貌中。

GetResponse、SetResponse PDU 的格式相同。确定消息所包含的 PDU 的类型如表 9-10 所示。

表 9-10　PDU 类型

PDU	PDU 类型域值
GetRequest	0
GetNextRequest	1
GetResponse	2
SetRequest	3
Trap	4

出错状态字段是一个整数，它是由代理进程标注的，指明有差错发生。表 9-11 是出错状态参数值和描述之间的对应关系。

表 9-11　SNMP 差错状态的值

出 错 状 态	值	意　　义
NOERROR	0	恰当的管理器/代理器操作
TOOBIG	1	请求的 GetResponse PDU 的大小超过本地的限制
NOSUCHNAME	2	被请求的对象名与相关 MIB 概貌中的名字不匹配
BADVALUE	3	一个 SetRequest 包含变量的一个不一致的类型长度和值
READONLY	4	管理进程试图修改一个只读进程
GENERR	5	发生了其他未被明确定义的错误

在 Get、GetNext 和 Set 的请求数据报中，包含变量名称和变量值的一张表。对于 Get 和 GetNext 操作，变量值部分被忽略，也就是不需要填写。

对于 Trap 操作符（PDU 类型是 4），SNMP 报文格式有所变化。

当一个错误发生时，出错指针域能识别在变量绑定列表中导致出错的条目。例如，如果第四个变量绑定的格式不对，或不能被接收方理解，就会返回一个出错指针为 4。一个绑定将一个变量名与它的值匹配。VarBindlist 就是这样的一张匹配表。

（3）TrapPDU 的格式

TrapPDU 的格式如图 9-42 所示。

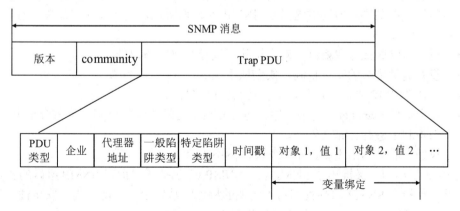

图 9-42　TrapPDU 的格式

TrapPDU 有一个不同于其他 4 种 SNMP PDU 的格式。第一个域表明 TrapPDU 包含的 PDU 类型为 4。企业域表明定义 Trap 注册权力机关下属的管理企业，例如，对象标志前缀 {1.3.6.1.4.110}，在该企业发送一个 Trap 时，标识出它是网络通用公司。代理器地址域包含代理器的 IP 地址，它提供进一步的识别，如果采用非 IP 传输协议，则返回值为 0.0.0.0。

一般 Trap 类型提供更多关于被报告的时间的信息。该域有 7 个特定的值（枚举 Integer 类型）。

时间戳域包含 sysUpTime 对象的值，该值表示代理器最后一次（重新）初始化和产生 Trap 之间所经历的时间。最后一个域包含捆绑变量。

为了产生 TrapPDU，代理器给 PDU 类型赋值为 4，并填入企业、代理器地址、一般 Trap 类型、特定 Trap 类型和时间戳域，以及变量绑定列表。

根据定义，Trap 都是针对于应用的。因此就很难全面介绍这种 PDU 的使用用法。在 RFC1215 中记录了一些采取的方针。图 9-43 表明了路由器的代理器如何用 Trap 向管理器发送一个事件的过程。

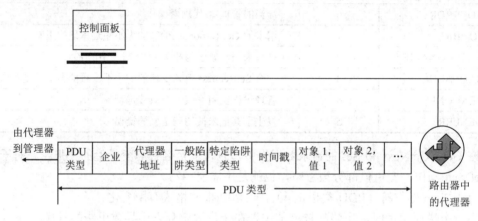

图 9-43　TrapPDU 操作

9.8.3　SNMP v2 协议

SNMP 标准取得成功的主要原因是：在大型的、各种产品构成的复杂网络中，管理协议的明晰是至关重要的；但同时这又是 SNMP 的缺陷所在，为了使协议简单易行，SNMP 简化了功能，例如：

❖　没有提供成批存取机制，对大块数据进行存取效率很低。

❖　没有提供足够的安全机制，安全性很差。

❖　只在 TCP/IP 协议上运行，不支持其他网络协议。

❖　没有提供 manager（管理程序）与 manager 之间通信的机制，只适合集中式管理，而不利于进行分布式管理。

❖　只适于监测网络设备，不适于监测网络本身。

到 1993 年年初，又推出了 SNMP v2。SNMP v2 包括了以前对 SNMP 所做的各项改进工作，并在保持了 SNMP 清晰性和易于实现的特点的基础上，功能更强，安全性更好。

SNMP v1 和 SNMP v2 之间的重要区别如下。

（1）在 SNMP v2 中定义了一个新的分组类型 GetBulkRequest，它高效率地从代理进程读取大块数据。

（2）另一个新的分组类型是 InformRequest，它使一个管理进程可以向另一个管理进程发送信息。

（3）定义了两个新的 MIB，它们是 SNMP v2 MIB 和 SNMP v2 M2M MIB（管理进程到管理进程的 MIB）。

（4）SNMP v2 的安全性比 SNMP v1 大有提高。在 SNMP v1 中，从管理进程到代理进程的共同体名称是以明文方式传送的。而 SNMP v2 可以提供鉴别和加密。

SNMP v2 对 SNMP 提供的关键增强包括如下几个方面。

❖ 管理信息结构（SMI）。

❖ 协议操作。

❖ 管理者对管理者能力。

❖ 安全性。

SNMP v2 SMI 在许多方面对 SNMP SMI 进行了扩充。用来定义对象的宏被扩充，包括多个新的数据类型，并增强了关于对象的文档说明。

当处理协议信息时，SNMP v2 实体可以作为一个代理器、管理器，或两者皆可。当回答协议信息（而不是 inform 通知，它是管理器保留的），或者当它发送一个 Trap 通知时，SNMP v2 实体是一个代理器。当发送协议信息或者回答一个 Trap 或 inform 通知时，SNMP v2 实体作为一个管理器。SNMP v2 实体可以作为一个委托代理。

SNMP v2 提供了 3 种访问网络管理信息的类型，这 3 种类型由网络管理实体的角色决定，并与管理器对管理器的性能有关。第一种交互式类型是一个实体管理器，另一实体是代理器的请求回答式，当一个 SNMP v2 管理器发送一个请求到 SNMP v2 代理器时，SNMP v2 代理器回答。第二种交互式类型是两个实体都是管理器的请求回答式。第三种类型是不确认的交互式，SNMP v2 代理器主动向管理器发送一个信息或 Trap，但是并没有回答返回。

1. SNMP 协议数据单元（PDU）

在 SNMP v2 中对传递管理信息的协议数据单元（PDU）进行了有效的扩充，如图 9-44 所示。

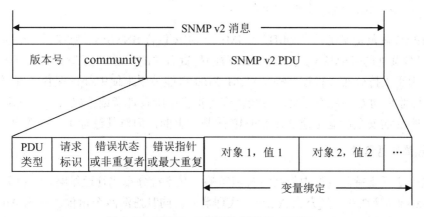

图 9-44　SNMP v2 协议数据单元（PDU）

SNMP v2 提供了新的 PDU，增加了错误代码和例外回答。例外回答允许管理应用程序确定管理操作失败的原因。

❖ PDU 类型：指定被传送的 PDU 命令。

❖ 请求标志：用来表示请求和回答相关联。

❖ 错误状态：除请求情况外，其值：0=没错误；1=过大；2=无此名；3=坏值。

❖ 错误指针：指向引起错误的变量绑定。

❖ 非重复者：指出有多少请求变量不必重复，例如，单一的变量实例。该参数只在 GetBulkRequest 协议数据单元中使用。

❖ 最大重复：重复执行的最大值，该参数只在 GetBulkRequest 协议数据单元中使用。

❖ 变量捆绑：指出对象的名及相应的值。

SNMP v2 定义了 8 种 PDU 类型，其中 3 种是新的，即 GetBulkRequest、InformRequest 和 Report。另外，SNMP v2 TrapPDU 格式在 SNMP v1 TrapPDU 格式的基础上进行了改进，修改为与其他的 PDU 格式和结构保持一致。

协议操作中最显著的改变是包括了两个新的 PDU。GetBulkRequest PDU 能使管理者高效率地检索大块数据，尤其是非常适于检索一个表中的多个行。InformRequest PDU 能使一个管理者向另一个管理者发送 Trap 类型的消息。

SNMP v2 实体可发送或接收的 PDU 取决于它是代理器，还是管理器，如表 9-12 所示。

表 9-12　SNMP v2 可发送或接收的 PDU

SNMP v2 PDU	代 理 发 送	代 理 接 收	管理器发送	管理器接收
GetRequest		√	√	
GetNextRequest		√	√	
GetResponse	√		√	√
SetRequest		√	√	
GetBulkRequest		√	√	
InformRequest			√	√
SNMPv2TRAP	√			√

注："√"表示该实体能发送或接收此类 PDU。

SNMP v2 规范定义了两个 MIB，SNMPv2 MIB 包含 SNMP v2 协议操作的基本往来信息，它还包含其他与 SNMP v2 管理者或代理的配置有关的信息。"管理者对管理者"（M2M）MIB 专门用于支持分布式管理结构。M2M MIB 可能被用来使中级管理者实现网络媒体传输中的远程监视功能。它还可允许中级管理者报告中级管理者或下级代理的活动。

SNMP v2 的安全功能是建立在 SNMP 的基础上的，但对其进行了一些改进。

2. 分散网络管理

SNMP v2 既支持高度集中的网络管理策略，又支持分布式管理策略。一些站点可以既充当 Manager（管理器）又充当 Agent（代理器），同时扮演两个角色。作为 Agent，它们接受更高一级管理站的请求命令，这些请求命令中一部分与 Agent 本地的数据有关，这时直接应答即可；另一部分则与远地 Agent 上的数据有关。这时 Agent 就以 Manager 的身份向远地 Agent 请求数据，再将应答传给更高一级的管理站。在后一种情况下，它们起的是 Proxy（代理）的作用。

3. 安全功能

SNMP v2 对 SNMP v1 的一个大的改进，就是增强了安全机制。对管理系统安全的威胁主要有下面几种。

（1）信息篡改

SNMP v2 标准中，允许 Manager 修改 Agent 上的一些被管理对象的值。破坏者可能会将传输中的报文加以改变，改成非法值，进行破坏。因此协议应该能够验证收到的报文是否在传输过程中被修改过。

（2）冒充

SNMP v2 标准中虽然有访问控制能力，但这主要是从报文的发送者来判断的。那些没有访问权的用户可能会冒充其他合法用户进行破坏活动。因此协议应该能够验证报文发送者的真实性，判断是否有人冒充。

（3）报文流的改变

由于 SNMP v2 标准是基于无连接传输服务的，报文的延迟、重发以及报文流顺序的改变都是可能发生的。某些破坏者可能会故意将报文延迟、重发，或改变报文流的顺序，以达到破坏的目的。因此协议应该能够防止报文的传输时间过长，不给破坏者留下机会。

（4）报文内容的窃取

破坏者可能会截获传输中的报文，窃取它的内容。

因此，协议应该能够对报文的内容进行加密，保证它不被窃听者获取。

针对上述安全性问题，SNMP v2 中增加了验证机制、加密机制，以及时间同步机制来保证通信的安全。

另外，SNMP v2 标准中增加了一种叫作 Party 的实体。Party 是具有网络管理功能的最小实体，它的功能是一个 SNMP v2 Entity（管理实体）所能完成的全部功能的一个子集。每个 Manager（管理器）和 Agent（代理器）上都分别有多个 Party，每个站点上的各个 Party 彼此是平等的关系，各自完成自己的功能。实际的信息交换都发生在 Party 与 Party 之间（在每个发送的报文里，都要指定发送方和接收方的 Party）。每个 Party 都有一个唯一的标识符、一个验证算法和参数以及一个加密算法和参数。Party 的引入增加了系统的灵活性和安全性，可以赋予不同的人员以不同的管理权限。SNMP v2 中有 3 种安全性机制：验证机制、加密机制和访问控制机制。这些机制都工作在 Party 级，而不是 Manager/Agent 级。

4. 数据传输

SNMP v2 标准的核心就是通信协议，它是一个请求/应答式的协议。这个协议提供了在 Manager 与 Agent、Manager 与 Manager 之间交换管理信息的直观、基本的方法。

每条 SNMP v2 的报文都由一些域构成：digest 域、authInfo 域、privDst 域、srcParty 域等。如果发送方、接收方的两个 Party 都采用了验证机制，它就包含与验证有关的信息；

否则它为空（取 NULL）。验证的过程如下：发送方和接收方的 Party 都分别有一个验证用的密钥和一个验证用的算法。报文发送前，发送方先将密钥值填入 digest 域，作为报文的前缀。然后根据验证算法，对报文中 digest 域以后（包括 digest 域）的报文数据进行计算，计算出一个摘要值（digest），再用摘要值取代密钥，填入报文中的 digest 域。接收方收到报文后，先将报文中的摘要值取出来，暂存在一个位置，然后用发送方的密钥放入报文中的 digest 域。将这两个摘要值进行比较，如果一样，就证明发送方确实是 srcParty 域中所指明的那个 Party，报文是合法的；如果不一样，接收方断定发送方非法。验证机制可以防止非法用户冒充某个合法 Party 来进行破坏。

authInfo 域中还包含两个时间戳，用于发送方与接收方之间的同步，以防止报文被截获和重发。

9.8.4　SNMP v3 协议简介

SNMP v3 可以认为是具有附加的安全和管理能力的 SNMP v2。它主要定义了 SNMP v2 中缺少的网络安全方面的 4 个关键域。

❖ 验证（原始身份，信息的完整性和在传输保护的一些方面）。

❖ 保密。

❖ 授权和进程控制。

❖ 以上 3 种功能所需的远程配置和管理能力。

 小结

本章主要介绍了 TCP/IP 体系的应用层协议。域名系统服务 DNS，提供了一个分级命名方案，采用分布式查询，用于把主机名映射到网络地址。通过本章的学习了解 DNS 域名解析的过程。对于文件的传送和存取讲述了 3 个协议：FTP、TFTP、NFS。

文件传输协议（FTP）使用将整个文件复制的方式，并为用户提供列出远地机器上目录和双向文件传送的能力；简单文件传输协议（TFTP）使用 UDP；NFS 提供联机共享文件存取，使用 SUN 的远地过程调用（RPC）和外部数据表示（XDR）机制。文件传输协议提供了有效地把数据从一台机器移动到另一台机器的方法。

远程登录协议（TELNET）提供基本服务，允许客户机传递控制命令和数据给服务器。它允许客户机和服务器协商许多选项；电子邮件协议（SMTP）是在 MTA 之间传递邮件的协议。之后讲述了万维网的功能作用。

本章最后介绍了简单网络管理协议（SNMP）的概况，并对 SNMP 的 3 个版本 SNMP v1、SNMP v2、SNMP v3 进行简单介绍。

 习题

1. 互联网有哪些主要的信息服务？

2．试述网络文件系统（NFS）的主要特点。

3．举例说明域名解析过程。

4．简述 SMTP 的工作原理和工作过程。

5．试述 Telnet 工作原理。什么叫作虚拟终端 NVT？

6．FTP 有哪些功能？简述其主要工作过程。

7．访问一台匿名 FTP 服务器，获取 RFC959 文档。

8．什么是客户/服务器模式？有什么优点？

9．域名空间的结构是怎样的？顶级域名有哪些？

10．说明一封电子邮件的格式，说出各部分特点。

11．什么是 URL？它由哪几部分组成？

12．网络管理包括哪些功能？

13．描述一下网络管理体系结构。

14．说明 SNMP 的体系结构模型。

15．SNMP 协议使用哪几种操作？分别是什么？

16．SNMP 协议使用 UDP 传送数据报，为什么不使用 TCP？

17．如果本地域名服务无缓存，当采用递归方法解析另一网络某主机域名时，用户主机、本地域名服务器发送的域名请求条数分别是多少？

第 10 章　网　络　安　全

本章知识结构

```
网络安全 ── 网络安全概述 ──── 网络安全的重要性
                              网络安全现状分析
                              网络面临的主要威胁
                              网络安全的定义

          数据加密技术概述 ── 数据加密的原理
                              传统数据加密模型
                              加密算法分类

          网络攻击、检测与防范技术 ── 网络攻击简介
                                      网络攻击检测技术
                                      网络安全防范技术

          计算机病毒 ──── 计算机病毒的传播途径
                          计算机病毒产生的原因
                          计算机病毒的定义
                          计算机病毒的命名
                          计算机病毒的特性

          防火墙 ──── 防火墙的基本概念
                      防火墙的功能
                      防火墙的优缺点
                      防火墙技术

          认证技术 ──── 身份鉴别技术
                        数据完整性

          互联网的层次安全技术 ── 互连网络层安全协议
                                  传输层安全协议 SSL/TLS
                                  应用层安全协议
```

学习目标

❖ 理解应用层安全协议、计算机病毒。

❖ 掌握数据加密的原理、数据加密模型、防火墙技术、认证技术、检测与防范技术。

10.1　网络安全概述

安全性是互联网技术中最为关键的问题。许多组织都建立了庞大的计算机网络体系，但在多年的使用中没有考虑过安全问题，直到网络安全受到威胁，才不得不采取安全措施。随着计算机网络的广泛应用和网络之间数据传输量的急剧增长，网络安全的重要性愈加突出。

10.1.1　网络安全的重要性

黑客的威胁已经屡见不鲜，然而内部工作人员能较多地接触内部信息，工作中的任何大意都可能给信息安全带来危险。无论是有意的攻击，还是无意的误操作，都会给系统带来不可估量的损失。虽然多数的攻击者只是恶作剧似地使用篡改网站主页面、拒绝服务等攻击，但当攻击者的技术达到了某个层次后，就可以窃听网络上的信息，窃取用户密码、数据库等信息；还可以篡改数据库内容，伪造用户身份，否认自己的签名。更有甚者，可以删除数据库内容，摧毁网络节点，释放计算机病毒等。

综上所述，网络必须有足够强大的安全措施。无论是在局域网中还是在广域网中，无论是单位还是个人，网络安全的目标是能全方位地防范各种威胁以确保网络信息的保密性、完整性和可用性。

10.1.2　网络安全现状分析

20 世纪 90 年代初，英、法、德、荷 4 国联合提出了包括保密性、完整性、可用性概念的"信息技术安全评价准则"（TISFC），但是该准则中并没有给出综合解决上述问题的理论模型和方案。近年来 6 国 7 方（美国国家安全局和国家技术标准研究所、加、英、法、德、荷）共同提出了"信息技术安全评价通用准则"（CC for IT SEC）。CC 综合了国际上已有的评审准则和技术标准的精华，给出了框架和原则要求。然而，它仍然缺少综合保证信息的多种安全属性的理论模型依据。更重要的是，他们的高安全级别的产品对我国是封锁禁售的。作为信息安全的重要内容，安全协议的形式化方法分析始于 20 世纪 80 年代初，目前主要有基于状态机、模态逻辑和代数工具的 3 种分析方法，但仍有局限性和漏洞，处于发展提高阶段。

由于在广泛应用的 Internet 上，黑客入侵事件不断发生，不良信息在网上大量传播，所以网络安全监控管理理论和机制的研究就备受重视。黑客入侵手段的研究分析、系统脆弱性检测技术、报警技术、信息内容分级标识机制、智能化信息内容分析等研究成果已经成为众多安全工具软件的基础。

从已有的研究结果可以看出，现在的网络系统中存在着许多设计缺陷和有意埋伏的安全陷阱。例如在 CPU 芯片中，发达国家利用现有技术条件，可以植入无线发射接收功能，能够在操作系统、数据库管理系统或应用程序中预先安置从事情报收集、受控激发的破坏程序。通过这些功能，可以接收特殊病毒，接收来自网络或空间的指令来触发 CPU 的自杀功能，搜集和发送敏感信息，通过特殊指令在加密操作中将部分明文隐藏在网络协议层中传输等。而且，通过唯一识别 CPU 个体的序列号，可以主动、准确地识别、跟踪或攻击一个使用该芯片的计算机系统，根据预先设定收集敏感信息或进行定向破坏。

作为信息安全关键技术的密码学，近年来空前活跃。各洲频繁举行密码学和信息安全学术会议。1976 年出现了公开密钥密码体制，克服了网络信息系统密钥管理的困难，同时解决了数字签名问题，并可用于身份认证。目前处于研究和发展阶段的电子商务的安全性是人们普遍关注的焦点，它带动了论证理论、密钥管理等方面的研究。随着计算机运算速度的不断提高，各种密码算法面临着新的密码体制，如量子密码、DNA 密码、混沌理论等的挑战。

基于密码理论的综合研究成果和可信计算机系统的研究成果，构建公开密钥基础设施、密钥管理基础设施成为当前研究的另一个热点。

10.1.3　网络面临的主要威胁

影响计算机网络的因素有很多，如有意的或无意的、人为的或非人为的，外来黑客对网络系统资源的非法使用更是影响计算机网络的重要因素。归结起来，网络面临的威胁主要有以下几个方面。

1.　人为的无意失误

人为的疏忽包括失误、失职、误操作等。例如，操作员安全配置不当所造成的安全漏洞，用户安全意识不强，用户密码选择不慎，用户将自己的账号随意转借他人或与别人共享等都将对网络安全构成威胁。

2.　人为的恶意攻击

人为的恶意攻击是计算机网络所面对的最大威胁，敌人的攻击和计算机犯罪就属于这一类。此类攻击又可以分为两种：一种是主动攻击，它以各种方式有选择地破坏信息的有效性和完整性；另一类是被动攻击，它是在不影响网络正常工作的情况下，进行截获、窃取、破译以获得重要机密信息。这两种攻击均可对计算机网络造成极大的危害，并导致机密数据的泄漏。人为恶意攻击具有下述特性。

（1）智能性

从事恶意攻击的人员大都具有相当高的专业技术和熟练的操作技能。他们的文化程度高，在攻击前都经过了周密的预谋和精心策划。

（2）严重性

涉及金融资产的网络信息系统恶意攻击，往往由于资金损失巨大，而使金融机构、企业蒙受重大损失，甚至破产。同时，也给社会稳定带来震荡。

（3）隐蔽性

人为恶意攻击的隐蔽性很强，不易引起怀疑，作案的技术难度大。一般情况下，其犯罪的证据存在于软件的数据和信息之中，如无专业知识很难获取侦破证据。而且作案人可以很容易地毁灭证据。计算机犯罪的现场也不像传统犯罪现场那样明显。

（4）多样性

随着计算机互联网的迅速发展，网络信息系统中的恶意攻击也随之发展变化。出于经济利益的巨大诱惑，各种恶意攻击主要集中在电子商务和电子金融领域。攻击手段不断变化，呈现多样性。

3. 网络软件的漏洞

网络软件不可能无缺陷和无漏洞，漏洞和缺陷恰恰是黑客进行攻击的首选目标，黑客攻入网络内部事件的多数源于安全措施不完善所导致。另外，软件的陷门都是软件公司的设计编程人员为了自己方便而设置，一般不为外人所知，但一旦陷门被打开，后果将不堪设想，不能保证网络安全。

4. 非授权访问

非授权访问是指没有预先经过同意，就使用网络或计算机资源，例如对网络设备及资源进行非正常使用，擅自扩大权限或越权访问信息等，主要包括身份假冒、身份攻击、非法进入网络系统进行违法操作。

5. 信息泄漏或丢失

信息泄漏或丢失是指敏感数据被有意或无意地泄漏出去或者丢失，通常包括信息在传输中丢失或泄漏，例如黑客们利用电磁泄漏或搭线窃听等方式可截获机密信息，或通过对信息流向、流量、通信频度和长度等参数的分析，进而获取所需信息。

6. 破坏数据完整性

破坏数据完整性是指以非法手段窃取数据的使用权，删除、修改、插入或重发某些重要信息，恶意添加、修改数据，以干扰用户的正常使用。

10.1.4　网络安全的定义

网络安全是指为保护网络不受任何损害而采取的所有措施的总和，当正确采用这些措施之后，能使网络得到保护，得以正常运行。

网络安全的定义中包含保密性、完整性和可用性 3 方面的内容。

1. 保密性

保密性是指网络能够阻止未经授权的用户读取保密信息。

2. 完整性

完整性包括资料的完整性和软件的完整性。资料的完整性是指在未经许可的情况下，确保资料不被删除或修改。软件的完整性是指确保软件程序不会被错误、怀有恶意的用户或病毒修改。

3. 可用性

可用性是指网络在遭受攻击时可以确保合法用户对系统的授权访问正常进行。

10.2　数据加密技术概述

在信息时代，一方面信息服务于生产、生活，使人们受益；另一方面，信息的泄漏可能构成巨大的威胁。因此，在客观上就需要一种强有力的安全措施来保护机密数据不被窃取或篡改。数据加密与解密容易理解。加密与解密的方法非常直接，而且易被掌握，可以很方便地对机密数据进行加密和解密。

加密是指发送方将一个信息（或称明文）经过加密密钥及加密函数转换，变成无意义的密文，而接收方则将此密文经过解密函数、解密密钥还原成明文。

密码是实现秘密通信的主要手段，是隐蔽语言、文字、图像的特种符号。凡是按照通信双方约定的方法用特种符号把电文的原形隐蔽起来，不为第三者所识别的通信方式统称为密码通信。在计算机通信中，采用密码技术将信息隐蔽起来，再将隐蔽后的信息传输出去，使信息在传输过程中即使被窃取或被截获，窃取者也无法了解信息的内容，从而保证信息传输的安全。

加密技术是网络安全技术的基石，一个加密系统至少由下述 4 个部分组成。

- ❖ 明文：未加密的报文。
- ❖ 密文：加密后的报文。
- ❖ 加密解密设备或算法。
- ❖ 加密解密的密钥。

计算机网络中的加密可以在不同的层次上进行，常用的是在应用层、链路层和网络层。应用层加密需要应用程序的支持，包括客户机和服务器的支持。这是一种高级的加密，在单项安全应用中十分有效，但它不能保护网络链路。链路层加密仅适用于单一网络链路，仅仅在某条线路上保护数据，而当数据通过其他链路、路由、中介主机时则不能够保护。它是一种比较低级的加密，不能广泛应用。网络层加密介于应用层加密和链路层加密，加密是在发送端进行，通过不可信的中间网络传送，然后在接收端解密。加密和解密操作是由可信任端的路由器或其他网络设备完成。

数据加密可以分为两种途径：一种是通过硬件实现数据加密，另一种是通过软件实现数据加密。通常所说的数据加密是指通过软件对数据进行加密。

1. 硬件加密技术

通过硬件实现网络数据加密的方法有 3 种：链路层加密、节点加密和端对端加密。

（1）链路层加密

链路层加密是将密码设备安装在节点与调制解调器之间，使用相同的密钥、在物理层上实现两通信节点之间的数据保护。

（2）节点加密

节点加密是指在传输层上进行的数据加密，其加密算法依附于加密模型实现，每条链路使用一个专用密钥，明文不通过中间节点。

（3）端对端加密

端对端加密是在表示层上对传输的数据进行加密，数据在中间节点不需要解密，其加密的方法可以用硬件实现，也可以用软件实现。目前，多用硬件实现而且采用脱机的方式进行。

2. 软件加密技术

常用的软件加密方法为对称加密和非对称加密，后面将详述。

10.2.1　数据加密的原理

首先通过一个例子来说明数据加密的原理。例如银行传递一张支票，采取步骤如下。

（1）在一张空白支票上填写接收者的姓名和金额。

（2）在支票上签上自己的姓名（称为授权过程）。

（3）把支票放在一个信封内，以防其他人看见。

（4）把支票交给邮局来投递。

接收者：

（1）接收者收到信件后，检查信件的完整性。

（2）如果对支票的真实性有怀疑，可以到银行去检查签名的正确性。

（3）如果签名正确，银行可以转移支票的金额，从而实现整个交易。

但是在电子环境下，这个支票在计算机网络上传递可能产生如下问题。

（1）由于网络（特别是 Internet）上很多人能截取和阅读这个支票，所以需要私有性。

（2）由于其他人可能伪造这样的支票，所以需要身份鉴别。

（3）由于原签署者可能否认这个支票，所以需要不可复制性。

（4）由于其他人可能改变支票的内容，所以需要完整性。

为了克服这些问题，委托者需要采取以下一些数据处理方式。

（1）私有性和加密

一个电子支票可以通过一些高速数学算法对数据进行变换，一般需要使用一个密钥，这个过程称为加密。

（2）数字签名

数字签名可以解决支票的身份鉴别、不可复制性、完整性等问题。

（3）明文

需要被加密的信息称为明文。

（4）密文

明文通过加密函数变换后的信息称为密文。

（5）密钥

加密函数以一个密钥（key）作为参数，可以用 $C=E(P,Key)$ 来表示这个加密过程，其中 P 为明文，E 为加密函数，C 为密文。

10.2.2 传统数据加密模型

在计算机出现前，数据加密由基于字符的密码算法构成。不同的密码算法只是字符之间互相代替或换位，好的密码算法综合了以上两种方法，每次进行多次运算。

虽然现在变得更为复杂，但基本原理没有变。大多数好的密码算法仍然是代替和换位的元素组合，传统加密的一般过程如图 10-1 所示。

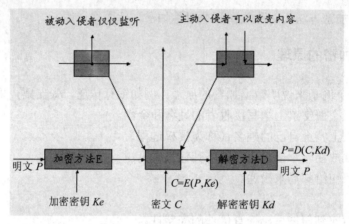

图 10-1　传统加密的一般过程

1. 代替密码

代替密码就是明文中每一个字符被替换为另外一个字符。接收者对密文进行逆替换就能恢复明文。在表 10-1 中，表示了一个最简单的编码函数对照表。

表 10-1　最简单的编码函数对照表

加密编码程序	解密编码程序
A → Z	Z → A
B → W	W → B
C → X	X → C
D → E	E → D
⋮	⋮
K → H	H → K

可以用 A 取代 Z，B 取代 W 等规则，将原来的内容转换成新的编码数据。传送到目的地之后，再根据相反的步骤还原。这种编码程序过于简单，编码前后数据的关联性高，假如原先不知道编码规则，根据关联性也可以逐步推算出编码规则。知道了编码规则就可以得到原始数据。这种可以很容易推算出编码规则而还原原数据的编码函数安全性低，已不

被使用。

在经典密码学中，有 4 种类型的代替密码。

（1）单字母代替密码

单字母代替密码是一种简单代替密码，这种方法就是把明文的一个字符用相应的一个密文字符代替。报纸中的密报就使用了这种方法。著名的凯撒密码就是一种简单的代替密码，它的每一个明文字符都由其右边第 3 个（模 26）字符代替（A 由 D 代替，B 由 E 代替，W 由 Z 代替，X 由 A 代替，Y 由 B 代替，Z 由 C 代替）。它是一种很简单的代替密码，因为密文字符是明文字符的环移替换，并且不是任意置换。

ROT13 是建在 UNIX 系统上的简单的加密程序，也是一种简单的代替密码。在这种加密方法中，A 被 N 代替，B 被 O 代替等，每一个字母是环移 13 次所对应的字母。

用 ROT13 加密文件两遍便恢复出原始的文件：

$$P=ROT13（ROT13（P））$$

单字母代替密码很容易破译，因为它没有把明文的各个字母的出现频率掩盖起来。

（2）多名码代替密码

这种方法与简单代替密码相似，唯一的不同是单个字符明文可以映射成密文的几个字符之一，例如，A 可能对应于 5、13、25 或 56，B 可能对应于 7、19、31 或 42 等。多名码代替密码比简单代替密码更难破译，但仍不能掩盖明文的所有统计特性，用已知明文攻击，破译这种密码非常容易，在计算机上只需几秒钟就可以实现解密。

（3）字母代替密码

这种方法是把字符块成组加密，例如"ABA"可能对应于"RTQ"，"ABB"可能对应于"SLL"等。希尔密码是多字母代替密码的又一个例子。Huffman 编码是另一种不安全的多字母代替密码。

（4）多表代替密码

这种方法的特点是把明文用多个简单的代替密码代替。多表代替密码有多个单字母密钥，每一个密钥被用来加密一个明文字母。第一个密钥加密明文的第一个字母，第二个密钥加密明文的第二个字母，以此类推。当所有的密钥用完后，密钥再次循环使用，若有 20 个单个字母密钥，那么每隔 20 个字母的明文都被同一密钥加密，这称为密码的周期。在经典密码学中，密码周期越长越难破译，但使用计算机就能够轻易地破译具有很长周期的代替密码。

2. 换位密码

在换位密码中，明文的字母保持不变，但顺序被打乱，明文字符并没有被替换，而是出现的位置改变了。

例如，用密钥 megabuck，对 Pleasetransferonemilliondollarstomyswissbankaccountsixtwotwo 进行加密。加密过程如下。

首先将密钥放在第 1 行，第 2 行是密钥中的字符按英文字母排序的序号，第 3~10 行是被加密的明文，最后一行如果不满时用 abcde 等填写。

```
m   e   g   a   b   u   c   k
7   4   5   1   2   8   3   6
p   l   e   a   s   e   t   r
a   n   s   f   e   r   o   n
e   m   i   l   l   i   o   n
d   o   l   l   a   r   s   t
o   m   y   s   w   i   s   s
b   a   n   k   a   c   c   o
u   n   t   s   i   x   t   w
o   t   w   o   a   b   c   d
```

然后按第 2 行的序号得到所有的密文。即加密时按列书写，次序按字母顺序，上述明文加密后的密文是：

Afllsksoselawaiatoossctclnmomantesilyntwrnntsowdpaedobuoeririexb

10.2.3 加密算法分类

数据加密是保障数据安全的最基本的理论基础和最核心的技术支持。数据加密也是现代密码学的重要组成部分。加密算法是数据加密过程的核心，数据加密是保证信息机密性的有效方法。据不完全统计，到目前为止已经公开发表的各种加密算法有数百种之多。

数据加密一般分为对称加密和非对称加密两类。

1．对称加密

在对称密钥体制中，收信方和发信方使用相同的密钥。比较著名的对称密钥算法有美国的 DES 及其各种变形，如 Triple DES、GDES、NewDES 和 DES 的前身 Lucifer，欧洲的IDEA，日本的 FEAL-N、LOKI-91、Skipjack、RC4、RC5 以及以代换密码和转轮密码为代表的古典密码等，其中影响最大的是 DES 密码算法。

2．非对称加密

非对称加密是指收信方和发信方使用的密钥互不相同，而且几乎不可能由加密密钥推导出解密密钥。比较著名的公钥密码算法有 RSA、背包密码、McEliece 密码、Diffe-Hellman、Rabin、Ong-FiatShamir、零知识证明的算法、Elliptic Curve、ElGamal 算法等。最有影响的公钥加密算法是 RSA，它能够抵抗到目前所有的密码攻击。

在实际应用中，通常将对称密码和公钥码结合在一起使用，例如利用 DES 或者 IDEA来加密信息，而采用 RSA 来传递会话密钥。如果按照每次加密所处理的位数来分类，可以将加密算法分为序列密码和分组密码。前者每次只加密一位，而后者则先将信息序列分组，每次同时处理一个组。

10.3　网络攻击、检测与防范技术

随着计算机网络的广泛使用和发展，信息的共享给我们的工作和生活带来更多便利的同时，也引起了许多安全方面的问题，而且这一问题日趋严重，采取有效的措施解决这一问题刻不容缓。

10.3.1　网络攻击简介

1. 网络攻击的定义

任何以干扰、破坏网络系统为目的的非授权行为都称之为网络攻击。法律上对网络攻击的定义有两种观点：第一种是指攻击仅仅发生在入侵行为完全完成，并且入侵者已在目标网络内；另一种观点是指可能使一个网络受到破坏的所有行为，即从一个入侵者开始在目标机上工作的那个时刻起，攻击就开始了。入侵者对网络发起攻击的地点可以在家里、办公室或车上。

2. 常见的网络安全问题

常见的网络安全问题有以下几类。

（1）病毒

病毒与计算机相伴而生，而 Internet 更是病毒孳生和传播的温床。从早期的"小球病毒"到引起全球恐慌的"梅丽莎"和 CIH，病毒一直是计算机系统最直接的安全威胁。

（2）内部威胁和无意破坏

事实上，大多数威胁来自企业内部人员的蓄意攻击。此外，一些无意失误，如丢失密码、疏忽大意、非法操作等都可以对网络造成极大的破坏。据统计，此类问题在网络安全问题中的比例高达 70%。

（3）系统的漏洞和后门

操作系统和网络软件不可能完全没有缺陷和漏洞，这些漏洞和缺陷恰恰是黑客进行攻击的首选目标，大部分黑客攻入网络内部的事件都是安全措施不完善所致。另外，软件的后门（陷门）通常是软件公司编程人员为了自便而设置的，一般不为外人所知，而一旦后门打开，造成的后果将不堪设想。

（4）网上的蓄意破坏

在未经许可的情形下篡改他人网页，近年来，此类案件频频发生。

（5）侵犯隐私或机密资料

当网络购物或信息搜索时，对方往往要求提供信用卡资料进行注册，并添加一大段文字确保个人资料的安全。事实上，黑客并不需要使用多么先进的技术便可获得此类资料，他们通常只需利用偷窥信息的封装程序，即可得知使用者的注册名称和密码，然后利用这些资料上网获取用户的个人资料。

（6）拒绝服务

拒绝服务是指组织或机构因为有意或无意的外界因素或疏漏，导致无法完成应有的网络服务项目。

3. 网络攻击的手段

（1）服务器拒绝攻击

拒绝服务是指一个未经授权的用户不需要任何特权就可以使服务器无法对外提供服务，从而影响合法用户的使用。拒绝服务攻击可以由任何人发起。拒绝服务攻击是最不容易捕获的攻击，因为不留任何痕迹，安全管理人员不易确定攻击来源。由于其攻击目标是使得网络上节点系统瘫痪，因此是很危险的攻击。当然，就防守一方的难度而言，拒绝服务攻击是比较容易防御的攻击类型。这类攻击的特点是以潮水般的申请使系统在应接不暇的状态中崩溃；除此之外，拒绝服务攻击还可以利用操作系统的弱点，有目标地进行针对性的攻击。

（2）利用型攻击

① 密码猜测

通过猜测密码进入系统，从而对系统进行控制是一种常见的攻击手段，因为它非常简单，只要能在登录次数范围内提供正确的密码，即可实现成功的登录。

② 特洛伊木马

特洛伊木马是一个普通的程序中嵌入了一段隐藏的、激活时可用于攻击的代码。特洛伊木马可以完成非授权用户无法完成的功能，也可以破坏大量数据。

（3）信息收集型攻击

网络攻击者经常在正式攻击之前，进行试探性的攻击，目标是获取系统有用的信息。

① 扫描技术

❖ 端口扫描：利用某种软件自动找到特定的主机并建立连接。

❖ 反向映射：向主机发送虚假消息。

❖ 慢速扫描：以特慢的速度来扫描以逃过侦测器的监视。

❖ 体系结构探测：使用具有数据响应类型的数据库的自动工具对目标主机针对坏数据包传送所做出的响应进行检查。

② 利用信息服务

❖ DNS 域转换：利用 DNS 协议对转换或信息性的更新不进行身份认证，以便获得有用信息。

❖ Finger 服务：使用 finger 命令来刺探一台 finger 服务器，以获取关于该系统的用户信息。

❖ LDAP 服务：使用 LDAP 协议窥探网络内部的系统及其用户信息。

（4）假消息攻击

① DNS 调整缓存污染：DNS 服务器与其他名称服务器交换信息时不进行身份验证。

② 伪造电子邮件：由于 SMTP 并不对邮件发送者的身份进行鉴定，所以有可能被内部客户伪造。

（5）逃避检测攻击

黑客已经进入有组织计划地进行网络攻击的阶段，黑客组织已经发展出不少逃避检测的技巧。但是，攻击检测系统的研究方向之一就是要对逃避企图加以克服。

10.3.2　网络攻击检测技术

攻击检测是防火墙的合理补充，帮助系统对付网络攻击，扩展了系统管理员的安全管理能力（包括安全审计、监视、进攻识别和响应等），提高了信息安全基础结构的完整性。攻击检测技术从计算机网络系统中的关键点收集信息，并分析这些信息，寻找网络中违反安全策略的行为和遭到袭击的迹象。攻击检测被认为是防火墙之后的第二道安全闸门，在不影响网络性能的情况下能对网络进行监测，从而提供对内部攻击、外部攻击和误操作的实时保护。具体负责执行以下任务。

（1）监视、分析用户及系统活动。

（2）系统构造和弱点的审计。

（3）识别反映已知进攻的活动模式并向相关人士报警。

（4）异常行为模式的统计分析。

（5）评估重要系统和数据文件的完整性。

（6）操作系统的审计跟踪管理，并识别用户违反安全策略的行为。

一个成功的攻击检测系统，不但可使系统管理员时刻了解网络系统的任何变更，还能给网络安全策略的制订提供指南。更为重要的是管理、配置简单，从而使非专业人员非常容易地掌握并获得网络安全。此外，攻击检测的规模会根据网络威胁、系统构造和安全需求的改变而改变。攻击检测系统在发现攻击后，能及时做出响应，包括切断网络连接、记录事件和报警等。

1. 攻击检测的过程

（1）信息收集

攻击检测的第一步是信息收集，内容包括系统、网络、数据及用户活动的状态和行为。而且需要在计算机网络系统中的不同关键点收集信息，这除了尽可能扩大检测范围之外，还有一个重要的因素就是从一个来源的信息有可能看不出疑点，但从几个来源的信息的不一致性却是攻击的最好标识。

攻击检测依赖于收集信息的可靠性和正确性，所以要利用精确的软件来获取信息。因为黑客经常替换软件以搞混和移走这些信息，例如替换被调用的子程序、库和其他工具。黑客对系统的修改可使系统功能失常但却没有留下任何踪迹。例如，UNIX 系统的 PS 指令可以被替换为一个不显示侵入过程的指令，或者是编辑器被替换成一个读取不同于指定文件的文件。这需要保证用来检测网络系统的软件的完整性，特别是攻击检测系统软件本身应具有相当强的坚固性，防止被篡改而收集到错误的信息。攻击检测利用的信息一般来自以下 4 个方面。

① 系统和网络日志文件

黑客经常在系统日志文件中留下他们的踪迹，因此，充分利用系统和网络日志文件信息是检测攻击的必要条件。日志中包含发生在系统和网络上的不寻常和所不期望活动的证据，这些证据可以指出有人正在入侵或已成功入侵了系统。通过查看日志文件，能够发现成功的入侵或入侵企图，并很快地启动相应的应急程序。日志文件中记录了各种行为类型，每种类型又包含不同的信息，例如记录用户活动类型的日志，就包含登录、用户 ID 改变、用户对文件的访问、授权和认证信息等内容。很显然地，对用户活动来讲，不正常的或不期望的行为就是重复登录失败、登录到不期望的位置以及非授权的企图访问重要文件等。

② 目录和文件中的不期望的改变

网络环境中的文件系统包含很多软件和数据文件，包含重要信息的文件和私有数据文件经常是黑客修改或破坏的目标。目录和文件中的不期望改变（包括修改、创建和删除），很可能就是一种入侵信号。黑客经常替换、修改和破坏他们获得访问权的系统上的文件，同时为了隐藏系统中他们的表现及活动痕迹，都会尽力去替换系统程序或修改系统日志文件。

③ 程序执行中的不期望行为

网络系统上的程序包括操作系统、网络服务、用户起动的程序和特定目的的应用程序，例如数据库服务器。每个在系统上执行的程序由一到多个进程来实现。每个进程执行在具有不同权限的环境中，这种环境控制着进程可访问的系统资源、程序和数据文件等。一个进程的执行行为由它运行时执行的操作来表现，操作执行的方式不同，它利用的系统资源也就不同。操作包括计算、文件传输、设备和其他进程，以及与网络间其他进程的通信等。

一个进程出现了不期望的行为可能表明黑客正在入侵系统。黑客可能会将程序或服务的运行分解，从而导致运行失败，或者是以非用户或管理员意图的方式操作。

④ 物理形式的攻击信息

物理形式的攻击信息包括两个方面的内容：一是未授权的对网络硬件连接；二是对物理资源的未授权访问。黑客想方设法去突破网络的周边防卫。如果他们能够在物理上访问内部网，就能安装他们自己的设备和软件。因此，黑客就可以知道网上的由用户加上去的不安全（未授权）设备，然后利用这些设备访问网络。例如，用户在家里可能安装 Modem 以访问远程办公室，与此同时黑客正在利用自动工具来识别在公共电话线上的 Modem，如果拨号访问流量经过了这些自动工具，那么这一拨号访问就成为了威胁网络安全的后门。黑客就会利用这个后门来访问内部网，从而越过了内部网络原有的防护措施，然后捕获网络流量，进而攻击其他系统，并偷取敏感的私有信息等。

（2）信号分析

收集到的 4 类有关系统、网络、数据及用户活动的状态和行为等信息，一般通过 3 种技术手段进行分析：模式匹配、统计分析和完整性分析。其中，前两种方法用于实时进行入侵检测，而完整性分析则用于事后分析。

① 模式匹配

模式匹配就是将收集到的信息与已知的网络入侵和系统模式数据库进行比较，从而发现违背安全策略的行为。该过程可通过字符串匹配来寻找一个简单的条目或指令，也可以利用正规的数学表达式来表示安全状态的变化。一般来说，一种进攻模式可以用一个过程，执行一条指令，或者一个输出，获得权限来表示。该方法的优点是只需收集相关的数据集合，显著减少系统负担，且技术已相当成熟。它与病毒防火墙采用的方法一样，检测准确率和效率都相当高。但是，该方法存在的弱点是需要不断地升级以对付不断出现的黑客攻击手法，且不能检测到未知的黑客攻击手段。

② 统计分析

统计分析方法首先给系统对象（如用户、文件、目录和设备等）创建一个统计描述，统计正常使用时的一些测量属性（如访问次数、操作失败次数和延时等）。测量属性的平均值将被用来与网络、系统的行为进行比较，任何观察值在正常值范围之外时，就认为有入侵发生。其优点是可检测到未知的入侵和更为复杂的入侵，缺点是误报、漏报率高，且不适应用户正常行为的突然改变。具体的统计分析方法如基于专家系统的、基于模型推理的和基于神经网络的分析方法等。

③ 完整性分析

完整性分析主要关注某个文件或对象是否被更改，这经常包括文件和目录的内容及属性，它能有效地发现被更改的、被特洛伊化的应用程序。完整性分析利用强有力的加密机制，称为消息摘要函数，能识别微小的变化。其优点是不管模式匹配方法和统计分析方法能否发现入侵，只要是成功的攻击导致了文件或其他对象的任何改变，它都能够发现。缺点是一般以批处理方式实现，不能应用于实时响应。尽管如此，完整性检测方法仍然是网络安全产品的必要手段之一。

2. 攻击检测技术

为了从大量的、冗余的审计跟踪数据中提取出对安全功能有用的信息，基于计算机系统审计跟踪信息设计和实现的系统安全自动分析检测工具十分需要，可以用以从中筛选出涉及安全的信息。利用基于审计的自动分析检测工具可以进行脱机工作，即分析工具非实时地对审计跟踪文件提供的信息进行处理，从而确定计算机系统是否受到过攻击，并且提供尽可能多的有关攻击者的信息。

对于信息系统安全来说，联机或在线的攻击检测效果较好，即分析工具实时地对审计跟踪文件提供的信息进行同步处理。当有可疑的攻击行为发生时，系统提供实时的警报，在攻击发生时就能提供攻击者的有关信息，能够在案发现场及时发现攻击行为，有利于及时采取对抗措施，使损失降低到最低限度，同时也为抓获攻击犯罪分子提供有力的证据。但是，联机的或在线的攻击检测系统所需要的系统资源随着系统内部活动数量的增长接近几何级数增长。

在安全系统中，一般应当考虑如下 3 类安全威胁：外部攻击、内部攻击和授权滥用。攻击者来自该计算机系统的外部时称之为外部攻击；当攻击者就是那些有权使用计算机，但无权访问某些特定的数据、程序或资源的人，意图越权使用系统资源时称之为内部攻击，包括假冒者和秘密使用者；授权滥用者也是计算机系统资源的合法用户，表现为有意或无意地滥用他们的授权。

通过审计试图登录的失败记录可以发现外部攻击者的攻击企图，通过观察试图连接特定文件、程序和其他资源的失败记录可以发现内部攻击者的攻击企图，例如可通过为每个用户单独建立的行为模型和特定行为的比较来检测发现假冒者，但要通过审计信息来发现那些授权滥用者往往很困难。

基于审计信息的攻击检测难于防范具备较高优先特权的内部人员的攻击，因为这些攻击者可通过使用某些系统特权或调用比审计本身更低级的操作来逃避审计。对于那些具备系统特权的用户，需要审查所有关闭或暂停审计功能的操作，通过审查被审计的特殊用户或者其他的审计参数来发现。审查更低级的功能，如审查系统服务或核心系统调用通常比较困难，通用的方法很难奏效，需要专用的工具和操作才能实现。总之，为了防范内部攻击需要在技术手段以外的方法确保管理手段的行之有效，技术上则需要监视系统范围内的某些特定指标，并与平时的历史记录进行比较，以便早期发现。

10.3.3　网络安全防范技术

1. 网络安全策略

传统的安全策略停留在局部、静态的层面上，仅仅依靠几项安全技术和手段达到整个系统的安全目的是不够的。现代的安全策略应当紧跟安全行业的发展趋势，在进行安全方案设计、规划时，应遵循以下原则。

❖ 体系性：制定完整的安全体系，应包括安全管理体系、安全技术体系和安全保障体系。

❖ 系统性：安全模块和设计的引入应该体现其系统统一的运行和管理的特性，以确保安全策略配置、实施的正确性和一致性。应该避免安全设备各自独立配置和管理的工作方式。

❖ 层次性：安全设计应该按照相关的应用安全需求，在各个层次上采用安全机制来实现所需的安全服务，从而达到网络信息安全的目的。

❖ 综合性：网络信息安全的设计包括完备性、先进性和可扩展性方面的技术方案，以及根据技术管理、业务管理和行政管理要求相应的安全管理方案，形成网络安全工程设计整体方案，供工程分阶段实施和安全系统运行作为指导。

❖ 动态性：由于网络信息系统的建设和发展是逐步进行的，而安全技术和产品也不断更新和完善，因此，安全设计应该在保护现有资源的基础上，体现最新、最成熟的安全技术和产品，以实现网络安全系统的安全目标。具体的网络安全策略有以下几种。

（1）物理安全策略

物理安全策略的目的是保护计算机系统、网络服务器、打印机等硬件实体和通信链路免受自然灾害、人为破坏和搭线攻击；验证用户的身份和使用权限，防止用户越权操作；确保计算机系统有一个良好的电磁兼容工作环境；建立完备的安全管理制度，防止非法进入计算机控制室和各种偷窃、破坏活动的发生。

抑制和防止电磁泄漏是物理安全策略的一个主要问题。目前的主要防护措施有两类。

① 对传导发射的防护，主要采取对电源线和信号线加装性能良好的滤波器，减小传输阻抗和导线间的交叉耦合。

② 对辐射的防护，这类防护措施又可分为电磁屏蔽和干扰防护，前者是建立屏蔽网络，

后者是在计算机工作的同时，利用干扰装置产生一种与计算机系统辐射相关的伪噪声向空间辐射，以此掩盖计算机系统的工作频率和信息特征。

（2）访问控制策略

访问控制是网络安全防范和保护的主要策略，其主要任务是保证网络资源不被非法使用和非法访问。访问控制是保证网络安全最重要的核心策略之一。下面介绍各种访问控制策略。

① 入网访问控制

它控制哪些用户能够登录到服务器并获取网络资源，同时也控制准许用户入网的时间和从哪台工作站入网。用户入网访问控制通常分为 3 步。

❖　用户名的识别与验证。

❖　用户密码的识别与验证。

❖　用户账号的默认限制检查。

上述 3 步中只要有一步未通过，则该用户便不能进入网络。对网络用户的用户名和密码进行验证是防止非法访问的第一道防线。用户注册时首先输入用户名和密码，服务器将验证所输入的用户名是否合法。如果验证合法，才继续验证用户输入的密码，否则，用户将被拒之于网络之外。用户密码是用户入网的关键所在，必须经过加密，加密的方法很多，其中最常见的方法有基于单向函数的密码加密、基于测试模式的密码加密、基于公钥加密方案的密码加密、基于平方剩余的密码加密、基于多项式共享的密码加密以及基于数字签名方案的密码加密等。经过上述方法加密的密码，即使是系统管理员也难以破解它。用户还可采用一次性用户密码，也可用便携式验证器（如智能卡）来验证用户的身份。用户名和密码验证有效之后，再进一步履行用户账号的默认限制检查。

② 网络的权限控制

网络权限控制是针对网络非法操作提出的一种安全保护措施。用户和用户组被赋予一定的权限。网络控制用户和用户组可以访问哪些目录、子目录、文件和其他资源以及用户可以执行的操作。

③ 客户端安全防护策略

❖　切断病毒的传播途径，尽可能地降低感染病毒的风险。

❖　使用现成浏览器必须确保浏览器符合安全标准。大部分浏览器允许在客户端执行程序或通过 Internet 上下传文档。

❖　除浏览器的安全标准之外，有些附加功能也必须列入考查重点。例如，可以自动执行的插件程序，它们在方便浏览者使用的同时，也带来了洞开门户的风险。最常见的例子是网上无所不在的 Java 小程序。因此，用户最好不要随便下载来路不明的动态内容。

（3）安全的信息传输

从本质上讲，Internet 网络本身就不是一种安全的信息传输通道。网络上的任何信息都是经重重中介网站分段传送至目的地的。由于网络信息的传输并无固定路径，而是取决于网络的流量状况，且通过哪些中介网站也难以查证，因此，任何中介站点均可能拦截、读取，甚至破坏和篡改封包的信息。所以应该利用加密技术确保安全的信息传输。

（4）网络服务器安全策略

在 Internet 上，网络服务器的设立与状态的设定相当复杂，而一台配置错误的服务器将对网络安全造成极大的威胁。例如，当系统管理员配置网络服务器时，若只考虑高层使用者的特权与方便，而忽略整个系统的安全需要，将造成难以弥补的安全漏洞。

（5）操作系统及网络软件安全策略

通常防火墙作为网络安全的一道防线。防火墙通常设置于某一台作为网间连接器的服务器上，由许多程序组成，主要是用来保护私有网络系统不受外来者的威胁。一般而言，操作系统堪称是任何应用的基础，最常见的 Windows 2000 Server 或 UNIX 即使通过防火墙与安全交易协议也难以保证 100% 的安全。

（6）网络安全管理

在网络安全中，除了采用上述技术措施之外，加强网络的安全管理，制定有关规章制度，对于确保网络的安全、可靠运行，将起到十分有效的作用。网络安全管理包括确定安全管理等级和安全管理范围、制定有关网络操作使用规程和人员出入机房管理制度、制定网络系统的维护制度和应急措施等。

2. 常用安全防范技术

（1）防毒软件

防毒解决方案的基本方法有 5 种：信息服务器端、文件服务器端、客户端防毒软件、防毒网关以及网站上的在线防毒软件。

（2）防火墙

防火墙是计算机硬件和软件的组合，运作在网络网关服务器上，在内部网与 Internet 之间建立起一个安全网关，保护私有网络资源免遭其他网络使用者的擅用或侵入。

防火墙有两类：标准防火墙和双家网关。标准防火墙系统包括一台 UNIX 工作站，该工作站的两端各接一个路由器进行缓冲。其中一个路由器连接公用网；另一个连接内部网。标准防火墙使用专门的软件，并要求较高的管理水平，而且在信息传输上有一定的延迟。双家网关则是标准防火墙的扩充，又称堡垒主机或应用层网关，它是一个独立的系统，能同时完成标准防火墙的所有功能。其优点是能运行更复杂的应用，同时防止在互联网和内部系统之间建立任何直接的边界，确保数据包不能直接从外部网络到达内部网络，反之亦然。

随着防火墙技术的进步，在双家网关的基础上又演化出两种防火墙配置：一种是隐蔽主机网关，另一种是隐蔽智能网关（隐蔽子网）。隐蔽主机网关是当前常见的一种防火墙配置。这种配置一方面将路由器进行隐蔽，另一方面在互联网和内部网之间安装堡垒主机。堡垒主机装在内部网上，通过路由器的配置，使该堡垒主机成为内部网与互联网进行通信的唯一通道。目前技术最为复杂且安全级别最高的防火墙是隐蔽智能网关，它将网关隐藏在公共系统之后使其免遭直接攻击。隐蔽智能网关使内部网用户能对 Internet 服务进行透明的访问，同时阻止外部未授权访问者对专用网络的非法访问。一般来说，这种防火墙是最不容易被破坏的。

（3）密码技术

采用密码技术对信息加密，是最常用的安全保护手段。目前，广泛应用的加密技术主要分为两类。

① 对称算法加密

其主要特点是加解密双方在加解密过程中要使用完全相同的密码。对称算法中最常用的是 DES 算法，它是一种常规密码体制的密码算法。

对称算法是在发送和接收数据之前，必须完成密钥的分发。因此，密钥的分发成为该加密体系中最薄弱的环节。各种基本手段均很难完成这一过程。同时，这一点也使密码更新的周期加长，给其他人破译密码提供了机会。

② 非对称算法加密与公钥体系

建立在非对称算法基础上的公开密钥密码体制是现代密码学最重要的进展。保护信息传递的机密性，仅仅是当今密码学的主要方面之一。对信息发送人的身份验证与保障数据的完整性是现代密码学的另一重点。公开密钥密码体制对这两方面的问题都给出了解答，并正在继续产生许多新的方案。

在公钥体制中，加密密钥不同于解密密钥，加密密钥是公开的，而解密密钥只有解密人知道，分别称之为公开密钥和私有密钥。在当前的所有公钥密码体系中，RSA 系统是最著名且使用最多的一种。在应用加密时，某个用户总是将一个密钥公开，让发信的人员将信息用公共密钥加密后发给该用户，信息一旦加密，只有该用户的私有密钥才能解密。具有数字证书身份人员的公共密钥可在网上查到，亦可在对方发信息时将公共密钥传过来，以确保在 Internet 上传输信息的保密和安全。

RSA 算法的目标是解决利用公开信道传输分发 DES 算法私有密钥的难题。结果不但很好地解决了这个难题，还可利用 RSA 来完成对电文的数字签名，以防止对电文的否认，同时还可以发现攻击者对电文的非法篡改，以保护数据信息的完整性。

（4）虚拟专有网络（VPN）

相对于专属于某公司的私有网络或是租用的专线，VPN 是架设于公众电信网络之上的私有信息网络，其保密方式是使用信道协议及相关的安全程序。

目前开始考虑在外联网及广域的企业内联网上使用 VPN。VPN 的使用还涉及加密后送出资料，及在另一端收到后解密还原资料等问题，而更高层次的安全包括加密收发两端。

Microsoft、3Com 及其他许多公司更是提出了点对点信道协议标准（Point-to-Point Tunneling Protocol，PPTP），如内建于 Windows NT Server 之内的 Microsoft PPTP 等，这些协议的采用提高了 VPN 的安全性。

（5）安全检测

这种方法是采取预先主动的方式，对客户端和网络的各层进行全面有效的自动安全检测，以发现并避免系统遭受攻击伤害。此类安全解决方案还包括用以解决 Web 主页信息安全问题的信息水印服务。网站管理员可以利用信息水印时间服务和签发服务，为需要的主页加入主页水印信息，以确保信息的完整性和时间有效性。对主页及其信息水印进行全天监视，一旦发现该主页被篡改，便可立即发出报警信号，并将它封存归档备查。

10.4　计算机病毒

本节主要介绍计算机病毒传播途径、计算机病毒的特征等内容。

10.4.1　计算机病毒的传播途径

在互联网得到广泛应用之前，计算机病毒通常被限制在独立的计算机中，主要依靠软盘进行传播，要进行广泛传播是比较困难的。然而在互联网普及之后，这些计算机病毒便可以在全世界范围内广泛传播，随时向计算机系统发起攻击。互联网激发了病毒更加充沛的活力，为世界带来了一次次的巨大灾难。

当前病毒传播主要途径如图 10-2 所示。

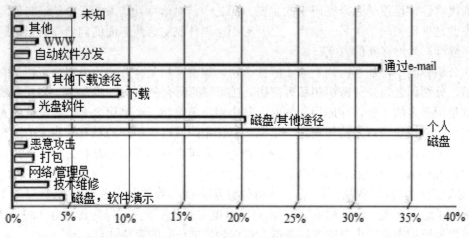

图 10-2　病毒传播的主要途径

10.4.2　计算机病毒产生的原因

计算机病毒不是来源于突发或偶然的原因，它是人为的特制程序，是一种比较完美的、精巧严谨的代码，按照严格的秩序组织起来，与所在的系统网络环境相适应，并配合系统网络环境一起使用。病毒产生的原因大致有以下几点。

（1）某些对计算机技术精通的人为了炫耀自己的高超技术和智慧，凭借对软硬件的深入了解，编制这些特殊的程序。他们只是想看看病毒会带来什么样的后果，或者是否有人能够把病毒清除，其实这种做法是错误地运用自己的能力。

（2）个人对社会不满或受到不公正的待遇。如果这种情况发生在一个编程高手身上，那么他就有可能编制一些危险的程序。

（3）为了得到经济上的利益，有些人利用电脑病毒从事经济犯罪，或窃取竞争对手的电脑系统中的机密信息，或修改电脑中的数据挪用款项，或破坏竞争对手的电脑系统。

（4）计算机病毒的破坏性带给军事电脑专家新的启示：用病毒形式进行"电脑战争"，让敌方电脑染上病毒。轻者造成武器系统或指挥失灵，重者可破坏设备、误报信息甚至导致自相残杀。科学家预言，在电脑已成为军事指挥、武器控制和国家经济中枢的情况下，计算机病毒的入侵将比核打击的威力更直接、更危险。因此在军事战争领域里，又增加了一种新的作战兵器。

（5）出于政治目的。例如"6.4"病毒就是一个以政治宣传和攻击为目的而传播的病毒，其政治影响远远大于其破坏能力，公安部已严令各省、市公安计算机监察机关追查该病毒。还有一些黑社会组织、恐怖分子，如国际上的"红色恐怖旅""消灭电脑委员会""制造电脑混乱俱乐部"等，他们都是以电脑作为攻击对象。

（6）计算机发展初期，法律上对于软件版权保护还不够完善。很多商业软件被非法复制，有些开发商为了保护自己利益制作了一些特殊程序，附在产品中。目的是为了追踪那些非法复制他们产品的用户。

（7）因宗教、民族、专利等方面的需求而专门编写计算机病毒，其中也包括一些病毒研究机构和黑客的测试病毒。甚至有些是由宗教狂、政治狂制造的。

10.4.3　计算机病毒的定义

计算机病毒不是天然存在的，是某些人利用计算机软、硬件所具有的脆弱性，编制具有特殊功能的程序。由于它与生物医学上的病毒同样有传染和破坏的特性，因此计算机病毒是由生物医学上的病毒概念引申而来。

从广义上定义，凡能够引起计算机故障，破坏计算机数据的程序统称为计算机病毒。依据此定义，诸如逻辑炸弹、蠕虫等均可称为计算机病毒。

1994 年 12 月 28 日，在《中华人民共和国计算机信息系统安全保护条例》中，计算机病毒被定义为："计算机病毒，是指编制或者在计算机程序中插入的破坏计算机功能或者毁坏数据，影响计算机使用，并能自我复制的一组计算机指令或者程序代码。"这个定义指出了计算机病毒的本质和最基本特征。

10.4.4　计算机病毒的命名

对计算机病毒的命名，大致有以下几种。

（1）按病毒出现的地点命名，如"ZHENJIANG_JES"其样本最先来自镇江某用户。

（2）按病毒中出现的人名或特征字符来命名，如"ZHANGFANG—1535""DISKKILLER""上海一号"。

（3）按病毒发作时的症状命名，如"火炬"和"蠕虫"。

（4）按病毒发作的时间命名，如"NOVEMBER9TH"在 11 月 9 日发作。

（5）按病毒包含代码的长度命名，如"PIXEL.xxx"系列、"KO.xxx"等。

10.4.5　计算机病毒的特征

1. 传染性

所谓传染性就是指计算机病毒具有把自身的备份放入其他程序的特性。

传染性是计算机病毒最基本的属性，是判断某些可疑程序是否是病毒的最重要判据。病毒一旦侵入系统，它会搜寻其他符合其传染条件的程序或存储介质，找到后再将自身代码插入其中，以达到自我繁殖的目的。只要一台计算机传染上病毒，如不及时处理，那么病毒会在这台机子上迅速扩散，感染大量文件。计算机病毒可通过各种渠道，如软盘、计算机网络去传染其他的计算机。当在一台机器上发现了病毒时，曾在这台计算机上用过的软盘已感染上了病毒，而与这台机器相联网的其他计算机也许也被该病毒侵染上了。

病毒的复制与传染过程只能发生在病毒程序代码被执行过后。也就是说，如果有一个带有病毒程序的文件储存在计算机硬盘上，但是永远不被执行，那这个计算机病毒也就永远不会感染计算机。从用户的角度来说，只要能保证所执行的程序都是"干净"的，计算机就绝不会染上毒。但是，许多程序是在使用者不知情的情况下悄悄执行的。例如，启动计算机时会自动执行 Autoexec.bat 中所包含的程序指令、启动 Windows 时会自动执行"启动"文件夹中的程序、打开 Word 文件时会执行文件所包含的某些宏等，这些都给病毒以可乘之机。此外，由于盗版软件和下载软件的流行，许多人都是在不清楚所执行程序的可靠性的情况下执行程序，这就使得病毒侵入的机会大大增加。当病毒代码被执行以后，它或者驻留在内存中以感染其后运行的各种程序，或者搜寻硬盘中没有被感染的文件以感染它们。而宏病毒则感染建立或打开 Office 文件一般都会用到的公用模板，通过它来感染其他的 Office 文件。

2. 隐蔽性

一般正常的程序是由用户调用，再由系统分配资源，完成用户交给的任务。对用户来说可见并且透明。病毒通常附在正常程序中或磁盘较隐蔽的地方，也有个别的以隐含文件形式出现。病毒程序的执行是在用户所不知的情况下完成的。如果不经过代码分析，病毒程序与正常程序是不容易区分的。正是由于隐蔽性，计算机病毒得以在用户没有察觉的情况下扩散到上百万台计算机中。大部分病毒的代码之所以设计得非常短小，也是为了隐藏。病毒一般只有几百或 1KB，而 PC 机对 DOS 文件的存取速度可达每秒数百 KB，所以病毒转瞬之间便可将这短短的几百字节附着到正常程序之中，非常不易被察觉。

3. 潜伏性

潜伏性是指病毒具有依附于其他媒体而寄生的能力，一个编制巧妙的计算机病毒程序可以在几周或者几个月，甚至几年内隐蔽在合法的文件中，对其他系统进行传染，而不被发现。计算机病毒的潜伏性与传染性相辅相成，潜伏性越好，其在系统中存在的时间就会越长，病毒的传染范围也就会越大。

4. 可触发性

病毒因某个事件或数值的出现，诱使病毒实施感染或进行攻击的特性称为可触发性。病毒既要隐蔽又要维持攻击力，必须具有可触发性。

病毒的触发机制用于控制感染和破坏动作的频率。计算机病毒一般都有一个触发条件，这个条件的判断是病毒自身的功能，而条件则不是病毒提供，一个病毒程序可以按照设计者的要求在某个点上激活并对系统发起攻击。触发的条件如下。

（1）以时间作为触发条件：计算机病毒程序读取系统内部时钟，当满足设计的时间时，开始发作。

（2）以计数器作为触发条件：计算机病毒程序内部设定一个计数单元，当满足设计者的特定值时就发作。

（3）以敲入特定字符作为触发条件：当敲入某些特定字符时即发作。

（4）组合触发条件：综合以上几个条件作为计算机病毒的触发条件。

病毒中有关触发机制的编码是其敏感部分。剖析病毒时，如果清楚病毒的触发机制，可以修改此部分代码，使病毒失效，也可以产生没有潜伏性的极为外露的病毒样本，供反病毒研究用。

5. 破坏性

病毒破坏文件或数据，扰乱系统正常工作的特性称为破坏性。任何病毒只要侵入系统，都会对系统及应用程序产生不同程度的影响。轻者会降低计算机工作效率，占用系统资源，重者可导致系统崩溃。病毒的破坏动作可使用户受到不同程度的损害，由此特性可将病毒分为良性病毒与恶性病毒。

良性病毒可能只显示些画面或出现音乐和无聊的语句，或者根本没有任何明显的动作，但会占用系统资源，这类病毒较多。

恶性病毒则有明确的目的，这种病毒对系统进行攻击后将造成难以想象的后果，可以毁掉系统内的部分数据，也可以破坏全部数据并使之无法恢复，也可以对系统的某些数据进行篡改而使系统的输出结果面目全非，还可以加密磁盘、格式化磁盘。对于系统来讲，所有的计算机病毒都存在着一个共同的危害，即降低计算机系统的工作效率。

6. 不可预见性

病毒还有不可预见性。不同种类的病毒，它们的代码千差万别，但有些操作是共有的。有些人利用病毒的共性，制作声称可检测所有病毒的程序。这种程序的确可查出一些新病毒，但目前的软件种类极其丰富，而且某些正常程序也使用了类似病毒的操作，病毒的制作技术也在不断的提高，所以病毒对反病毒软件永远是超前的。

7. 非授权性

病毒未经授权而执行，因而具有非授权性。一般正常的程序是由用户调用的，系统把控制权交给这个程序，并分配相应的系统资源，从而获得运行，以完成用户交给的任务，这对用户来说是可见的、透明的。而计算机病毒具有正常程序的一切特性，它隐藏在合法的正常程序或数据中，当用户调用正常程序时，病毒趁机得到系统的控制权，先于正常程序执行，所以病毒的动作、目的对用户是未知的，是未经用户允许的。

10.5　防　火　墙

10.5.1　防火墙的基本概念

防火墙是指能够隔离本地网络与外界网络的防御系统，是一个能够将机构内部网络与外部网络隔开的硬件与软件的组合。在互联网上，防火墙是一种非常有效的网络安全模型，通过它可以隔离风险区域（即 Internet 或有一定风险的网络）与安全区域（局域网）的连接，同时不会妨碍用户对风险区域的访问。防火墙可以监控进出网络的通信。它只让安全、核准的信息进入，抵制对企业构成威胁的数据。由于对网络的入侵不仅缘自高超的攻击手段，也有可能缘自配置上的低级错误或不合适的密码选择。因此，防火墙可以防止不希望的、未授权的通信进出被保护的网络，使得单位可以加强自己的网络安全。

防火墙可以由软件种硬件设备组合而成，通常处于企业的内部局域网与 Internet 之间。防火墙一方面限制 Internet 用户对内部网络的访问，另一方面又管理着内部用户访问外界的权限。换言之，一个防火墙在内部网络和外部网络（通常是 Internet）之间提供一个封锁工具，如图 10-3 所示。在逻辑上，防火墙是一个分离器，一个限制器，同时也是一个分析器，有效地监控了内部网和 Internet 之间的任何活动，保证了内部网络的安全。

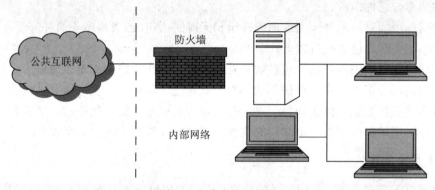

图 10-3　防火墙示意图

由于防火墙设定了网络边界和服务，因此更适合于相对独立的网络，例如 Intranet 等。防火墙成为控制对网络系统访问的非常流行的方法。事实上，在 Internet 上的 Web 网站中，超过三分之一的 Web 网站都是由某种形式的防火墙加以保护，这是对黑客防范较严格，安全性较强的一种方式，任何关键性的服务器，都应放在防火墙之后。

10.5.2　防火墙的功能

防火墙能增强机构内部网络的安全性，加强网络间的访问控制，防止外部用户非法使用内部网的资源，保护内部网络的设备不被破坏，防止内部网络的敏感数据被窃取。防火墙系统可决定外界可以访问哪些内部服务，以及内部人员可以访问哪些外部服务。

一般来说防火墙应该具备以下功能。

（1）支持安全策略。即使在没有其他安全策略的情况下，也应该支持"除非特别许可，否则拒绝所有的服务"的设计原则。

（2）易于扩充新的服务和更改所需的安全策略。

（3）具有代理服务功能（例如 FTP、TELNET 等），包含先进的鉴别技术。

（4）采用过滤技术，根据需求允许或拒绝某些服务。

（5）具有灵活的编程语言，界面友好，且具有很多过滤属性，包括源和目的 IP 地址、协议类型、源和目的 TCP/UDP 端口以及进入和输出的接口地址。

（6）具有缓冲存储的功能，提高访问速度。

（7）能够接纳对本地网的公共访问，对本地网的公共信息服务进行保护，并根据需要删减或扩充。

（8）具有对拨号访问内部网的集中处理和过滤能力。

（9）具有记录和审计的功能，包括允许等级通信和记录可以活动的方法，便于检查和审计。

（10）防火墙设备上所使用的操作系统和开发工具都应该具备相当等级的安全性。

（11）防火墙应该是可检验和管理的。

（12）防火墙可以限制暴露用户点，可以把网络隔成一个个网段，每个网段之间相互独立互不干扰，当一个网段出现问题时不会波及其他的网段，这样可以有效地防止因为一个网段问题波及整个网络的安全。

（13）防火墙能够防止信息外泄，隐私应该是每个上网用户最关心的问题，因此更受到用户的关心，而防火墙可以阻塞有关内部网络中的 DNS 信息，使本机的域名和 IP 地址不会被外界所了解，能有效地阻止信息外泄。

10.5.3　防火墙的优缺点

1. 防火墙的优点

Internet 防火墙负责管理 Internet 和机构内部网络之间的访问。在没有防火墙时，内部网络上的每个节点都暴露给 Internet 上的其他主机，极易受到攻击。这就表明内部网络的安全性要由每一个主机的坚固程度来决定，并且安全性等同于其中最弱的系统。所以必须构建防火墙，将攻击阻断在防火墙之外，一般来说，防火墙具有如下优点。

（1）防火墙能加强安全策略

因为 Internet 上每天都有大量用户收集和交换信息，防火墙执行站点的安全策略，只容许认可的和符合规则的请求通过。

（2）防火墙能有效地记录 Internet 上的活动

因为所有进出信息都必须通过防火墙，所以防火墙非常适用于收集关于系统和网络使用和误用的信息。作为访问的唯一经过点，防火墙能在被保护的网络和外部网络之间记录 Internet 上的活动。

（3）防火墙限制暴露用户点

防火墙能够隔开网络中的不同网段。从而防止影响一个网段的问题通过网络传播而影响整个网络。

（4）防火墙是一个安全策略的检查站

所有进出的信息都必须通过防火墙，防火墙便成为安全问题的检查点，使可疑的访问被拒之门外。

（5）可作为中心扼制点

Internet 防火墙允许网络管理员定义一个中心扼制点来防止非法用户，如黑客、网络破坏者等进入内部网络。防火墙通过禁止安全脆弱性的服务进出网络，来抗击来自各种路线的攻击。Internet 防火墙能够简化安全管理，网络安全性是在防火墙系统上得到加固，而不是在分布于内部网络的所有主机上得到加固。

（6）产生安全报警

在防火墙上可以很方便地监视网络的安全性，并产生报警。应该注意的是，对一个内部网络已经连接到 Internet 上的机构来说，重要的不是网络是否会受到攻击，而是何时会受到攻击。网络管理员必须审计并记录所有通过防火墙的重要信息。如果网络管理员不能及时响应报警并审查常规记录，防火墙就形同虚设。

（7）NAT 的理想位置

由于 IP 地址越来越少，使得想进入 Internet 的机构可能申请不到足够的 IP 地址用于满足其内部网络上用户的需要。Internet 防火墙可以作为部署 NAT 的逻辑地址。因此可以用来缓解地址空间短缺的问题，并消除机构在变换 ISP 时带来的重新编排地址的麻烦。

（8）WWW 和 FTP 服务器的理想位置

Internet 防火墙也可以成为向客户发布信息的地点。Internet 防火墙可以作为部署 WWW 服务器和 FTP 服务器的理想地点。还可以对防火墙进行配置，允许 Internet 访问上述服务，而禁止外部对受保护的内部网络上其他系统的访问。

2. 防火墙的缺点

防火墙使内部网络可以在很大程度上免受攻击。但是认为所有的网络安全问题都可以通过简单地配置防火墙来达到，这是不全面的。虽然当单位将其网络互连时，防火墙是网络安全的重要一环，但并非全部。许多危险在防火墙能力范围之外。

（1）不能防范内部人员的攻击

防火墙只提供周边防护，并不控制内部用户滥用授权访问，而这正是网络安全最大的威胁。统计结果表明，一半以上的安全事件是由于内部人员的攻击所造成的，许多安全专家认为由内部引起的安全问题占到总量的 80%。

（2）不能防范恶意的知情者和不经心的用户

防火墙可以禁止系统用户经过网络连接发送专有的信息，但用户可以将数据复制到磁盘、磁带上，放在公文包中带出去。如果入侵者已经在防火墙内部，防火墙是无能为力的。内部用户窃取数据，破坏硬件和软件，并且巧妙地修改程序而不接近防火墙。对于来自知情者的威胁只能要求加强内部管理，如主机安全和用户教育等。

（3）不能防范不通过它的连接

防火墙能够有效地防止通过它进行的传输信息，然而不能防止不通过它而传输的信息。例如，如果站点允许对防火墙后面的内部系统进行拨号访问，那么防火墙绝对没有办法阻止入侵者进行拨号入侵。在一个被保护的网络上有一个没有限制的拨出存在，内部网络上的用户就可以直接通过 SLIP 或 PPP 连接进入 Internet。聪明的用户可能会向 ISP 购买直接的 SLIP 或 PPP 连接，从而试图绕过由防火墙系统提供的安全系统。这就为从后门攻击创造了机会，如图 10-4 所示。网络上的用户必须了解这种类型的连接，这对于一个具有全面的安全保护系统来说是绝对不允许的。

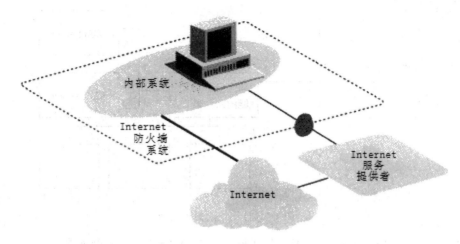

图 10-4　绕过防火墙的连接

（4）防火墙不能直接抵御恶意程序

如今恶意程序发展比以前更快，新型的宏病毒通过共享文档传播，它们可以通过 E-mail 附件的形式在 Internet 上迅速蔓延。Web 本身就是一个病毒源，许多站点都可以下载病毒程序甚至源码。许多用户不经过扫描就直接读入 E-mail 附件中的 Word 文档或 HTML 文件。同时，Web 也为木马提供了潜在的可能。某些防火墙可以根据已知病毒和木马的特征码检查流入程序，虽然这样做有些帮助但并不可靠，因为防火墙对那些新的木马程序是无能为力的。此外，这些防火墙只能发现从其他网络来的恶意程序，但许多病毒是通过被感染的软盘或系统直接进入网络的。

Internet 防火墙也不能防止传送已感染病毒的软件或文件。因为病毒的类型太多，操作系统也有多种，编码与压缩二进制文件的方法也各不相同。所以不能期望 Internet 防火墙去对每一个文件进行扫描，查出潜在的病毒。对病毒特别关心的机构应在每个桌面部署防病毒软件，防止病毒从软盘或其他来源进入网络系统。

（5）防火墙无法防范数据驱动型的攻击

数据驱动型的攻击从表面上看是无害的，数据被邮寄或复制到 Internet 主机上。但它一旦执行就开成攻击。例如，一个数据型攻击可能导致主机修改与安全相关的文件，使得入侵者很容易获得对系统的访问权。在堡垒主机上部署代理服务器是禁止从外部直接产生网络连接的最佳方式，并能减少数据驱动型攻击的威胁。

10.5.4　防火墙技术

基于防火墙所运行的网络层次，可以分为网络层防火墙和应用层防火墙。

1. 网络层防火墙

网络层防火墙可以直接通过对连接不同网络的路由器进行防火墙配置而实现，主要是通过路由器实现防火墙数据包过滤功能，如图 10-5 所示。

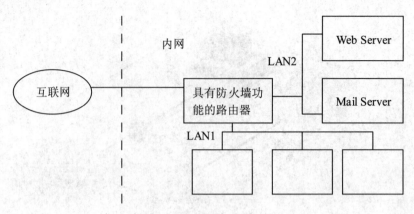

图 10-5　基于网络层的防火墙

在图 10-5 中，路由器的 3 个端口分别与 LAN1、LAN2 和互联网连接。路由器的基本功能是从某个端口输入数据包，为它选择输出端口并转发，在完成基本功能基础之上，路由器可以检测待转发分组的首部信息，例如数据包地址、协议类型以及端口号等，并根据预先设定的分组过滤策略确定允许或拒绝向某一端口转发所接受的数据包。

例如任何外界用户都可以访问 LAN 中的 Web 服务器，防火墙对这个 Web 服务器的数据包过滤策略是任何来自互联网的数据包，如果目的地址指向 Web 服务器，目的端口号是80，则允许通过，防火墙将过滤掉目的地址指向 Web 服务器，但目的端口号不为 80 的来至外部的数据包，基于这种原则的防火墙，又称为包过滤防火墙或包过滤路由器。

过滤策略所参考的参数主要有下述几种。

（1）数据包的源地址和目标地址

防火墙可以根据地址信息实现外界对某些主机的访问控制。

（2）数据包的协议类型

IP 数据包首部的协议字段标志着该数据包所携带的高层数据属于何种协议，例如协议字段为 6 表明数据部分是一个 TCP 报文，协议字段为 1 表明数据部分是一个 ICMP 消息，大部分防火墙将过滤掉 ICMP 的回显请求命令 ping，以防止外部通过 ping 攻击内部主机。利用数据包的协议字段可以辨认 ICMP 的回显请求命令，之后将其清除。

（3）数据包传输层端口号

常用的网络服务使用固定的端口，Web 服务使用 80 端口，邮件服务使用 25 号端口等。通过数据包的端口号就可以知道该数据包的性质，并决定数据包是否可以通过。

（4）跟踪与动态检测数据包状态

通过对数据包进行动态检测与跟踪，通过分析与判定数据包是否对内部网络系统构成威胁，并动态设置包过滤规则进而决定是否过滤相应的数据包。这种方法复杂，防范能力强，但影响了每个数据包的处理速度。

为了理解防火墙的包过滤规则，可以考虑下述的例子。LAN1 是内部网络工作组 X 所在的子网，X 工作组正在与连接外部某个网络中的 Y 工作组合做研究某课题，因此，不可避免地在两个网络之间进行数据交换活动，如果设内网 LAN1 的工作组网址为 IP_LAN1，外网的工作组网址为 IP_PAN，并以下述形式简单地描述一个过滤规则：

<源地址,目的地址,源端口号,目的端口号,允许/拒绝>

如果允许所有的源地址为 IP_PAN，目的地址为 IP_LAN1 的数据包通过，并且所用的端口号不限，那么过滤规则为：

<IP_PAN,IP_LAN1,X,X,允许>

在这条规则的基础之上，再另加两条规则，即允许外界对内部 Web 服务器 80 端口和邮件服务器 25 端口的访问，IP_Web 和 IP_Mail 分别表示 Web 服务器和邮件服务器的 IP 地址，则防火墙的过滤规则为：

0.0.0.0,IP_Web,X,80

0.0.0.0,IP_Mail,X,25

如果拒绝所有其他的数据包，则过滤规则为：

0.0.0.0,0.0.0.0,X,X,拒绝

如果将上述 4 条规则写成如下形式，即

IP_PAN,IP_LAN1,X,X,允许

0.0.0.0,IP_Web,X,80

0.0.0.0,IP_Mail,X,25

0.0.0.0,0.0.0.0,X,X,拒绝

则表明防火墙将拒绝所有不能满足前面 3 条规则的数据包。

如果允许内部主机访问外部网络，例如允许某一个内部用户访问一个外部的 Web 服务器，防火墙仅仅允许从外部 Web 服务器响应内部用户，即返回数据包，进而实现内部用户对外部 Web 服务器的访问操作。为此，防火墙应设置成允许外界主机响应内部主机请求的数据包，拒绝外界主机对内部其他主机的服务请求或连接请求数据包，但不包括外界用户向那些对外提供公共服务的服务器发出的服务请求。参阅图 10-6，内部主机 B 向远端的 Web 服务器请求 Web 服务，Web 服务器响应该请求，返回 HTTP 响应数据包，防火墙应该设置为允许通过，当外界用户 C 主动向内部主机 A 请求一个 TCP 连接时，防火墙应拒绝这个连接请求报文通过，将这个数据包过滤掉。

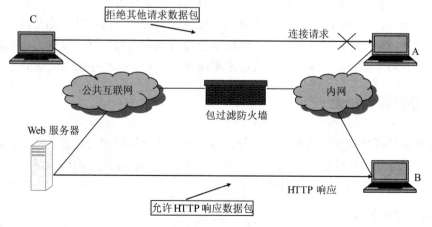

图 10-6　包过滤防火墙

2. 应用层防火墙

应用层防火墙又称为应用网关，更像一个基于某种应用的代理服务器，应用代理的防火墙的主要功能是可以请求不同服务的用户进行身份验证，为不同的授权用户提供不同权限的网络应用。

如图 10-7 所示，某公司内部的 FTP 服务器可以向外部授权用户提供 FTP 文件传输服务，但外部用户并不能向这个 FTP 服务器直接请求服务，所有对该 FTP 服务器的服务请求都通过一个 FTP 代理服务器进行。为了实现上述原则，外部用户首先向 FTP 代理服务器请求一个 FTP 服务，代理服务器对这个远程用户的请求进行不同策略的用户认证，通过认证之后，代理服务器再向内部的 FTP 服务器发出 FTP 服务请求，当接收到 FTP 服务器的服务响应之后，代理服务器构建对远程用户的服务响应，返回给客户端。从上述过程可以看出，对于外部用户来说，所看到的仅是 FTP 代理服务器，FTP 服务器对用户透明，即看不到它的存在。外部用户的客户进程和代理服务器的服务进程通过独立的 TCP 连接通信，而代理服务器与 FTP 服务器之间也通过相应的 TCP 连接通信，这时，代理服务器充当的是一个 FTP 服务器客户端角色。

图 10-7　应用代理的防火墙

10.6　认证技术

认证技术主要包括身份认证和内存认证，身份认证是通过安全机制对通信对方的身份加以鉴别和确认，从而证实对方通信实体的真实性和有效性。内存认证则是指对在网络中传输的数据的完整性加以确认和证实，以保证接收方所接收的数据与发送方所发送的数据完全一致。下面主要介绍利用数据加密技术实现身份鉴别和内存完整性认证的方法。

10.6.1　身份鉴别技术

身份鉴别是网络安全的重要组成部分，常用于某些授权用户的认证，例如，服务器对能够远程登录并实行控制操作的用户进行的身份认证和网络中进行的商业活动（如电子商务等）中客户与服务器之间的身份认证等。

1. 口令确认方式

口令确认是指利用口令确认对方的身份，方法简单，但在认证过程中，口令容易被他人窃取，窃取者可以冒充拥有该口令的用户。即使对口令加密，传输过程也是不安全的，因为加密的口令同样可被他人窃取，只要将这个加密的口令不做任何修改，发送出去，就可冒充身份。与口令认证方式相类似的还有通过向对方提供地址或其他固有信息来证实自己的身份，这些都是不安全的认证方式。

2. 握手确认方式

握手确认方式需要双方共同提供确认信息，是一种基于双向的动态确认方式，而口令确认方式是单方面提供确认信息，是基于单向的静态认证。握手确认方式如图 10-8 所示。

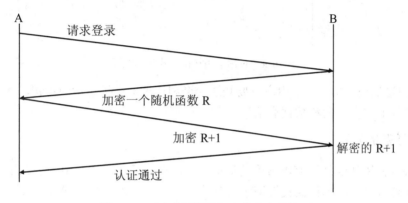

图 10-8　双方共同提供加密信息实现认证

A 首先向 B 发送一个登录请求，为了鉴定 A 的合法身份，B 向 A 发送一个加密的随机数 R，A 对这个加密的随机数 R 先解密，再对 R+1 加密返回 B，如果 B 对收到的数解密得到 R+1，便确认 A 通过了身份认证。在上述认证过程中，即使经过加密的随机数 R 被窃取，窃取者也不能用同样的算法生成对 R+1 的加密密文来冒充 A。这个确认过程的前提条件是截获者不了解 A 和 B 所使用的加密算法和密钥。

3. 对称密钥认证

对称密钥加密方式是通信双方共享同一密钥，这个密钥同时用于数据加密和数据解密操作。

通信的双方已通过某种安全方式得到了共享的密钥，双方之间的认证过程如图 10-9 所示。K_{AB} 是共享密钥，R 是 B 产生的随机数，首先 A 向 B 申请远程登录并提供它在 B 中的注册标记 ID，B 以它和 A 之间的共享密钥加密 R 并传送给 A，A 使用同样的密钥对 R 解密，再加密 R+1，之后，传送给 B，当 B 收到 R+1 的加密数据后，对其进行解密，如果得到的数据是 B 之前发送的随机数 R+1，则认为对方身份属实，可以进入下一步操作。

关于对称密钥安全认证的几点说明。

（1）为了安全，通过双方认证之后，将随机产生新的密钥继续通信。

（2）通过一个公认的第三方认证机构，为 A 和 B 产生一个临时密钥，并通过安全方式将这个密钥传送给 A 和 B，在此之后，A 和 B 就可以通过这个密钥进行身份认证。

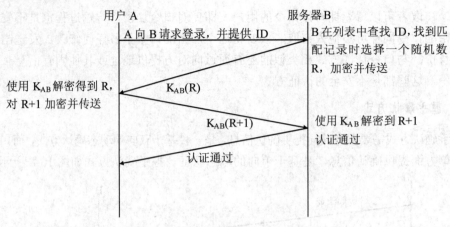

图 10-9　对称密钥加密方式认证过程

（3）通过认证机构，每个用户只要知道一个和该机构进行会话的密钥，就可以实现与其他用户之间的安全认证和数据通信。

4. 公开密钥认证

通过公开密钥认证是目前较常用的认证方法，在公开密钥认证中，公钥不用保密，可以很方便地通过网页、邮件或直接请求得到。

在图 10-10 中，描述的是一个利用公钥体制进行身份认证的例子。A 是用户认证的申请者，并已经拥有 B 的公钥，其中 KA_S 和 KA_P 分别表示 A 的私钥和公钥，KB_S 和 KB_P 分别表示 B 的私钥和公钥，K(M) 表示密钥 K 对信息 M 进行加密和解密的操作。认证过程如下。

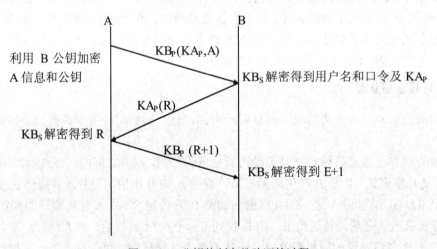

图 10-10　公钥体制身份验证的过程

（1）首先 A 向 B 发送认证信息，主要包括 A 在 B 中注册的用户名、密码及 A 自己的公钥 KA_P 等，A 使用 B 的公钥 KB_P 加密这部分信息，用 $KB_P(KA_P,A)$ 来表示。

（2）B 用私钥 KB_S 解密收到的信息，并将得到的信息与已保存的注册信息相比较，如果一致，则使用 A 的公钥 KA_P 加密一个随机数 R 发送给 A。

（3）A 用其私钥 KB_S 解密所接收到的随机数 R，再使用 B 的公钥 KB_P 对 R+1 加密并发送。最后，如果 B 能够对所接收的数据通过其私钥 KB_S 解密得到 R+1，则通过对 A 的身份认证。

5. 数字证书认证

数字证书认证机构是电子商务交易中受信任的第三方，专门负责认证公钥体系中的公钥合法性。当某公钥持有者在数字证书认证机构注册之后，经过核实，为该用户生成一份数字证书。数字证书的内容主要包括持有者的名称、持有者的公钥和加密算法、证书有效期、数字证书认证名称及使用的数字签名算法等信息。最后，数字证书认证使用私钥对这个证书内容进行自签名处理。如果某个公钥持有者能够向其他用户提供一个由数字证书认证的自证书，则说明该证书中所列出的公钥是可信的。

通过数字认证机构签发的数字证书，致使通过网络交易的双方在交易的各个环节上都能随时验证对方数字证书的有效性和真实性，为交易双方提供了安全保证。图 10-11 所示的是基于数字认证机构签发的数字证书的认证过程。

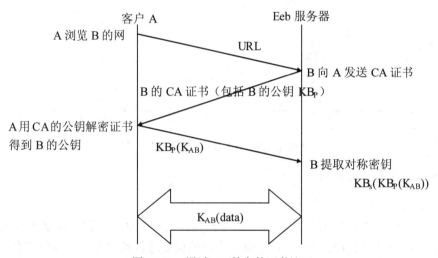

图 10-11　通过 CA 签名的证书认证

在图 10-11 中，A 首先浏览 B 的网页，并从网页中得到 B 经过 CA 签名的数字证书，A 使用 CA 的公钥验证这个数字签名之后，提取出 B 的公钥。在此之后，A 完成了对服务器 B 的身份认证，在通常情况下，在这个过程完成之后，服务器 B 开始进行对客户 A 的认证。如果双方都通过了对方的认证，便进入了数据通信阶段。图 10-11 中采用的方法是首先由 A 产生一个临时使用的对称密钥 K_{AB}，A 再用 B 的公钥对这个共享密钥 K_{AB} 和相应的对称密钥算法进行加密并发送给 B，B 使用其私钥解密得到对称密钥。在接下来的数据通信过程中，双方将改用处理速度较快的对称加密方法对传输数据进行加密和解密。

10.6.2　数据完整性

数据完整性是指数据在传输过程中并没有被他人篡改，利用数字签名技术可以实现数据完整性。为了提高处理速度，可以采用报文摘要技术。

1. 报文摘要技术

报文摘要技术的方法是：首先将较大的数据块进行处理，生成较短的定长的报文摘要，然后对这部分摘要进行数字签名，接收端只需对接收的报文进行处理产生摘要，并将这个摘要与经过签名进行比较，便可以确认数据在传输中的完整性。目前，MD5 方法是使用最多的摘要技术，其主要过程如下。

（1）将原始数据分成长度为 512 位的数据单元 $M_1,M_2,\cdots M_n$，如果原始数据长度不足 512 位，则对原始数据进行填充。

（2）利用 128 位的初始向量 IV 与 512 位的数据单元进行位运算形成摘要，如图 10-12 所示，IV 与数据单元 M_1 的运算结果分别为 IV_1，IV_1 与 M_2 的运算结果为 IV_2……最终形成的摘要用 MD5 表示。

在图 10-12 中，用◎代表与、或、非、异或、移位等组合运算。

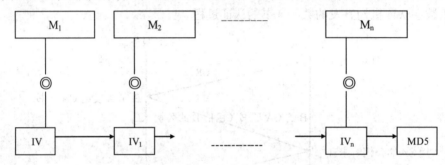

图 10-12　MD5 算法实现过程

2. 报文摘要技术的应用

报文摘要技术的应用方法如下。

（1）首先发送方对原始数据 M 进行摘要计算，得到 128 位的报文摘要 MD(M)。

（2）发送方使用自己的私钥 KA_S 对所生成的摘要进行数字签名，并将签名的摘要和原始数据 M 一同发送。

（3）接收端使用发送方的公钥 KA_P 对签名的摘要解密，然后再使用同样的摘要函数对接收的数据 M 进行摘要计算，如果这两种方式得到的摘要一致，则验证了数据在传输过程中的完整性。

10.7　互联网的层次安全技术

在实际的网络中，用户身份认证机制和数据完整性保护安全控制机制是由不同的网络安全协议来实现的，安全协议可以运行在网络的不同层次上。

本节介绍互联网中的 3 个协议：IPSec、SSL/TLS、PGP，它们分别应用在 TCP/IP 的互连网络层（即网际层）、传输层和应用层，它们的位置如图 10-13 所示。

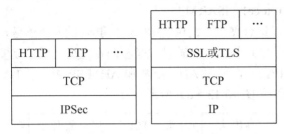

HTTP	FTP	...
TCP		
IPSec		

（a）网际层

HTTP	FTP	...
SSL或TLS		
TCP		
IP		

（b）传输层

Kerberos	S/MIME	PGP	SET
	SMTP		HTTP
UDP	TCP		
IP			

（c）传输层

图 10-13　互联网安全协议在 TCP/IP 中的位置

10.7.1　互连网络层安全协议

在 TCP/IP 体系结构中，互连网络层并不提供安全保障，例如 IP 数据报可能被监听、拦截或重放，IP 地址可能会被伪造，内容可能会被修改，不提供源认证，所以无法保证原始数据的保密性和完整性，1995 年互联网标准草案中颁布的 IPSec，正是为解决这些问题提出的，它采取的保护措施包括源验证、无连接数据的完整性验证、数据内容的保密性、抗重放攻击以及有限的数据流机密性保证。

IPSec 协议族主要由 3 个协议构成：头认证（AH）协议、封装安全负载（ESP）协议和互联网密钥管理协议（IKMP）。

头认证（AH）协议是在所有数据包头加入一个密码，AH 通过一个只有密钥持有人知道的数字签名密钥，来完成对用户的认证，该数字签名是数据包通过特别的算法得出的，AH 还能维持数据的完整性，原因是在传输过程中无论有多小的变化被加载，数据包的头部的签名都能把它检测出来，由于 AH 不对数据的内容进行加密，所以它不能保证数据的机密性。RFC2402 定义了 AH，AH 有一个头部信息，对 AH 数据包的表示是通过 IP 头的协议字段值 51 给出的。常用的 AH 标准是 MD5 和 SHA-1，MD5 是使用最高到 128 位的密钥，SHA-1 使用最高到 160 位的密钥进行加密保护。

封装安全负载（ESP）协议通过对数据包的全部数据和加载内容进行全加密的方法来严格保证传输信息的机密性，从而避免其他用户通过监听来打开信息交换的内容，只有受信任的用户拥有密钥打开内容。ESP 在 IP 头之后，在要保护的数据之前，插入一个新头（ESP头）最后再加一个 ESP 尾，对 ESP 数据包的表示是通过 IP 头的协议字段，其值为 50，表示是一个 ESP 数据包，紧接在 IP 头后面的是一个 ESP 头，RFC2406 对 ESP 进行了详细的定义，在此不做详细分析。

密钥管理包括密钥确定和密钥分发两个方面，最多需要 4 个密钥：AH 和 ESP 两组发送和接收。密钥管理包括手动和自动两种方式，手动管理方式是管理员使用自己的密钥及其他系统的密钥手工设置每个系统，手动技术使用于较小的静态环境，扩展性不好，例如一个单位只在几个站点的安全网关使用 IPSec 建立一个虚拟专用网络。密钥由管理站点确定然后分发到所有的远程用户。使用自动管理系统可以动态地确定和分发密钥，自动管理系统的中央控制点集中管理密钥，随时建立新的密钥，对较大的分布式系统上使用的密钥进行定期的更新，IPSec 的自动管理密钥协议为互联网安全组织及密钥管理协议（Internet Security Association and Key Management Protocol，ISAKMP）。

AH 和 ESP 协议可以独立使用，也可以组合使用，提供对 IPv4 和 IPv6 的安全服务，每种协议都支持两种使用模式：传输模式和隧道模式。传输模式是在两台主机之间建立安全关联，图 10-14（a）所示为原数据包（IPv4），使用 AH、ESP 和 AH+ESP 组合后的数据封装分别如图 10-14（b）、图 10-14（c）和图 10-13（d）所示。

图 10-14　传输模式的 IPv4 数据包的 IPSec 封装

如果要在 VPN 上使用，隧道模式会更加有效。IP 包在添加 AH 头或 ESP 的相关信息后，整个包以及包的安全字段被认为是新的 IP 包，在这个包的外层再加上新 IP 包头，从"隧道"的起点传输到目的 IP 的网络，如图 10-15 所示。

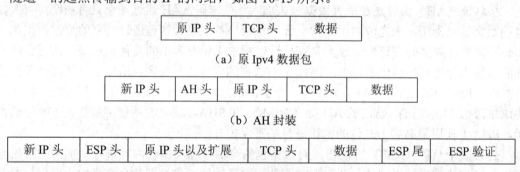

图 10-15　隧道模式的 IPv4 数据包的 IPSec 封装

隧道模式可以用在两端或者一端是安全网关的架构中，例如装有 IPSec 的路由器或防火墙。下面以一个例子简述隧道模式的 IPSec 的工作过程。在一个网络中主机 A 生成一个 IP 包，该 IP 包的目的地址是另一个网络的主机 B，A 主机将该 IP 包发送到网络边缘的 IPSec 路由器或者防火墙，防火墙对 IP 包进行过滤，如果 A 发送给 B 的 IP 包要使用 IPSec，防火墙就对它进行 IPSec 处理，封装后再次对它添加 IP 包头，这时封装的 IP 首部的源地址为防火墙的 IP 地址，目的地址为主机 B 的网络边缘防火墙的地址，"隧道"中途的路由器只检查外层的 IP 包头，主机 B 网络的防火墙收到该 IP 包后，将外层的包头去除，将内层 IP 发送到主机 B。

10.7.2 传输层安全协议 SSL/TLS

传输层安全协议的目的是在传输层提供实现保密、认证和完整性安全的方法，保护传输层的安全。

SSL 是 Netscape 设计的一种安全传输协议，在 TCP 之上建立一个加密通道，这种协议在 Web 上得到广泛应用，IETF 将 SSL3.0 进行了标准化，即 RFC2246，并将其称为 TLS（Transport Layer Security）。它为 TCP/IP 连接提供数据加密、服务器认证、消息完整性以及可选的客户机认证。

SSL 基于客户服务器的工作模式，通过 SSL 报文交换实现通信。

1. 建立安全通信

SSL 建立安全通信模型如图 10-16 所示，客户端使用 ClientHello 报文向服务器要求开始协商，服务器回应 ServerHello 报文决定最后所用的加密算法，客户端收到 ServerHello 报文后设置自己采用的算法。ServerKeyExchange 报文报告服务器的公钥。服务器用 ServerKeyDone 报文告诉客户端已经完成协商，客户端收到 ServerKeyDone 报文后，着手开始建立安全连接；客户端用 ClientKeyExchange 报文告诉服务器自己的会话密钥，该消息用服务器的公钥进行加密，一方面可以防止会话密钥被监听，另一方面验证服务器的密钥，从而避免攻击者冒充服务器，将攻击者的公钥发给客户端的可能性。客户端发出 ClientKeyExchange 报文后，双方就开始使用这些参数进行会话了。服务器收到客户端的 ClientKeyExchange 报文后设置所采用的密钥，客户端和服务器分别发送 ChangeCipherSpec 报文明确地指定自己所采用的参数，包括所使用的算法、密钥长度、所用的密钥等信息，发送时进行加密，接收后进行解密，最后客户端和服务器端都发送 Finished 报文，加密通道已经被安全可靠地建立了。

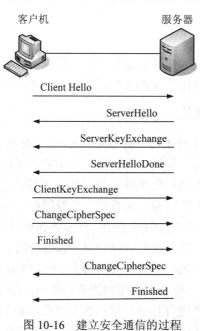

图 10-16　建立安全通信的过程

2. 结束安全通信

SSL 定义了一个特殊的消息 ClosureAlert 来安全结束通信过程，其效果是可以防止截断攻击发生，如图 10-17 所示。

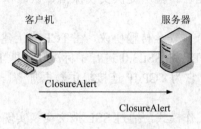

客户机　　　　　　　　　　服务器

ClosureAlert

ClosureAlert

图 10-17　结束安全通信的过程

事实上 Web 服务中，这一消息不是总能收到的，Web 服务器和客户机还有另外一些措施来防止截断攻击。

3. 验证身份

上面介绍的建立安全通信连接，不能保证通信双方身份的真实性，加密只保护了数据的保密性，如果一方被冒充，那么也会产生安全风险，所以 SSL 采取了一些措施来判断对方身份的真实性。为了鉴别服务器的身份，服务器发送 Certificate 报文，告诉客户机自己的证书，客户端可以到可信任的证书权威（CA）验证证书，包括证书签名、有效时间、是否被取消等。SSL 也支持认证客户端的身份。

IETF 定义的传输层协议 TLS 是在 SSL3.0 基础上建立的，改动不大，主要区别是它们所支持的加密算法不同。

10.7.3　应用层安全协议

因为互联网的通信只涉及客户端和服务器端，所以实现应用层的安全协议比较简单。下面以应用层的简单邮件传输协议 SMTP 中采用的 PGP 协议为例进行介绍。

1. PGP 安全电子邮件概述

用于电子邮件的隐私协议 PGP（Pretty Good Privacy）为电子邮件提供认证和保密服务，发送电子邮件是一次性的行为，发送方和接收方不建立会话进程，发送方将邮件发送到邮件服务器，接收方从邮件服务器接收邮件，每个邮件之间的关系是相互独立的。所以垃圾邮件的制造者可以不经收件人的同意，大量发送垃圾邮件，PGP 协议是为解决邮件的一次性的行为中，通信双方的安全参数的传输问题，注意不是解决垃圾邮件的问题。在 PGP 中，邮件的发送方需要将报文的认证算法和密钥的值一起发送出去。PGP 提供的安全访问如下。

（1）发送明文：发送方产生一个电子邮件报文，然后发送到接收方的服务器的邮箱中。

（2）加密：发送方产生一个一次性使用的会话密钥，如 IDEA、3-DES 或 CAST-128 算法得出，用它对报文和摘要进行加密，然后将会话密钥和加密后的报文一起发送出去，为了保护会话密钥，发送方利用接收方的公开密钥对会话密钥加密，如 RSA 或 D-H 算法。

（3）报文认证：发送方对产生的报文产生一个报文摘要，并用自己的私密密钥对它进行签名。当接收方收到此报文后，使用发送方的公开密钥来证实报文是否来自发送方。

（4）报文压缩：将电子邮件报文和报文摘要进行压缩可以减少网络流量。报文的压缩在报文签名和加密之间，即先对报文签名，后进行压缩，目的是为了保存未压缩的报文和签名；压缩后再加密，目的是为了提高密码的安全性。

（5）代码转换：大部分电子邮件系统传输 ASCII 编码构成的文本邮件，如果要用电子邮件发送非 ASCII 码信息，PGP 使用 Radix 64 转换方法将二进制数据转换为 ASCII 字符发送。接收方再还原为非 ASCII 的信息。

（6）数据分段：PGP 具有分段和组装功能，通常邮件的最大报文长度限制在 50000 octets，超过部分自动进行分段，接收端再将其重组。

2. PGP 安全电子邮件的发送方处理过程

利用 PGP 协议实现电子邮件的认证和加密过程如图 10-18 所示。假定 A 向 B 发送电子邮件明文 X，现在用 PGP 进行加密。A 至少有 3 个密钥：B 的公钥、自己的私钥和 A 自己生成的一次性会话密钥；B 至少有两个密钥：A 的公钥和自己的私钥。

A

PA1：用于对会话密钥加密的公钥算法1
PA2：用于对摘要加密的公钥算法2
SA：用于对报文和摘要加密的会话密钥算法代号
HA：用于产生报文摘要Hash算法代号

B

PGP报文

| PGP头部 | 用会话密钥加密 [邮件报文 \| HA+PA2+A私密加密的摘要] | 用B公钥加密 [PA1+ \| SA+会话密钥] |

图 10-18　PGP 实现对电子邮件的认证和加密

发送方的工作过程如下。

（1）A 产生一个对称密钥作为本次通信的一次性会话密钥，并将它与加密算法的代号（图 10-18 中的 SA）绑定，再用 B 的公开密钥对二者进行加密，再加入公开密钥算法的代号 PA1 构成图 10-18 中 PGP 报文右边的数据段，包括 3 个信息：会话密钥、对称密钥算法 SA 以及部分使用的非对称密钥算法 PA1。

（2）A 使用一个 Hash 算法生成电子邮件的摘要，用自己的私密密钥进行加密，实现签名认证。然后加入公开密钥算法的代号 PA2，以及 Hash 算法的代号 HA，此数据段包含签名、加密算法和 Hash 算法的代号。

（3）A 用步骤（1）产生的一次性会话密钥对电子邮件报文和步骤（2）产生的数据段进行加密，形成图 10-18 中会话密钥加密的数据段。

（4）A 在上述 3 个步骤中产生的数据前面加入 PGP 头部，再将整个 PGP 包封装到电子邮件 SMTP 包中，发送到电子邮件服务器等待 B 接收。

3. PGP 安全电子邮件的接收方处理过程

（1）B 从电子邮件服务器中收到 A 发的邮件后，利用自己的私有密钥从尾部对数据解密，得到本邮件的一次性会话密钥，从代号 SA 知道采用的对称密钥加密算法。

（2）B 使用一次性会话密钥对 PGP 包中电子邮件报文和摘要解密，即虚线框中的部分信息解密，得到邮件报文、Hash 算法的代号 HA、对摘要进行加密的公钥算法代号以及邮件报文摘要。

（3）B 利用 A 的公开密钥和 PA2 指定的算法对摘要解密。

（4）B 使用 HA 指定的 Hash 算法，从收到的邮件报文中产生报文摘要。

（5）将步骤（4）产生的摘要和步骤（3）解密的报文摘要进行比较，如果相同，说明邮件来自 A，可以信赖，如果不同，说明不可信赖，将邮件报文丢弃。

表 10-2 所示为 PGP 使用的部分加密算法。

表 10-2　PGP 使用的部分加密算法和代号

算　　法	代　　号	说　　明
公开密钥算法	1	RSA（用于加密或签名）
	2	RSA（只用于加密）
	3	RSA（只用于签名）
	17	DSS（用于签名）
Hash 算法	1	MD5
	2	SHA-1
	3	RIPE-MD
对称密钥算法	0	未加密
	1	IDEA
	2	三重 DES
	9	AES

PGP 使用了加密、鉴别、电子签名和压缩等技术，很难攻破，因此目前认为是比较安全的。在 Windows 和 UNIX 等平台上得到广泛应用，但是要将 PGP 用于商业领域，则需要到指定的网站 http://www.pgpinternational.com 上获得商用许可证。

 小结

随着计算机网络的广泛使用和网络用户之间信息传输量的急剧增长，一些机构和部门在得益于网络加快业务运作的同时，其上网的数据也遭到了不同程度的破坏，或被删除或被复制，数据的安全和自身的利益受到了严重的威胁。由此，便产生了网络安全这个话题。

本章主要介绍了网络安全的相关内容，包括网络安全概述、网络安全的定义、数据加密技术、网络攻击、检测与防范技术、计算机病毒、防火墙技术、认证技术及互联网的层次安全技术等。

通过对本章内容的学习，可以掌握网络安全方面的知识，进而具有构造安全网络的能力。

 习题

1．为什么要加强计算机网络的安全性？

2．网络安全的定义是什么？

3．一个加密系统至少由哪几个部分组成？

4．通过硬件或软件实现网络数据加密的方法各有哪几种？

5．应用换位密码方式对明文 iamagraduate 进行加密，密钥是 megabuck。

6．简述网络攻击的手段。

7．简述常用的安全防范技术。

8．具体的网络安全策略有哪几种？

9．简述计算机病毒的发展。

10．简述计算机病毒产生的原因。

11．介绍计算机病毒的定义和命名。

12．简述计算机病毒的特征。

13．简述防火墙的工作原理。

14．简述防火墙的功能以及其优缺点。

参 考 文 献

[1] 王卫红，李晓明. 计算机网络与互联网[M]. 第 2 版，北京：机械工业出版社，2010.

[2] 陈明. 计算机网络导论[M]. 北京：北京师范大学出版社，2016.

[3] 陈明. 计算机网络[M]. 北京：中国铁道出版社，2012.

[4] 李环. 计算机网络[M]. 北京：中国铁道出版社，2010.

[5] 陈明. 计算机网络工程[M]. 北京：中国铁道出版社，2010.

[6] 谢希仁. 计算机网络[M]. 第 6 版. 北京：电子工业出版社，2000.

[7] 陈明. 计算机网络实用教程[M]. 第二版. 北京：清华大学出版社，2008.

[8] 陈明. 计算机广域网络教程[M]. 第二版. 北京：清华大学出版社，2008.

[9] 陈明. 计算机网络设计教程[M]. 第二版. 北京：清华大学出版社，2008.

[10] 陈明. 网络安全教程[M]. 北京：清华大学出版社，2004.

[11] 陈明. 计算机网络协议教程[M]. 第二版. 北京：清华大学出版社，2008.

[12] 陈明. 计算机网络设备教程[M]. 第二版. 北京：清华大学出版社，2009.

[13] 李海泉，李健. 计算机网络安全与加密技术[M]. 北京：科学出版社，2001.

[14] 王利，等. 计算机网络实用教程[M]. 北京：清华大学出版社，2001.

[15] 陈鸣. 网络工程设计教程[M]. 北京：北京希望电子出版社，2002.

[16] 张公忠. 现代网络技术教程[M]. 北京：电子工业出版社，2000.